同济大学本科教材出版基金资助

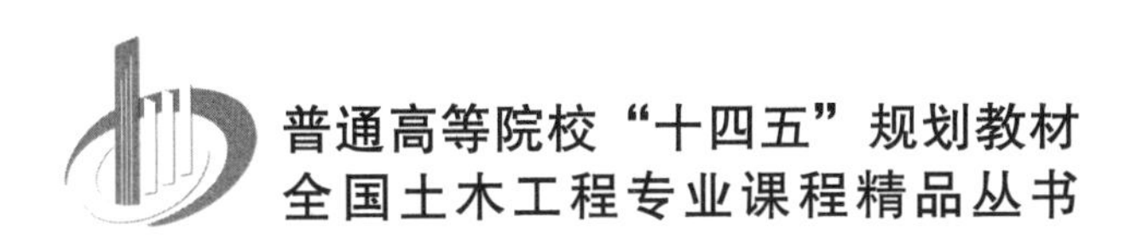

材料与结构无损检测技术

郭晓路　吴　凯　施惠生　编著

中国建材工业出版社
北　京

图书在版编目（CIP）数据

材料与结构无损检测技术/郭晓潞，吴凯，施惠生编著．--北京：中国建材工业出版社，2024.2

（全国土木工程专业课程精品丛书）

普通高等院校“十四五”规划教材

ISBN 978-7-5160-3877-2

Ⅰ.①材…　Ⅱ.①郭…　②吴…　③施…　Ⅲ.①混凝土－建筑材料－结构工程－无损检验－高等学校－教材
Ⅳ.①TU528

中国国家版本馆 CIP 数据核字（2023）第 218089 号

内容简介

材料与结构无损检测技术不仅具有原位、无损的特性，且检测方法简便易行、快速高效，是工程现场检测的重要手段。无损检测技术是监测建筑物健康、检测结构混凝土质量、预测建筑物饰面质量等的保障性技术，可为建筑工程质量验收、建筑服役寿命评估、建筑及建设工程事故仲裁、材料修补及结构加固等提供技术支持和评估依据，同时材料与结构无损检测技术的发展也为建筑全生命周期健康安全和建设生态节约型社会提供关键的技术支撑。

本书围绕混凝土材料与结构的无损检测技术，针对原位检测和现场检测，系统介绍了无损检测技术的发展与应用、混凝土强度无损检测技术、混凝土缺陷无损检测技术、混凝土弹性和非弹性性质的动态测量、钢管混凝土和混凝土灌注桩质量检测、装配式混凝土结构套筒灌浆饱满性检测、火灾混凝土建筑物损伤检测技术、建筑外墙饰面质量检测及智能巡检技术、建筑物节能体系无损检测技术等。本书可供建筑工程设计、施工、监理、检测、管理等各类技术人员参考使用，也可作为高等院校相关专业的教学参考用书。

材料与结构无损检测技术

CAILIAO YU JIEGOU WUSUN JIANCE JISHU

郭晓潞　吴凯　施惠生　编著

出版发行：中国建材工业出版社
地　　址：北京市海淀区三里河路 11 号
邮　　编：100831
经　　销：全国各地新华书店
印　　刷：北京印刷集团有限责任公司
开　　本：787mm×1092mm　1/16
印　　张：19.75
字　　数：470 千字
版　　次：2024 年 2 月第 1 版
印　　次：2024 年 2 月第 1 次
定　　价：78.00 元

本社网址：www.jccbs.com，微信公众号：zgjcgycbs

前　言

无损检测技术在土木工程与建设工程中的应用倍受国家和科技工作者的高度重视。混凝土材料与结构无损检测技术具有非破损、原位检测等特性，不仅简便易行且快速高效，是在建筑物上原位获得真实质量及状态的唯一途径，也是监测建筑物健康、检测混凝土结构质量、预测建筑物饰面安全性的保障性技术，能为材料修补及结构加固提供决策支持，并为建筑物和构筑物服役寿命预测提供评估依据。

近年来，随着我国工程建设质量管理的加强，无损检测设备不断迭代更新和推陈出新，促进了该技术的快速发展和大规模工程推广应用。已有检测方法更趋成熟和普及，新方法不断涌现、新技术日新月异，无损检测技术标准规范相继更新和颁布。为适应新时代的发展需求，本书在2014版《建筑物无损检测技术》的基础上对内容进行完善和丰富，系统梳理传统检测技术，引入新兴检测技术，吸纳国内外最新标准，具有较强的针对性、实用性、新颖性和规范性。

本书围绕土木工程材料与结构的原位检测和现场检测，系统介绍了无损检测技术的发展与应用、混凝土强度无损检测技术、混凝土缺陷无损检测技术、混凝土弹性和非弹性性质的动态测量、钢管混凝土和混凝土灌注桩的质量检测、装配式混凝土结构套筒灌浆饱满性检测、火灾混凝土建筑物损伤检测技术、建筑外墙饰面质量检测及智能巡检技术、建筑物节能体系无损检测技术等。在本书的编撰过程中，深入贯彻党的二十大精神，结合科教兴国战略、人才强国战略、创新驱动发展战略的深刻内涵，除理论知识体系和专业检测技术外，有机融入了工程检测案例和课程思政内容。本书可供建筑工程设计、施工、监理、检测、管理等相关技术人员参考使用，也可作为高等院校相关专业的教学参考用书。

本书由同济大学郭晓潞教授、吴凯教授、施惠生教授编著，博士研究生李华兵、硕士研究生李树昊和胡家骏等参与了编写工作，上海建科检验有限公司苗春和杨君奕、昆山市建设工程质量检测中心顾盛、中国建筑科学研究院冷发光和王万金、上海豪米建设工程技术服务有限公司黄立付等提供了宝贵资料，此书获同济大学本科教材出版基金资助，在此一并表示衷心感谢。鉴于编者水平的局限性，本书难免有谬误之处，诚请广大读者批评指正。

本书配套课程在智慧树网开设有在线课程，欢迎广大读者将教材与线上课程联用，也欢迎兄弟院校以线上线下相结合、翻转课堂等新模式选用，恳请不吝赐教。在线课程网址：https：//coursehome.zhihuishu.com/courseHome/1000061303/。

在线课程二维码：

编著者

2023年12月于同济嘉园

目　录

1 概　　述

1.1 混凝土建筑的无损检测技术

混凝土无损检测技术是指在不破坏混凝土结构构件条件下，在混凝土结构构件原位上对其强度和缺陷进行直接定量检测的技术。《混凝土结构设计规范（2015 年版）》（GB 50010—2010）规定的混凝土立方体抗压强度标准值是指按照标准方法制作、养护的边长为 150mm 的立方体试件，在 28d 或设计规定龄期以标准试验方法测得的具有 95% 保证率的抗压强度值。这种理想的约束条件虽在现实工程上并不存在，但又是必须予以考虑的，因为这是衡量混凝土结构设计可靠度的基本要求。为解决同条件试块与实际结构构件混凝土强度之间的转换关系，《混凝土结构工程施工质量验收规范》（GB 50204—2015）规定，混凝土结构构件同条件试块的抗压强度应满足日平均温度逐日累计达到 600℃・d 时对应龄期的强度，且不小于设计规范规定的混凝土抗压强度标准值乘以 1.1 系数。混凝土同条件养护试块抗压强度的验收条件是制定无损检测混凝土强度曲线与混凝土结构设计与施工规范挂钩比较时应加以考虑的重要条件，也是混凝土无损检测技术重要的出发点与依据。

依据混凝土构筑物无损检测技术的检测目的，通常可将无损检测方法分为七大类：

（1）检测结构构件混凝土强度值；

（2）检测结构构件混凝土内部缺陷，如混凝土裂缝、不密实区和孔洞、混凝土结合面质量、混凝土损伤层等；

（3）检测几何尺寸，如钢筋位置、钢筋保护层厚度、板面和道面以及墙面厚度等；

（4）结构工程混凝土强度质量的匀质性检测和控制；

（5）建筑热工、隔声、防水等物理特性的检测；

（6）建筑外墙饰面的检测；

（7）建筑物节能体系的检测等。

应当指出，从当前的无损检测技术水平与实际应用情况出发，为达到同一检测目的，无损检测工作者可以选用多种具有不同检测原理的检测方法，并可依据条件与趋利避害原则加以选用。例如结构构件混凝土强度的无损检测，可以利用回弹法、超声-回弹综合法、超声脉冲法、拨出法、钻芯法、射钉法等。按照混凝土构筑物无损检测技术的检测目的、检测原理、检测方法综合分类，见表 1-1。

显然，也可从对结构构件破坏与否的角度出发，更加宏观地分为三大类：

（1）无损检测技术；

（2）半破损检测技术；

（3）破损检测技术。

表 1-1　混凝土构筑物无损检测技术综合分类

按检测目的分类	按检测原理及方法的名称分类	测试指标与参数
混凝土强度的检测	压痕法	压力及压痕直径或深度
	射钉法	探针射入深度
	回弹法	回弹值
	钻芯法	芯样抗压强度
	拔出法	拔出力
	超声脉冲法	超声脉冲传播速度
	超声回弹综合法	声速值和回弹值
	声速衰减综合法	声速值和衰减系数
	射线法	射线吸收和散射强度
	成熟度法	度、时积
混凝土内部缺陷的检测	超声脉冲法	声时、波高、波形、频谱、反射回波
	声发射法	声发射信号、事件计数、幅值分布能谱等
	脉冲回波法	应力波的时域、频域图
	射线法	穿透缺陷区后射线强度的变化
	雷达波反射法	雷达反射波
	红外热谱法	热辐射
混凝土几何尺寸的检测（如混凝土的厚度、钢筋位置、钢筋保护层厚度检测）	冲击波反射法	应力波时域
	电测法	混凝土的电阻率及钢筋的半电池电位
	磁测法	磁场强度
	雷达波反射法	雷达反射波
混凝土质量均匀性检测与控制	回弹法	回弹值
	敲击法	固有频率、对数衰减率
	声发射法	声发射信号、幅值分布能谱等
	超声脉冲法	超声脉冲传播速度
建筑热工、隔声等物理特性检测	红外热谱法	热辐射
	电测法	混凝土的电阻率
	磁测法	磁场强度
	射线法	射线穿过被测体的强度变化
	透气法	气流变化
	中子散射法	中子散射强度
	中子活化法	β射线与γ射线的强度、半衰期等
建筑外墙饰面的检测	拉拔法	饰面砖粘结强度
	红外热像检测技术	饰面层粘结缺陷
	无人机智能巡检系统	建筑围护系统安全性
建筑物节能体系的检测	红外热像检测技术	建筑围护结构热工缺陷
		热（冷）桥检测

表1-1所列重要的无损检测方法的主要特点概述如下。

1.1.1 回弹法

利用回弹仪检测普通混凝土结构构件抗压强度的方法简称回弹法。回弹仪是一种直射锤击式仪器。回弹值大小反映了与冲击能量有关的回弹能量，而回弹能量反映了混凝土表层硬度与混凝土抗压强度之间的函数关系；反过来说，混凝土强度是以回弹值R为变量的函数。测量回弹值所使用的仪器为回弹仪，回弹仪的质量及其稳定性是保证回弹法检测精度的重要技术关键。这个技术关键的核心是科学地规定并保证回弹仪工作时所应具有的标准状态。国内回弹仪的构造及零部件和装配质量必须符合国家计量检定规程《回弹仪检定规程》（JJG 817—2011）的要求。回弹仪按回弹冲击能量大小分为重型、中型和轻型及特轻型回弹仪。影响回弹法检测混凝土强度的因素较多，通过实践与专门试验研究发现，回弹仪的质量和是否符合标准状态要求是保证稳定的检测结果的前提。在此前提下，混凝土抗压强度与回弹法、混凝土表面碳化深度有关，即不可忽视混凝土表面碳化深度对混凝土抗压强度的影响。

此外，对长龄期混凝土，即对旧建筑的混凝土还应考虑龄期影响因素。

为规范回弹法检测混凝土抗压强度，保证必要的检测质量，住房城乡建设部先后颁布、实施了《回弹法评定混凝土抗压强度技术规程》（JGJ 23—1985）、《回弹法检测混凝土抗压强度技术规程》（JGJ/T 23—1992，JGJ/T 23—2001，JGJ/T 23—2011）。

1.1.2 超声法

超声法检测混凝土缺陷是指利用带波形显示功能的超声波检测仪和常用频率为30～100kHz的声波换能器，测量与分析超声脉冲波在混凝土中传播速度（声速）、首波幅度（波幅）、接受信号主频率（主频）等声参数，并根据这些参数及其相对变化，来判定混凝土中的缺陷情况。

混凝土结构因施工过程中管理不善或者因自然灾害影响，致使在混凝土结构内部产生不同种类的缺陷。按其对结构构件受力性能、耐久性能、安装使用性能的影响程度，混凝土内部缺陷可分为有决定性影响的严重缺陷和无决定性影响的一般缺陷。鉴于混凝土材料是一种非匀质的弹黏性各向异性材料，混凝土中不能存在严重缺陷，如有严重缺陷应及时处理。

超声法检测混凝土缺陷的目的不是在于发现有无缺陷，而是在于检测出有无严重缺陷，要求通过检测判别出各种缺陷种类和判别出缺陷程度，这就要求对缺陷进行量化分析。混凝土的严重缺陷包括混凝土内部有明显的不密实区或空洞、存在大于0.05mm宽度的裂缝、表面或内部有损伤层或明显的蜂窝麻面区等。混凝土严重缺陷是混凝土构筑物易发生的质量通病，常常引起甲乙双方争执，因此，超声法检测混凝土缺陷受到了广大检测人员的关注。20世纪50年代，加拿大的Leslied、Cheesman和英国的Jones、Gatfield率先把超声脉冲检测技术用于混凝土检测，开创了混凝土超声检测这一领域。由于技术的不断发展与进步，超声仪已由笨重的电子管单示波显示型超声仪发展到目前半导体集成化、数字化、智能化的轻巧仪器，而且测量参数也已从单一的声速发展到声速、波幅和频率等多测量参数，从定性检测发展到半定量或定量检测的水平。

我国于1990年发布了《超声法检测混凝土缺陷技术规程》（CECS 21：90），2000年发布了《超声法检测混凝土缺陷技术规程》（CECS 21：2000），近几年也启动了新一轮的标准修订。这是当前超声法检测混凝土缺陷的技术依据。

通过超声法检测混凝土的实践发现，超声法在混凝土中传播的声速与混凝土抗压强度值有密切的相关关系，混凝土弹性性质在相当程度上可以反映强度大小。通过试验，建立混凝土超声声速与混凝土强度的相关关系，以推断混凝土的抗压强度。混凝土中超声声速与混凝土强度之间通常呈非线性关系，在一定强度范围内也可采用线性关系。它是一种经验公式，与混凝土强度等级、试验数量等因素有关。

显而易见，混凝土内超声声速传播速度受许多因素影响，如混凝土内钢筋配置方向影响、不同集料及粒径影响、混凝土水灰比、龄期及养护条件影响以及混凝土强度等级影响，这些影响因素如不经修正都会影响检测精度，建立超声检测混凝土强度曲线时应对影响因素加以综合考虑并予以修正。

1.1.3 超声回弹综合法

综合法检测混凝土抗压强度是指应用两种或两种以上单一无损检测方法（力学的、物理的）获取多种参数，并建立抗压强度与多项参数的综合相关关系，以便从不同角度综合评价混凝土强度。

超声回弹综合法是综合法中经实践检验的一种成熟可行的方法。顾名思义，该法是同时利用超声法和回弹法对混凝土同一测区进行检测的方法。它可以弥补单一方法固有的缺欠，做到互补。例如回弹法中的回弹值主要受表面硬度影响，但当混凝土强度较低时，由于塑性变形增大，表面硬度反映不敏感；又如当构件尺寸较大或内外质量有差异时，表面硬度和回弹值难以反映构件实际强度。相反，超声法的声速值取决于整个断面的动弹性，主要以其密实性来反映混凝土强度，这种方法可以较敏感地反映出混凝土的密实性、混凝土内集料组成以及集料种类。此外，超声法检测强度较高的混凝土时，声速随强度变化而不敏感。因此，超声回弹综合法可以利用超声声速与回弹值两个参数检测混凝土强度，弥补了单一方法在较高强度区或在较低强度区各自的不足。通过试验，可以建立超声波脉冲速度-回弹值-抗压强度之间的相关关系。

超声回弹综合法首先由罗马尼亚建筑及建筑经济科学研究院提出，并编制了有关技术规程，同时在罗马尼亚推广应用。我国从罗马尼亚引进这一方法，结合我国实际进行了大量试验，并在混凝土工程检测中广泛应用。在此基础上，1988年由中国工程建设标准化委员会组织编制并发布了《超声回弹综合法检测混凝土强度技术规程》（CECS 02：88），并于2005年将该标准更新为《超声回弹综合法检测混凝土强度技术规程》（CECS 02：2005）。

超声回弹综合法的最大优点就是提高了混凝土抗压强度检测精度和可靠性。许多学者认为综合法是混凝土抗压强度无损检测技术的一个重要发展方向。目前，除超声回弹综合法已在我国广泛应用外，已被采用的综合法还有超声钻芯综合法、回弹钻芯综合法、声速衰减综合法等。

1.1.4 钻芯法

利用钻芯机、钻头、切割机等配套机具，在结构构件上钻取芯样，通过芯样的抗压强度直接推定结构构件抗压强度或缺陷。它的优点是直观、准确、代表性强；缺点是对结构构件有局部破损，芯样数量不可太多，而且价格也比较昂贵。钻芯法在国外的应用已有几十年的历史，一般来说发达国家均制定有钻芯法检测混凝土抗压强度的规程，国际标准化组织（ISO）也颁布了《硬化混凝土芯样的钻取检查及抗压试验》（ISO/DIS 7034）国际标准草案。

我国从 20 世纪 80 年代开始，对钻芯法检测混凝土抗压强度开展了广泛研究。目前，我国已广泛应用，并且已能配套生产供应钻芯机、人造金刚石薄壁钻头、切割机及其他配套机具，钻机和钻头规格可达十几种。中国工程建设标准化委员会颁布了《钻芯法检测混凝土强度技术规程》（CECS 03：88），从 2000 年开始又对该技术规程进行修订，并于 2007 年将标准更新为《钻芯法检测混凝土强度技术规程》（CECS 03：2007）。

钻芯法除用以检测混凝土强度外，还可通过钻取芯样方法检测结构混凝土受冻、火灾损伤深度、裂缝深度以及混凝土接缝、分层、离析、孔洞等缺陷。

钻芯法在原位上检测混凝土强度与缺陷是其他无损检测方法不可取代的一种有效方法。因此，国内外都主张把钻芯法与其他无损检测方法结合使用，一方面利用无损检测方法检测混凝土均匀性，以减少钻芯数量；另一方面又利用钻芯法来校正其他方法的检测结果，以提高检测的可靠性。

1.1.5　拔出法

拔出法是指将安装在混凝土中的锚固件拔出，测出极限拔出力，利用事先建立的极限拔出力和混凝土强度间的相关关系，推定被测混凝土结构构件的混凝土强度的方法。这种方法在国际上已有 50 余年历史，方法比较成熟。拔出法分为预埋（或先装）拔出法和后装拔出法。顾名思义，预埋拔出法是指预先将锚固件埋入混凝土中的拔出法，它适用于成批的、连续生产的混凝土结构构件，按施工程序要求及预定检测目的预先埋好锚固件。例如确定现浇混凝土结构拆模时的混凝土强度；确定现浇冷却塔混凝土结构的拆模强度；确定预应力混凝土结构预应力张拉或放张时的混凝土强度；预制构件运输、安装时的混凝土强度；冬期施工时混凝土养护过程中的混凝土强度等。后装拔出法指混凝土硬化后，在现场混凝土结构上后装锚固件，可按不同目的检测现场混凝土结构构件的混凝土强度的方法。

尽管对于极限拔出力与混凝土拨出破坏机理的看法还不一致，但试验证明，在常用混凝土范围（⩽C60），拔出力与混凝土强度有良好的相关关系，检测结果与立方体试块强度相比，其离散性较小，检测结果令人满意。

拔出法在北欧、北美等地区得到广泛应用，被认为现场应用方便、检测费用低廉，尤其适合用于现场控制。

国际上不少国家和国际组织发布了拔出法检测规程类文件。例如美国材料与实验协会（American Society for Testing Materials，ASTM）先后发布的《硬化混凝土拔出强度标准试验方法》（ASTM C900-99、ASTM C900-01、ASTM C900-06、ASTM C900-12、ASTM C900-19），国际标准化组织（ISO）发布的《硬化混凝土拔出强度的测定》（ISO/DIS 8046），中国工程建设标准化委员会先后发布的《后装拔出法检测混凝土强度技术规程》（CECS 69：94）和《拔出法检测混凝土强度技术规程》（CECS 69：2011）。

尽管拔出法是一种微破损检测混凝土强度方法，但其具有进一步推广与发展的前景。

1.1.6 冲击回波法

在结构表面施以微小冲击产生应力波，利用应力波在结构混凝土中传播时遇到缺陷或底面产生回波的情况，通过计算机接收后进行频谱分析并绘制频谱图。频谱图中的峰值即应力波在结构表面与底面间或结构表面与内部缺陷间来回反射所形成的。由此，根据其中最高的峰值处的频率值可计算出被测结构的厚度，根据其他峰值处频率可推断有无缺陷及其所处深度。

冲击回波法是20世纪80年代中期发展起来的一种无损检测新技术，这种方法是利用声穿透（传播）、反射的原理，不需要两个相对测试面，而只需在单面进行测试即可测得被测结构如路面、护坡、衬砌等厚度，还可检测出内部缺陷（如空洞、疏松、裂缝等）的存在及其位置。

美国在20世纪80年代研究了利用冲击回波法检测混凝土板中缺陷、预应力灌浆孔道中的密实性、裂缝深度、混凝土中钢筋直径、埋设深度等，均取得了令人满意的检测结果。

我国南京水利科学研究院在20世纪80年代末研制成功IES冲击反射系统，并在大型模拟试验板及工程实测实践中取得了成功，使冲击回波法在我国进入实用阶段。

住房城乡建设部于2017年发布了《冲击回波法检测混凝土缺陷技术规程》（JGJ/T 411—2017)，这将推动冲击回波法在工程上的检测应用。

1.1.7 雷达法

雷达法是利用近代军事技术的一种新检测技术。“雷达”是英文radar的音译，“radio detection and ranging”的缩写。由于雷达技术始于军事需要，受外因限制，雷达技术用于民用工程检测在国内起步很晚，一直到20世纪90年代才开始。起先是上海用探地雷达探测地下管线、旧老建筑基础的地下桩基、古河道、暗浜等。

雷达法是以微波作为传递信息的媒介，依据微波传播特性，对被测材料、结构、物体的物理特性、缺陷做出无破损检测诊断的技术。

雷达法的微波频率为300MHz～300GHz，属电磁波，处于远红外线至无线电短波之间。

雷达法引入无损检测领域内大大增强了无损检测能力和技术含量。

利用雷达波对被测物体电磁特性敏感的特点，可用雷达波检测技术检测并确定城市市政工程地下管线位置、地下各类障碍物分布、路面、跑道、路基、桥梁、隧道、大坝混凝土裂缝、孔洞、缺陷等质量问题。因此雷达波法是配合城市顶管、结构等施工工程不可缺少的有效手段。可以想象，雷达波检测技术会在今后城市地下空间开发领域大有用武之地。我国已在路面、跑道厚度检测、市政工程建设中开始应用并取得良好效果。

1.1.8 红外热像检测技术

红外热像检测技术是建设工程无损检测领域又一新的检测技术。将红外热像检测技术移植进建设工程领域是建设工程无损检测技术进步的又一生动体现，也是必然的发展结果。

红外线是介于可见红光和微波之间的电磁波。红外热像检测技术利用被测物体连续辐射红外线的原理，概括被测物体表面温度场分布状况形成的热像图，显示被测物体的材料、组成结构、材料之间结合面存在的不连续缺陷。

红外热像检测技术是非接触的检测技术，可以对被测物体上、下、左、右进行非接触的连续扫描、成像，这种检测技术不仅能在白天进行，而且在黑夜也可正常进行，故非常实用、简便。

红外热像检测技术检测温度范围为－50～2000℃，分辨率可达0.1℃或0.01℃，精度非常高。

红外热像检测技术在民用建设工程中，可用于电力设备、高压电网安全运营检查、石化管道泄漏、冶炼设备损伤检查、山体滑坡检查、气象预报。在房屋工程中对房屋热能损耗检测，对墙体围护结构保温隔热性能、气密性、水密性检查更是具有其他方法无法替代的优点；利用红外热像检测技术是贯彻实施住房城乡建设部实现建筑节能65%要求的有力和有效的检测手段。

1.1.9 磁测法及智能巡检

磁测法是根据钢筋及预埋铁件会影响磁场现象而设计的一种方法。目前，常用于检测钢筋的位置和保护层的厚度，也用于建筑热工、隔声等物理特性检测。

近几年，用于外墙围护结构安全健康检测的无人机智能监测技术成为无损检测的新兴技术。如今，建筑的形式越来越多样化，体系也变得复杂，楼层较高，且存量巨大。针对局部检测方法检测效率低下，红外热像法对较高建筑成像倾角大、对高楼层的识别率降低的问题，搭载局部检测设备实现外墙饰面安全快速检测的外墙智能巡检系统应运而生。随着技术的进步，机器人和无人机已经能够代替传统技术中的人工操作，实现远程、智能化检测，降低检测过程中的安全隐患，增加检测全面性以及准确性，提高作业效率。

1.2 混凝土建筑无损检测技术的发展

目前，随着世界各国经济的不断发展，我国的基础设施建设事业也是日新月异。但是，随着建设项目的不断复杂化，我们在实践的过程中发现各种各样的因素都会对施工项目本身产生不同程度的影响，这些结构中就包含了很多不易被发现的缺陷和问题。我国很多基础项目的规模很大，例如大型水坝、桥梁、高层建筑、装配式建筑、高速公路等。它们同时也是关系到国家经济和国防建设的基础，其在漫长的服役过程中，在不同因素的影响作用下，基本结构和功能都会发生隐性或者显性的变化，如果不对这些问题给予足够的重视，就有可能在未来的某一天给我们带来灾难性的后果。正所谓“千里之堤毁于蚁穴”。从理论上说，每一项工程的内部都存在着一些缺陷，而某些缺陷的程度是我们不能够准确测量和准确判断的，这就是潜在的可以积累的风险。由此来看，对于相关检测技术的研究，尤其是针对可靠的混凝土结构安全性能评价和缺陷的无损检测技术研究对于我们的工程实践来说具有重要的理论意义和现实意义。因此，自19世纪初问世以来，人们就对混凝土无损检测技术进行了系统的研究和改善。

1.2.1 混凝土建筑无损检测方法的发展

混凝土作为一种最重要、用量最大的工程材料，已有近200年的历史。在漫长的发展过程中，如何赋予它一些明确的性能指标，以及如何获得和控制这些性能，一直是人们在应用中不断探索的问题之一。如何测定这些性能，则是上述探索的基础。首先被采用的混凝土性能试验方法是“试件试验”。早在1911年英国皇家建筑学院（RIBA）的研究报告中，就已把立方体抗压强度试验列为推荐方法，此后迅速被各国采用，并一直沿用至今。这类方法以试件破坏时的实测值代表混凝土的性能指标。“试件试验”方法已沿用近一百年，已成为混凝土结构设计施工及验收规范的基本依据。但是，由于试件中的混凝土与结构物中的混凝土质量、受力状态、混凝土成型和养护条件都不可能完全一致，所以，试件实测值只能被认为是混凝土在特定条件下的性能反映，而不能完全确切地代表结构物原位混凝土的质量状况。尤其是对已建成的老建筑以及受灾害因素影响的建筑物，当需要对其安全性作出评估时，“试件试验”就更无法满足要求。因此，人们一直希望找到一种能在建筑物原位直接测量混凝土各项性能指标的方法。

20世纪30年代初，人们就已开始探索和研究混凝土无损检测方法，致使该方法取得了迅速的发展。1930年首先出现了表面压痕法。1935年G. Grimet、J. M. lde把共振法应用于混凝土弹性模量的测量。1948年E. Schmid成功研制了回弹仪。1949年加拿大的Leslie和ChHeesman、英国的R. Jones等运用超声脉冲进行混凝土检测获得成功。接着，R. Jones又使用放射性同位素进行混凝土密实度和强度检测，这些研究为混凝土无损检测技术奠定了基础。随后，许多国家也相继开展了这方面的研究。如苏联、罗马尼亚、日本等国家在50年代都曾取得许多成果。60年代，罗马尼亚的I. Facaoaru提出了用声速、回弹法综合估算混凝土强度的方法，为混凝土无损检测技术开辟了多因素综合分析的新途径。60年代声发射技术被引入混凝土检测体系，H. Rusch、A. T. Green等人先后研究了混凝土的声发射特性，为声发射技术在混凝土结构中的应用打下了基础。80年代中期，美国的Mary Sansalone和Nicholas J. Carino实现了在水泥混凝土等集结型非金属、复合材料中使用机械波反射法进行无损检测的目标。此外，无损检测的另一个分支——钻芯法、拨出法、射钉法等半破损法也得到了发展。90年代以来，随着科学技术的快速发展，涌现出一批新的测试方法，如微波吸收、雷达扫描、红外线谱、脉冲回波等方法，从而形成了一个较为完整的混凝土构筑物无损检测方法体系。

我国在20世纪50年代中期，随着基本建设规模的扩大，混凝土无损检测技术就已引起工程界的重视。与建设工程有关的主要研究院所及高等院校都开展了这方面的研究工作，并将研究内容列入了我国第一个科技发展规划，即《十二年科技规划》。

20世纪60年代初，我国已能生产回弹仪，并对回弹法的研究日趋成熟。

在早期的探索研究中，值得一提的是同济大学在该领域中作出了开拓性的贡献。当时的同济大学声学研究室与材料性质研究室在我国著名声学专家魏墨盦教授的带领下，首先开展了混凝土超声检测方法的研究，试验研究了混凝土强度及配合比参数与超声脉冲速度、衰减系数等声学参数之间的相互关系，并于1964年研制出我国第一台非金属超声仪。在超声法研究方面，主要是运用超声脉冲法进行裂缝探测及运用专用曲线法进行抗压强度检测，并大量引进苏联及东欧国家的研究成果和检测经验。与此同时，在国内也有许多新的探索，在抗压强度检测方面，一些研究者试图消除混凝土中砂、石含量对“声速-抗压强度”关系的影响，以便建立一条适应范围较广的基准曲线。在这方面，中国建筑材料科学研究院提出了“水泥净浆声速核算法”，陕西省建筑科学研究院提出了“砂浆声速核算法”，以及湖南大学提出了“声速衰减综合测强法”等。然而，这些方法都因测试方法或核算方法的繁琐而未能得到广泛应用。但是，它所提出的问题和思路，至今仍对抗压强度测试研究有所启示。在混凝土缺陷测试方面，南京水利科学研究院提出了用概率法判断缺陷的方法，使原来的经验判断上升为数值判据判断。

20 世纪 70 年代后期，我国混凝土无损检测技术的研究进入了一个新的发展期。1978 年，以中国建筑材料科学研究院、陕西省建筑科学研究院为首组成了以建筑工程系统为主的全国性协作组，其后又吸收其他单位参加。协作组的成立加强了各单位间的交流，也对一些共同关注的问题进行了合作研究，例如超声测试中仪器“零读数”问题。协作组对仪器零读数产生的机理、不同介质仪器零读数的差异以及如何进行统一标定都曾进行了联合试验和研究。

20 世纪 80 年代，研究工作得到快速发展。中国建筑材料科学研究院进行了综合法检测混凝土抗压强度的研究，并首次提出了北京地区的超声法测强曲线。南京水利科学研究院进行了超声法检测混凝土抗压强度、超声法测量混凝土缺陷、裂缝深度的研究。同济大学进行了超声法检测混凝土缺陷、超声法检测混凝土抗压强度以及超声波检测仪的研究。湖南大学进行了超声法检测影响因素及混凝土中声波衰减及频谱分析的研究。陕西省建筑科学研究院进行了混凝土缺陷检测、超声法测量火灾后混凝土的损伤层厚度的研究。

进入 21 世纪之后，随着科学技术的发展，已有方法更趋成熟和普及，同时新的方法不断涌现。其中，雷达技术、红外热像技术、冲击回波技术等都进入了应用阶段。在声学检测技术方面的最大进展，则体现在对检测结果分析技术方面的突飞猛进。例如在缺陷测试技术方面，其分析判断方法由经验性判断上升为数值判据判断，又由数值判据判断上升为成像判断。测试仪器也由模拟型仪器发展成为数字型仪器，为信号分析提供了物质基础。例如超声波检测仪器由模拟式发展为数字式，可将测试数据传入计算机进行各种数据处理，进一步提高了检测点的可靠性。同时我国建设工程质量管理引起广泛关注并提出一系列重大举措，从而进一步加强了无损检测技术在建设工程质量管理中的作用和责任，也进一步推动了检测方法的蓬勃发展。

混凝土无损检测技术的发展虽然时快时慢，但由于工程建设的实际需要，它始终具有较强的生命力。可以预料，随着科学技术的发展和工程建设规模的不断扩大，无损检测方法将会不断更新以适应工程需要，无损检测技术的发展前景是广阔的。

1.2.2 混凝土无损检测仪器的更新

伴随着混凝土无损检测方法的蓬勃发展，无损检测仪器也必须紧跟步伐，不断改进以适应新的测试要求。总体来说，从混凝土无损检测进入实用阶段以后，各类检测仪器都有了很大的发展，其中包括各种型号的数显式回弹仪，轻便型钻孔取芯机、拔出仪、射钉仪、贯入仪、钢筋保护层厚度测定仪、钢筋锈蚀仪、脉冲瞬变电磁仪等。下面以超声检测仪为例，谈谈混凝土无损检测仪器的发展。

混凝土声测仪器与混凝土声测技术是在相互制约而又相互促进的过程中得到发展的，我国混凝土声测仪器的发展大致经历了 5 个阶段：

20 世纪 60 年代是声波检测技术的开拓阶段。声测仪是电子管式的仪器，如 UCT-2 型、CTS-10 型等，现已被淘汰。

20 世纪 70 年代是超声检测方法研究及推广应用阶段。声测仪是晶体管化集成电路模拟超声仪。首先推出的是湘潭无线电厂的 SYC-2 型岩石声波检测仪，之后相继推出的是天津建筑仪器厂的 SC-2 型和汕头超声电子仪器厂的 CTS-25 型等，这类仪器一般具有示波及数码管显示装置，手动游标读取声学参数，市场拥有量约有几千台，为推动我国混凝土声测技术的发展发挥了重要作用。在 70 年代中期，我国生产的非金属超声仪及其配套使用的换能器与国外同类仪器相比（如美国 CNC 公司的 Pundit 型，波兰的 N2701，日本 MARUT 公司的 Min-l150—03 型等），在技术性能方面已达到或超过他们的水平。

20 世纪 80 年代是进一步发展与提高阶段。80 年代初期国外推出了计算机控制的声波检测仪（如日本 OYO 公司的 5217A 型等），混凝土超声仪进入了数字化仪器阶段，数字化声学信号数据处理技术的应用，推动了声测技术的发展，而我国却由于多种原因在计算机的应用方面落后于国外水平。80 年代末期，我国开始数字化混凝土超声仪的研究，之后以很快的速度发展。整机化的由计算机控制的声测仪于 80 年代末到 90 年代初产生，这批仪器均采用 Z8OCPU，通过仪器与计算机的联系，实现了不同程度的声参数的自动检测，并具有一定的处理能力，使现场检测及后期数据处理速度大大加快。但是，由于受到数据采集速度以及存储容量和软件语言等方面的限制，无法实时、动态地显示波形变化，难以承担需要大量处理单元和高速运算能力支持的信息处理工作，也不便于软件的再开发。作为初级数字化超声仪的代表型号为 CTS-35 型、CTS-45 型和 UTA2000A 型。

20 世纪 90 年代是追赶并超过国际水平的阶段。随着声测技术的发展、检测市场的扩大以及计算机技术的深入应用，自 90 年代中期以来，我国各种型号的数字式超声仪相继问世。首先推出的是北京市市政工程研究院（北京康科瑞公司）的 NM-2A 型，随后该型仪器不断更新，形成了 NM 系列。NM 系列超声仪的最大特点是在计算机和数据采集系统之间，通过高速数据传输（DMA）方式，实现了波形的动态、实时显示，并以软硬件相结合的方式，创造性地解决了声学参数的自动判读技术，从而在高噪声弱信号的恶劣测试条件下，仍然可快速准确地完成自动检测，大大提高了测试精度和测试效率，对超声检测技术的推广是有力的推动。之后相继推出的有武汉岩海工程技术有限公司的 RS-UTOIC 型、同济大学的 U-Sonic 型、中国科学院岩土力学研究所的 RSM-SY2 等。

进入 21 世纪，超声仪器的发展趋势是小型化、微机化、智能化和单面反射检测等，例如俄罗斯的 MSlA Spectrum 公司与英国 JMT 公司合作生产的 UT-201（主要测量厚度），UE-201（B 扫描），UK-1401（混凝土检测），A1220（测量厚度和探伤）以及 A1230（超声断层扫描）等仪器。这些仪器的超声频率在 30～100kHz 范围内，其特点是体积小、质量轻，采用阵列探头、干耦合、三维成像（合成孔径聚焦技术）。

总之，各种检测设备的研制和生产，为混凝土无损检测技术提供了良好的物质基础。

1.2.3 混凝土无损检测技术标准的变革

伴随着混凝土无损检测方法日臻成熟，许多国家开始了制定这类检测方法的标准化工作。然而随着新技术、新材料的出现，对标准也提出了新的要求，要进一步深入研究以适应新情况的要求。检测理论研究的发展，技术的成熟推进了标准的更新，而标准的更新也体现了无损检测技术的不断发展。

就回弹法检测混凝土强度而言，美国材料试验学会（ASTM）、国际标准化组织（ISO）以及其他许多国家都发布了相关标准，用以测定混凝土的回弹值。例如 ASTM 标准《硬化混凝土回弹试验方法》（ASTM C805）在 1975 年发行试用，1979 年采纳为正式标准。该测试方法经定期修订，现已更新到 2018 年版本。ASTM、ISO 以及其他许多国家都发布了相关标准，用以测定混凝土的回弹值。1985 年，我国第一个非破损检验混凝土质量的专业标准《回弹法评定混凝土抗压强度技术规程》（JGJ 23—1985）正式实施，随后相继不断更新为《回弹法检测混凝土抗压强度技术规程》（JGJ/T 23—1992、JGJ/T 23—2001、JGJ/T 23—2011）。这些标准的更新正是回弹法检测技术不断完善的过程。

随着超声回弹综合法检测混凝土强度的发展，1988 年，由中国工程标准化委员会批准发布的我国第一个《超声回弹综合法检测混凝土强度技术规程》（CECS 02：88）也得到了实施，并且进行了不断修订，并于 2020 年将该标准更新为《超声回弹综合法检测混凝土抗压强度技术规程》（T/CECS 02—2020）。

我国于 1990 年发布了《超声法检测混凝土缺陷技术规程》（CECS 21：90），2000 年更新为《超声法检测混凝土缺陷技术规程》（CECS 21：2000）。

钻芯法在国外的应用已有几十年的历史，同时其标准也在不断地完善。英国、美国、德国、日本、比利时和澳大利亚等国家分别制定了钻取混凝土芯样进行强度试验的标准。国际标准化组织也提出了国际标准草案《硬化混凝土芯样的钻取检查及抗压试验》（ISO/DIS 7034）。在我国，1948 年就已开始使用钻芯法检测混凝土路面的厚度，并制定《钻取混凝土试体长度之检验法》。1988 年由中国工程建设标准化委员会颁布了《钻芯法检测混凝土强度技术规程》（CECS 03：88）。规程的发布实施，使这一方法在结构混凝土的质量检测中得到了普遍应用，并取得了明显的技术经济效益，达到一个新的水平。随着科学技术的发展，检测经验的积累和工程检测的新要求，从 2000 年开始又对该技术规程进行修订，并于 2007 年将标准更新为《钻芯法检测混凝土强度技术规程》（CECS 03：2007）。

拔出强度标准的出台始于 1977 年，丹麦首先发布了拉拔试验的检测标准，并在混凝土结构检测中得到应用；在北美，ASTM 在 1978 年发布了用于检测混凝土拔出强度的一个试验方法暂行标准 C-90-78T。这本标准稍后进行了修改并自 1982 年正式出版实施，这就是《硬化混凝土拔出强度标准试验方法》（ASTM C900-99）。ASTM 标准的进步在于没有将测试结构限定为规则几何体。在 2001 年以前，ASTM C900-99 要求拔出试验必须在 90～150s 内完成。大多数测量混凝土强度性能的检测方法都要求以特定应力速度加压。因此，在2001年，这项测试标准得到修订，使得加载在圆锥截面的正应力可以以40～100kPa/（5.8～14.5psi/s）的速度增加，这项标准现已更新为ASTM C900-19。可见技术的进步推动了这些标准的不断更新。除此之外，将拔出法列为标准试验方法的还有：《硬化混凝土拔出强度的测定》（ISO/DIS 8046），苏联标准《拔出法试验混凝土强度》（ГОСТ21243-75），丹麦标准化局《硬化混凝土拔出试验方法》（DS423.31），瑞典标准化委员会《硬化混凝土拔出试验》（SS137238），挪威标准化局《混凝土试验——拔出试验》（NS3679）。我国在这方面的最初标准是中国工程建设标准化委员会先后颁布实施的《后装拔出法检测混凝土强度技术规程》（CECS 69：94）和《拔出法检测混凝土强度技术规程》（CECS 69：2011）。

关于混凝土无损检测方面的技术标准还有很多。这些技术也在不断进步，标准也在不断更新。如ASTM委员会C-9在1972年开始研究贯入阻力测试的相关标准，并在1975年发布了包含探针穿透试验方法的试行标准。1982年，ASTM正式发布《硬化混凝土射入阻力试验方法》（ASTM C803）。在1990年该标准经过修订，增加了射钉法。经过不断修订，该标准已更新至2018年版本；《混凝土试样横向、纵向和扭转基频的检测方法》（ASTM C215）在1947年第一次发布并从此后定期修订，这项标准的目前版本是2019年版。美国ASTM协会C09在19世纪60年代后期率先引导了超声脉冲速度的相关标准，并在1968年发行了试行标准，正式标准于1971年颁布，自此以后没有大的变动，现已更新为《混凝土超声脉冲速度试验方法》（ASTM C597-22）。ASTM协会D04道路和路面材料研究部门采纳了短脉冲（探地）雷达在路面和桥面评价中的测试方法。其中一种测试方法，即《用短脉冲雷达测量粘合路面层厚度方法》（ASTM D4748）于1987年最初使用来测量黏合路面层的厚度。该标准现已更新至2022年版本。还有《硬化混凝土超声脉冲速度的测定》（DIN/IS0 8047），俄罗斯的《混凝土超声测强度》（GOST），英国的《测试混凝土中超声速度》（BS 1881：Part 203），捷克和斯洛伐克的《用超声脉冲检测混凝土的方法》（STN 73-1371）等。与此同时ISO及材料与结构试验研究国际联合组织（RILEM）也先后提出了若干项相关的国际标准。

近年来，随着国家对建筑节能越来越重视，建筑节能相关技术取得了巨大的进步。无损检测方法也开始应用于该领域，例如建筑外墙饰面的无损检测，建筑节能体系的无损检测等。相关标准也在逐步更新。2001年建设部颁布了《采暖居住建筑节能检验标准》（JGJ 132—2001），随后，为了适应我国未来相当一段时间内的能源紧缩政策，配合国家加大《民用建筑节能设计标准（采暖居住建筑部分）》（JGJ 26—2018）、《夏热冬冷地区居住建筑节能设计标准》（JGJ 134—2010）和《夏热冬暖地区居住建筑节能设计标准》（JGJ 75—2012）的实施力度而更名扩编为《居住建筑节能检测标准》（JGJ/T 132—2009），其中，红外热像检测技术在建筑节能检测中的应用丰富了该标准的内容，研究人员针对墙体含湿率对热工性能的影响做了大量的研究工作，探讨研究了围护结构快速检测方法；对围护结构的火灾进行了研究试验；研究了建筑幕墙保温性能检测及建筑遮阳检测技术等。相关标准还有《建筑节能工程施工质量验收标准》（GB 50411—2019）、《建筑围护结构节能现场检测技术标准》（DG/TJ 08-2038—2021）以及《红外热像法检测建筑外墙饰面粘结质量技术规程》（JGJ/T 277—2012），《红外热像法检测建筑外墙饰面层粘结缺陷技术规程》（CECS 204：2006）。

标准的更新是各国无损检测专家共同努力的结果，这些工作极大地推动了结构混凝土无损检测技术的发展，对它的工程应用也起了良好的促进作用。

1.2.4　混凝土无损检测学术交流的强化

自20世纪70年代后期，在中国建筑材料科学研究院的主持下成立了混凝土无损检测技术协作组以来，混凝土无损检测技术的学术交流活动从未间断。

1985年，中国建筑学会施工学术委员会下的混凝土质量控制与非破损检测学组成立，挂靠单位为中国建筑科学研究院，其中非破损检测部分后来挂靠在中国土木工程学会混凝土及预应力混凝土学会下的建设工程无损检测委员会。

1986年，中国水利学会施工专业委员会无损检测学组（南京水利科学研究院）成立，随后中国声学学会的检测声学委员会（同济大学）成立。我国交通运输部、铁道部（现已改制）等也建立了相应的建设工程无损检测组织，开展了各种学术交流活动，制定了相应的检测规程。现在各省、区、市都建立了建设工程质量检测中心，各部委也有相应的质检中心，负责地方或部门的监督、管理、培训和考核及资格鉴定工作。

2016年，中国混凝土与水泥制品协会（CCPA）设立了混凝土材料与结构检测分会，旨在针对混凝土材料的复杂性以及工程的独特性，发现并解决目前实验室检测、现场检测存在的问题，共同推动检测行业技术进步。2020年国家建筑工程技术研究中心召开了建筑工程与材料测试技术论坛，并成立了第一届专家委员会。

这些学术组织都在混凝土检测方面作了大量工作，例如中国土木工程学会混凝土及预应力混凝土分会建设工程无损检测委员会先后举行了多届全国性学术交流会、多次专题性讨论会和国际交流活动，还组织了多项攻关研究课题，推动了有关检测标准的制定，并作了大量科普工作。委员会还组织委员们翻译国外研究文集，编辑出版了2本国际土木工程无损检测会议论文集。另外，还邀请罗马尼亚、日本等国的专家来华讲学、交流。这些工作使我国土木工程无损检测中的若干单项技术、研究成果或应用水平都进入了国际先进行列。

同时，我国从事混凝土无损检测的工程技术人员也以各种形式参与国际交流，其中包括访问、访学、学术会议、技术培训，参与实际工程检测及仪器展览等。这些交流活动无疑为我国混凝土无损检测技术的发展起了推动作用。

1.3　混凝土无损检测技术应用途径与发展趋势

1.3.1　混凝土无损检测技术应用途径

进入21世纪之后，我国一方面继续引进瑞士、英国、波兰等国的先进无损检测检测仪器，并结合工程应用开展了许多研究工作。另一方面，国内也自行研发并开始批量生产多种型号的超声检测仪等先进的检测仪器，在检测方法方面也取得了许多进展，并且我国曾多次组织力量合作攻关，大大推进了结构混凝土无损检测技术的研究和应用。随着电子技术的发展，仪器的研制工作也取得了新的成就，并逐步形成了自己的生产体系。使得无损检测技术继续向更深的层次发展，许多新技术得到应用，检测人员队伍不断壮大，素质迅速提高。同时，无损检测对象和范围也不断地扩大，从单一的建筑混凝土检测发展到混凝土灌注桩检测、钢管混凝土质量检测、火灾混凝土建筑物检测、建筑外墙饰面质量检测以及建筑物节能体系检测等多方面的应用。

1.3.1.1 混凝土灌注桩无损检测

灌注桩的综合质量体现在以下三方面，承载力、桩的完整性、桩的耐久性，其中承载力因桩体较大，用无损检测方法难以准确测量，而当地下无明显腐蚀性介质而且桩身完整时也未见有因耐久性破坏的报道。所以，完整性是混凝土灌注桩质量的主要指标。桩基础在桥梁工程中主要有钻孔灌注桩与挖孔灌注桩，针对不同的桩基类型及检测目的，目前已有许多种检测方法可用来检测桩基完整性。这些方法大体可分为 3 类：静荷载试验法，直观检查法（包括开挖检查，勘探孔检查法），辐射能检测法（包括超声脉冲法及放射性元素能量衰减或散射法）。桩基的质量检测方法常用的有：超声波检测法、钻芯取样检测法等。超声波属无破损检测法，对于重要工程或重要部位的桩基宜逐根进行，而钻芯取样检测法属局部破损检测法，应按照规定的抽检比例及对桩的质量有疑问时采用。具体参见《建筑基桩检测技术规范》（JGJ 106—2014），其中混凝土灌注桩的超声法检测缺陷已编入《超声法检测混凝土缺陷技术规程》（CECS 21：2000）中。

1.3.1.2 钢管混凝土质量检测

随着钢管混凝土结构材料在工业、桥梁、台基建筑工程中推广应用，处于核心混凝土的施工质量、强度及其与钢管结合整体性等问题，已成为工程质量检查与控制迫切要解决的技术问题。目前在钢管混凝土完整性检测中使用得较多的方法有敲击法和超声波法。敲击法完全凭技术人员的技术及经验，缺乏理论依据和可供存档的资料，不便于施工技术管理及质量检测技术管理，它只能作为一种辅助检测手段。结合钢管混凝土结构设计与施工标准的编制，同济大学材料科学与工程学院于 1984 年就钢管混凝土的质量和强度检测技术采用超声脉冲方法进行了系统的探测研究，确定了检测方法的有效可行性。钢管混凝土缺陷检测也已编入《超声法检测混凝土缺陷技术规程》（CECS 21：2000）中。

1.3.1.3 火灾混凝土建筑物检测

火灾除造成人们生命财产的重大损失外，还对建筑结构造成不同程度的损伤、损坏，甚至倒塌。因而，采用正确的方法检测火灾后混凝土的质量，评价建筑物的损伤程度，为建筑物灾后进行修复、加固或拆除重建提供依据，使建筑物能尽快投入使用，减少灾害损失，具有十分重要的意义。

一般可采用回弹、敲击和表层剥离等方法对受灾现场的构件和区域进行逐一检查，根据损伤情况对其进行分类。还可以利用超声波法来测定损伤层的厚度，一般采用平测法进行测试；测试时，构件表面要清理干净，采用接触良好的耦合剂（如黄油）。参见《超声法检测混凝土缺陷技术规程》（CECS 21：2000）表面损伤层检测。另一方面，钻芯法钻取的芯样可以进行混凝土抗压强度试验，直接判断该区域的混凝土实际强度值，也可以切取未损伤混凝土测量波速进行比对。另外，在可能的情况下，可截取不同烧伤深度尺寸的混凝土芯样试件进行抗压强度对比试验。当一些构件（如楼板等）由于受现场条件限制而不能用超声波法来测定损伤层的厚度时，可用钻芯法钻取芯样来直接测量损伤层厚度。

另外，近年来采用红外热像检测技术以及红外热像-电化学综合分析技术对火灾混凝土的损伤破坏进行探测的研究也越来越多。红外热像检测技术是用于测量红外辐射线及直观温度场图像形成辐射线的一门技术。混凝土构筑物遭受火灾后，混凝土材料在高温作用下会发生一系列不同的物理及化学变化，造成材料导热系数、比热等性能变化，从而影响传导热时的红外辐射量，导致表面温度发生变化，显现红外热线的温度变化图谱，利用红外辐射与表面温度的内在关系，可定性定量地分析和诊断混凝土的损伤情况。

混凝土材料在火灾温度作用下，水泥水化产物会失水分解，特别是450℃以后，$Ca(OH)_2$会脱水形成CaO，导致混凝土中性化。当混凝土中性化深度达到保护层深度时，则会引起钢筋表面钝化膜破坏。在电化学性能方面，主要表现为钢筋表面电势降低。钢筋锈蚀电流密度增大。利用电化学方法通过现场检测火灾混凝土内部钢筋的表面电势 E_s 与锈蚀电流 i_{corr} 可判断混凝土保护层及钢筋部位的受火温度及损伤情况，这就是电化学检测原理。

混凝土火灾的物理化学反应，使混凝土表层变得疏松，表面因被直接火烧，其疏松尤为严重，其强度也随着疏松程度的加大而下降，这些会导致混凝土的热导性下降。在阳光或外部热照射后，损伤部位的温度场分布与完好部位或周边混凝土的温度场分布产生明显的差异。从红外热像图显示的“热斑”和“冷斑”比较容易分辨出火烧的损伤部位，这是红外成像作为非接触快速检测的特点。通过模拟试验，还可以建立一定条件下混凝土损伤的程度和灾后强度下降的大致对应范围，以作为工程实际检测热像图分辨判断的标识指标，半定量探测为工程修复加固处理提供参考，依据基本原理，进行广泛深入的试验，使红外热像检测技术适应不同的技术条件。提高判别的精度，将是可行、有效的新检测手段。

1.3.1.4 建筑外墙饰面质量检测

在建筑工程中，由于施工控制或管理不当，常出现建筑物外墙剥离、空鼓等工程质量问题。一般工程中主要用敲击法检测外墙的施工质量。对于已建多层、高层建筑的外墙饰面工程质量，采用敲击法检测不仅成本高，有时难以实现，而且，也依赖于检测人员的经验，误差较大。目前普遍采用拉拔法检测建筑外墙饰面砖的粘结强度，具体方法可参见《建筑工程饰面砖粘结强度检验标准》(JGJ/T 110—2017)。另外，《建筑节能工程施工质量验收标准》(GB 50411—2019) 中也明确指出外墙保温材料和基层粘结强度需经现场拉拔试验来确定。即在进行外墙保温施工中，保温材料和基层的粘结强度必须要通过现场进行拉拔试验的检测，其检测结论才可作为外墙保温竣工验收的依据。

另外，红外热像检测技术也已在建筑工程领域逐渐普及。与敲击法相比，红外热像法的最大优点是能够以远距离非接触的方式进行大面积的扫描，且检测结果可以用一种可视的图像方式表示出来。红外热像法的相关标准有《红外热像法检测建筑外墙饰面粘结质量技术规程》(JGJ/T 277—2012) 和《红外热像法检测建筑外墙饰面层粘结缺陷技术规程》(CECS 204：2006)。

因剥离形成的墙身缺陷和损伤，降低了墙体的热传导性；抹面材料剥离，外墙体和主体之间的热传导变小，剥离部位与正常部位的温度形成差异，经太阳照射后的辐射和热传导，使缺陷、损伤处的温度分布与质量完好的面层的温度分布产生明显的差异，经高精度的温度探测仪分辨，红外成像后能直观检测出缺陷和损伤的所在。

面层和基体产生脱粘或“空鼓”，同样会造成整体导热性与正常部位导热性的差异，在脱粘部位，受热升温和降温散热均比正常部位快。这种温度场的差异提高了红外热像检测的可行性。而且对大面积非接触面的安全质量检测，红外遥感检测技术也是适用的。为诊断和评估提供了科学依据，对防患于未然具有十分重要的社会效益。

无人机智能监测是近几年出现的外墙围护结构安全健康检测新技术。随着技术的进步，机器人和无人机已经能够代替传统技术中的人工操作，实现远程、智能化检测，降低过程中的安全隐患，增加检测全面性以及准确性，提高作业效率。

1.3.1.5 建筑物节能体系检测

统计表明，在工业、运输和建筑三部分的能耗中，30%～50%的能量消耗集中在建筑住宅方面，其中一半的能耗同人们的生活舒适性有关。可见，建筑领域节能的潜在效益极大。

按现有国家和地方建筑节能工程竣工验收规范和相关技术规范，建筑节能工程检测主要分为建筑能耗测试、节能研究开发或产品进入工程现场的验收检测、工程现场检验。一般来说，建筑节能工程的节能检测主要是针对节能建筑物本身，与建筑节能效果息息相关的建筑围护结构各部件、组成各部件的保温隔热系统和系统各组成材料的检测。

建筑住宅能量的消耗来自热传导、热对流和渗漏防潮。对于安装隔热层的建筑围护结构，缺少隔热材料或安装不当，如隔热材料未填充设计空间、缝隙、孔洞，隔热层过薄，隔热材料沉降、收缩或受潮，从检测面的温度场分布或热像图中均可发现温度的起伏波动，使空间温度分布失衡。

在建筑结构中，砌墙或加气混凝土墙，金属，钢筋混凝土梁、柱、板和肋，夹心保温墙中金属连接杆，外保温墙中固定保温板的金属锚固体，内保温层中的龙骨，挑出阳台与主体结构的连接部位，保温门窗框等，这些都使得整体楼房存在大量的传热通道，称之为“热桥”。对于非节能建筑，热桥附加能耗占30%以上，而在新型节能型建筑中，热桥附加能耗占总能耗的20%以内。从节能角度考虑，对热桥应设置隔热条对传热加以阻隔。这些热工现象不是肉眼所能观察到的，需要应用高精密度的红外热像仪检测、鉴别和判断，以提供房屋保温隔热节能的依据。

目前《居住建筑节能检测标准》（JGJ/T 132—2009）以及《建筑围护结构节能现场检测技术标准》（DG/TJ 08-2038—2008）都明确指出，外围护结构热工缺陷（包括热（冷）桥检测）宜采用红外热像仪检测。

1.3.2 混凝土无损检测技术发展趋势

近年来，我国建设工程的质量问题受到广泛的关注。为此，国务院采取了一系列重大举措，以提高工程质量。随着这些措施的落实，无损检测技术在建设工程质量管理中的作用和责任日益明显。这是因为工程质量是由一系列工程技术指标来体现的，这些指标的量化值又是通过检测来获取的，如果检测结果不准确则必将对工程质量造成误判。目前施工质量控制和验收还仅仅建立在前期材料试件检测和外观检测的基础上，但结构物的原位质量才是实际的工程质量，而原位质量只能通过无损的手段来获取。因此，随着我国建筑工程规模的不断扩大，以及质量管理的不断深入，混凝土无损检测技术应适应新的需要，必将有更大的发展，这些发展将体现在以下几方面。

1.3.2.1　检测内容和使用范围的扩大

随着人们对工程质量的关注，以及无损检测技术的迅速发展和日臻成熟，促使无损检测技术在建设工程中的作用日益明显。它不仅已成为工程事故的检测和分析手段之一，而且正在成为工程质量控制和构筑物使用过程中可靠性监控的一种工具。可以说，在整个施工、验收及使用过程中都有其用武之地。在以往的研究中主要集中在混凝土抗压强度检测和混凝土缺陷探测两方面，为了满足新的需要还应进一步开拓新的检测内容，例如，混凝土耐久性的预测；已建结构物损伤程度的检测、早期强度检测，高性能混凝土强度及脆性的检测；火灾混凝土建筑物检测、装配式建筑质量检测、建筑外墙饰面质量检测、建筑物节能体系检测等。

1.3.2.2　技术途径的更新与完善

目前，已有技术主要集中在混凝土抗压强度测试和混凝土缺陷测试两方面。

混凝土抗压强度检测方面：如何提高强度检测的精度仍然是主要研究方向。应该看到，在过去的40年中，混凝土抗压强度检测技术进展不大。究其原因，除了混凝土强度的影响因素太多、太复杂之外，还因为过去的研究工作主要集中在超声法和回弹法等方法上，思路不够开阔。从理论上来说，超声法、回弹法检测混凝土抗压强度主要是建立在混凝土应力-应变与抗压强度的相关关系上的，而与混凝土强度相关的因素很多，应该扩大探索的范围，以便综合更多参数，确保检测精度。半破损方法的检测结果比较直观可靠，许多工程都采用无损方法作为普遍测量的手段，而用半破损方法作为校核手段，两者的结合无疑可提高检测精度和检测效率，但如何合理结合则需进一步研究。此外，无损检测混凝土强度的技术所推定的混凝土强度与按混凝土立方体强度标准值所计算的强度等级之间的统计关系，需进一步明确，以便使无损检测的评定结果与试件评定结果具有等效性。

混凝土缺陷检测方面：超声法检测混凝土缺陷技术近年来发展较快。

测试结果处理技术正在进入一个新的飞跃，即由数理统计方法进入信息处理技术的新阶段。数据处理与信息处理的含义有所不同，前者主要是对大量测试数据分析处理，归纳有关规律，它主要运用数理统计的基本理论；而信息处理则是指信号的变换、分离、滤波、频谱分析、成像、存储、记录等方面的技术。例如CT成像技术、频谱分析技术、神经网络技术等已越来越多地被无损检测研究者运用，在所发表的研究论文中占有相当大的比例，并已运用于工程检测，使检测结果的直观性和可靠性大为提高。

此外，一些新的物理方法将会更多用于缺陷探测，例如，雷达技术、红外遥测技术、冲击回波技术等。

在检测仪器方面：我国的非金属超声检测仪已达到国外同类产品的先进水平，有些仪器甚至已处于领先地位，但其他方法的仪器则相对落后，随着其他检测方法的研究和应用，仪器也必将随之发展。

技术规程的编制一方面是对该项技术研究成果的总结和提高，另一方面又是对该项技术的促进。目前，我国虽然制定了无损检测的部分技术规程，但尚未形成体系，今后应将无损检测规程纳入混凝土及钢筋混凝土检测体系中统一规划逐项落实。

1.3.2.3 无损检测技术队伍的建设

40多年来，同济大学等一批高等院校相继开设了无损检测课程，以混凝土材料和结构的无损检测技术为主要内容，每年都有一批学生毕业后从事无损检测工作，并在上海市和国内各省、区、市的无损检测机构中形成中坚力量。

无损检测技术与一般试验方法的不同之处在于，前者只能用间接的物理量反映或推定工程结构物的原位质量指标。这一推定过程存在多种影响因素和不确定性，它涉及材料、结构、应用物理学、信息科学等多门学科，因此要求从事无损检测的人员应有较高的素质。为了适应不同检测任务的需要，应严格推行资格认证制度，制订明确的资格等级标准，并尽快实施相应的培训和考核计划。

总之，随着我国建设工程质量管理力度的加强，无损检测技术的作用将日益明显，责任也不断加重，为了使无损检测技术发挥应有的作用，除了每一位检测工作者应以十分负责的态度对待每一项检测结果外，还应充分意识到现有无损检测方法的局限性，以创新的精神推进该项技术的发展。

思考题

1. 混凝土材料与结构无损检测的方法有哪些，主要检测哪些方面?

2. 混凝土材料与结构无损检测技术有哪些特征?

3. 红外热像检测技术在混凝土无损检测中有哪些方面的应用?

4. 混凝土材料与结构无损检测技术是不断发展的，试以某一测试技术发展史或某种设备迭代更新为例，谈谈对无损检测技术发展历史观或与时俱进更新自我知识体系的认识。

5. 有人说混凝土是有生命的，也有生老病死；也有人说人生就像混凝土。作为土木工程材料人，作为材料与结构无损检测人，围绕以上论述，谈谈启示和看法。

2　混凝土强度无损检测技术

2.1　回弹法检测混凝土强度

2.1.1　概述

当混凝土工程发生质量事故后，通常需要调查分析造成事故的原因，其中提供结构或构件混凝土实际强度的数据是必不可少的。但长期以来都是采用试块试压的方法来确定构件或建筑物的混凝土抗压强度。随着混凝土生产技术和工程结构的发展，对混凝土的质量、构件受力性能及结构的可靠性提出了更高的要求，人们自然地会提出这样一个问题，即采用试块试压的方法所得出的抗压强度，是否能反映构件的实际强度？研究表明，同条件的试块，即使其质量合乎要求，但它在混凝土取样、成型、养护及受力状态等方面，都与构件有颇大的差异，更何况少量的几组试块的试压结果，能在多大程度上代表构件各部位的抗压强度是值得研究的。而在质量事故中，确定构件中强度不合格的区域，据此采用相应的加固补强措施，这也不是能通过试块的试压结果所能解决的。因此，采用非破损方法直接在构件上确定混凝土的强度，无论在理论上还是在实际应用中，都较传统的试块试压方法具有一定的优越性。

通过推算混凝土的表面硬度来推算抗压强度，是结构混凝土现场无损检测中常用的方法之一。1948 年瑞士人 E. Schmidt 发明了回弹仪，用弹击时能量的变化反映混凝土的弹性和塑性性质，称为回弹法。英国人 Kollek 曾引用布氏硬度的概念论证了混凝土硬度与压痕直径的关系，并用试验的方法证明了回弹值与压痕直径的关系。随后的研究都是采用试验归纳的方法直接建立混凝土抗压强度与回弹值的经验关系。

回弹法的主要优点是：仪器构造简单、方法易于掌握、检测效率高、费用低廉、应用广泛。目前已有 10 多个国家制定了回弹法的国家标准或协会标准，国际标准化组织（ISO）也于 1980 年提出了“硬化混凝土——用回弹仪测定回弹值”的国际标准草案（ISO/DIS 8045）。总体来说，回弹仪有以下 4 个方面的应用：

（1）根据回弹值检验结构混凝土质量的均匀性；

（2）对比混凝土质量是否达到某一特定要求，例如，构件的拆模、运输、吊装等；

（3）根据回弹值推定结构混凝土的抗压强度；

（4）确定结构中混凝土质量有问题的区域，以便用其他方法进一步检测。

但是，回弹法是根据混凝土表面弹击后的回弹值来推算混凝土的强度值，因此回弹仪所测得的回弹值只代表混凝土表层的质量。所以在使用回弹法时，必须要求混凝土构件的表面质量与内部质量基本一致，而且回弹法不能检测混凝土内部的缺陷。

我国自 20 世纪 50 年代中期开始采用回弹法检验混凝土的抗压强度。60 年代初期，原天津建筑仪器厂开始生产中型回弹仪。自此以后，国内一些单位对仪器性能影响因素、测试技术、测强曲线、测试范围等逐步开展了研究工作。目前，回弹仪的类型比较多，有重型、中型、轻型及特轻型，一般工程使用最多的是中型回弹仪，其适用范围也从混凝土增至砂浆、砖等。本节主要以中型回弹仪为例，介绍回弹法检测混凝土强度。

2.1.2 混凝土回弹仪

传统的回弹法因其测试误差较大，因此在回弹法规程实施前一直未能发挥其应有的作用。而回弹仪的质量及其稳定性是影响测试精度的一个关键问题。

传统的回弹法对混凝土回弹仪的要求是具有出厂合格证，且具有规定的率定值。实际上合格的回弹仪应具有标准状态，它不仅使仪器在率定时具有规定的率定值，而且要使其在使用中有恒定的冲击能量，并具有稳定的测试性能，仅以率定值合格与否来表示是错误的。由于各台回弹仪内部零部件的加工精度及装配尺寸并非一致，使得在相同的测试条件下，所得结果差异可能较大。因此，如何使各台仪器的测试性能基本一致，以保持十分接近的测试值，亦即如何确定回弹仪工作时应具有标准状态，这是回弹法测试技术中首先要解决的关键问题。

2.1.2.1 混凝土回弹仪的构造及工作原理

自 20 世纪 50 年代中期，我国相继投入生产指针直读式、自记式、带电脑自动记录及处理数字功能等回弹仪，其中以指针直读的直射锤击式仪器应用最广，其构造如图 2-1所示。

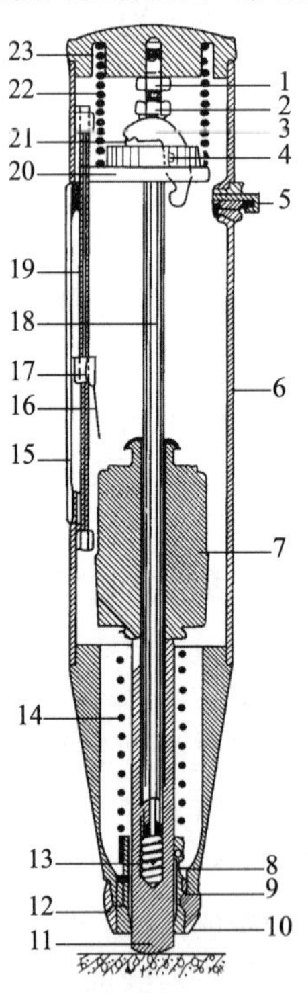

图 2-1 回弹仪构造和主要零件名称

1—紧固螺母；2—脱钩位置调整螺钉；3—挂钩；4—挂钩销子；5—锁定按钮；6—机壳；7—弹击锤；8—拉簧座；9—卡环；10—密封垫圈；11—弹击杆；12—盖帽；13—缓冲压簧；14—弹击拉簧；15—标尺；16—指针片；17—指针块；18—中心导杆；19—指针轴；20—导向法兰；21—挂钩压簧；22—复位压簧；23—尾盖

图 2-2 为回弹法的原理示意图。回弹法是用一个弹簧驱动的重锤，通过弹击杆（传力杆）弹击混凝土表面，测出与重锤被反弹回来的距离，相应的回弹值作为强度相关指标，来推定混凝土强度的一种方法（图 2-2）。

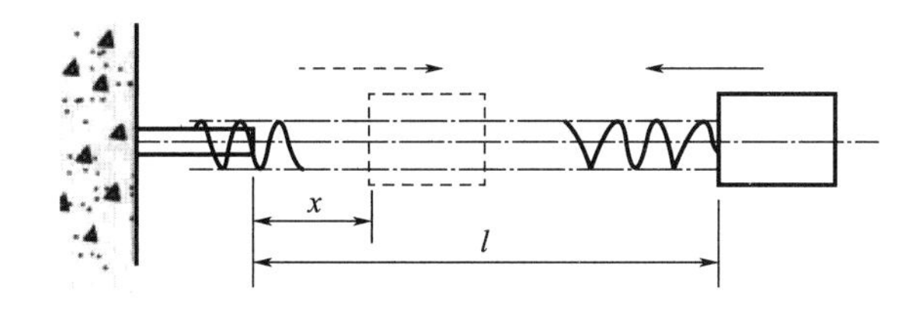

图 2-2 回弹法的原理示意图

当重锤被拉到冲击前的起始状态时，这时重锤所具有的势能 e 为：

$$e=\frac{1}{2}nl^2 \tag{2-1}$$

式中 e——重锤具有的势能，J；

n——拉力弹簧的弹性系数，N/m；

l——拉力弹簧的起始拉伸长度，m。

混凝土受冲击后产生瞬时弹性变形，其恢复力使重锤弹回，当重锤被弹回到 x 位置时，具有的势能 e_x 为：

$$e_x=\frac{1}{2}nx^2 \tag{2-2}$$

式中 x——重锤反弹位置或重锤弹回时弹簧的拉伸长度，m。

所以，重锤在弹击过程中，所消耗的能量 Δe 为：

$$\Delta e=e-e_x \tag{2-3}$$

将式（2-1）、式（2-2）代入式（2-3）得：

$$\Delta e=\frac{1}{2}nl^2-\frac{1}{2}nx^2=e\left[1-\left(\frac{x}{l}\right)^2\right] \tag{2-4}$$

令 $R=\frac{x}{l}$，在回弹仪中，l 为定值，所以 R 与 x 成正比，R 称为回弹值。将 R 代入式（2-4）得：

$$R=\sqrt{1-\frac{\Delta e}{e}}=\sqrt{\frac{e_x}{e}} \tag{2-5}$$

从式（2-5）中可知，回弹值 R 等于重锤冲击混凝土表面后剩余的势能与原有势能之比的平方根。简而言之，回弹值 R 是重锤冲击过程能量的反映。

能量损失主要在以下 3 个方面：

（1）混凝土受冲击后产生的塑性变形所吸收的能量；

（2）混凝土受冲击后产生振动所消耗的能量；

（3）回弹仪各机构之间的摩擦所消耗的能量。

在具体的试验中，（2）、（3）两项应尽可能使其固定于某一统一的条件。例如，试件应有足够的厚度，或对较薄的试件予以加固，以减少振动；回弹仪应进行统一的计量率定，使冲击能量与仪器的内摩擦损耗尽量保持统一等。因此，第一项的能量转换是主要的。

由以上分析可知，回弹值本质上为重锤弹击混凝土前后的能量变化，既反映了混凝土的弹性性能，也反映了混凝土的塑性性能。它与强度 f 也有着必然的联系。因此，目前均采用试验归纳法，建立混凝土强度 f 与回弹值 R 之间的一元回归公式，或建立混凝土强度 f 与回弹值 R 及主要影响因素如碳化深度 d_m 之间的二元回归公式。这些回归公式可采用各种不同的函数方程形式，根据大量试验数据进行回归拟合，择其相关系数较大者作为实际经验公式。

2.1.2.2 影响混凝土回弹仪检测性能的主要因素

仪器产生与传递能量及指示回弹值的有关零部件，都直接或间接地影响仪器性能和仪器正常工作的标准状态。陕西省建筑科学研究院对此曾进行了系统的试验研究，研究表明，影响仪器测试性能的主要因素是机芯主要零件的装配尺寸、质量和机芯装配质量。

1. 机芯主要零件的装配尺寸

回弹仪机芯主要零件的装配尺寸是指弹击拉簧的工作长度 L_0，弹击锤的冲击长度 L_p 以及弹击锤的起跳位置等。这 3 个装配尺寸工作时互相影响。严格控制这 3 个装配尺寸，是统一仪器性能的重要前提。

（1）弹击拉簧的工作长度 L_0

L_0 是指拉簧座后端沿口至重锤挂簧孔边缘大面的距离。当重锤脱钩弹击时，重锤与弹击杆两冲击面碰撞的瞬间，弹击拉簧应处于自由状态，其值应为 61.5mm。

如果 $L_0>61.5$mm，那么重锤冲击弹击杆的瞬间，拉簧受到了挤压，冲击后由于拉簧要恢复到自由状态亦即大于 61.5mm 的状态，就在两冲击面之间形成一段距离 ΔL，使重锤比设计规定的位置向后挪了一段距离 $+\Delta L$（图 2-3），造成实际的回弹能量增加，所测回弹值偏高。

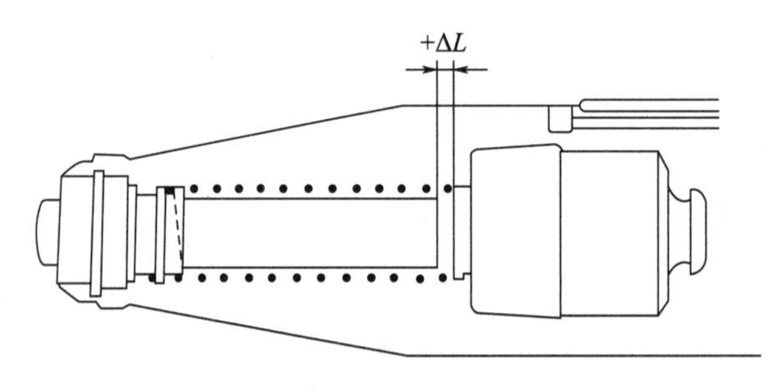

图 2-3　拉簧工作长度大于 61.5mm

如果 $L_0<61.5$mm，重锤冲击弹击杆的瞬间，拉簧不能恢复到自由状态，而被拉长了一个长度（$-\Delta L$），使重锤回弹时要克服一个反方向的拉力 f（图 2-4），造成实际的回弹能量减小，所测回弹值偏低。

由于改变弹击拉簧工作长度的同时，会引起其拉伸长度的变化，它们共同引起仪器能量的变化，从而影响了仪器的测试性能。上述试验结果表明，当 $L_0>61.5$mm 时回弹值偏高，当 $L_0<61.5$mm 时回弹值偏低。

由于改变 L_0 而引起的能量的变化对高回弹值影响较小，因此在钢砧上的率定值基本不变。

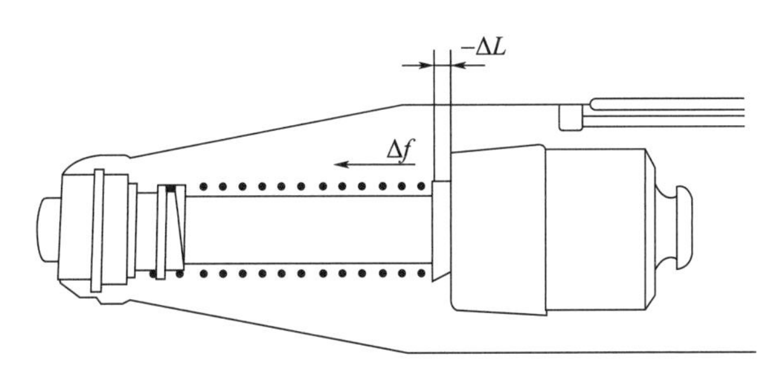

图 2-4 拉簧工作长度小于 61.5mm

（2）重锤的冲击长度 L_p

重锤的冲击长度 L_p是指重锤脱钩的瞬间，重锤与弹击杆撞击面之间的距离，其值应为 75.0mm。处于标准状态的仪器，为保证重锤在脱钩的瞬间具有 2.207J 的冲击能量，根据功能原理，拉簧的拉伸长度应为 75.0mm。当仪器为正常状态工作时，重锤相应于刻度尺上的“0”处起跳，并在“100”处脱钩，此时重锤的冲击长度 L_p应与拉簧的拉伸长度 L_0相等。这是因为，当重锤和弹击杆撞击面撞击的瞬间，拉簧处于自由状态，此时重锤所处的位置正好位于刻度尺上的“0”处，即此处既是重锤回弹时的起跳点，也是拉簧受拉的起始点，所以重锤的冲击长度 L_p也即刻度尺“0”到“100”之间的距离，也就是拉簧的拉伸长度 L_0。

试验表明，当改变 L_0时，仪器在钢砧上的率定值变化不大，这是因为上述因素在钢砧上的影响基本互相抵消。

（3）重锤的起跳位置

回弹仪是一种游标测读式仪器，因此它和其他计量仪器一样，工作前必须调零。

回弹值读数示值是由回弹能量通过重锤带动指针移动，当回弹能量消失，指针片停留在某一刻度上，即示值系统为指针直读式。回弹仪的调零，实际上是使重锤回弹时的起跳位置处于相应于刻度尺上的“0”处（并非指针停留在“0”处），此时弹击拉簧应处于自由状态，其工作长度为 61.5mm。由此可见，如果重锤起跳位置不在相应于刻度尺上的“0”处时，则重锤与弹击杆碰撞的瞬间，弹击拉簧受到挤压或拉长，亦有可能使弹击拉簧的拉伸长度同时改变，即仪器的冲击能量也起了变化。重锤的起跳位置可用回弹仪检定器检查。

试验表明，重锤起跳点的改变，直接影响回弹值的大小，但在试块上，回弹值的变化较起跳点的变化值要小些，因为重锤起跳点的变化，是由拉簧的拉伸长度或弹击锤的冲击长度的变化所引起，所以它们之间互相抵消了部分影响。试验表明，当试块表面硬度较低时，反映在回弹值上的影响就较小。反之，在表面硬度很大的钢砧上，反映在回弹值上的影响就十分显著。

上述各项试验是通过改变仪器机芯的 3 个装配尺寸中某一个参数而获得的试验结果。实际工作时，有可能同时存在其余参数的变化，而使影响互相抵消或叠加。

2. 主要零件的技术参数

（1）拉簧的刚度

由仪器的构造和冲击能量可推算出拉簧的刚度应为 785.0N/m，刚度的变化直接影响仪器工作时的冲击能量，同时影响测得的回弹值。当弹击拉簧的刚度增大时，重锤的冲击动能也随之增大，在混凝土上产生的塑性变形功相应增加，而回弹动能随之减小，使得回弹值略有降低。

（2）弹击杆前端的球面半径

根据设计，弹击杆前端的球面半径 $r=25$mm，图 2-5 表示 r 值变化时，在钢砧及 5 种不同硬度的均匀砂浆试块（其表面硬度顺序为 $A>B>C>D>E$）上由同一操作者测试的结果。

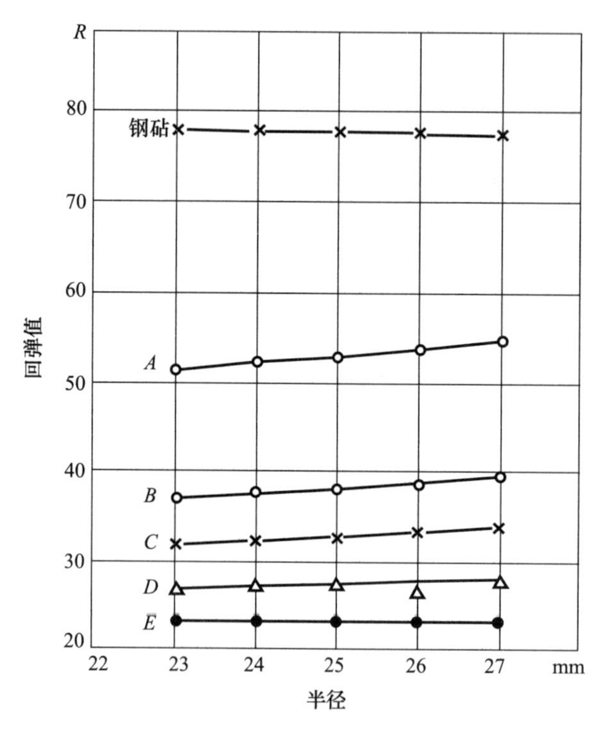

图 2-5　弹击杆前端 r 的影响

从图 2-5 可以看出，随着 r 值的增大，在砂浆试块上测得的回弹值增高，并随着砂浆表面硬度的增大而趋于明显。这是因为，对于同一台仪器，在相同冲击能量的情况下，消耗在塑性变形中的能量 r 大的比 r 小的少，因此 r 越大回弹值偏高。另外，当变化 r 时，高硬度试块的影响比低硬度大，因此 r 越大，表面硬度越高的试块测得的回弹值偏高的现象比低硬度试块明显些。

弹击杆 r 的差异对钢砧率定值的影响不易反映，这是因为在钢砧上不能产生塑性变形。因此，当只变化 r 时，并不能对钢砧率定值产生明显的影响。

将上述试验数据进行方差分析，当显著性水平 $\alpha=5\%$时，有显著性差异。

（3）指针长度和摩擦力

由设计规定和图 2-1 可知，指针块 17 上的示值刻线应位于正中，示值刻线至指针片 16 端部的水平投影距离称指针长度，为 20mm，它直接影响回弹值的大小。

指针摩擦力是指在机壳刻度槽中指针块在指针轴 19 全长上推动时的摩擦力，按设计要求摩擦力为 0.60N。实测表明，指针摩擦力如果过小，回弹时指针出现滑动，使回弹值偏高；如果摩擦力过大，影响重锤的回弹力，使回弹值偏低。因此，指针摩擦力应控制在0.5～0.8N。

(4) 影响重锤起跳位置的有关零件

前面在讨论装配尺寸对仪器性能的影响时，述及当仪器其他条件正常时，重锤是否相应于刻度尺的“100”处脱钩和弹击锤的冲击长度是否等于75.0mm，它们是影响重锤是否相应于刻度尺上的“0”处起跳的因素。为了保证仪器工作时的冲击长度为75.0mm，就必须使缓冲压簧13的压缩长度为一定值。缓冲压簧的压缩长度取决于以下几方面因素：

① 缓冲压簧13的刚度；

② 复位压簧22的刚度；

③ 弹击拉簧14的刚度；

④ 脱钩时挂钩与重锤挂钩处的摩擦力。

仪器工作时，对仪器施加的作用力使弹击拉簧14拉伸、复位压簧22压缩和挂钩3脱钩。这3部分的力通过中心导杆18传递给缓冲压簧13，从而使缓冲压簧压缩一定长度。因此，为了保证重锤的冲击长度为75.0mm，弹击拉簧14、复位压簧22、缓冲压簧13的质量必须按设计要求加工，以保证各台仪器质量的一致性。

另外，重锤脱钩时，挂钩3尾部与导向法兰20上平面之间空隙的大小也影响弹击锤7的起跳点。因此，要求各台仪器加工时应使挂钩尾部与法兰上表面的空隙最小且应保持一致。

3. 机芯装配质量

机芯能否按照仪器的构造和工作原理进行装配，是使仪器达到标准状态的关键。关于机芯主要零件的装配尺寸及有关零部件的质量要求前文已涉及，不再赘述。然而，为了确保仪器具有正常的测试性能，在机芯的装配质量方面尚需注意以下一些重要环节：

(1) 调零螺钉

调节尾盖23上调零螺钉的长度，使重锤脱钩瞬间，指针块17上的示值刻线应停留在刻度尺15的“100”处，紧固螺母1，调好后调零螺钉2，应使其始终处于坚固状态，不得有松动或位移现象。

(2) 固定弹击拉簧

弹击拉簧14的一端固定于拉簧座上，另一端固定于重锤上，固定好后，三连件(拉簧座、弹击拉簧和重锤)装入中心导杆18，此时弹击拉簧在中心导杆上不得有歪斜偏心现象，否则会影响弹击拉簧的工作性能。

(3) 机芯同轴度

机芯同轴度是指弹击杆和重锤与中心导杆18工作时，是否在同一轴心线上。大量试验表明，机芯同轴度好的仪器，弹击杆和弹击锤的冲击面碰撞时，接触良好，声音清脆，在钢砧上能测得较高而稳定的率定值。反之声音沉闷，率定值不稳定且较低。因此，当率定值达不到要求时，应检查各零件的加工质量或调换弹击杆，即调整机芯同轴度，使钢砧率定值符合标准。

必须指出的是，弹击杆、中心导杆以及三连件在拉出或装入机壳时，标尺窗一定要处于机壳的上方位置；反之，指针被拉簧座8拖挂会造成反向折弯而损坏。

2.1.2.3　钢砧率定的作用

我国传统的检验回弹仪的方法，是在符合标准的钢砧上（洛氏硬度 HRC 为 60±2），将仪器垂直向下率定，其平均值应为 80±2，以此作为出厂合格检验及使用中是否需要调整的标准。实际上，影响仪器测试性能的主要因素对钢砧率定值并无显著影响。因此，仅以钢砧率定方法作为检验仪器合格与否是错误的，还需要对回弹仪的外观、作用部件以及各计量性能进行综合检定。

率定的钢砧如图 2-6 所示。试验研究表明，钢砧率定的作用主要是：

（1）当仪器为标准状态时，检验仪器的冲击能量是否等于或接近于 2.207J，此时在钢砧上的率定值应为 80±2，此值作为检定仪器的标准之一。

（2）能较灵活地反映出弹击杆、中心导杆和弹击锤的加工精度，以及工作时三者是否在同一轴线上。若不符合要求，则率定值低于 78，会影响测试值。

（3）转动呈标准状态回弹仪的弹击杆在中心导杆内的位置，可检验仪器本身测试的稳定性。当各个方向在钢砧上的率定值均为 80±2 时，即表示该台仪器的测试性能是稳定的。

（4）在仪器其他条件符合要求的情况下，用来检验仪器经使用后内部零部件有无损坏或出现某些障碍（包括传动部位及冲击面有无污物等），出现上述情况时率定值偏低且稳定性差。

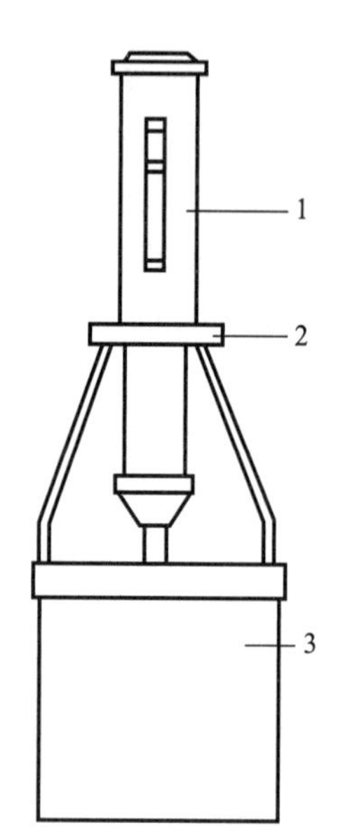

图 2-6　回弹仪率定示意图

1—回弹仪；2—定位支架；3—套筒

由此看出，只有在仪器 3 个装配尺寸和主要零件质量检定合格的前提下，钢砧率定值才能作为检定仪器是否合格的一项标准。

我国规定，如在钢砧上的率定值不合格，应对仪器进行保养后再率定，如仍不合格应送检定单位检定。钢砧率定值不在 80±2 范围内的仪器，不得用于测试。

2.1.2.4　回弹仪的保养及检定

（1）保养

当回弹仪弹击超过 2000 次，在钢砧上的率定值不合格或对检测值有怀疑时，应进行保养。保养应按下列步骤进行：

① 先将弹击锤脱钩，取出机芯，然后卸下弹击杆，取出里面的缓冲压簧，并取出弹击锤、弹击拉簧和拉簧座。

② 清洁机芯各零部件，并应重点清理中心导杆、弹击锤和弹击杆的内孔及冲击面。清理后，应在中心导杆上薄薄涂抹钟表油，其他零部件不得抹油。

③ 清理机壳内壁，卸下刻度尺，检查指针，其摩擦力应为 0.5～0.8N。

④ 对于数字式回弹仪，应按产品要求的维护程序进行维护。

⑤ 保养时，不得旋转尾盖上已定位紧固的调零螺丝，不得自制或更换零部件。

⑥ 保养后进行率定试验，检测此回弹仪是否符合标准。率定试验应分 4 个方向进

行，且每个方向弹击前，弹击杆要旋转90°，每个方向的回弹值应取3次连续向下的稳定回弹结果的平均值，此平均值应为80±2。

（2）检定

出现以下情况皆应送到检定单位进行检定：

启用新回弹仪前；数字式回弹仪显示的回弹值与指针直读示值相差大于1；经保养后，钢砧上的率定值不合格；仪器超过检定有效期限（半年）；遭受严重撞击或其他损害；零部件损坏需要更换等情况。

检定合格的仪器应符合下列技术要求，其中①、②两项为通用技术要求检查，符合要求后再进行其他项目的检定。

① 外观

回弹仪外壳不允许有碰撞和摔落等明显损伤，弹击杆球面应光滑，无裂痕、无锈蚀等缺陷，指针滑块示值刻度线应清晰，标尺上的刻度线应清晰、均匀。

② 运动部件

各运动部件应活动自如、可靠，不得有松动、卡滞和影响操作的现象。

③ 计量性能

根据国家质量监督检验检疫总局（现已改革）颁布的国家计量检定规程《回弹仪检定规程》（JJG 817—2011），主要检测项目、技术要求及最大允许误差见表2-1。

表2-1　回弹仪主要检测项目、技术要求及最大允许误差

序号	项目	技术要求	最大允许误差
1	标尺“100”刻度线位置	与检定器盖板定位缺口侧面重合	在刻线宽度范围内 （刻线宽0.4mm）
2	指针长度（mm）	20.0	±0.2
3	指针摩擦力（N）	0.65	±0.15
4	弹击杆端部球面半径（mm）	25.0	±1.0
5	弹击锤脱钩位置	标尺“100”刻线处	±0.2mm
6	弹击拉簧刚度（N/m）	785	±30
7	弹击拉簧工作长度（mm）	61.5	±0.3
8	弹击拉簧拉伸长度（mm）	75.0	±0.3
9	弹击锤起跳位置	标尺“0”处	0～1
10	钢砧率定值	80	±2
11	示值一致性	指针滑块刻线对应的标尺数值与数字式回弹仪的显示值之差≤1，且两者的钢砧率定值均满足要求	

混凝土回弹仪除应符合《回弹仪检定规程》（JJG 817—2011）规定外，还应符合下列规定：水平弹击时，在弹击锤脱钩瞬间，回弹仪的标称能量应为2.207J；仪器应在－4～40℃范围内使用。

2.1.2.5　回弹仪的常见故障及排除方法

仪器在使用中出现故障时，一般应送检定单位进行修理和检定，尤其是未经过专门培训的操作人员，更不能擅自拆卸，以免损坏零部件。

现将仪器常见故障、原因分析和检修方法列于表 2-2，供操作人员参考。

表 2-2　仪器常见故障、原因分析和检修方法

故障情况	原因分析	检修方法
回弹仪弹击时，指针块停在起始位置不动	①指针块上的指针片相对于指针轴上的张角太小； ②指针片折断	①卸下指针块，将指针片的张角适当扳大些； ②更换指针片
指针块在弹击过程中抖动步进上升	①指针块上的指针片张角略小； ②指针块于指针轴之间的配合太松； ③指针块与刻度尺的局部碰撞摩擦或与固定刻度尺的小螺钉相碰撞摩擦，或与机壳刻度槽局部摩阻太大	①卸下指针块，适量地把指针片的张角扳大些； ②将指针摩擦力调大一些； ③修锉指针块上的平面或截短小螺钉，或修锉刻度槽
指针块在未弹击前就被带上来，无法计数	指针块上的指针片张角太大	卸下指针块，将指针片的张角适当扳小
重锤过早击发	①挂钩的钩端已成小钝角； ②重锤的尾端局部破碎	①更换挂钩； ②更换重锤
不能弹击	①挂钩弹簧或销钉已脱落； ②挂钩的钩端已折断或已磨成大钝角； ③弹击拉簧已拉断	①装上挂钩压簧 21 或挂钩销子 4； ②更换挂钩； ③更换弹击拉簧
弹击杆伸不出来，无法使用	锁定按钮 5 不起作用	用手握住尾盖 23 并施一定压力，慢慢地将尾盖旋下（当心压簧将尾部冲开弹击伤人），使导向法兰往下运动，然后调整好按钮，如果按钮零件缺损，则应更换
弹击杆易脱落	中心导杆端部与弹击杆内孔配合不紧密	取下弹击杆，若中心导杆为瓜瓣则适当扩大，若为簧圈则应调整簧圈，如无法调整（装卸弹击杆时切勿丢失缓冲压簧）则更换中心导杆
标准状态仪器率定值偏低	①重锤与弹击杆的冲击平面有污物； ②重锤与中心导杆间有污物，摩擦力增大； ③重锤与弹击杆间的冲击面接触不均匀； ④中心导杆端部部分瓜瓣折断； ⑤机芯损坏	①用汽油擦洗冲击面； ②用汽油擦洗重锤内孔及中心导杆，并薄薄地抹上一层钟表油； ③更换弹击杆； ④更换中心导杆； ⑤仪器报废

2.1.3　回弹法检测技术

2.1.3.1　检测准备

凡需要用回弹法检测的混凝土结构或构件，往往是缺乏同条件试块或标准试块数量不足；试块的质量缺乏代表性；试块的试压结果不符合标准、规范、规程所规定的要求，并对该结果持有怀疑。总之，当对结构中的混凝土强度有检测要求时，可按回弹法技术进行检测。所以检测前应全面、正确了解被测结构或构件的情况。

采用回弹法检测混凝土强度时，宜具有下列资料：

（1）工程名称、设计单位、施工单位；

（2）构件名称、数量及混凝土类型、强度等级；

（3）水泥安定性、外加剂、强度等级、掺和料品种、混凝土配合比等；

（4）施工模板、混凝土浇筑、养护情况及浇筑日期等；

（5）必要的设计图纸和施工记录；

（6）检测原因。

2.1.3.2 检测方法

一般检测混凝土结构或构件有两类方法：一类是单个构件的检测，另一类是批量检测。检测方法的选择视测试要求而择之。

单个构件的检测方法主要用于对混凝土强度怀疑的独立结构（如现浇整体的壳体、烟囱、水塔、隧道、连续墙等）、单独构件（如结构物中的柱、梁、屋架、板、基础等）和有明显质量问题的某些结构或构件。

批量检测主要用于相同的生产工艺条件下，强度等级相同，原材料、配合比和养护条件基本一致且龄期相近（指同批构件浇筑龄期前后相差不超过15%）的同类混凝土结构或构件。批量进行检测时，应随机抽取构件，抽检数量不宜少于同批构件总数的30%且不宜少于10件。

了解了被检测的混凝土结构或构件情况后，需要在构件上选择及布置测区。所谓“测区”是指每一试样的测试区域，每一测区相当于该试样同条件混凝土的一块试块。《回弹法检测混凝土抗压强度技术规程》（JGJ/T 23—2011）对单个构件检测区做出如下规定。

（1）对于一般构件，测区数不宜少于10个。当受检构件数量大于30个且不需提供单个构件指定强度或某一方向尺寸不大于4.5m且另一方向尺寸不大于0.3m时，每个构件的测区数量可适当减少，但不应少于5个。

（2）相邻两测区的间距不应大于2m，测区离构件端部或施工缝边缘的距离不宜大于0.5m，且不宜小于0.2m。

（3）测区宜选在能使回弹仪处于水平方向的混凝土浇筑侧面。当不能满足这一要求时，也可以选在使回弹仪处于非水平方向的混凝土浇筑表面或底面。

（4）测区宜布置在构件的两个对称的可测面上，当不能布置在对称的可测面上时，也可布置在同一可测面上，且应均匀分布。在构件的重要部位及薄弱部位应布置测区，并应避开预埋件。

（5）测区的面积不应大于0.04m^2。

（6）测区表面应为混凝土原浆面，并应清洁、平整，不应有疏松层、浮浆、油垢、涂层以及蜂窝、麻面。

（7）对于弹击时产生颤动的薄壁、小型构件，应进行固定。

按上述方法布置测区后，测量回弹值。每一个测区应读取16个回弹值，每一个测点的回弹值应精确至1。测点宜在测面范围内均匀分布。相邻两测点的净间距不小于20mm，测点距外露钢筋、预埋件的间距不小于30mm。测试时回弹仪的轴线应始终与测试面相垂直，并应缓慢施压、准确读数、快速复位。测点不应在气孔和外漏石子上。如果已弹击在气孔和石子上，则该数不能计入 16 个测点值。如果测区布置在构件的两个对称的可测面上，每一测区的两个测面用回弹仪各弹击 8 个测点；如果一个测区只有一个测面，则需测 16 个测点。同一测点只允许弹击一次。

回弹值测量完毕后，应在有代表性的测区上测量碳化深度值，测点数不应少于构件测区数的 30%，取其平均值为该构件每测区的碳化深度值。当碳化深度值极差大于 2.0mm 时，应在每测区测量碳化深度值。测量构件的碳化深度值时，可采用工具在测区表面形成直径约 15mm 的孔洞，其深度应大于混凝土碳化深度；应清除孔洞中的粉末和碎屑，且不得用水擦洗；应采用浓度为 1%～2%的酚酞酒精溶液滴在混凝土孔洞内壁的边缘处，当已碳化与未碳化界线清晰时，应采用碳化深度测量仪测量已碳化与未碳化混凝土交界面至混凝土表面的垂直距离，该距离即为该测区的碳化深度值。

检测泵送混凝土时，测区应选在混凝土浇筑侧面。

2.1.3.3 数据处理

现场作业完毕，即进入数据处理过程。

（1）回弹值的计算

当回弹仪水平方向测试混凝土浇筑侧面时，应从每一测区的 16 个回弹值中剔除其中 3 个最大值和 3 个最小值，取余下的 10 个回弹值的算术平均值作为该测区的平均回弹值，按下式计算：

$$R_{\mathrm{m}}=\frac{\sum_{i=1}^{10}R_i}{10} \tag{2-6}$$

式中 R_{m}——测区平均回弹值，计算至 0.1；

R_i——第 i 个测点的回弹值。

由于回弹法测强曲线是根据回弹仪水平方向测试混凝土试件侧面的试验数据计算得出的，因此当测试中无法满足上述条件时需对测得的回弹值进行修正。

首先计算出非水平方向测试混凝土浇筑侧面时的测区平均回弹值，再根据回弹仪轴线与水平方向的角度 α（图 2-7）按附录 A 查出其修正值，按下式换算为水平方向测试时的测区平均回弹值。

$$R_{\mathrm{m}}=R_{\mathrm{m}\alpha}+R_{\mathrm{a}\alpha} \tag{2-7}$$

式中 $R_{\mathrm{m}\alpha}$——回弹仪与水平方向成 α 角测试时测区的平均回弹值，计算至 0.1；

$R_{\mathrm{a}\alpha}$——不同测试角度 α 的回弹值修正值，按附录 A 取值。

当回弹仪水平方向测试混凝土浇筑表面或底面时，测区的回弹值应按下列公式修正：

$$R_{\mathrm{m}}=R_{\mathrm{m}}^{\mathrm{t}}+R_{\mathrm{a}}^{\mathrm{t}} \text{ 或 } R_{\mathrm{m}}=R_{\mathrm{m}}^{\mathrm{b}}+R_{\mathrm{a}}^{\mathrm{b}} \tag{2-8}$$

式中 $R_{\mathrm{m}}^{\mathrm{t}}$、$R_{\mathrm{m}}^{\mathrm{b}}$——水平方向检测混凝土浇筑表面、底面时，测区的平均回弹值，精确至 0.1；

$R_{\mathrm{a}}^{\mathrm{t}}$、$R_{\mathrm{a}}^{\mathrm{b}}$——混凝土浇筑表面、底面回弹值的修正值，按附录 B 取值。

当回弹仪为非水平方向且测试面为混凝土的非浇筑侧面时，应先对回弹值进行角度修正，再对修正后的回弹值进行浇筑面修正。

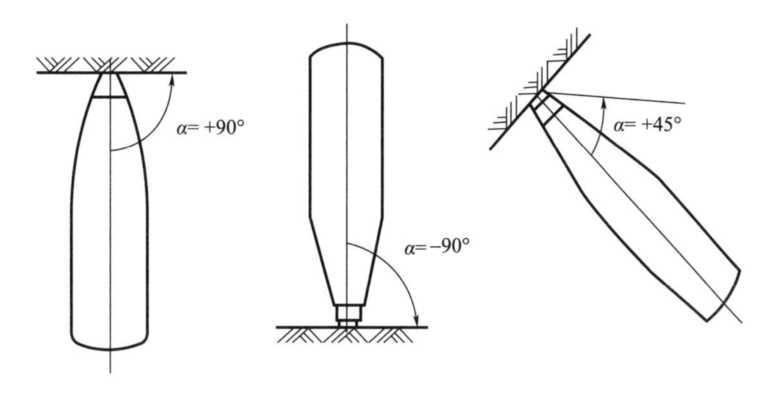

图 2-7　测试角度示意图

(2) 碳化深度值的计算

采用碳化深度测量仪或其他深度测量工具测量已碳化与未碳化混凝土交界面至混凝土表面的垂直距离 3 次，每次读数精确至 0.25mm，取其平均值作为检测结果，精确至 0.5mm。

2.1.4　回弹法测强曲线

回弹法检测混凝土抗压强度，是建立在混凝土的抗压强度与回弹值之间的关系具有一定规律性基础上的，这种关系可用“*f*-*R*”相关曲线（或公式）来表示。对这种相关曲线的要求是在满足测定精度要求的前提下，应尽量简单、方便使用、应用范围广。我国疆域辽阔、材料品种多、气候差异大，在建立相关曲线时应根据不同的条件及要求，选择适合自己实际工作需要的类型。

2.1.4.1　分类及类型

混凝土强度换算值可采用统一测强曲线、地区测强曲线和专用测强曲线计算。三种测强曲线的定义、适用范围以及误差要求见表 2-3。

表 2-3　回弹法检测混凝土抗压强度的测强曲线

名称	相关曲线		
	统一曲线	地区曲线	专用曲线
定义	由全国有代表性的材料、成型、养护工艺配制的混凝土试块，通过大量的破损与非破损试验所建立的曲线	由本地区常用的材料、成型、养护工艺配制的混凝土试块，通过较多的破损与非破损试验所建立的曲线	由与结构或构件混凝土相同的材料、成型、养护工艺配制的混凝土试块，通过一定数量的破损与非破损试验所建立的曲线
适用范围	适用于无地区曲线或专用曲线时检测符合规定条件的构件或结构混凝土强度	适用于无专用曲线时检测符合规定条件的构件或结构混凝土强度	适用于检测与该结构或构件相同条件的混凝土强度
误差要求	测强曲线的平均相对误差≤±15.0%，相对标准差≤18.0%	测强曲线的平均相对误差≤±14.0%，相对标准差≤17.0%	测强曲线的平均相对误差≤±12.0%，相对标准差≤14.0%

我国地域辽阔，气候差别特别大，混凝土材料种类繁多，工程分散，施工和管理水平参差不齐。在全国工程中，使用回弹法检测混凝土强度，除应统一仪器标准、测试技术、数据处理方法、强度推定方法外，还应尽量提高检测曲线的精度，发挥各地区的技术作用。各地区除使用统一测强曲线外，也可以根据各地区气候和原材料特点，因地制宜地制定和采用专业测强曲线和地区测强曲线。

对于有条件的地区，如能建立本地区的测强曲线或专用测强曲线，则可以提高该地区的检测精度。各地可以根据专用测强曲线、地区测强曲线、统一测强曲线的次序选用。

相关曲线一般可用回归方程式来表示，对于无碳化混凝土或在一定条件下成型养护的混凝土，可用下列回归方程式表示：

$$f_{cu}^{c}=f\ (R) \tag{2-9}$$

对于已经碳化的混凝土或龄期较长的混凝土，可由下列函数关系表示：

$$f_{cu}^{c}=f\ (R,\ d) \tag{2-10}$$

$$f_{cu}^{c}=f\ (R,\ d,\ H) \tag{2-11}$$

如果能够测定硬化混凝土构件或结构的含水率，可考虑采用下列函数式：

$$f_{cu}^{c}=f\ (R,\ d,\ H,\ W) \tag{2-12}$$

式中 R——混凝土回弹值；

d——混凝土的碳化深度，mm；

H——混凝土的龄期，d；

W——混凝土的含水率，%。

必须指出，在建立相关曲线时，混凝土试块的养护条件应与被测构件的养护条件相一致或基本相符，不能采用标准养护的试块。因为回弹法检测混凝土抗压强度，往往是在缺乏标养试块或对标养试块强度有怀疑的情况下进行的，并且通过直接在结构或构件上测定的回弹值、碳化深度值推定该构件在测试龄期时的实际抗压强度值。因此，作为制定回归方程式的混凝土试块，必须与施工现场或加工厂浇筑的构件在材料质量、成型、养护、龄期等条件基本相符的情况下制作。

2.1.4.2 统一测强曲线

《回弹法检测混凝土抗压强度技术规程》（JGJ/T 23—2011）中的统一测强曲线，是在统一了中型回弹仪的标准状态、测试方法及数据处理方法的基础上制定的。虽然它的测试精度比专用曲线和地区曲线稍差，但仍能满足一般建筑工程的要求且适用范围较广。我国大部分地区尚未建立本地区的测强曲线，因此集中力量建立统一测强曲线是有必要的。

统一测强曲线采用了全国十二个地区、省、市共2000余组基本数据（每组数据为f_{cu}^{c}，R_m，d_m），经计算了300多个回归方程后，按照既满足测定精度要求，又方便使用、适应性强的原则进行选定。

对于非泵送混凝土，统一测强曲线的回归方程形式为：$f_{cu}^{c}=aR_m^b\times10^{cd_m}$。

泵送混凝土在原材料、配合比、搅拌、运输、浇筑、振捣、养护等环节与传统的混凝土都有很大的区别。为了适应混凝土技术的发展，提高回弹法检测的精度，对泵送混凝土进行单独回归。泵送混凝土的测强曲线方程为：

$$f=0.034488R^{1.9400}10^{-0.0173d_m} \qquad (2\text{-}13)$$

其强度误差值为：平均相对误差（δ）±13.89%；相对标准差（e_r）17.24%。

统一测强曲线能满足一般建筑工程对混凝土强度质量非破损检测平均相对误差不大于±15%的要求。其相对误差基本呈正态分布。

符合以下条件的非泵送混凝土，其测区强度应按照附录C进行强度换算；符合以下条件的泵送混凝土，其测区强度可以按照公式（2-13）计算或者按照附录D进行强度换算：

（1）混凝土采用的水泥、砂石、外加剂、掺和料、拌和用水符合国家现行有关标准；

（2）采用普通成型工艺；

（3）采用符合国家标准规定的模板；

（4）蒸汽养护出池经自然养护7d以上，且混凝土表层为干燥状态；

（5）自然养护且龄期为14～1000d；

（6）抗压强度为10.0～60.0MPa。

但是，当有下列情况之一时，测区混凝土强度不可以按附录C和附录D进行强度换算：

（1）非泵送混凝土粗集料最大公称粒径大于60mm，泵送混凝土粗集料最大公称粒径大于31.5mm；

（2）特种成型工艺制作的混凝土；

（3）检测部位曲率半径小于250mm；

（4）潮湿或浸水混凝土。

2.1.4.3　地区和专用测强曲线

（1）制定方法

① 试块成型

a. 制定地区和专用测强曲线的试块应与欲测构件在原材料（含品种、规格）、成型工艺、养护方法等方面条件相同。

b. 应按最佳配合比设计5个强度等级，且每一强度等级不同龄期应分别制作不少于6个150mm立方体试块。

c. 在成型24h后，应将试块移至与被测构件相同条件下养护，试块拆模日期宜与构件的拆模日期相同。

② 试块测试

a. 擦净试块表面，以浇筑侧面的两个相对面置于压力机的上、下承压板之间，加压60～100kN（低强度试件取低值）。

b. 在试块保持压力下，采用符合标准状态的回弹仪并按规定的操作方法，在试块的两个侧面上分别弹击8个点。

c. 从每一试块的16个回弹值中分别剔除3个最大值和3个最小值，以余下的10个回弹值的平均值（计算精确至0.1）作为该试块的平均回弹值R_m。

d. 试块加荷直至破坏，计算试块的抗压强度值f_{cu}，MPa（精确至0.1MPa）。

e. 测量该试块的平均碳化深度值d_m。

③ 地区和专用测强曲线的计算

a. 地区和专用测强曲线的回归方程式应按每一试件求得的 R_m、d_m 和 f_{cu}，采用最小二乘法原理计算。

b. 回归方程宜采用以下函数关系式：

$$f_{cu}^{c}=aR_{m}^{b}\times 10^{cd_{m}} \tag{2-14}$$

c. 用下式计算回归方程式的强度平均相对误差 δ 和强度相对标准差 e_r：

$$\delta=\pm\frac{1}{n}\sum_{i=1}^{n}\left|\frac{f_{cu,i}^{c}}{f_{cu,i}}-1\right|\times 100 \tag{2-15}$$

$$e_{r}=\sqrt{\frac{1}{n-1}\sum_{i=1}^{n}\left(\frac{f_{cu,i}^{c}}{f_{cu,i}}-1\right)^{2}}\times 100 \tag{2-16}$$

式中 δ——回归方程式的强度平均相对误差，%（精确至 0.1%）；

e_r——回归方程式的强度相对标准差，%（精确至 0.1%）；

$f_{cu,i}$——由第 i 个试块抗压试验得出的混凝土抗压强度值，MPa（精确至 0.1 MPa）；

$f_{cu,i}^{c}$——由同一试块的平均回弹值 R_m 及平均碳化深度值 d_m 按回归方程式算出的混凝土的强度换算值，MPa（精确至 0.1MPa）；

n——制定回归方程式的试件数。

（2）说明

使用中应注意其使用范围，只能在制定曲线时的试件条件范围内，例如龄期、原材料、外加剂、强度区间等，不允许超出该使用范围。这些测强曲线均由经验公式制定，因此绝不能根据测强公式而任意外推，以免得出错误的计算结果。此外，应经常抽取一定数量的同条件试块进行校核，如发现误差较大时，应停止使用并及时查找原因。

2.1.5 混凝土强度换算及推定

现行有关设计、施工、混凝土强度检验等国家标准，均以标准养护 28d 的 150mm 的立方体试块强度作为确定强度等级和结构或构件混凝土强度合格与否的依据。但是，当出现标准养护试件或同条件养护试件与所成型的构件在材料用量、配合比、水灰比等方面有较大差异，已不能代表构件的混凝土质量时；当标准试件或同条件试件的试压结果，不符合现行标准、规范所规定的对结构或构件的强度合格要求，并且对该结果持有怀疑时——总之，当对结构中混凝土实际强度有检测要求时，可通过回弹法对混凝土强度进行检测，检测结果可作为处理混凝土质量的一个依据。

一般情况下，结构或构件由于制作、养护等方面原因，其强度值要低于试件强度值。回弹法所推定的强度值为结构或构件本身具有 95%保证率的强度值。实际应用时，不应将该值直接与标准养护 28d 的 150mm 立方体试件强度对比，在处理混凝土质量事故时应注意这一差别。同时，结构或构件混凝土强度推定值是在自然养护情况下，测试龄期不一定为 28d 且又是构件自身的强度，它与强度等级不是同一条件，不能相互比较并判断是否合格或是否达到其强度等级。

2.1.5.1 测区混凝土强度值的确定

根据每一测区的回弹平均值 R_m 及碳化深度值 d_m，查阅由专用曲线或地区曲线，或统一曲线编制的测区混凝土强度换算表，所查出的强度值即该测区混凝土的换算强度值（当强度高于 60MPa 或低于 10MPa 时，表中查不出，可记为 $f^c_{cu}>60\mathrm{MPa}$，或 $f^c_{cu}<10\mathrm{MPa}$）。表中未列出的测区强度值可用内插法求得。

2.1.5.2　结构或构件混凝土强度的计算

（1）强度平均值

由各测区的混凝土强度换算值可计算得出结构或构件混凝土强度平均值，当测区数等于或大于 10 时，还应计算标准差。平均值及标准差应按下列公式计算：

$$m_{f^c_{cu}}=\frac{\sum_{i=1}^{n}f^c_{cu,i}}{n} \tag{2-17}$$

$$S_{f^c_{cu}}=\sqrt{\frac{\sum_{i=1}^{n}(f^c_{cu,i})^2-n(m_{f^c_{cu}})^2}{n-1}} \tag{2-18}$$

式中　$m_{f^c_{cu}}$——构件测区混凝土强度换算值的平均值，MPa（精确至 0.1MPa）；

n——对于单个测定的构件，取该构件的测区数；对于批量检测的构件，取所有被抽检构件测区数之和；

$S_{f^c_{cu}}$——构件测区混凝土强度换算值的标准差，MPa（精确至 0.01MPa）。

（2）强度推定值

构件现龄期混凝土强度推定值 $f_{cu,e}$ 应按下列公式确定。

① 当构件测区数少于 10 个时：

$$f_{cu,e}=f^c_{cu,min} \tag{2-19}$$

式中　$f^c_{cu,min}$——构件中最小的测区混凝土强度换算值，MPa。

② 当构件的测区强度值中出现小于 10.0MPa 时：

$$f_{cu,e}<10\mathrm{MPa} \tag{2-20}$$

③ 当构件测区数不少于 10 个时，应按下式计算：

$$f_{cu,e}=m_{f^c_{cu}}-1.645S_{f^c_{cu}} \tag{2-21}$$

④ 当批量检测时，应按下式计算：

$$f_{cu,e}=m_{f^c_{cu}}-kS_{f^c_{cu}} \tag{2-22}$$

式中　k——推定系数，宜取 1.645。

注：构件的混凝土强度推定值是指相应于强度换算值总体分布中保证率不低于 95%的构件中混凝土抗压强度值。

对于按批量检测的构件，当该批构件混凝土强度标准差出现下列情况时，则该批构件应全部按单个构件检测：

① 当该批构件混凝土强度平均值小于 25MPa、$S_{f^c_{cu}}>4.5\mathrm{MPa}$ 时；

② 当该批构件混凝土强度平均值不小于 25MPa，且不大于 60MPa、$S_{f^c_{cu}}>5.5\mathrm{MPa}$ 时。

2.1.5.3　结构或构件检测实例

【例】某研究所会议室非泵送混凝土大梁长 6m，混凝土强度等级为 C35，各种材料均符合国家标准，自然养护，龄期 4 个月。因试块缺乏代表性，现采用回弹法检测混凝土强度。

（1）测试：按要求布置10个测区，回弹仪水平方向测试构件侧面，然后测量其碳化深度值。

（2）记录：见表2-4，测试状态为水平状态侧面回弹。

（3）计算

① 计算出每一测区的平均回弹值，保留一位小数，计算结果见表2-4。

② 根据每一测区的平均回弹值 R_m 和碳化深度，查表求出该测区的混凝土强度推算值 $f_{cu,i}$。

③ 计算平均强度值、最小强度值、标准差及推定强度值，见表2-5。

表2-4　测试数据

测区	1	2	3	4	5	6	7	8	9	10	11	12	13	14	15	16	平均回弹值	碳化深度（mm）	测区强度（MPa）
1	41	44	45	43	46	43	46	48	42	41	45	42	44	43	44	45	43.8	1.5	43.4
2	46	47	46	45	43	44	42	49	46	45	44	42	46	45	47	44	45.1	1.5	46.0
3	42	46	43	48	42	46	42	42	48	45	47	42	42	43	46	44	43.9	1.5	43.6
4	40	45	46	45	42	44	46	43	42	43	44	46	41	42	44	42	43.4	1.5	42.6
5	45	45	43	44	42	42	40	42	44	44	42	43	44	40	42	44	43.0	2.0	39.4
6	45	47	46	44	46	48	47	42	45	41	44	49	42	42	46	49	45.2	2.0	43.6
7	41	42	44	45	45	45	42	41	42	47	42	46	45	44	46	42	43.6	2.0	40.5
8	44	44	43	44	42	41	43	41	42	46	44	45	40	42	42	45	43.0	2.0	39.4
9	40	40	40	40	42	44	39	40	40	40	40	45	46	36	39	39	40.1	1.0	38.5
10	42	42	41	40	41	41	41	42	43	41	44	39	35	36	40	40	40.9	1.0	40.0

表2-5　10个测区的平均强度值、最小强度值、标准差及推定强度值计算结果

$m_{f_{cu}^{c}}$（MPa）	$f_{cu,min}^{c}$（MPa）	$S_{f_{cu}^{c}}$（MPa）	$f_{cu,e}$（MPa）
41.7	38.5	2.46	37.6

2.1.6　回弹法检测混凝土强度的影响因素

采用回弹仪测定混凝土表面硬度以确定混凝土抗压强度，是根据混凝土硬化后其表面硬度（主要是混凝土内砂浆部分的硬度）与抗压强度之间有一定的相关关系。通常影响混凝土的抗压强度与回弹值 R 的因素并不都是一致的，某些因素只对其中一项有影响，而对另一项不产生影响或影响甚微。因此，弄清这些影响因素的作用及影响程度，对正确制订及选择“f-R”关系曲线（或公式），提高测试精度是很重要的。

国内外虽曾对回弹法的影响因素做过一些试验研究，并在许多方面达成了共识，但对某些较重要的影响因素，如水泥品种、粗集料品种、外加剂、模板种类、养护方法、构件受力状态等的研究还不够全面和系统。为此，我国有关单位对上述影响因素进行了专项试验研究，这将在本节予以介绍。

2.1.6.1　原材料

普通混凝土是建筑构件生产中使用最普遍的一种，它是由水泥、水及粗、细石质集料（有时还有外加剂）的混合料制备而成的。混凝土抗压强度的大小主要取决于其中的水泥砂浆的强度、粗集料的强度以及二者的粘结力。而混凝土表面硬度除主要与水泥砂浆强度有关，一般和粗集料与砂浆间的粘结力，以及混凝土结构内部性能关系并不明显。

（1）水泥

我国适用于普通混凝土的主要水泥品种，如普通硅酸盐水泥、矿渣硅酸盐水泥、火山灰硅酸盐水泥、粉煤灰硅酸盐水泥及硅酸盐水泥等对回弹法检测混凝土强度的影响，国内看法曾经不甚一致。有些认为影响很大，有些认为只要考虑了碳化深度的影响就可以不考虑水泥品种的影响。浙江省建筑科学设计研究院进行了专项试验研究后，认为常用的硅酸盐类水泥对回弹法检测强度没有明显的影响，一些试验所反映的差异，只是一种表面现象，这种差异实质上是由碳化引起的。他们将其他原材料固定，分别采用符合国家标准的普通硅酸盐水泥、矿渣硅酸盐水泥及粉煤灰硅酸盐水泥成型了100余组的混凝土试件，标准养护7d后，将一部分试件装进塑料袋密封以隔绝空气，存放在常温的室内；另一部分试件存放在同一室内，在空气中自然养护，于龄期7d、28d、90d、180d时分别测其回弹值、强度值及碳化深度值。试验结果表明：①当碳化深度为零或同一碳化深度下，尽管三种水泥矿物组成不同，但是它们的混凝土抗压强度与回弹值间的规律基本相同，f-R 相关曲线没有明显的差别。②自然养护条件下的长龄期试块，由于混凝土表面产生了碳化现象即表面生成了硬度较高的碳酸钙层，使得在相同强度下，已碳化的试件回弹值高，未碳化的试件回弹值低，这就对强度及相应的回弹值之间的相关关系产生了显著的影响，龄期越长，此种现象越明显。不同水泥品种因其矿物组成不同，在相同的条件下其碳化速度不同。普通水泥水化后生成大量的氢氧化钙使得混凝土硬化后与二氧化碳作用生成碳酸钙需要较长的时间，亦即碳化速度慢。而矿渣水泥及粉煤灰水泥中的掺和料含有活性氧化硅和活性氧化铝，它们和氢氧化钙结合形成具有胶凝性的活性物质，降低了碱度，因而加速了混凝土表面形成碳酸钙的过程，亦即碳化速度较快，从而表现了不同的 f-R 相关曲线。由此可知，适用于普通混凝土的硅酸盐类水泥品种本身对回弹法检测强度并没有明显的影响。

我国科研单位曾按规定的统一试验方法及数据处理方法，分别对采用火山灰硅酸盐水泥及硅酸盐水泥成型的混凝土试件按《回弹法检测混凝土抗压强度技术规程》（JGJ/T 23—2011）中的统一测强曲线进行了计算和验证，其平均相对误差分别为±12.60％和±7.15％，均满足不大于±15％的要求。作为标准统一测强曲线的基本数据包含了普通硅酸盐水泥、矿渣硅酸盐水泥和粉煤灰硅酸盐水泥三个水泥品种。现在经验算，火山灰硅酸盐水泥和硅酸盐水泥也适用于该测强曲线，说明在考虑了碳化深度的影响后，这两种水泥品种对回弹法测得强度影响也不显著。

至于同一水泥品种不同强度等级及不同用量的影响，陕西省建筑科学研究院试验后认为，它们实质上反映了不同强度等级的混凝土及水灰比的影响，这对混凝土强度及回弹值产生的影响基本一致，因此它对 f-R 相关关系没有显著的影响。

综上所述，用于普通混凝土的六大水泥品种及同一水泥品种不同强度等级、不同用量对回弹法的影响，在考虑了碳化深度的影响条件下，可以不予考虑。

（2）细集料

普通混凝土用细集料的品种和粒径，只要符合《普通混凝土用砂、石质量及检验方法标准》（JGJ 52—2006）的规定，对回弹法测得强度没有显著影响。国内的试验研究资料及看法与国外一致。

（3）粗集料

粗集料的影响，至今看法没有统一。国外一般认为粗集料品种、粒径及产地均对混凝土回弹法检测强度有影响。罗马尼亚方法规定，以石英质河卵石集料作为标准，取影响系数为1，其余集料则通过试验确定影响系数。英国标准协会则认为“不同种类的集料得出不同的相关关系，正常的集料如卵石和多数碎石具有相似的相关关系”。另有一些国外资料介绍，即使粗集料的种类相同，也必须根据不同产地得出不同的相关曲线。

我国的一些研究资料反映了不同的意见和看法，有的认为不同石子品种（主要指卵石、碎石）对回弹法测得强度有一定的影响，主张按不同品种分别建立相关曲线或以某种石子为标准对其他品种石子进行修正；有的通过大量同条件对比试验及计算分析认为，不同石子品种的影响并不明显，分别建立曲线未必能提高测试精度，况且同一品种石子的表面粗糙程度及质量差别甚大，现场测试尤其是龄期较长的工程，石子品种不易调查清楚，采用上述方法反而会引起误差，主张不必按石子品种分别建立相关曲线。

重庆市建筑科学研究院对此进行了专题研究，通过对相同条件下分别用卵石、碎石、表面粗糙质量较差的毛卵石、机制卵碎石、砂岩碎石制作的混凝土试块的正交试验、方差分析、回归分析、F表及t表等各种检验和分析比较，认为石子品种的不同对回弹法测得强度的影响均不甚显著，可不采用任何修正系数。

国内一些单位还曾对石子粒径影响进行了试验，他们分别采用粒径为5～10mm和5～40mm的碎石；5～20mm、10～30mm、20～40mm的卵石；5～20mm及10～30mm为三分之一用量，30～50mm为三分之二用量的混合级配分别进行了对比试验。结果认为，符合筛分曲线的石子粒径，在上述条件下对回弹法测得强度的影响可不予考虑。

综上所述，石子品种的影响，在我国迄今看法尚不统一，各地区在制作自己的曲线时，可结合具体情况酌定。

2.1.6.2　外加剂

我国建筑工程用普通混凝土中，经常掺加减水剂或早强剂。正常的掺量下，上述外加剂对回弹法检测强度没有影响。

四川省建筑科学研究院对此进行了专题研究，他们采用在相同条件下，对配制的混凝土分别进行了掺与不掺外加剂的平行对比试验。外加剂种类及掺量见表2-6。

表2-6　外加剂的种类及掺量

编号	混凝土种类	外加剂掺量（占水泥质量%）		
		木钙	硫酸钠	三乙醇胺
A	不掺外加剂	—	—	—
B	掺复合早强剂	—	1.0	0.03
C	掺减水剂	0.25	—	—

试验表明，普通混凝土中掺与不掺上述外加剂对回弹法检测强度影响并不显著。由

于外加剂品种日益增多，使用范围越来越广，四川省建筑科学研究院根据建筑工程常用的混凝土外加剂的品种情况，又选用了普通型木钙减水剂（杨木钙）、高效型 NNO 和 FDN 减水剂以及亚硝酸钠防冻剂等作重点验证试验。结果表明，前后两次试验规律基本一致。该院的研究报告认为：掺外加剂的混凝土在低强度时误差稍大，这是由低强度混凝土自身性质所决定的。由于上述外加剂均属非引气型系列，它掺入混凝土中有利于改善拌和物和易性及混凝土内部密实性，从而使混凝土抗压强度有不同程度的提高，但对混凝土表面硬度的提高并非为正比关系。所以，在同一回弹值下，用掺外加剂混凝土测强曲线计算比未掺外加剂混凝土测强曲线的强度偏高 1.5～5MPa，而回弹法检测时应用的统一曲线强度是偏低的，因而对结构混凝土强度是安全的。

根据上述理由，有人将验证各外加剂混凝土与未掺外加剂混凝土强度数据合并回归，以了解误差情况，通过 120 余组数据回归计算，其曲线相差指数 $R^2=0.85$，平均误差 $S_r=10.09\%$，剩余标准差 $S=3.73$MPa，平均相对误差 $\delta=8.04\%$，变异系数 $C_V=10.0\%$。这些指标均满足《回弹法检测混凝土抗压强度技术规程》(JGJ/T 23—2011) 规定的误差要求，所以可以不考虑非引气型外加剂对混凝土回弹法检测强度的影响，仍是可行的。

2.1.6.3 成型方法

不同强度等级、不同用途的混凝土混合物，应有各自相应的最佳成型工艺。

陕西省建筑科学研究院曾将水灰比变化幅度为 0.78～0.37，强度等级为 C10～C40 的混凝土混合物，分别进行了手工插捣、适振（振动至混凝土表面出浆即停）、欠振（混凝土表面将要出浆停振）、过振（混凝土表面出浆后续振约 5s 后停止）试验。试验表明，只要成型后的混凝土基本密实，上述成型方法对回弹法检测强度无显著影响。目前大多数工地、构件厂都采用振动成型，手工插捣极少，即使采用也只是用于低强度等级流动性大的混凝土，因此认为一般成型工艺对回弹法检测强度无显著影响。但对一些采用离心法、真空法、压浆法、喷射法和混凝土表层经各种物理、化学方法处理成型的混凝土，应慎重使用回弹法的统一测强曲线，必须经试验验证后，若无影响方可直接使用，否则会有较大的误差。

2.1.6.4 养护方法及湿度

我国常用的混凝土养护方法，主要有养护室内的标准养护、空气中自然养护及蒸汽养护等。混凝土在潮湿环境或水中养护时，由于水化作用较好，早期及后期强度皆比在干燥条件下养护的要高，但表面硬度由于被水软化反而降低。因此，不同的养护方法产生不同的湿度，对混凝土的强度及回弹值都有很大的影响。

（1）养护方法的影响

标准养护与自然养护的混凝土含水率不同，强度发展不同，表面硬度也不同，尤其在早期，这种差异更明显。所以，国内外许多资料都主张，标准养护与自然养护的混凝土，应有各自不同的校准曲线。

蒸汽养护与自然养护对回弹法检测强度的影响，国内看法不一。一种看法是，两种养护方法对回弹法检测强度有明显影响，它们各自应有不同的相关曲线；另一种看法则认为，蒸养构件在空气中自然养护一段时间后，若表面呈干燥状态，那么它与自然养护试件相比，其 28d、90d 龄期的强度、回弹值均无明显差异，可以看作没有影响。

陕西省建筑科学研究院对此进行了专题研究。将相同条件的混凝土试块分别进行了蒸养出池、蒸养后立即自然养护、自然养护三种情况的对比。试验表明，蒸养出池的混凝土由于表面湿度较大，与自然养护混凝土相比对回弹法检测强度有较明显的影响。而蒸养后经自然养护 7d 以上的混凝土就看不出有显著影响。因为尽管蒸养使混凝土早期强度增长较快，但表面硬度也随之增长，若排除混凝土表面湿度、碳化等因素的影响，则蒸养混凝土的 f_{cu}-R 相关关系与自然养护混凝土基本一致，没有显著的差异。因此，主张蒸养出池后 7d 以内的混凝土应另行建立专用测强曲线，而蒸养出池后再经自然养护 7d 以上的混凝土可按自然养护混凝土看待。

（2）湿度的影响

湿度对回弹法检测强度有较大的影响，这是国内外一致的看法。

陕西省建筑科学研究院对此进行了试验，他们将不同强度等级的混凝土试件模拟现场构件的几种湿度情况（如偶因雨、雪受潮或长期处于潮湿环境等）分为四种方法养护（表 2-7）。

表 2-7　不同湿度下的养护方法

类别	养护方法	湿度
自然养护	成型后 1d 模中，标准养护 6d，再置于平均气温为 22℃的室内自然养护 21d	7.85%
泡水养护	成型后 1d 模中，标准养护 6d，泡水 21d，晾干 12h	10.78%
淋水养护	成型后 1d 模中，标准养护 6d，室内自然养护 19d（平均气温 22℃），再放入养护室淋水 8h 后室内晾干 1d	8.71%
潮湿养护	成型后 1d 模中，标准养护 6d，装塑料袋内封好，存放 20d，再放在室内晾干 1d（室内平均气温 22℃）	9.92%

试验表明，湿度对于低强度的混凝土影响较大，随着强度的增长，湿度的影响逐渐减小，对于短龄期的较高强度的混凝土的影响已不明显。

如何克服湿度的影响，国外有的采用较粗略的影响系数进行修正，以标准养护下湿度的影响系数为 1，在水中养护及在干燥空气中养护的湿度影响系数分别为大于 1 和小于 1。有的资料介绍，最好在混凝土表面为风干状态时试验，或事先取混凝土试样测定含水率，计算强度时予以修正。

陕西省建筑科学研究院采用砂浆、混凝土湿度测定仪对不同强度等级、不同养护方法、不同龄期的 108 个试块（表 2-8）进行试验。

表 2-8　湿度因素对回弹法检测强度的影响

养护方法	混凝土等级	试块龄期		
		14d	36d	90d
浸水	C10	每一龄期，每一等级各三块，第一块水中取出稍晾干测试，余下两块在 45℃烘箱中烘至两种不同湿度		
	C20			
	C30			
	C40			

续表

<table>
<tr><th rowspan="2">养护
方法</th><th rowspan="2">混凝土等级</th><th colspan="3">试块龄期</th></tr>
<tr><th>14d</th><th>36d</th><th>90d</th></tr>
<tr><td rowspan="4">标
准</td><td>C10</td><td colspan="3" rowspan="4">每一龄期，每一等级各三块，第一块从养护室取出测试，余下两块在 45℃烘箱中烘干至两种不同湿度</td></tr>
<tr><td>C20</td></tr>
<tr><td>C30</td></tr>
<tr><td>C40</td></tr>
<tr><td rowspan="4">自
然</td><td>C10</td><td colspan="3" rowspan="4">每一龄期，每一等级各三块，标养 7d 后自然养护，到龄期后测一块，一块送标养室放一昼夜，一块浸水一昼夜得到两种不同湿度</td></tr>
<tr><td>C20</td></tr>
<tr><td>C30</td></tr>
<tr><td>C40</td></tr>
</table>

试验结果虽已得出了混凝土表层湿度与同弹值之间的相关关系，但尚不能作为全国统一测强曲线的湿度修正值。因为作为全国统一测强曲线回归分析的试件是由全国各地环境湿度有一定差异的试件组成，所以，需待进一步作较大范围的试验和验证。但是，为了扩大应用范围，对上述潮湿混凝土可采用制定专用测强曲线或通过试验进行修正的方法予以解决。

2.1.6.5 碳化及龄期

水泥一经水化就游离出大约 35%的氢氧化钙，它对于混凝土的硬化起了重大作用。已硬化的混凝土表面受到了空气中二氧化碳作用，使氢氧化钙逐渐变化，生成硬度较大的碳酸钙，这就是混凝土的碳化现象，它对回弹法检测强度有显著的影响。因为碳化使混凝土表面硬度增加，回弹值增大，但对混凝土强度影响不大，从而影响了 f-R 相关关系。不同的碳化深度对其影响不一样，对不同强度等级的混凝土，同一碳化深度的影响也有差异。

影响混凝土表面碳化速度的主要因素是混凝土的密实度和碱度以及构件所处的环境条件。一般讲，密实度差的混凝土，孔隙率大，透气性好，易于碳化；碱度高的混凝土氢氧化钙含量多，硬化后与空气中的二氧化碳作用生成碳酸钙的时间就长，亦即碳化速度慢。此外，混凝土所处环境的大气二氧化碳浓度及周围介质的相对湿度也会影响混凝土表面碳化的速度，一般在大气中存在水的条件下，混凝土碳化速度随着二氧化碳浓度的增加而加快，当大气的相对湿度为 50%左右时，碳化速度较快。过高的湿度如 100%，将会使混凝土孔隙充满水，二氧化碳不易扩散到水泥石中，或者水泥石中的钙离子通过水扩散到表面，碳化生成的碳酸钙把表面孔隙堵塞，所以碳化作用不易进行。过低的湿度如 25%，孔隙中没有足够的水使二氧化碳生成碳酸，碳化作用也不易进行。随着硬化龄期的增长，混凝土表面一旦产生碳化现象后，其表面硬度逐渐增大，使回弹值与强度的增加速度不等，显著地影响了 f-R 关系，国内外的研究资料都得出了共同的结论。

消除碳化影响的方法，国内外并不相同。国外通常采用磨去碳化层或不允许对龄期较长的混凝土进行测试。

我国曾有过以龄期的影响代替碳化影响的方法。另有一些研究单位则提出以碳化深度作为检测强度公式的一个参数来考虑。对于自然养护的混凝土，碳化作用与龄期的影响是相伴产生的，随着龄期的增长，混凝土强度增长，碳化深度也增大，但只用龄期来反映碳化的因素是不全面的。前已述及，即使龄期相同但处于不同环境条件的混凝土，其碳化深度值差异较大。陕西省建筑科学研究院曾将同批成型并经 28d 标准养护后不同强度等级的混凝土试块，一半用塑料袋密封保存，另一半存放室内在空气中自然养护 10d 及一年。前者（自然养护 10d）碳化深度值几乎为零，后者（自然养护一年）为5～6mm。试验结果表明，同龄期（一年）不同碳化深度时，*f*-*R* 曲线差异较大，而同碳化深度（均为零）不同龄期的 *f*-*R* 关系曲线基本一致。说明自然养护条件下一年以内的龄期影响实质上是碳化的影响所致。所以，与其用龄期来反映碳化对回弹检测强度的影响，远不如用碳化深度作为另一个检测强度参数来反映更为全面。它不仅包括了龄期的影响，也包括了因不同水泥品种、不同水泥用量引起的混凝土不同碱度从而使同条件同龄期试块具有不同的碳化深度，而且也反映了构件所处环境条件，例如，温度、湿度、二氧化碳含量及日光照射等对碳化及强度的影响。这样，使得测强曲线简单，提高了测试精度，扩大了使用范围。反之，按不同龄期、不同水泥品种及不同水泥用量建立多条测强曲线，不仅十分烦琐、使用不便，且会引起误差。

对于三年内不同强度的混凝土，虽然回弹值随着碳化深度的增长而增大，但当碳化深度达到某一数值时，如大于等于 6mm，这种影响作用基本不再增长。当把碳化深度作为回弹法检测强度公式的另一个参数时，对此应予考虑和处理。原规程《回弹法评定混凝土抗压强度技术规程》（JGJ 23—85）及修订后的规程中所列的统一测强曲线，规定对大于 6mm 的碳化深度值均按 6mm 处理。

2.1.6.6 模板

使用吸水性模板如木模时，会改变混凝土表层的水灰比，使混凝土表面硬度增大，但对混凝土强度并无显著影响。据国内外资料介绍，模板的影响如木模与钢模对比，有的是木模成型的混凝土表面硬度大，有的则相反。国外还有资料介绍，与金属模板接触的混凝土表面所测得的回弹值比木模表面所测得的结果高出 10％～20％；同一强度的混凝土立方体试件，采用木模制作时，与采用金属模对比，前者的回弹值仅为后者的 79％。

国内有的单位试验结果是：强度相同的混凝土，木模表面测得的回弹值比钢模高。若以木模表面系数为 1，那么钢模表面应采用一个小于 1 的系数（0.89）来修正；另有单位规定以钢模表面为标准，其他模板制作的混凝土表面需用金刚砂磨平后乘一个大于 1 的修正系数。

中国建筑第四工程局有限公司研究单位进行了钢、木模板对回弹法检测强度影响的专题研究。他们将混凝土试模（150mm）进行了改装，由钢模及木模分别组成两组相对的模板，木模板面刨平，用桐油涂刷，经过对不同强度等级（C10～C50）、不同龄期（14d、28d、90d、180d、360d）混凝土试块的实测，和对试验结果的方差分析，认为钢模及涂了隔离剂的刨光木模对混凝土的回弹值没有显著影响，钢、木模的平均回弹值与变异系数是基本一致的。鉴于国内使用木模的情形十分复杂，其支模质量、木材品种、新旧程度等对回弹法检测强度有一定影响，不便规定统一的修正系数。而且从上述试验结果表明，只要木模不是吸水性类型且符合《混凝土结构工程施工质量验收规范》（GB

50204—2015）的要求时，它对回弹法检测强度没有显著影响。

由于《混凝土结构工程施工质量验收规范》（GB 50204—2015）对施工用模板的规定已不局限于钢、木模，允许其他材料（塑料、铝合金、胶合板、预应力混凝土薄板等）作为模板使用。考虑到这一规定及施工现场使用模板的情况，且上述"其他材料"并不影响混凝土表面状态，亦看作钢、木模板对回弹法没有明显影响，允许使用统一测强曲线。

必须指出的是，不论钢模还是木模，在模板接缝处由于析水或漏浆原因，形成混凝土水灰比的改变，致使接缝旁侧回弹值显著偏高，检测时应该避让。

2.1.6.7　其他

混凝土的分层泌水现象多数因为，一般构件底部石子较多，回弹值读数偏高；表层因泌水，水灰比略大，面层疏松，回弹值偏低。国外资料介绍，试件表面通常较两侧的回弹值低5%～10%，而底部则较两侧高10%～20%。因此，测试时要尽量选择构件浇筑的侧面，如不能满足，可根据不同的测试面和回弹值制成的相应表格进行修正。

钢筋对回弹值的影响视混凝土的保护层厚度、钢筋的直径及其密集程度而定。研究资料表明，当保护层厚度大于20mm时，可以认为没有影响；当钢筋直径为4～6mm时，可以不考虑它的影响。在目前尚无确切影响系数的情况下，可根据图纸或采用钢筋保护层测定仪确定保护层内直径较大的钢筋的位置，以便测试时避开。

现场测试时，构件或结构混凝土往往处于受压状态，例如，多层结构的底层柱与高层柱、预应力构件的应力锚固区与非锚固区、普通混凝土构件承受的最大应力区与一般应力区等。由于应力状态的不同，回弹值有一些差异。中国建筑科学研究院结构所于1989年就约束力对回弹测值的影响作了专题研究，他们选用了1982年制作的29组不同强度等级的150mm×150mm×150mm立方体混凝土试块进行了试验。为了解不同约束力对回弹值的影响，每种等级的试块，先选用一块进行破坏试验，然后按其极限荷载的5%、10%、15%、20%进行加压约束试验。试验结果见表2-9。

表2-9　不同约束力下的回弹值

试件编号	约束力				平均碳化深度（mm）	平均强度值（MPa）	注
	5%	10%	15%	20%			
B2813	47.0	47.3	48.2	48.1	12.2	42.7	设计强度等级200
A1726	33.4	34.5	35.0	34.5	35.6	17.9	设计强度等级200
A2721	42.4	43.2	44.2	44.4	19.0	38.3	设计强度等级200
B2891	40.4	41.6	41.3	40.8	21.8	28.4	设计强度等级200
B2810	40.1	40.5	41.0	41.7	20.0	31.1	设计强度等级200
B282	45.4	46.4	46.3	46.5	14.8	42.0	设计强度等级200
B2812	42.4	43.3	43.6	43.8	24.3	39.8	设计强度等级200
B283	39.1	39.4	39.5	39.5	21.5	26.4	设计强度等级200
B2719	44.6	46.0	46.0	46.1	14.3	48.9	设计强度等级200
A3722	44.4	45.1	45.2	44.4	17.7	42.2	设计强度等级200

如果将不同约束力下回弹值与四种约束力回弹平均值之比作为回弹值增长系数，其结果见表 2-10。

表 2-10　回弹值增长系数

试件编号	约束力			
	5%	10%	15%	20%
A1726	0.9723	1.0043	1.0189	1.0044
B2813	0.9864	0.9927	1.0115	1.0094
B2721	0.9736	0.9920	1.0149	1.0195
B289	0.9848	1.0140	1.0067	0.9945
B2810	0.9822	0.9920	1.0043	1.0214
B282	0.9837	1.0054	1.0033	1.0076
B2812	0.9798	1.0006	1.0075	1.0121
B283	0.9930	1.0006	1.0032	1.0032
B2719	0.9765	1.0071	1.0071	1.0093
A3722	0.9916	1.0073	1.0095	0.9916
平均	0.9824	1.0016	1.0087	1.0073

研究认为，约束力对回弹值测试有明显的影响，但是要使回弹值相同，必须采用有效的约束荷载。试验表明，15%极限荷载（或 15%试件极限强度）最为有效，约束力太低或太高，都会使回弹值偏低。由此还证明，对于小试件的回弹值测试，如果约束不够，会造成回弹值不准且分散性较大。因此，小试件回弹测试必须加以固定约束，而且有足够的约束力。这与 1976 年美国出版《Testing Hardened Concrete Nondestective Methods》一书中所介绍 Mitchell 和 Hoagland 的观点“有效的约束荷载为试件极限强度的 15%”是一致的。

此外，测试时的大气温度、构件的曲率半径、厚度和刚度以及测试技术等对回弹法检测强度均有程度不同的影响，在实际检测工作中应予以注意和考虑。

2.2　超声脉冲法检测混凝土强度

2.2.1　概述

早在 1880 年，人们就已发现压电效应，1928 年制成了第一台连续超声波材料探伤仪。第二次世界大战以后，超声脉冲检测技术开始实用化。在此基础上，R. Jones 等人首先把该项技术应用于结构混凝土的检测，取得了令人满意的结果，从而引起了世界工程界的重视。在随后的三十多年中，对这方面的研究不断深入，工程应用也逐渐普遍。目前，超声脉冲检测技术已成为检测工程结构物质量的重要手段之一。

我国自 20 世纪 50 年代开展这一领域的研究以来，已取得了丰硕的成果。在仪器研究方面，1958 年开始研制混凝土超声检测仪，60 年代即已制成多种类型的仪器。近年来，仪器的研究已向小型化、自动化和智能化的方向发展。在检测技术的研究方面，基本上形成了适合我国特点的方法体系；在工程应用方面，我国已积累较多的经验，在许多工程的应用中，都取得了良好的效果。

结构混凝土的超声脉冲法检测包括抗压强度检测、缺陷探测、弹性或非弹性参数及其他参数的测定三部分，本节主要讨论结构混凝土强度的超声脉冲检测方法，其余内容将在其他章节予以论述。

超声法检测混凝土强度的基本依据是超声波传播速度与混凝土弹性性质的密切关系。超声声速与固体介质的弹性模量之间的数学关系为：

无限固体介质中传播的纵波声速：

$$v_p=\sqrt{\frac{E(1-\mu)}{\rho(1+\mu)(1-2\mu)}} \tag{2-23}$$

薄板（板厚远小于波长）中的纵波声速：

$$v_b=\sqrt{\frac{E}{\rho(1-\mu^2)}} \tag{2-24}$$

细长杆（横向尺寸远小于波长）中的纵波声速：

$$v_l=\sqrt{\frac{E}{\rho}} \tag{2-25}$$

式中　E——弹性模量，N/m^2；

　　μ——泊松比；

　　ρ——密度，g/cm^3。

在实际检测中，超声声速是通过混凝土弹性模量与其力学强度的内在联系，与混凝土抗压强度建立相关关系并借以推定混凝土强度的。但是，由于混凝土强度是一项十分复杂的参数，它受许多因素的影响，要想建立强度和超声传播特性之间的简单关系是困难的。因此，超声法检测混凝土强度至今还只能建立在试验归纳的基础上，一般是通过试验建立强度与声速的关系曲线或经验公式，作为超声法检测强度的基本换算依据。国内外采用的统计方法建立专用曲线或数学表达式主要有：俄罗斯、捷克和德国采用的 $f^c_{cu}=Q^4_m$；荷兰、罗马尼亚采用 $f^c_{cu}=Ae^{Bv}$；波兰采用 $f^c_{cu}=Av^2+Bv+C$；在国内，采用两种非线性的数学表达式：$f^c_{cu}=Av^B$ 和 $f^c_{cu}=Ae^{Bv}$。可见，国内外实际应用的经验公式，采用了超声声速参量，突出了超声弹性波特性与混凝土弹性模量及强度的相关性。超声脉冲法检测混凝土抗压强度的关键，就在于建立准确的 f-v 关系、精确地测量被测混凝土的声速，以及弄清各种影响 f-v 关系的因素这三个方面。

混凝土超声测强曲线因原材料的品种规格、含量、配合比和工艺条件的不同而有不同的试验结果。因此，常按原材料的品种规格、不同的技术条件和检测强度范围进行试验，大量的试验数据经适当的数学拟合和效果分析，建立声速与混凝土抗压强度的相关关系，取参量中相关性好、统计误差小的曲线作为基准校正曲线，并经验证试验，选择误差小的经验公式作为超声脉冲法检测混凝土抗压强度曲线。超声脉冲法检测混凝土抗压强度的精度受许多因素的影响，测强曲线的适用范围也受到了较大的限制。为了扩大测强曲线的适应性，除了采用修正系数法外还可采用声速换算法，提高测量精度。

2.2.2 混凝土超声检测仪

2.2.2.1 混凝土中超声波传播状态分析

根据波动频率的不同，声波可分为次声波、可闻声波、超声波和特超声波，其频率范围如图 2-8 所示。一般来说，用于材料无损检测的频率范围在 $0.02\times10^6\sim20\times10^6$ Hz 之间，而混凝土检测中，常使用频段中的较低频部分，即 $0.02\times10^6\sim0.5\times10^6$ Hz。

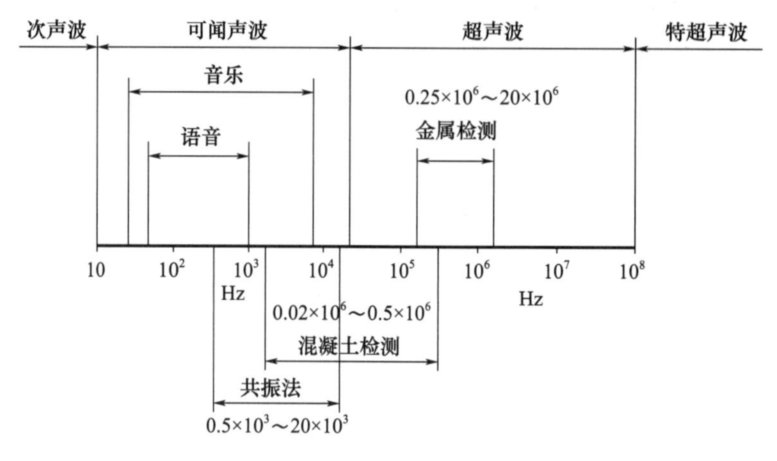

图 2-8 材料检测的实用频段

混凝土类材料是一种集结型复合材料，是多相复合体系，其内部存在着广泛分布的复杂界面，例如，砂浆与集料的界面、各种缺陷（裂缝、蜂窝、孔洞等）所形成的界面，超声脉冲在混凝土中的传播状态较为复杂，如图 2-9 所示。其传播特点有以下几个方面。

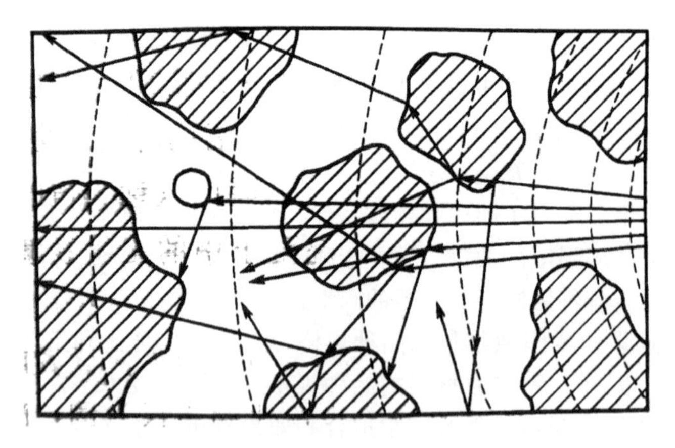

图 2-9 超声脉冲在混凝土中的传播状态示意图

（1）超声波的衰减较大。由于混凝土中存在着广泛的界面，因此，其散射损失是十分明显的，如果把混凝土中的集料视为分散在砂浆中的球状障碍物，则该障碍物所造成的散射功率 ω_s 可近似地用下式表示：

$$\omega_s \approx \frac{\pi}{2} ZA^2 \omega^2 d^2 \tag{2-26}$$

式中 Z——基质的声阻抗率，$N\cdot s/m^3$；

A——基质中质点的振幅，m；

ω——圆频率，rad/s；

d——基质中障碍物的直径，m。

由式（2-26）可知，散射功率的大小与频率的平方成正比。因此，为了使超声波在混凝土中的传播距离增大，往往采用比金属材料探伤中所采用的频率低得多的超声频率。

（2）指向性差。在混凝土中超声波束的指向性较差的原因主要有两个方面：其一是由于所采用的频率较低，即波长较长，而扩散角与声源直径及波长的关系为：$\sin\theta=1.22\dfrac{\lambda}{D}$，因此扩散角 θ 一般均较大，当换能器直径 $D=\lambda\times1.22$ 时，θ 达 90°，这时由发射换能器进入混凝土内的超声波实际上是以换能器为中心的球面波，几乎失去指向性，超声场占据整个试体空间；其二，由于众多的界面导致许多反射波和折射波出现，虽然这些波的声强比入射波低，但由于数量众多，而且彼此相互干涉和叠加，因而造成较大的漫射声能。

（3）波线往往因界面反射和折射而曲折，因此，当超声波在混凝土中遇到较大缺陷时并非直线传播。

（4）混凝土中，在声场所及的空间内的任何一点，都存在一次声波（即入射声波）及二次声波（即反射声波、折射声波和波型转换后的横波）。探头所接收的信号是一次声波和二次声波的叠加。因直接穿越的一次声波所经历的距离较短，所以首先到达接收探头，但由于衰减作用往往较为微弱。二次声波经多次反射，所经历的距离较长，其中部分横波波速较慢，它到达的时间要比一次声波滞后。但由于它的叠加，使接收信号变大，而且使波形畸变。认识这一现象，对于分析波形，精确测量超声脉冲通过时间是有益的。

利用超声波在混凝土中的传播特点，无疑是进行混凝土无损检测的重要基础。由于混凝土本身结构复杂，人们对其传播特点的了解至今仍然十分浅显，尤其是许多传播规律往往随着超声频率、集料粒径、砂率等因素的变化而变化，因此，以上所述的定性说明并不确切。正因为对这些基本问题理解较浅，因而在进行超声检测时，对现象的解释难免出现谬误，而且会影响到测试结果的准确分析，这是必须注意的。可见，传播机理的研究是一个重要课题。

2.2.2.2 混凝土超声检测仪的基本组成

混凝土超声检测仪的基本任务是向待测的结构混凝土发射超声脉冲，使其穿过混凝土，然后接收穿过混凝土后的脉冲信号，仪器显示超声脉冲穿过混凝土所需的时间、接收信号的波形、波幅（模拟量或数字量）等。根据超声脉冲穿越混凝土的时间（称为声时）和距离（称为声程），即可计算声速；根据波幅可求得超声脉冲在混凝土中的能量衰减；根据所显示的波形，经适当处理后可得到接收信号的频谱等信息。

用于混凝土的超声波检测仪可分为两类：模拟式与智能式（数字式）。为了使读者能对常用混凝土超声仪的性能有所了解，本节以 CTS-25 及 NM 系列混凝土超声仪为例，简述其主要性能。

（1）模拟式超声检测仪

这类仪器一般均可显示波形，该波形为模拟信号，即时间和幅值均为连续变量。用游标手动判读声时参量，用数码管显示数字；也可采用整形自动读数，即将接收信号整形为方波，经微分成尖脉冲后使计数器自动关门，这种整形关门需要一定的关门电平，因此要求接收信号首波有足够的高度，否则首波不能关门，造成所谓“丢波”，而导致误判。

这类仪器主要有：CTS-25、SCY-2、SD-1、SC-2、HSC-4、CYC-4、JC-2、PUNDITV-meter 等。下面以 CTS-25 为例简述其基本构成。

图 2-10 为 CTS-25 型超声检测仪的方框图。可分为同步分频、发射与接收、扫描与示波、计时显示及电源五部分。超声检测仪的主要波形及其相互关系如图 2-11 所示。

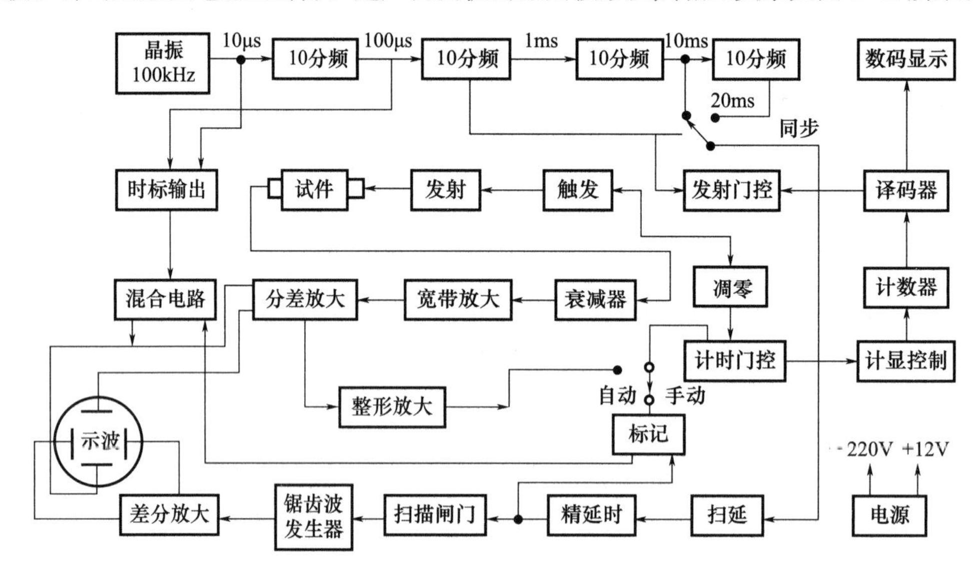

图 2-10　CTS-25 非金属超声检测仪方框图

仪器各部分的工作原理如下：

① 同步分频部分：由 100kHz 石英振荡器产生周期为 10μs 的脉冲。先经 10 分频，得到周期为 100μs 的脉冲。将两种脉冲送至时标输出电路，合成复式时标后输给混合电路，最后加至示波管的垂直偏转板，在扫描线上产生一系列间隔为 10μs 及 100μs 的尖脉冲复式时标刻度。读数时可根据该时标刻度及面板上的“精调”旋扭直接读出声时值。但由于该仪器有数码显示系数，复式时标仅作应急之用，属备用装置，通常可用开关将其从示波屏扫描线上消去。

同时将周期为 100μs 的脉冲依次经 10 分频得到 1ms、10ms 和 20ms 的周期信号，以 10ms（或 20ms）周期脉冲作为整机同步脉冲［其波形见图 2-11 中（1）］。

② 发射接收部分：同步脉冲后沿触发发射门控双稳器，使双稳器翻转，而由第二个 10 分频级间引出的 200μs 周期脉冲触发双稳器复原，于是发射门控双稳器输出周期为 10ms 或 20ms、宽度为 200μs 的方波［图 2-11 中（2）］。该方波后沿经由触发输入电路触发可控硅导通，形成触发输出的周期性尖脉冲［图 2-11 中（3）］。该触发脉冲激励探头压电体的机械振动，发出超声脉冲［图 2-11 中（12）］。发射电压分 200V、500V、

1000V 三档。显然，超声脉冲的重复频率即触发脉冲频率，因周期为 10ms 或 20ms，故重复频率为 50Hz、100Hz 两档。用开关转换，一般情况可用 100Hz 档，若测试距离较长，声时较大，可改用 50Hz 档。而超声脉冲本身的频率则取决于压电体的自振频率，与线路无关。因此，欲改变频率时，只要更换探头，即可达到目的。

发射波的一部分窜入接收电路，经放大加至垂直偏转板，在扫描基线上形成发射起始信号。

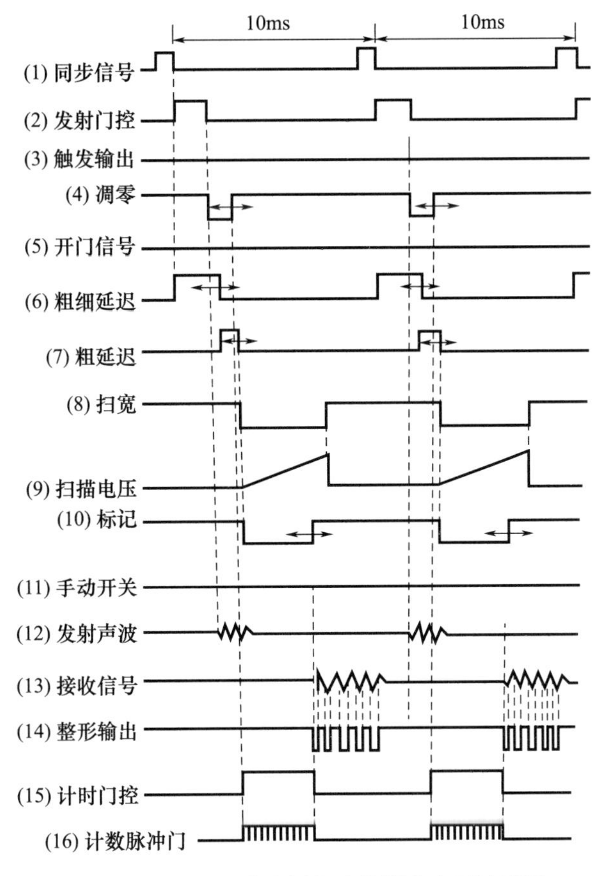

图 2-11　CTS-25 非金属超声检测仪主要波形图

超声脉冲穿过试体到达接收探头，转换为电脉冲信号［图 2-11 中（13)］，经由衰减器送到接收放大器放大。接收放大器为四级宽频带线性放大电路，最后经差分放大加在示波管的垂直偏转板上，显示其波形。其中衰减器用以转变接收信号的波幅，并定量指示其衰减值。若接收信号较弱，探头线较长，可在探头输出处加接一前置放大器，以提高信号幅度。

③ 扫描示波部分：它由锯齿波发生器、可调的扫描延迟电路、扫描闸门发生器、锯齿波放大器等组成。为了可随意观察全部或部分信号，装置了由单稳器组成的可调扫描延迟电路。它由同步脉冲触发（比发射提前 200μs)，经过延迟后触发扫描［图 2-11 中（6)、(7)］。显然，经延迟后在示波屏上只能显示从发射后某段时间的接收信号。

锯齿波发生器的扫描宽度，由扫描闸门的方波宽度所确定［图 2-11 中（8)］，它控制锯齿波发生器产生线性锯齿波［图 2-11 中（9）］，经差分放大后加到示波管的水平偏转板上，产生扫描线。扫宽方波还经升辉电路加至示波管栅极，使扫描期间显示图像变亮。扫描宽度分 20μs、100μs、300μs、800μs、2000μs 五档，用以调节接收信号的显示范围。

扫描延迟方波的后沿，在触发扫描的同时也触发标记单稳器，产生 6～250μs 的标记方波［由“微调”旋钮控制，其波形见图 2-11 中（10）］，该方波经混合电路和倒相放大后加至示波管垂直偏转板上，作为标识信号。

④ 计时显示部分：计时显示部分主要由计时门控、10MHz 石英晶体振荡器、分频取样电路、计数脉冲门、清零电路、计数器、译码器、显示器等部分组成。

用发射门控输出的正方波［图 2-11 中（2）］的后沿触发调零单稳器，产生宽度为 1.2～15μs 的负方波［图 2-11 中（4）］。该负方波经微分整形后，其后沿作为计时门控的开门信号。

该机采用手动游标读数和自动整形读数两种读数方式。当采用手动游标读数方式时，将接收波前沿对准标记脉冲［图 2-11 中（11）、（13）］，此时标记脉冲经微分整形后作为计时门控的手动关门信号［图 2-11 中（11）］，在示波器上可看到该信号，即游标。于是从计时门控上输出一个正方波［图 2-11 中（15）］。将正方波输至计显控制电路。当采用自动整形读数方式时，则将接收波进行放大整形［图 2-11 中（14）］，取其首波前沿作为计时门控的关门信号，同时使计时门控上输出一个正方波，并输至计显控制电路。经过计显控制的计时脉冲［图 2-11 中（16）］，由五级十进制计数器计数，并经译码器将十进制数码电位加于数码管，显示出计数的时间（最大为毫秒级）。

CTS-25 型检测仪还备有复式时标作为测读的辅助或备用系统，它在扫描线上刻出每格 10ms 的分格，再借助 100 等分的延迟“精调”旋钮，也可读至 0.1μs。

⑤ 电源部分：可用 220V 交流电源供电，亦可用＋12V 直流电源供电，电源部分包括＋12V 整流稳压电路、＋10V 稳压电路、直流变换器等部分。＋12V 整流稳压电路是将 220V 交流电经桥式整流后，由稳压电路输出＋12V 的直流电压。＋10V 稳压电路是将＋12V 直流电压进一步稳定为＋10V 电压输出。直流变换器是将＋10V 的低电压变换成各种所需电压，供给示波管及有关电路。

（2）智能型超声检测仪

随着超声检测技术的发展，将越来越多地运用信息处理技术，以便充分运用波形所带出的材料内部的各种信息，对被测混凝土结构做出更全面、更可靠的判断。智能型超声仪就是为了适应这一需求而发展起来的新一代仪器。为了满足这些要求，它必须具备数据的高速采集和传输、大容量的存储与处理、高速运算能力和配置各种应用软件等条件。下面以 NM 系列非金属超声检测分析仪为例，详细介绍智能型超声仪。

① NM 系列非金属超声检测分析仪的工作原理与技术指标

NM 系列非金属超声检测仪具有数字采集、声参量自动检测、数据分析与处理、结果存贮与输出等功能。图 2-12 为该系列中 NM-2B 型工作原理框图。它由计算机、高压发射与控制、程控放大与衰减、A/D 转换与采集四大部分组成。高压发射电路受主机同步信号控制，产生受控高压脉冲，激励发射换能器，电声转换为超声脉冲传入被测介质，接收换能器接收到穿过被测介质后的超声信号，并转换为电信号，经程控放大与衰减对信号作自动调整，将接收信号调节到最佳电平，输送给高速 A/D 采集板，经 A/D 转换为数字信号后进行各种处理。

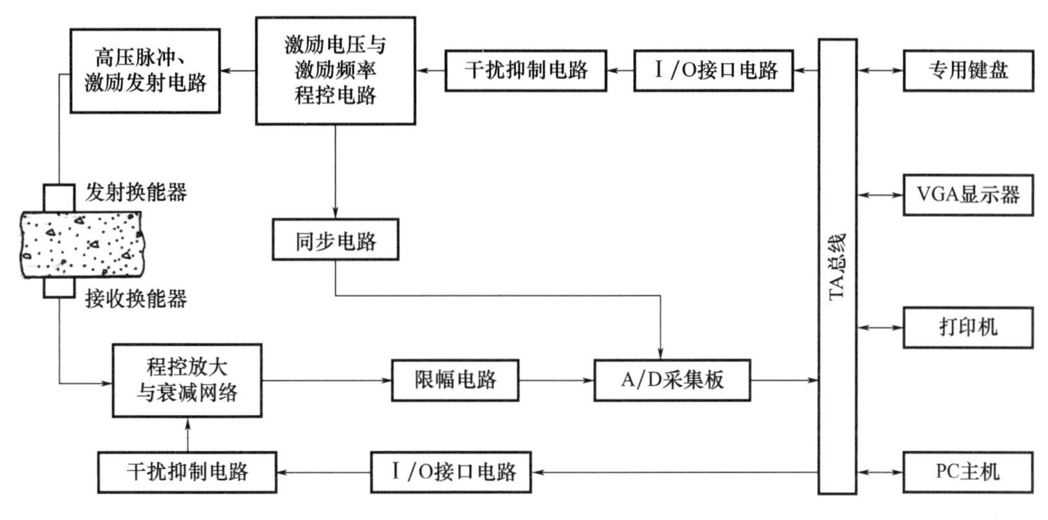

图 2-12 NM-2B 型工作原理框图

表 2-11 列出了我国建筑行业推荐标准《混凝土超声波检测仪》（JG/T 5004—1992）对超声仪性能指标的基本规定，以及 NM 非金属超声检测分析仪的主要技术指标。

表 2-11 我国超声仪的基本规定及 NM 仪的主要技术指标

类别	项目	行标（智能式）	NM 仪
基本参数	测时范围（μs）	1～9999 0.1～999.9	0.1～420000
	测读方式	手动游标读数 程序列读声时	手动游标读数 程序自动判读声时、幅度、主频
	发射方式和频率（Hz）	单次激发或连续激发≥50	连续激发 50，100 可选
	发射电压（V）	≥50 或分几档	250，500，1000 可选
	换能器标称频率（kHz）	10～250 常用 20～100	10～250
	放大器频带（kHz）	10～250	0.005～500
	接收灵敏度（μV）	≤50	≤30
	示波器显示方式	外接或内装示波器	内装高分辨 CRT 显示器或 真彩色 TFT 液晶显示器
	示波器显示扫描宽度（μs）	50～100 分档	0.025～420ms 任意可选
	相对发射脉冲的扫描延时（μs）	40～5000 连续可调	0～64000 任意可调
	游标调节	10～300 个采样间隔连续可调	0～65535 个采样间隔连续可调
	衰减器衰减范围（dB）	0～80	放大与衰减可调范围 0～133 信号和幅度量化范围 0～175
	衰减器精度	≤1	≤0.5

续表

类别	项目	行标（智能式）	NM仪
仪器正常工作前提条件	环境温度（℃）	0～40	NM-2B：－10～＋40 NM-3A：0～＋40
	环境相对湿度	＜80％	＜80％
安全要求	绝缘电阻	—	—
	潮湿试验前（MΩ）	≥100	≥100
	潮湿试验后（MΩ）	≥2	≥2
电源适应能力	交流	（220±22）V （50±1）Hz	（220±22）V （50±1）Hz
	直流	标称值±5％	（12±0.6）V
连续工作时间（h）	—	≥4	≥8

② NM非金属超声检测分析仪的性能特点

A. 数字信号的采集

智能型超声仪均将波动信号的时间与幅度离散成数字量，变成数字信号，以便用数值计算的方法完成对信号的处理。由于数字信号可存储，可不受时间顺序的约束，能按照理论算法进行运算，从而使仪器具有高度自动化、智能化的处理功能。因此，数字化信号采集与处理功能是智能化超声检测仪的基本条件。

NM非金属超声检测分析仪数字信号采集功能的技术指标为：最高采样频率20MHz，分8级可选；分辨率：8bit垂直分辨率；采样长度：64K内长度可选；触发方式：外触发（仪器内提供同步信号触发）；信号触发（外部激励源触发门）；波形处理：5点3次多项式加权平均数字滤波；波形显示：具有波形缩放功能，前后翻页功能，起点延迟功能，双组双向游标；重复采样刷新速度：在10MHz采样频率、1024采样长度条件下达到54次/s。

NM非金属超声检测分析仪在高速A/D数据采集和DMA数据传输方式（直接将数据自RAM中存取而不经CPU控制的方法）的支持下，具有对重复周期信号的高速重复采集功能，在屏幕上可获得良好动感的数字波形动态效果。对于重复信号可实时监测被测信号，观察接收波形的动态变化，以及对于超声检测中观察换能器的耦合效果、在时域波形中识别后续波的波形、离析反射信号、对孔检测时随换能器升降实现自动扫描检测等都具有重要的实用价值。

B. 声参数检测

超声仪的基本功能是产生、接收、显示超声脉冲，并经测量获取声时、波幅、频率等声学物理参数，声参量测试的准确性、精密性、重复性以及高速、简便、易操作等要求是衡量超声仪性能的重要指标。

a. 首波的判定与捕捉

在混凝土声测技术中，首波到达时，首波波峰幅值是重要的参数。因此，首先必须准确地判定并捕捉到首波。以往，常规的超声仪采用波形整形触发原理，当接收信号脉冲幅度达到一定量值（关门电平）时即判定为首波。采用这种方法，一方面因本机噪声或外界干扰过大容易引起超前误判，另一方面因首波幅度低缓容易造成滞后丢波。NM非金属超声检测分析仪设置了专用参数“基线控制线 W_n”，它是在基线上、下的一对水平幅度线，距基线间距可调，它的作用相当于将固定的关门电平变为可调，只要将 W_n 调至介于首波波幅与噪声之间均可以快速准确地捕捉到首波，在此基础上，可以实现声时、幅度、主频等声参量的自动判读。

b. 声时测量

NM 非金属超声检测分析仪声时测试技术指标为：声时精度为 0.1μs；声时范围为 0.0001～420ms；声时测试重复性为末位±2 个字；声时测试相对误差小于 1%。

NM 非金属超声检测分析仪具有自动判读和手动判读两种方式。手动判读是人工移动水平游标，屏幕实时显示游标所在位置的声时值；自动判读则是在自动判定首波基础上，利用软件判读法自动反推到首波起始位置，获得首波声时值。

声时自动判读方法的特点在于：

(i) 利用基线控制线有效地解决了由于超前误判或滞后丢波所引起的声时测量误差；

(ii) 可以判定出首波的真实起始点，有效地解决了在信噪比低、首波起点不明条件下人为读数偏差过大的问题。

实践表明，即使在大测距、小信号、高噪声的条件下，只要具有一定的首波信噪比，NM 非金属超声检测分析仪就可以有效快速地进行测试，对个别有疑问的测点，可以使用手动游标判断。

c. 波幅测量

波幅直接反映了超声波传播过程中的衰减程度，或在常规超声仪中，示波器中显示的模拟波形不能量化，只能采用等幅测量的方法，直读衰减器的量值，一般动态范围为 80dB，精度为±0.5dB。NM 非金属超声检测分析仪的分级增益放大与衰减相互配合，通过计算机调控可作闭环的自动调节，动态范围为 133dB，加之屏幕显示的数字化波形样品的量化范围是 42dB，波幅总的动态范围达 175dB，单次采样的波列样品可以用波形文件格式存储，根据波形文件中记录的工作参数（如增益放大或衰减的分级程控制）和全波列样品点的 LSB 值，可以很容易地计算出全波列所有样本的波幅（dB）值。在仪器、换能器、信号电缆以及发射电压保持不变的条件下，多次测量过程中的波幅值具有相互可比性。

d. 频率测量及频谱分析

超声脉冲通过被测混凝土时，由于多种频率成分的衰减不同，高频成分比低频成分的衰减大，因而主频率将向低频端漂移。因此，脉冲波主频率的漂移程度是混凝土对超声衰减作用的重要表征量，NM 非金属超声检测分析仪提供了幅度谱分析功能，即表征动态信号幅度随频率的分布情况，并在检测模式下可自动判定主频率，参加 FFT 运算的波段窗口既可按设定的频率分辨率自动确定，也可在时域波形中用手动游标人工截取（矩形窗）。

为了进行大量测点声参量的有序测试，采用 3 位主序号和 2 位副序号（XXX-XX）的方式，可适应二维平面中行占到的序号设置，也可作为已有测点的加密序号，测试过程中可自动增序，对已有测点还具有复测、插入、空号、查看等功能，也可随时退出序号方式。

对声时测试中零声时的标定与设置，既可应用标准声时棒进行自动零声时标定功能，又可人工置入已标好的零声时值。

在波形采集中既可自动调整采样起始点和波幅，使之满足已设定的状态参数，又可在声参量变化不大的测试中，以“记忆”方式延续保持上一测点的工作状态（即“A→快速采集”功能），以提高采样速度。

C. 数据输入输出的文件管理

混凝土超声检测过程中参数多，数量大，因此，数据的现场记录以及后期分析中的数据录入工作都很烦琐，NM 非金属超声检测分析仪对数据输入输出的文件管理功能使上述烦琐的工作变得简便、有序且易于管理；文件的存储、调用、查看等功能在屏幕提示下可以直观、简易、快速地完成。仪器配有大容量硬盘和 3.5 寸软驱，实现数据文件的大量存储。

D. 配置分析软件包

为便于对检测结果进行分析，NM 非金属超声检测分析仪配置了内容丰富的应用软件。例如，超声回弹综合法检测混凝土强度的分析软件，缺陷探测的分析软件，声透法检测灌注桩完整性与强度的分析软件等。

另外一种广泛使用的超声检测仪为 ZBL-U520/510 非金属超声检测仪。这种型号的仪器能够快速准确地自动判读声时与波幅，且全面支持 Windows 操作系统，自动生成检测报告，因此使用起来更加方便快捷。

2.2.2.3 超声换能器

应用超声波技术首先要解决的问题就是如何发射超声波和接收超声波。超声波换能器的作用就是使其他形式的能量转换成超声波的能量（发射换能器）和超声波的能量转换成其他易于检测的能量（接收换能器）。由于电能的运用最为方便，因此，目前应用最广泛的便是电能和超声能量互为转换的电声换能器。用适当的发射电路把电能加到发射换能器上可以使它做超声振动，并在周围的媒质中产生所需的超声波。接收换能器把接收到的声信号转换成电信号。采用适当的接收电路可获得有足够能量的、可用于检测控制的电输出。

检测用的超声换能器有许多特点：首先，它往往只需要较小的功率，因为检测用超声波的声强应该不致引起传声媒质的性质发生变化，同时又有足够的强度使得接收到的信号比噪声强许多（在超声测量技术中，大多数使用脉冲超声波，其瞬时功率较大，可以保证有足够的信噪比，而平均功率较小，这样的换能器比较轻巧，便于安装）；第二，检测用的换能器一般作测量物理量用，必须有较好的时间稳定性和温度稳定性；第三，在换能过程中，通常希望波形尽可能保持不变；第四，检测用的换能器往往对振动方式有特殊的要求，以便在传声媒质中得到所需波形（如纵波、横波、扭转波、弯曲波等）的超声波；第五，工业测量技术中对换能器常有各种使用条件方面的特殊要求，如防爆、防腐蚀、防辐照、防漏、耐高温和低温、高压或抽空等。为了满足这些要求，应从换能器的材料、形状和外壳结构等方面来考虑。

（1）压电效应

压电材料是研制换能器的关键，大多数晶体都有压电效应，但多数材料的压电效应太小，能用于测量的不多。某些晶体或多晶陶瓷受到压力或拉力而产生变形时，晶体产生极化或电场，表面出现电荷，这种现象称为压电效应。反之，若在晶体或多晶陶瓷表面上施加压力，则在电场作用下产生变形，这种现象称逆压电效应。具有压电效应的晶体或多晶陶瓷称为压电体。

根据压电效应可知，若在压电体上加一突变的脉冲电压，则压电体产生相应的突然激烈变形，同时产生自振而发出一组声波，这就是发射换能器的基本原理。反之，若压电体与一具有声振动的物体接触，因物体的振动（即声波）使压电体被交变电压缩或拉伸，因而压电体输出一个与声波频率相应的交变电信号，这就是接收换能器的基本原理。

压电效应实质上与晶体中原子的排列及电荷几何中心的平衡有关，图 2-13 为石英晶体压电效应原理示意图。图 2-13（a）为平衡状态下的石英晶体。从图 2-13（b）中可见，如果 x_1 方向被压缩，则硅原子 1 挤入氧原子 2 和 6 之间，氧原子 4 挤入硅原子 3 和 5 之间，因而正、负电荷的几何中心不再重合，在表面 A 就呈现负电荷，表面 B 则呈现正电荷。这种施力方向与电荷产生方向一致的压电效应，称纵向压电效应（图 2-14）。若加力方向改为图 2-14（c）的形式，这时，虽然施力方向为 C、D 面，但正、负电荷的几何中心仍向 A、B 面偏离，而在 A、B 面上产生电荷，这种施力方向与产生电荷方向垂直的压电效应，称横向压电效应。

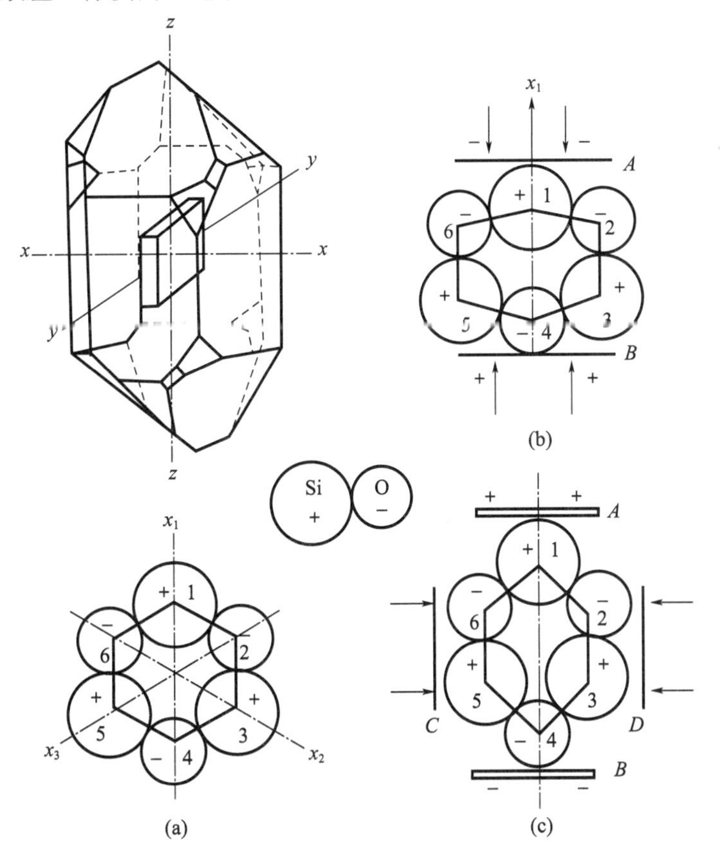

图 2-13　石英晶体压电效应原理示意图

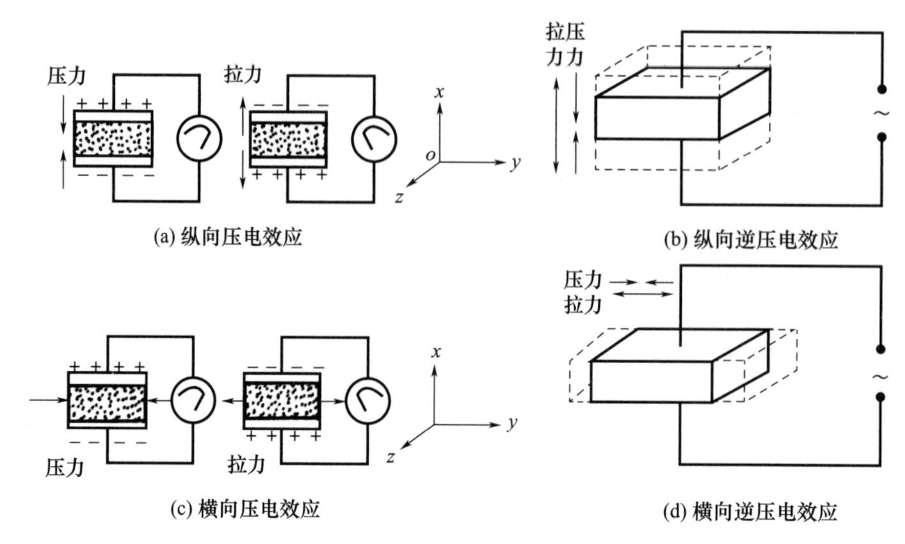

图 2-14 压电体的压电效应和逆压电效应

在混凝土超声检测仪中，目前应用最多的是压电陶瓷，它是一种多晶体。以钛酸钡为例，其晶胞如图 2-15（a）所示。当温度高于某一温度 T_c时，它属于立方晶系，而温度低于 T_c时属于四方晶系。T_c即为相变温度，又称居里点。由于在居里点以下时，呈四方晶系，钛离子向长轴方向偏移，因而使电荷几何中心不再重合，出现自发极化[图 2-15（c）]，并在晶体中出现与自发极化方向一致的小区域，称为电畴。每个电畴均具有压电性，但在整块多晶体中取向混乱。所以，压电陶瓷需经极化处理使电畴转向，成定向排列，才能具有总体压电效应。显然，压电陶瓷的使用温度不应超过居里点，同时随使用时间的延长，或受冲击等因素的影响，电畴的定向排列渐趋混乱，而使灵敏度下降，通常称为老化。

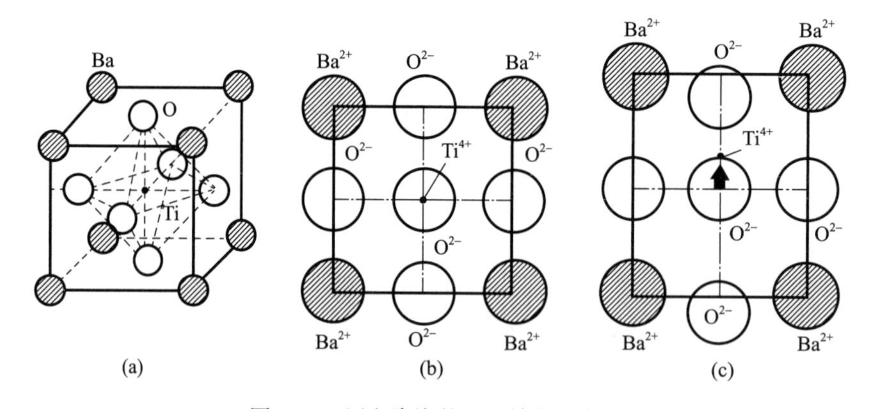

图 2-15 压电陶瓷的压电效应示意图

除压电效应外，也可利用磁致伸缩效应等获得超声波，但在检测中应用较少。

由此可见，在片状压电体两平行平面上加一电压时，根据晶体切割方向或压电陶瓷极化处理方向不同，可产生厚度方向的振动或径向的振动。图 2-16 中（a）所示的压电体产生厚度方向振动，常用于测量纵波声速；（b）、（c）所示的压电体主要产生径向振动，将这种压电体数片叠合，组成圆管状换能器，用于测量大体积混凝土或岩体钻孔孔壁。

而且还可用简单形状的压电片进行复合和列阵组合，采用不同的极化方向和电场施加方向，以获得各种不同辐射状态的超声换能器。

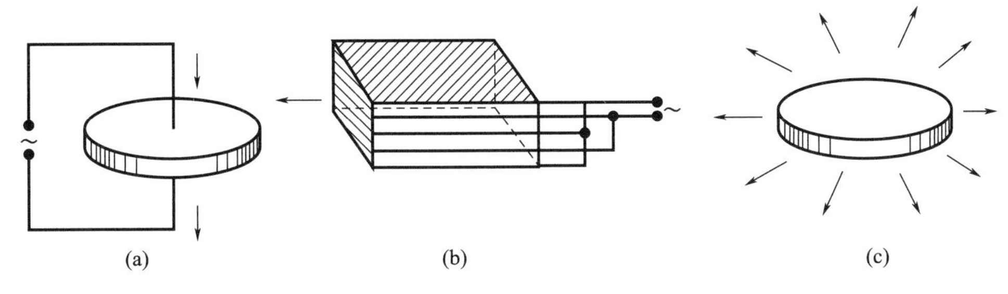

图 2-16　几种不同的压电振子

（2）压电体的主要技术参数

压电材料具有正压电效应和逆压电效应，在材料中将产生应力和应变等力学量与电感强度及电场强度等电学量之间的转化，这种转化存在着一定的比例关系，即所谓压电关系式，在关系式中的比例系数就是描述压电材料压电性能的压电参数。

① 压电应变恒量 d：当在不受外力作用（即应力为零）的压电体上施一电压时，压电体的应变与电压成正比，所以，压电应变恒量即为应变与电压之比，其单位为 m/V。

② 压电应力恒量 e：使压电体受一束缚，而无法自由变形即应变为零，若施加一电压，这时压电材料的应力与电压成正比，所以压电应力恒量名为应力与电压之比，其单位为 N/（V·m）。

这个恒量又称压电发射系数，该系数越大，则用较低的电压便能产生较高的声压。

③ 压电电压恒量 g：当压电体两输出端开路时，若施加一应力 T，则压电体上所产生的电压与应力成正比，即压电电压恒量 g 为应力所产生的电压与应力之比，单位为（V·m）/N。

这一恒量又称压电接收系数，若用以作为接收换能器，则 g 越大，同样的声压可在压电体上获得较高的电压，因而接收灵敏度越高。

④ 压电变形恒量 h：当应变恒定时，在压电体上施加一电场所引起的应力与电感强度之比，单位为 V/m。

以上四个恒量可根据压电材料的力学和电学性能互相换算，其中 d 最易测量，所以应用较多，而且可以由 d 推算出 e 和 g。

⑤ 机电耦合系数 K：在晶片上输入能量与转换能量之比，K 越大则换能效率越高，它是表征晶片性能的主要参数之一。

⑥ 品质因素 Q：即晶片谐振时存储的机械能量与在一个周期内损耗的机械能量之比。Q 越大，则损耗越小，自振的延续时间越长。

⑦ 自振频率 f_0：晶片的自振频率即发射的超声频率，与压电材料的性质和尺寸有关。

设晶片的厚度为 δ，晶片的声速为 v，则自振频率为：

$$f_0 = \frac{v}{2\delta} \tag{2-27}$$

式中 f_0——晶片的自振频率，kHz；

v——晶片的声速，m/s；

δ——晶体的厚度，mm。

⑧ 居里温度：压电体在一定的温度范围内具有压电效应，而超出这一范围时即失去压电效应，这一温度范围的下限称下居里温度，上限称上居里温度。上、下居里温度的区间越大，适应性就越强，在混凝土检测中一般均在居里温度范围之内，在蒸汽养护池内测量时也应将温度控制在居里温度范围之内。

目前，常用的压电体可分为单晶压电体和压电陶瓷两类。近年来又出现了几种新型压电材料，如压电高聚物和压电复合材料。单晶压电体主要有石英（SiO_2晶体）、酒石酸钾钠（$NaKC_4H_4O_5 \cdot 4H_2O$）和硫酸锂（$Li_2SO_4 \cdot H_2O$），常用的多晶压电陶瓷有钛酸钡（$BaTiO_3$）、锆钛酸铅［Pb（Zr，Ti）O_3，商业代号为 PZT)］、偏铌酸铅（$PbNb_2O_6$）等数种。

石英是最早使用的压电材料，其居里点较高，适用于高温下的检测，但它较易产生其他不希望产生的振动方式，而且压电转换性能较差。硫酸锂晶体发射性能介于石英和钛酸钡之间，但接收性能较佳；其阻抗与石英相同，因而可以与石英互换。硫酸锂振子所含不希望有的振动方式较少，加大阻尼后可获得比较窄的发射脉冲，但制作大尺寸的晶片比较困难；居里点较低，而且易溶于水，需密封使用。压电陶瓷的发射性能较好，但接收性能不如石英和硫酸锂。它的电气阻抗与石英和硫酸锂的相差较大，因而不能互换使用。由于压电陶瓷在加工过程中都需进行极化处理，在工艺上不易控制，所以，各批材料之间特性差异比较大，而且有时效作用，即有老化的现象。它的居里点为 100～130℃，不宜用于高温，但压电陶瓷价格便宜，可制成各种形状，这是目前混凝土检测中使用最广的一种压电材料。表 2-12 列出了几种常用压电晶体的性能。

表 2-12　几种常用压电晶体的性能

性能	石英 0°x 切割	硫酸锂 0°y 切割	酒石酸钾钠 45°x 切割	偏铌酸铅
密度（$\times 10^3$kg/m^3）	2.65	2.06	1.77	5.8
声阻抗［$\times 10^6$kg/（m^2·s)］	15.2	11.2	5.13	16
频率厚度常［kHz/（s·mm)］	2870	2730		1400
介电常数	4.5	10.3	493	225
原向机电耦合系数	0.1	0.35		0.42
径向机电耦合系数	0.1	0		0.07
机电品质因数	10^6	—		11
原向压电模量（$\times 10^{-12}$m/V）	2.3	16		80
原向压电形变常数（×10V/m）	4.9	8.2		1.1
压电应力常数［×10V·m/N］	58	175		37
最高工作温度（℃）	550	75		500

续表

性能	石英 0°x 切割	硫酸锂 0°y 切割	酒石酸钾钠 45°x 切割	偏铌酸铅
居里温度（℃）	570	—	45	550
体积电阻（25℃）	$>10^{12}$	—		—
弹性模量（$\times10^{11}$N/m^2）	80	—	6.7	—

（3）探头（换能器）

探头按波形不同可分为纵波探头及横波探头，在混凝土声速测量中主要使用纵波探头，当需要测量剪切弹性模量时，应采用横波探头。

① 纵波探头

纵波探头又可分为平面探头和径向探头。

平面探头的常用结构如图 2-17 所示。它由压电体、外壳、绝缘压块、吸声块、弹簧等组成。外壳起保护、支承和绝缘的作用，其紧贴压电体的面板的厚度应按多层介质反射及透射公式计算。晶片应根据发射及接收频率的要求选择适当的压电材料及尺寸。压电体两面镀以银膜，形成两个极板。一个极板直接与外壳连接且接地，另一个极板则通过引线及接插件与反射电路连接，压电体与外壳一般用环氧树脂、502 胶等胶结。为了消除压电体的反向辐射，使发射脉冲宽度变窄，可加一块吸声块。吸声块一般用阻尼较大而声阻抗与压电体接近的材料（如钨粉加环氧树脂或有机玻璃等）制成，表面加工成螺纹并做成楔形，使反向辐射经多次反射后在吸声块中被衰减，而且使压电体自振阻尼加大。以混凝土为测量试件，一般测试距离较大，发射脉冲宽度要求不高，而且发射频率较低，吸声块作用不明显，因而探头中常省去吸声块。压电体极板的引线通过电器接插件引出，它应保持引线与发射或接收电路的接触良好，在长期使用中由于多次接插，往往接触不良，这是常见故障之一。

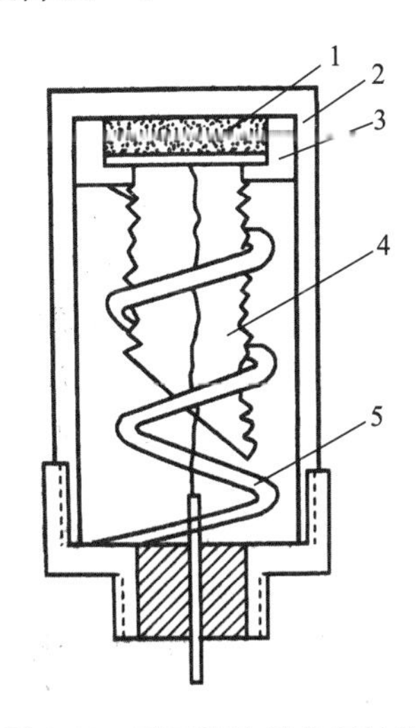

图 2-17　平面探头的常用结构

1—压电体；2—外壳；3—绝缘压块；4—吸声块；5—弹簧

在结构混凝土的检测中，当检测距离较大时，为了获得较大的接收信号，往往需要采用频率较低的探头。若频率为 20kHz，钛酸钡陶瓷的厚度约为 130mm。显然，这样的压电陶瓷不便于加工，也不经济。因此，目前低频探头常用夹心式。夹心式探头的构造如图 2-18 所示，它由配重块、压电陶瓷片、辐射体三部分叠合而成。配重块用钢制作，辐射体用轻金属制作，常用铝合金。受激励后叠合体一起振动，其频率可通过改变总厚度来调节。配重板迫使大部分能量向辐射体方向射出。

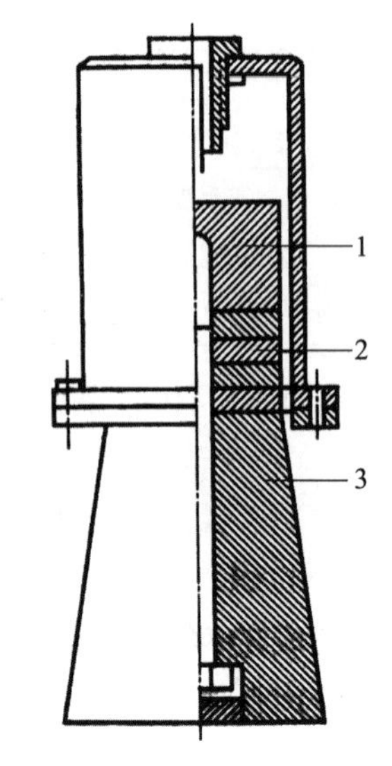

图 2-18 夹心式探头示意图

1—配重块；2—压电陶瓷片；3—辐射体

在检测基桩等下部结构的混凝土时，采用深孔检测，需用径向发射的纵波探头。它利用圆片状或管状压电陶瓷的径向振动来发射或接收超声波。目前常用增压式径向发射探头，构造如图 2-19 所示，其外形呈圆柱状，内部构造是在一金属圆管内侧等距排列一组径向振动压电陶瓷圆片，圆片周边与金属管内壁密合，圆片间可串联、并联或串并联混合联结。这种组合方式可使金属圆管表面上所受到的声压全部加在面积较小的压电陶瓷圆片的周边柱面上，从而起到增压和提高灵敏度的作用。为了减少声压在金属管上的损失，常把金属管切成两瓣或四瓣。为了供水下使用，整个换能器和电缆接头均需用树脂或橡胶类材料加以密封，密封材料的选择应以尽量减少声能的损失为准。

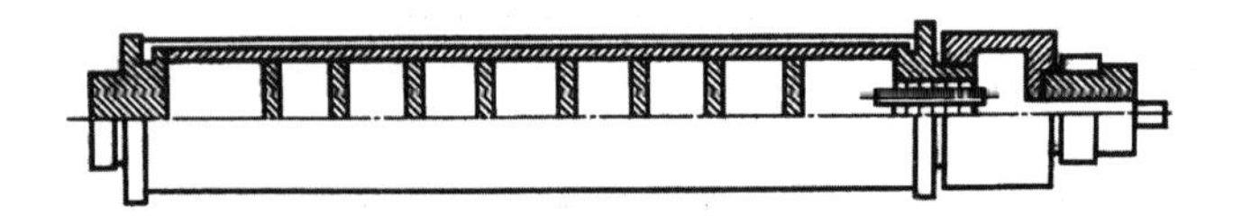

图 2-19 增压式径向探头示意图

径向发射探头可用管状压电陶瓷或空心球状压电陶瓷制作。而且还可把发射探头和接收探头组合成一个整体用于单孔检测。

② 横波探头

横波探头有直入式和斜入式两种。

直入式横波探头主要利用压电陶瓷片在适当极化方向能产生横向振动的原理，构造与平探头相似。

斜入式探头又称斜探头，它主要是利用界面上的波形转换，其基本构造与纵波探头相同，不同之处只是在压电晶片前垫一块楔形波形转换板（图 2-20）。压电晶片发射的纵波垂直进入波形转换板，在转换板与被测物体表面，纵波以一角度 θ（即楔形板角度）射入被测物，这时只要 θ 选择适当，可使纵波产生全反射，而在被测物中形成纯横波入射，波形转换板可用有机玻璃等制成。

斜入式横波探头主要用于较匀质的材料检测。在混凝土中应用时，所产生横波信号较弱，与纵波混杂，难以识别。

无论是直入式探头还是斜入式探头，为了使横波的切变运动能较好地传入混凝土中，必须把探头用水杨酸苯酯等胶粘剂与混凝土牢固粘结，或用适当的夹具将它们夹紧，一般柔性耦合剂不宜使用。

在使用横波探头时，还必须注意使发射与接收探头的横波偏振方向一致，否则接收灵敏度很低。

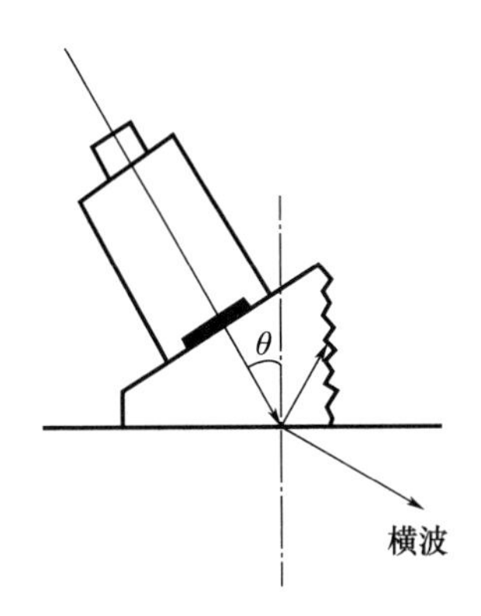

图 2-20 斜入式横波探头示意图

(4) 产生声脉冲的其他方式

除了压电换能器外，磁致伸缩换能器也可用于混凝土检测。这种换能器主要是用某些铁磁材料和某些铁氧体所具有的磁致伸缩特性，即在材料中沿某一方向施加磁场时，材料沿这一方向的长度会随磁场的强弱而发生变化的特性。产生这种现象的原因是这些材料都具有磁畴结构。在外磁场中，磁畴为使自己的自发磁化方向与外磁场方向一致而转向，外磁场越强，转动角度越大。从宏观上看，如果磁畴沿自发磁化方向的线度比其他方向要长（或短），则表现为沿外磁场方向的长度就越长（或越短）。因而，只要形成一个变化的磁场，即可由一定形状的磁致伸缩体变换为一定形式的超声能。

目前，常用的磁致伸缩材料主要有镍铁合金、铝铁合金、铁钴钒合金、铁氧体等。用磁致伸缩材料制成的探头一般频率范围主要为数万赫兹。

获得声脉冲的另一种方法——锤击法：用一铁锤冲击混凝土表面即产生一脉冲向四周传播，若在某传播途径中放置两个接收探头，通过仪器比较声脉冲从 A 探头到 B 探头所需的时间，即可算出声速。也可用一个探头，测出从锤击点到探头接收到信号的时间间隔，同样可算出声速。用锤击法所形成的声脉冲，宽度较大，所以常用于较大体积混凝土构筑物的测试。

为了获得较陡、较窄的大功率脉冲，也可利用电极在水中放电的效应，制成电火花脉冲发生器，作为声脉冲发射源。一般用于地下大体积混凝土的深井探测或岩体探测。

2.2.2.4 超声仪的一般校验与维护

(1) 声时校验

仪器声时显示是否准确，可用空气声速标定值与实测空气声速比较的方法进行校验。其具体方法如下：

取常用平面换能器一对，接于超声仪上，开机预热 10min。在空气中将两个换能器的辐射面对准（相对置于同一轴线上），两换能器用适当夹具悬空夹持，或置于平整的海绵垫块上，然后在同一轴线上依次改变两者间距（如 50mm、60mm、70mm、80mm、90mm、100mm、110mm、120mm 等），间距的测量误差不应超过 ±1%，精度为

0.5mm。在保持首波幅度一致的条件下，读取各间距所对应的声时值 t_1、t_2、t_3 等。并测量空气温度，精确至 0.5℃。

以换能器辐射面间距为纵坐标，声时读数为横坐标，将各组数据点绘在直角坐标图上。穿越各点形成一条直线，算出该直线的斜率，即为空气中声速的实测值 v°。也可采用各测点的测距 l 和对应的声时 t 求回归直线方程 $l=a+bt$，回归系数 b 便是空气中声速实测值 v°。

然后，v°与按公式（2-28）计算的空气中声速计算值 v_k 相比较，二者的相对误差不应超过±0.5%。其中 v_k 按下式计算：

$$v_k=331.4\cdot\sqrt{1+0.00367T} \tag{2-28}$$

式中　v_k——空气温度为 T℃时空气声速的计算值，m/s；

T——实测的空气温度，℃；

331.4——0℃时空气中的声速值，m/s。

空气中声速计算值 v_k 与空气中声速实测值 v°之间的相对误差 e_r可按下式计算：

$$e_r=(v_k-v^{\circ})/v_k\times100\% \tag{2-29}$$

若 e_r不超过 0.5%，则表示仪器工作正常，否则应检查仪器各部位的连接后重测，或更换超声波检测仪。

（2）维护保养

仪器的可靠使用是当前无损检测方法推广使用的关键所在，仪器的可靠性一方面有赖于仪器设计质量和元件质量及工艺水平的提高，另一方面也与合理使用和精心地维护保养有关。尤其是建筑施工单位，因以往电子仪器使用较少，现场使用条件恶劣，保养不善，导致长期搁置，无法使用。其实，对于超声检测仪器，只要工厂设计合理、产品保证质量，再加上精心维护，它的可靠性是可以满足要求的。

由于超声检测仪的修理技术牵涉较广的电子学知识，一般应由专职技工修理，本节仅就使用保养的一般常识问题加以说明。

所谓仪器的可靠性，是指仪器在一定的使用条件下，一定的时间内，保持其性能可靠的能力。随着使用时间的增加，可靠性将降低，也就是说故障越来越多。仪器的故障大体上可分为两类，一类是偶然性故障，例如，因仪器积灰而短路，因过载而烧损元件，接插件因磨损或积污而接触不良等；另一类是必然故障，例如元件的老化等。一般来说，故障的发生主要与设计和工艺的合理性有关，这是使用操作人员无能为力的，但偶然性故障的发生与使用合理性有很大关系，若使用和维修合理，可避免或减少偶然性故障，也可使必然故障推迟发生，为此应注意下列几点：

① 使用前务必了解仪器的使用特性，仔细阅读仪器使用说明书，要对整个仪器的使用规定有全面的了解后再开机使用，而不要看一条操作一条。

② 要对使用环境有清晰地了解，尤其是在现场测试时，更应注意。例如：电源、温度、沙尘、水雾、烈日等状况，要针对不同情况采取相应保护措施。

③ 电源电压要稳定，并要尽可能远离干扰源（如电焊机、强磁场等）。

④ 仪器所处的环境温度不能太高，以免元件变质损坏，一般半导体元件及集成电路组装的仪器，使用环境温度为 0～40℃。

⑤ 探头的温度应严格低于居里点，一般钛酸钡探头不得在 70℃以上的环境下对构

件进行检测（如正在蒸汽养护的构件），不得在超过250℃的环境下使用锆钛酸铅探头，酒石酸钾钠探头的使用温度不得超过40℃，石英探头的工作环境温度不得超过550℃。切忌敲击探头。

⑥ 连续使用时间不宜过长。

⑦ 保持仪器清洁，以免尘埃短路。清理时可用压缩空气或用毛刷等清扫，也可用少量无水酒精擦拭。

⑧ 定期开机驱潮，尤其是在南方的梅雨季节，更应定期接通电源，使仪器加热1h以上，并选择洁净干燥的房间贮存仪器。

⑨ 为使无损检测工作顺利开展，仪器最好由经过专门培训的使用、维修人员保管。

2.2.3 超声测试及声速计算

2.2.3.1 探头频率的选择

鉴于超声波在混凝土中传播时有明显的衰减现象，所采用的超声脉冲频率不宜太高，探头频率应随测试距离的增大而降低。同时，考虑声波传播时的边界条件，所选频率还应与被测试体的横截面尺寸相适应。R. Jones 和 I. Facaoaru 认为：在测量混凝土中的纵波声速时，应选择适当频率，使波长不大于测试距离及横截面尺寸的1/2。国际材料与结构试验研究协会（RILEM）建议按表2-13的规定选择探头频率。我国曾建议按下式选用：

$$\frac{\lambda}{l} \leqslant 025 \sim 0.30 \tag{2-30}$$

式中 λ——波长$\left(\lambda=\frac{v}{f}\right)$，mm；

l——试体尺寸或测试的声程，mm。

按式（2-30）所选的频率，比 R. Jones 所建议的要高，但比 RILEM 建议的要低，一般认为根据我国现有仪器的灵敏度情况，我国的建议是比较合适的。

表2-13 RILEM 关于探头频率选择的建议

测量距离（mm）	探头频率（kHz）	试体最小界面尺寸（mm）
100～700	≥60	70
700～1500	≥40	150
＞1500	≥20	300

当采用不同频率的探头时，在同一混凝土试体（测距及最小横截面尺寸均相同）上测得的声速是否完全一致，尚有争论。从理论上来说，由于混凝土是弹-黏-塑性材料，应有频散现象，即有传播速度随频率的变化而变化的现象。频散现象与介质的弛豫过程有关，也就是说，与介质对波动的吸收衰减有关。当超声波的频率在材料弛豫频率附近时，会出现明显的频散现象，这一频段称之为显著频散频段。混凝土的显著频散频段尚待研究，它可能落在较低的频段内，但由于混凝土的弛豫周期很长，该频段可能远离常用频率范围（50～100kHz）。所以，对混凝土来说，当使用目前推荐的常用频率时，其频散现象不明显，探头频率对声速无显著影响。但当探头频率在常用频段（50～

100kHz）以外时，其影响不可忽视。

值得注意的是，探头频率对声速的影响，除频散现象外，还可能来自因频率不同、接收信号首波前沿的陡度不同等因素引起的读数视觉误差，在研究频散现象时，这些因素都应予以消除。

2.2.3.2 超声测试及声速计算

（1）测区布置

在进行实验室标准立方体试件或棱柱体试件的测量时，应选择成型时的侧面进行测试，并将探头用对测法测量上、中、下 3～5 个测点，布置方式如图 2-21 所示，这样所测结果的平均声速能较全面地反映试块状况。

在进行现场结构物测试时，应尽可能选择浇筑时的模板侧面为测试面。若限于条件，必须在混凝土浇筑的上表面与底面之间测试时，实测声速一般低于侧面测试的声速。其原因与混凝土的离析有关，在浇筑表面砂浆较多，而底面石子较多。当混凝土强度较高、离析程度较轻时，不同测试面对声速的影响较少。在混凝土强度较低、离析程度较严重时，该影响较为明显。

测试的部位应视工程的检测要求选定，一般将面积为 200mm×200mm（平测时可选 400mm×400mm）的区域作为一个测区。本节只讨论用声速单因素确定混凝土强度的方法，但其测区选择和布置的方法可参考超声回弹综合法的有关规定，此处不进行详细论述。

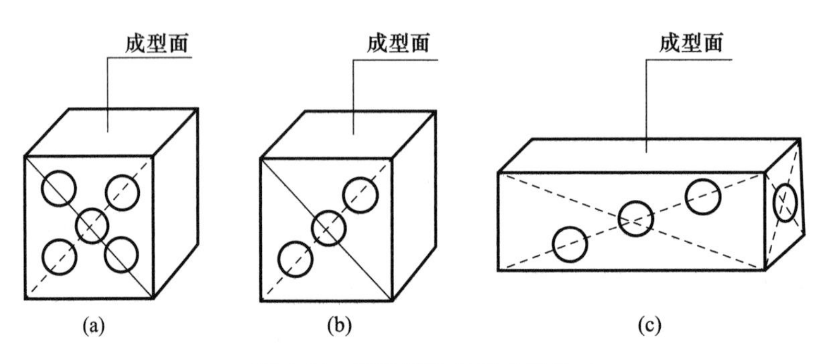

图 2-21　标准试体的测点安排

（2）测试方法

检测时，声时测量应精确至 0.1μs，超声测距测量应精确至 1.0mm，且测量误差不应超过±1%。声速计算应精确至 0.01km/s。

依据探头位置的不同，将声速的测试分为三种方式。

① 对测法

即发射探头和接收探头分别置于试体的两对面并在同一法线上，让声脉冲穿越试体（图 2-22）。这种方法适合于实验室标准试块的测量，也适用于结构物上两探头能顺利布置在构件两对应面的测量。

② 角测法

当结构或者构件被测部位只有两个相邻表面可供检测时，可采用角测方法测量混凝土中声速。每个测区布置三个测点，换能器布置如图 2-23 所示。布置超声角测点时，换能器中心与构件边缘的距离 l_1、l_2不宜小于 200mm。

③ 平测法

当结构或构件被测部位只有一个表面可供检测时，可采用平测方法测量混凝土中声速，每个测区布置三个测点，换能器布置如图 2-24 所示。布置超声平测点时，发射和接收换能器的连线与附近钢筋轴线成 40°～50°。

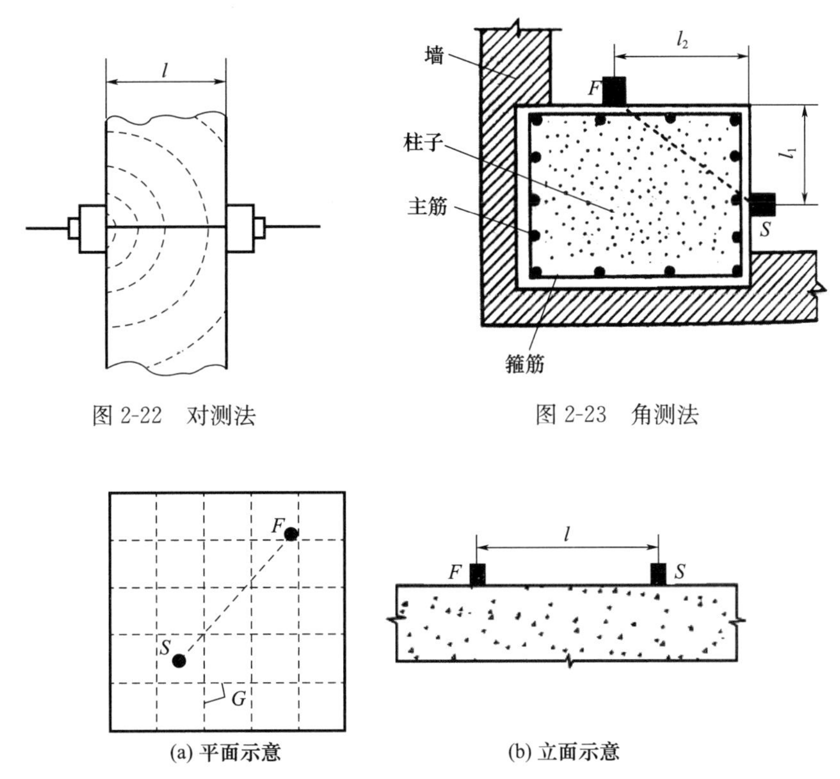

图 2-22　对测法

图 2-23　角测法

(a) 平面示意

(b) 立面示意

图 2-24　平测法

F—发射换能器；*S*—接收换能器；*G*—钢筋轴线

超声脉冲法检测混凝土优先采用对测或角测，当被测构件不具备对测或角测条件时，可采用单面平测。

（3）声程计算

声脉冲从发射探头至接收探头所传播的距离称为声程，它是计算声速时的要素之一，在对测法和平测法的测试中，声程即为两探头平面几何中心连线的长度（图 2-22、图 2-24）。角测时，超声测距应按下列公式计算：

$$l_i=\sqrt{l_{1i}^2+l_{2i}^2} \tag{2-31}$$

式中　l_i——角测第 i 个测点换能器的超声测距，mm；

l_{1i}、l_{2i}——角测第 i 个测点换能器与构件边缘的距离，mm。

平测法超声测距 l 宜采用 350～450mm。采用平测法时，因换能器与试体接触的面积有一定大小，确定声程时，应选择整个探头面积上的哪一点作为测量探头间距的依据有一定困难。考虑到换能器间的相互作用，发射探头与接收探头间的“有效距离”（即声程），并不等于几何中心间的距离 l，而要略小一些，因此，必须对几何中心间的距离作一定的修正（修正值为δ）（图 2-25），即声程 $l'=l-\delta$，δ值可由对比试验法确定。即在同一试体上，首先进行对测法测定，求出声时t'及声程l'，并算出声速 v'，然后将探头移至试体同一侧进行平测，逐渐移动探头使声时等于t'，这时移动量为探头几何中心间距 l，则 $l-l_1=\delta$，该值不应大于探头接触面积的直径。

试验结果表明，当探头相同时，在试验误差范围内声程修正值δ可以认为是一个固定的数值。由于δ为一定值，所以在进行近距离测量时，这种修正尤为必要，而距离较远时误差较小。图 2-26 为平测法与对测法相比较得到的声速的相对误差与距离的关系。图中所列数据是在频率为 40kHz、直径为 4.5cm、平测声程修正值δ为 1.1cm 时探头在混凝土板上实测的结果。

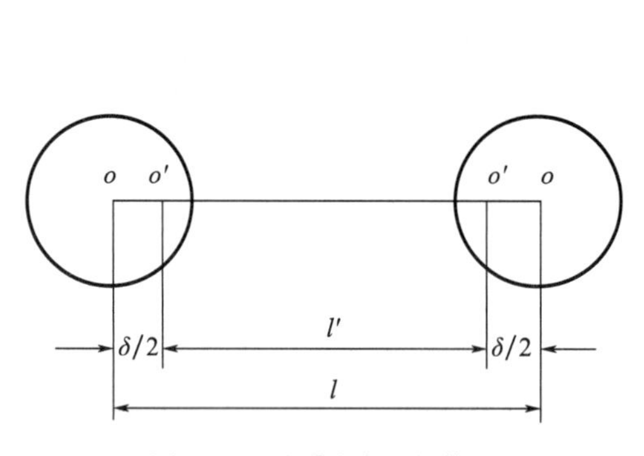

图 2-25　平测法声程的修正

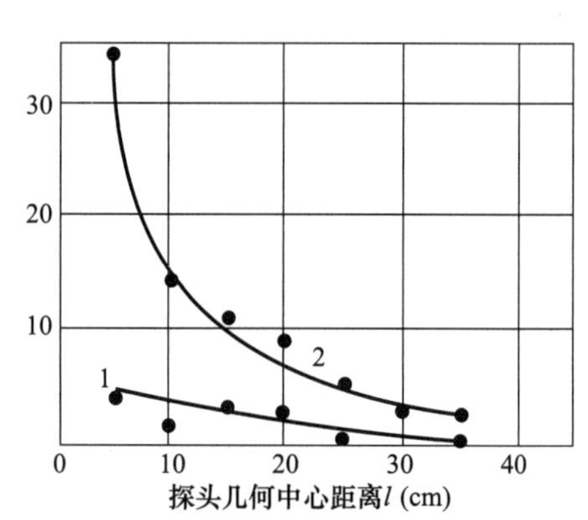

图 2-26　平测法声速的相对误差与探头几何中心距离的关系

在平测时，为了避免声程的误差，也可采用多点平移测量法直接确定声速，即在测试面的某一方向上，沿直线等距平移探头，测得一系列声时和探头距离值。以声时为横坐标，以探头距离为纵坐标描出各测点，各点连成的直线方程的斜率即为声速。

（4）声时的测读

声脉冲在材料中传播一定的声程所需的时间称为声时。声时也是计算声速的要素之一。为了准确地测读声时，必须注意以下各点。

① 声时的初读数

在测试时，仪器所显示的发射脉冲与接收信号之间的时间间隔，实际上是发射电路施加于压电晶片上的电信号的前缘与接收到的声波被压电晶体交换成的电信号的起点之间的时间间隔。由于从发射电脉冲变成到达试体表面的声脉冲，以及从声脉冲变成输入接收放大器的电信号，中间还有种种延迟，所以仪器所反映的声时并非超声波通过试体的真正时间，引起这一差异的原因如下：

a. 声延迟。换能器中的压电体与试体间并不直接接触，中间一般隔着换能器外壳及耦合层，它们有一定的厚度，若夹心式探头在压电体前面，则还有很厚的辐射体。因此，声脉冲穿过时，需要有一定的时间，这就是声延迟。

b. 电延迟。电脉冲信号在电路内传导，也需一段极短的时间，因而也可能造成延迟现象。

更明显的电延迟是由于触发脉冲前沿不可能是理想的方波，而有一定的斜度，因而与触发电平的交点后移造成触发延时。

c. 电声转换问题。在电声转换时，换能器的瞬态响应会使波形复杂化，这时，时间读数也可能包含有某种系统误差。

这些因素的综合，造成了显示读数与实际声时的差异。

修正上述时间差异的影响，需要先测定试体长度为零时的时间读数，简称声时初读数。所以，实际声速应为：

$$v=\frac{l}{t}=\frac{l}{t'-t_0} \tag{2-32}$$

式中　v——声速，km/s；

l——声程，mm；

t'——仪器直读数，μs；

t_0——声时初读数，μs。

一般认为，只要将发射和接收探头直接加耦合剂对接，即可读出 t_0。但实际上是有困难的，因为 t_0 很小，探头对接时，发射与接收脉冲往往重叠，而读不出 t_0。而且由于探头直接对接，信号太强，为避免仪器损坏，不允许这样测量。

目前常用的方法，是在两探头间夹一已知声时的标准试棒，仪器所显示的声时与标准试棒上所标的声时之差即为 t_0 值。为了方便，许多仪器都附有标准试棒。

t_0 还可以采用匀质材料试体实测得到。在没有标准试棒时，采用一块匀质材料的长方形试体（图 2-27），在两个尺寸不同的 l_1 和 l_2 上测出相应的声时读数 t_1 和 t_2。设仪器声时初读数为 t_0，则穿过 l_1 和 l_2 的实际声时分别为 t_1-t_0 和 t_2-t_0，又因为试体为匀质材料，那么在 l_1 和 l_2 两个方向上的声速相同，即

$$v=\frac{l_1}{t_1-t_0}=\frac{l_2}{t_2-t_0}$$

所以：

$$t_0=\frac{l_2t_1-l_1t_2}{l_2-l_1} \tag{2-33}$$

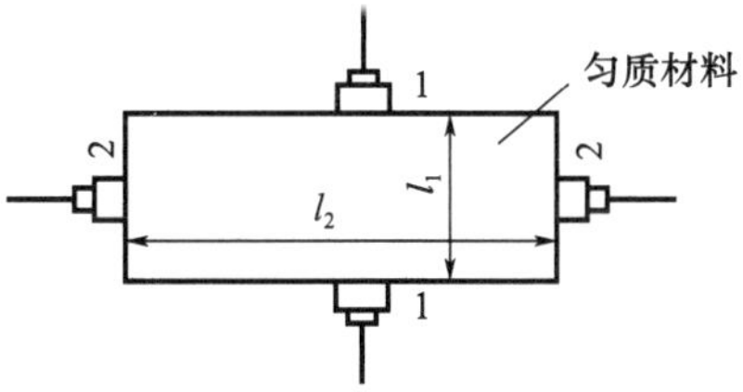

图 2-27　采用匀质材料试体测量 t_0 的模型

用此法测 t_0 时，可选用较匀质的金属或有机玻璃等作为测试试体。试体的形状应规则，表面应平整，尺寸应精确测量。

有资料显示，采用匀质材料试体法测 t_0 时，材料的品种不同，对 t_0 值会有影响，其原因尚待研究。所以，应统一选定一种材料，但目前尚无规定。

目前，仪器中常备有标准试棒并设有调节装置，每次测试前，要用标准试棒及调节旋钮，消除 t_0，这时仪器所显示的声时即实际声时，无须再进行校正。

若为径向发射探头，则应在水中测 t_0。在一定温度下，清水（蒸馏水）的声速是较为稳定的，因此，也可用水作为标准介质，改变探头间距测 t_0。在 20℃时蒸馏水的声速为 1483m/s，当温度变化时，可用式（2-34）计算：

$$v_t = 1557 - 0.0245(74 - T)^2 \tag{2-34}$$

式中　v_t——温度为 T 时水的声速，m/s；

T——试验时水的温度，℃。

② 接收信号起点读数的确定

虽然施加在发射换能器上的电信号是很窄的脉冲，但经电声转换后，在检测仪的示波管荧光屏上，所观察到的是一组有很长延续时间（可达几百微秒）的波形（图 2-28），造成这种波形的因素主要有三个。

a. 发射换能器电声转换时的瞬态机械响应。

b. 声脉冲信号在试体中传播时，由于材料内部界面所引起的绕射、折射、反射及波形转换等原因，而将波束分离成不同声程的波，先后到达接收探头，并在最后的接收波上叠加在一起。

c. 接收换能器声电转换的瞬态电响应。

以上三个因素中第二个因素是最主要的，所以，接收波形带有材料内部构造状态的信息。在测量材料声速时，是以探头间的直线距离（即最短距离）作为声速计算依据的，所以也应以最先到达接收探头的波前作为测读声时的依据。从图 2-28 可见，接收信号的前沿 b 的声时读数，代表声信号波前到达接收换能器的最短时间，只有 b 点读数才能与最短声程相适应，因而作为计算声速的依据。应指出，有人以 c 点或 d 点作为声时测读点的做法，是不妥的。因为 b 点与 c、d 点的时间间隔并不是固定值，它与波形随传播时试体的内部状态而产生的畸变及频率变化有关，c、d、b 三点并无相应关系，也无法换算。

在实际测试中，要准确读取 b 点的时间读数，并不是很容易的。尤其是当接收信号微弱而仪器本身噪声过大，在示波管上造成对接收信号起点的干扰时，更难以读准。为了准确地找到 b 点，在测读时要注意以下两点。

a. 起点的位置受接收信号幅值大小的影响。幅值较小时往往后移，以至声时读数偏大。如图 2-29 所示的情况，实际起点位置在 b 点，但因幅值太小，易误读成了 b' 点。

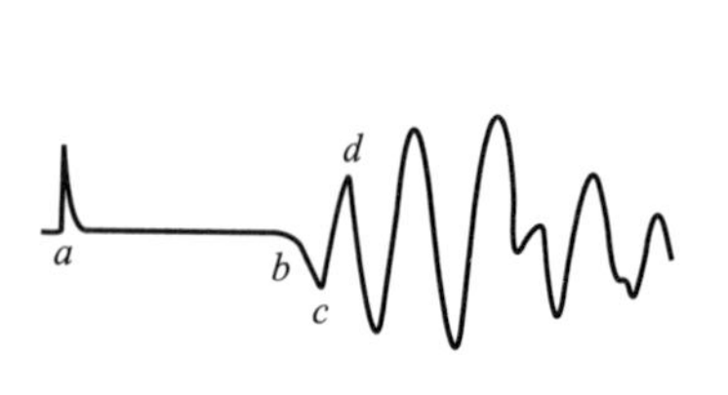

图 2-28　接收波形

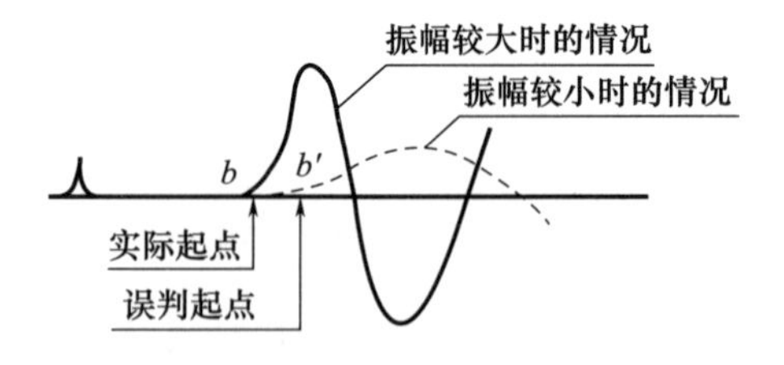

图 2-29　因接收信号幅值太小而造成的误判

因此，在实际测读时，应尽可能使接收信号的幅值调节到足够大，或调节到某一个统一的高度，再开始读数；若测距过长，接收信号太弱，振幅不能调到足够大的高度时，在测读前最好先借助衰减器改变接收波的幅值，熟悉在幅值较低时起点的正确读法，或预测幅值不同时起点位移的多少，再予以修正。

b. 起点的位置还会受接收信号波形影响。在正常情况下，接收信号的首波近似于正弦波，但有时由于试体内部构造因素的影响，或由于换能器与试体的耦合等原因，而造成波形畸变，这时，也易对起点位置造成误读，而引起显著的读数误差（图 2-30），这种情况应尽可能避免。当发生这种畸变波现象时，应对该测点进行探伤检测，检验是否有内部缺陷。

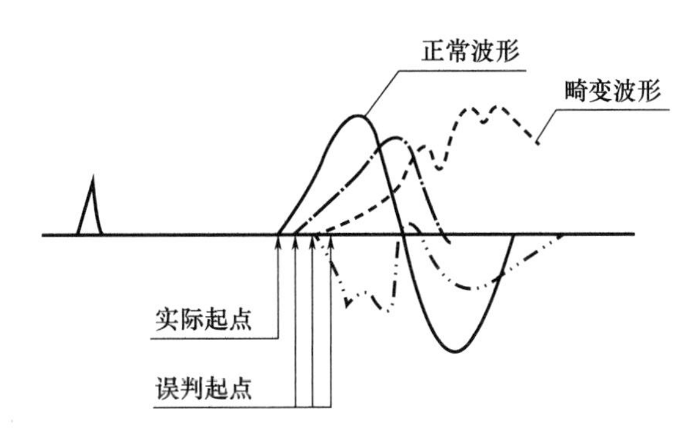

图 2-30 因接收信号畸变而造成的误判

③ 单一数显仪器的“丢波”现象

从以上分析可知，声时的测读往往因仪器灵敏度不高，引起接收信号起点误判而带来误差。在有波形监视的仪器中，可以从示波器上尽力正确予以判别。但在使用自动测读或纯数显的超声检测仪时，由于这种仪器往往首波太低，整形后所产生的计时关门脉冲必然后移，而使仪器所显示的声时值实际上并非 b 点声时，而是后面较高波幅时的声时（图 2-31）。所以，这类仪器虽然测读简便，但仪器本身对接收信号起点引起误判，而造成误差。尤其是测量距离较大时，或试体内部缺陷较多时，衰减较大，因而对接收信号起点的误判越来越严重，声速测量的误差也越来越大，这就是采用自动测读或纯数显仪器在同种材料中测试时，声速随测试距离的加大而下降的原因之一，就是所谓“丢波”现象。显然，这种现象对声速测量是不利的，在使用自动整形测读方式时，建议仍须进行波形监视。

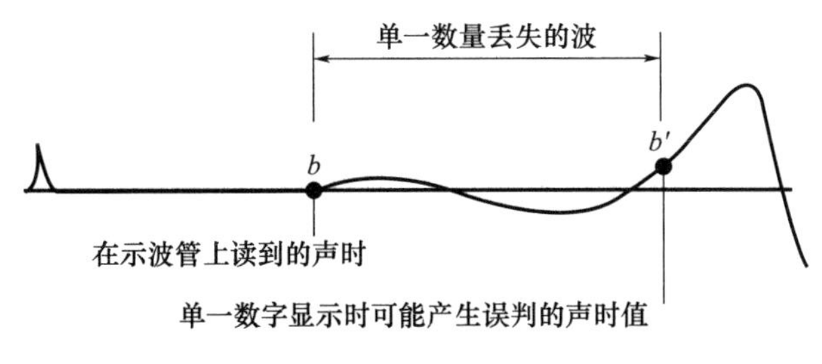

图 2-31 单一数显仪器的“丢波”现象

在智能型仪器中，为了准确判读首波起点，常采用数据处理、波形分析、谱分析等方法（如 1/4 周期前推法、基线控制线法、多次叠加法等），用软件程序自动判读。但即使在智能型仪器中，如何提高自动判读的精度，仍然是一个有待进一步研究的问题。因此，在这类仪器中，也常设置手动游标，以便人工判读或监视自动判读的准确性。

（5）声速计算

① 对测法及角测法

当在混凝土浇筑方向的侧面测试时，测区混凝土中声速代表值应根据该测区中3个测点的混凝土中声速值，按下列公式计算：

$$v=\frac{1}{3}\sum_{i=1}^{3}\frac{l_i}{t_i-t_0} \tag{2-35}$$

式中 v——测区混凝土中声速代表值，km/s；

l_i——第 i 个测点的超声测距，mm，角测时，超声测距为 $l_i=\sqrt{l_{1i}^2+l_{2i}^2}$；

t_i——第 i 个测点的声时读数，μs；

t_0——声时初读数，μs。

当在混凝土浇筑的顶面或底面测试时，测区声速代表值应按下列公式修正：

$$v_a=\beta\cdot v \tag{2-36}$$

式中 v_a——修正后的测区混凝土中声速代表值，km/s；

β——超声测试面的声速修正系数，$\beta=1.034$。

② 平测法

与对测法和角测法有所不同的是，平测法需要用同一构件的对测声速 v_d 与平测声速 v_p 之比求得修正系数 λ（$\lambda=v_d/v_p$），来对平测声速进行修正。当被测结构或构件不具备对测与平测的对比条件时，可选取有代表性的部位，以测距 $l=200$mm、250mm、300mm、350mm、400mm、450mm、500mm，逐点测读声时值 t，用回归分析方法求出直线方程 $l=a+bt$。以回归系数 b 代替对测声速 v_d，之后再对各平测声速加以修正。

平测时，修正后的混凝土中声速代表值应按下列公式计算：

$$v_a=\frac{\lambda}{3}\sum_{i=1}^{3}\frac{l_i}{t_i-t_0} \tag{2-37}$$

式中 v_a——修正后的平测混凝土中声速代表值，km/s；

l_i——平测第 i 个测点的超声测距，mm；

t_i——平测第 i 个测点的声时读数，μs；

t_0——平测声时初读数，μs；

λ——平测声速修正值。

平测声速可采用直线方程 $l=a+bt$，根据混凝土浇筑的顶面或底面平测数据求得，修正后的混凝土中声速代表值应按下列公式计算：

$$v=\frac{\lambda\beta}{3}\sum_{i=1}^{3}\frac{l_i}{t_i-t_0} \tag{2-38}$$

式中 β——超声测试面的声速修正系数，顶面平测 $\beta=1.05$，底面平测 $\beta=0.95$。

平测时虽然探头都面向混凝土结构物的另一对应面，但接收探头首先接收到的仍然是从发射探头直接传来的或绕射的信号，而并不像金属检测中用高频脉冲测试时只能接收到底面的反射信号，这是混凝土检测和金属检测的根本性区别。当然，在接收信号中接收到首波后，在随后到达的信号中，会有底面反射信号的叠加，所以，平测法接收信号的波形会有畸变，这是在分析波形时必须注意的。此外，这种测法只反映了表层混凝土的性质，而对测法则能反映其内部情况。

超声测试时，换能器辐射面应通过耦合剂与混凝土测试面良好耦合。在混凝土测试中常用黄油、凡士林、水玻璃、水等作耦合剂，但是试体不宜涂油；也可以用滑石粉浆或泥浆等，但使用这类耦合剂时，应注意防止因浆体保水性差、浆体迅速干燥而使声阻抗随之改变。为克服这些缺点，也可以在粉浆中加入适量甘油或水玻璃。耦合剂在一定程度上对测试结果有影响，因此，使用时应尽可能使耦合层减薄，并排除气泡。

2.2.4 超声法测强曲线

混凝土中的超声波传播的速度 v 与混凝土的抗压强度 f 之间有着良好的相关性，即混凝土的强度等级越大，相应的超声声速也越大。一般说来，以非线性的数学模型拟合其间的相关性。

混凝土抗压强度与超声传播声速之间相关规律随着技术条件变化而异，即定量关系是受混凝土的组分及技术条件影响的，如水灰比、水泥用量、集料粒径和用量、养护条件、含水率等因素。因此，各类混凝土没有统一的 f-v 关系曲线，即尚不能根据超声声速推算预测未知 f-v 关系的某种混凝土的强度。目前，国内外在超声检测混凝土强度的相关规程《超声回弹综合法检测混凝土抗压强度技术规程》（T/CECS 02—2020）中规定必须以一定数量的相同技术条件的混凝土试体进行校正试验，预先建立校正曲线，然后用超声声速推算混凝土的强度，这样推算的强度值才能达到比较满意的精度。

2.2.4.1 曲线类型和适用范围

根据相关曲线的制定和使用条件可将超声脉冲法检测混凝土的测强曲线分为三种：

（1）校准曲线

校准曲线是采用与本工程、工厂的构件混凝土相同的原材料、配合比和成型养护工艺配制的混凝土试块，对于技术管理健全、混凝土质量比较稳定的工程或工厂，也可以从生产过程中随机而又均匀地直接取料（混凝土拌和物）制作混凝土试块，通过一定数量的破损与非破损试验所建立的曲线。它适用于检测与该试块相同技术条件的混凝土制品的强度，检测强度精度高。由于混凝土结构与制定曲线的混凝土试块的组成、养护条件和试验状态等基本上一致，推算混凝土强度时，不存在影响因素，故无须作修正。

（2）地区性曲线

地区性曲线是采用本公司、本地区常用的原材料、成型养护工艺配制的混凝土试块，通过较多的破损与非破损所建立的曲线。它适用于无校准曲线时检测相同技术条件的本公司、本地区混凝土制品的强度，具有较高的测量精度。选用地区性曲线推算混凝土强度时，由于试块的组成、养护条件基本相同，所以，只考虑试验状态影响因素的修正系数。

（3）统一曲线

统一曲线是采用统一规定的标准混凝土制作试块，在标准养护条件下，通过大量的破损试验与非破损试验所建立的曲线。它适用于无校准曲线和地区曲线时检测符合规定使用条件的混凝土构件的强度，测量精度稍低。选用统一曲线推算混凝土强度时，由于现场结构与标准条件（组成、养护条件和试验状态）的差异，需要建立影响因素的修正系数，以提高测量精度和曲线的适用性。

比较上述三种曲线，不难看出，当使用校准曲线推算混凝土强度时，避免了多种因素的复杂影响，无须进行修正，从而使测试精度高于其他两种曲线。在我国的专业技术规程中也规定优先应用地区专用测强曲线。不具备地区专用曲线的，要事先做校正试验，以便确定修正系数推算混凝土的强度。

2.2.4.2 试验设计与方法

为了建立 f-v 的相关曲线，并且有较宽的适用范围，要求试体强度和超声声速对应的检测值有较大的变动范围。一般按不同原材料规格品种采用变化配合比、龄期和水灰比等方法制备一批混凝土试体，测定试体的平均声速，然后进行抗压强度试验。

为了使校准曲线既有代表性又有可比性，试验设计和试验方法一般可遵循如下几点拟定试验方案。

(1) 根据本地区或本部门工程常用的原材料品种、规格，按最佳配合比配制混凝土制作试块，试块的尺寸有边长为 150mm 的立方体（粗集料最大粒径为 40mm）、边长为 100mm 的立方体（粗集料最大粒径为 20mm）和边长为 200mm 的立方体（粗集料最大粒径为 60mm）三种。

(2) 制作试块所用的混凝土拌和料，最好是在施工过程中随机抽取试样，也可采用符合工程的配料和工艺条件在实验室中成型制作。

(3) 按 7d、14d、28d、60d、90d、180d、365d 等龄期制备试块并进行测试，每一龄期需有 3 个（或 6 个）试块，每种强度等级试块不少于 30 块。

(4) 试块养护与被测的结构混凝土养护条件尽可能相同。

(5) 试块的超声声速值 v_i 的测量应取试块的成型侧面为测试面，测点布置采用三对（或五对）（图 2-32），取试块的平均声时（扣除声时初读数），除以试块的测距计算超声声速 v_i。

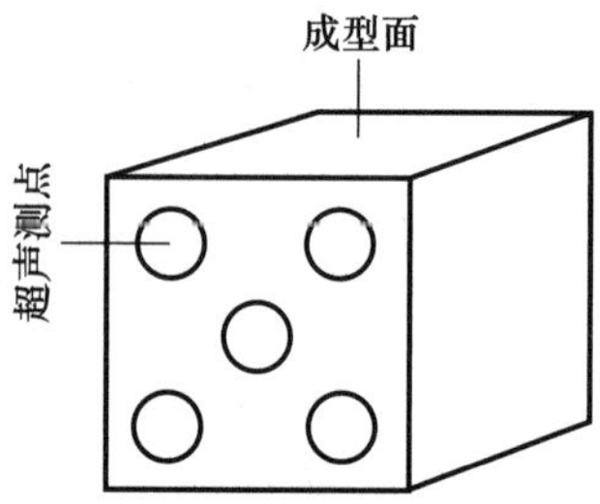

图 2-32 试块超声测点示意图

(6) 将试块另一对侧面作为承压面置于压力机上，以 0.3～0.8MPa/s 的速度连续而均匀地加荷（低强度等级混凝土取 0.3～0.5MPa/s 的加荷速度；强度等级大于等于 C30 的混凝土取 0.5～0.8MPa/s 的加荷速度）计算极限破坏抗压强度 f_{cu}。

(7) 以数理统计方法对试验数据 v_i 和 f_{cu} 进行回归分析，建立统计的数学模型，并确定回归的效果和误差范围。

2.2.4.3 试验数据分析处理

超声声速 v_i 由下式确定，其计算精确度 0.01km/s：

$$v_i=\frac{l}{t_m}\times 10 \tag{2-39}$$

式中 l——发、收换能器的测试距离，即试块的测试宽度，cm，计算精度 0.01m；

t_m——测区（试块）的平均声时值，计算精度 0.1μs。

如果个别测点声时偏差超过试块声时平均值的±5%时，则该试块应予以弃除。

试块的极限抗压强度按下式计算：

$$f_{cu}=\frac{F}{A}K \tag{2-40}$$

式中 F——极限载荷，N；

A——试块承压面积，mm^2；

K——试块尺寸换算系数（边长为150mm立方体的系数为1；边长为100mm立方体的系数为0.95；边长为200mm立方体的系数为1.05）。

混凝土立方体试块抗压强度计算应精确至0.1MPa。以三个试块的算术平均值作为该组试块的抗压强度值。三个测值中的最大值或最小值中如有一个与中间值的差超过中间值的15%，则把最大值及最小值一并弃除，取中间值作为该组试块的抗压强度；如两个测试值与中间值相差均超过15%，则此组试验结果无效。

2.2.4.4 拟合测强曲线与效果分析

混凝土超声测强曲线，受混凝土的原材料品种规格、养护方法、龄期、含水率等的综合影响。因此，对应的大量实测混凝土强度值与超声声速之间属于非确定关系。要确定这些非确定性试验数据之间的数学经验表达式，通常采用数理统计方法寻求参量之间的统计相关关系。混凝土超声法检测强度的数学表达式有线性和非线性两种，采用非线性的拟合曲线，更精确地描述参量之间的相关性，且用声速推算混凝土强度的精确度更高些。

2.2.5 声速换算法

由于超声法检测混凝土强度的精度受许多因素的影响，测强曲线的适用范围也受到较大的限制。为了消除影响，扩大测强曲线的适应性，除了采用修正系数法外还可采用声速换算法，建立砂浆或水泥净浆声速与混凝土强度的关系，以便消除集料的影响，扩大所建立的相关关系的使用范围，提高测量精度。

在整个混凝土多相复合体系中，粗、细集料所占比例大，它的品种、特性、含量等往往对混凝土的总声速造成极大影响，但在一定的范围内，它对混凝土的强度贡献却远不如对声速的影响那么大。而混凝土中水泥石的强度及其与集料的粘结能力是对混凝土强度起决定作用的。但由于它所占比例较少，对混凝土总声速的影响很小，这就是当混凝土原材料及配合比不同时，声速与强度关系发生明显变化，使强度-声速曲线无法普遍应用的根本原因。基于以上认识，若能将混凝土硬化水泥浆的声速或砂浆声速，从混凝土总声速中通过换算分离出来，建立换算的硬化水泥净浆声速或砂浆声速与混凝土强度的关系，则可消除集料品种、含量等因素的影响。从而只要建立少数几种不同水泥品种的“硬化水泥净浆声速-混凝土强度”或“砂浆声速-混凝土强度”关系曲线或公式，就能适应各种不同配合比混凝土的需要。这种将原来的混凝土声速换算为相应的水泥石或水泥砂浆的声速的方法，即所谓声速换算法。

2.2.5.1 硬化水泥净浆声速换算方法

假定混凝土试体为一块由粗、细集料及硬化水泥浆分段组成的试块（图2-33）。设l为试体的长度，即超声穿过时的总路径l_g、l_s、l_c分别为超声波在粗、细集料及硬化水泥浆中的传播路径；t为超声穿过试体所经历的时间；t_g、t_s、t_c分别为超声穿过粗、细集料及硬化水泥浆所经历的时间；V_g、V_s、V_c分别为粗、细集料及硬化水泥浆在混凝土中所占的体积分数；v为混凝土的总声速；v_g、v_s、v_c分别为粗、细集料及硬化水泥浆的声速。

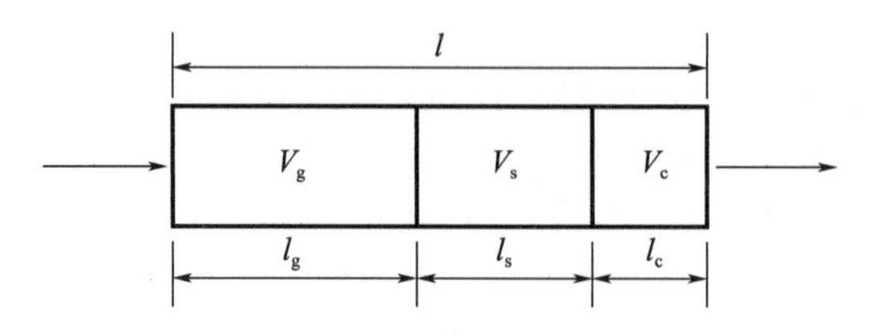

图 2-33　混凝土复合模型

假定超声波穿过复合体时，在各组分中的传播路径 l_g、l_s、l_c 与各组分在混凝土中所占的体积分数成正比，即

$$\begin{aligned} l_g &= lV_g \\ l_s &= lV_s \\ l_c &= lV_c \end{aligned} \tag{2-41}$$

根据以上假定，可写出以下联立方程式：

$$\begin{aligned} t &= t_g + t_s + t_c \\ v_g &= \frac{lV_g}{t_g} \\ v_s &= \frac{lV_s}{t_s} \\ v_c &= \frac{lV_c}{t_c} \\ v &= \frac{l}{t} \end{aligned} \tag{2-42}$$

解此联立方程即可得：

$$v_c = \frac{vv_g v_s V_c}{v_g v_s - v\ (v_s V_g + v_g V_s)} \tag{2-43}$$

从式（2-43）中可见，只要分别知道混凝土的配合比（体积分数 V_g、V_s、V_c）以及粗、细集料的声速 v_g、v_s，并测出混凝土的总声速，即可求出硬化水泥浆的声速 v_c。用 v_c 与混凝土的抗压强度建立关系则可消除配合比中粗集料因素的影响。

图 2-34 即为不同集灰比混凝土强度与声速的关系曲线。从图中可见，一种配比对应一条曲线，彼此相关甚大，所以一条线只适用于一种配合比的混凝土。而图 2-35，则为用这些不同配比的混凝土所测试的数据，根据式（2-43）换算成硬化水泥浆声速后，再与混凝土强度一起绘制成的关系曲线。从图可知，经换算后，不同配合比例的混凝土的强度与声速的关系，均可用一条曲线来反映。即只要制作几条不同水泥品种，不同密实程度及不同龄期的“混凝土强度-硬化水泥浆换算成声速”的关系曲线。当已知混凝土配合比及粗、细集料声速后，即可用换算法解决各种不同配比的混凝土强度测量问题。关于混凝土强度与硬化水泥浆换算声速之间的关系式，应根据相应的实测曲线用回归法求出，中国建筑材料科学研究院研究成果表明，该关系式应采用下面函数形式，即

$$f_{cu}^{c} = Av^{B} \tag{2-44}$$

式中　f_{cu}^{c}——混凝土抗压强度，MPa；

v——根据混凝土配合比及声速换算的硬化水泥浆声速，km/s；

A、B——均为系数。

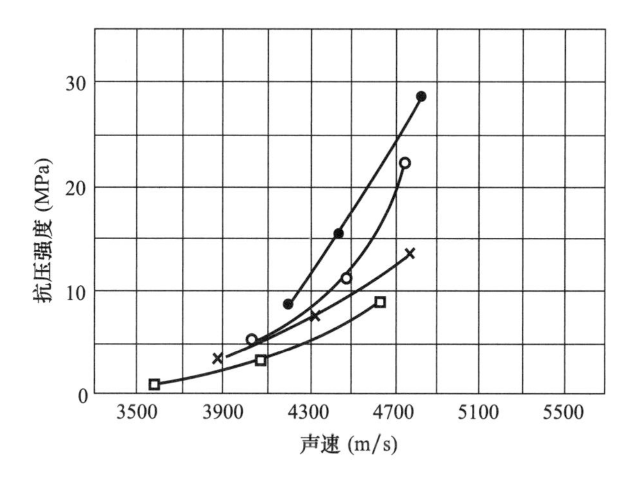

图 2-34 不同集灰比的混凝土实测声速与强度关系

●—●1∶1.33∶2.67 ○—○1∶2∶4 ×—×1∶2.67∶5.33 □—□1∶3.33∶6.67

注：其中 1∶1.33∶2.67 代表水泥、细集料与粗集料三者质量之比，其余同。

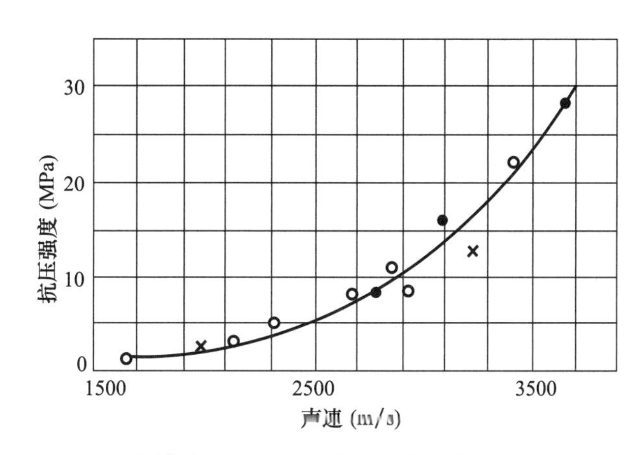

图 2-35 不同集灰比的混凝土中水泥浆换算声速与强度关系

●—●1∶1.33∶2.67 ○—○1∶2∶4 ×—×1∶2.67∶5.33 □—□1∶3.33∶6.67

根据试验结果提出了以下两个具体公式，可供参考：

（1）采用普通硅酸盐水泥，并控制混凝土拌和物坍落度为 7cm 以上，混凝土强度与混凝土中硬化水泥浆换算声速 v 之间的关系：$f_{cu}^{c}=0.637v^{3.04}$，此式计算值与实测值相比的平均相对误差为 10.23%。

（2）采用矿渣硅酸盐水泥，并控制混凝土拌和物坍落度为 7cm 以上，混凝土强度与混凝土中硬化水泥浆换算声速 v 之间的关系：$f_{cu}^{c}=0.218v^{3.64}$，该式计算值与实测值相比的平均相对误差为 10.35%。

2.2.5.2 硬化水泥砂浆声速换算法

（1）水泥砂浆声速换算法的基本原理

该法的基本思路与硬化水泥浆声速换算法相近，都是用换算法来排除集料的影响。

其间的主要区别在于水泥砂浆声速换算把混凝土视为由水泥砂浆和粗集料复合而成的两相复合体系。因为一般普通混凝土的强度主要取决于硬化水泥砂浆的强度及其与集料之间的粘结强度，其中砂与水泥水化产物之间存在一种硅吸附作用，粘结强度较高，而粗集料周围则存在着较多的空隙、微裂缝等构造缺陷和低强度层，影响水泥砂浆与粗集料的粘结能力。此外，在混凝土超声检测中，常用频率为 20～100kHz。若混凝土中的声速以 4.0km/s 计，则其波长为 200～400mm，远大于细集料粒径（＜5mm）。因此，对常用超声频率而言，水泥砂浆可视为匀质体。所以，砂浆声速换算法中，则以换算的砂浆声速与混凝土强度建立基本测强曲线，其换算公式为：

$$v_m=\frac{l_m}{t_m} \tag{2-45}$$

其中，$l_m=l-l_g$，$t_m=t-t_g$，$t_g=\frac{l_g}{v_g}$，代入式（2-45）得：

$$v_m=\frac{v_g\ (l-l_g)}{v_g t-l_g} \tag{2-46}$$

式中 v_m——混凝土中砂浆的声速，km/s；

l_m——超声脉冲在混凝土试体中穿越砂浆的声程，mm；

t_m——超声波穿越砂浆时所经历的声时，μs；

l——超声波穿过混凝土试体的声程，mm；

t——超声波穿越混凝土总声时，μs；

l_g——超声波穿过混凝土所经过的石子时的声程，mm；

t_g——超声波在混凝土中穿过石子所需的声时，μs；

v_g——混凝土中石子的声速，km/s。

从式（2-46）可知，只要预知石子声速 v_g，并算出超声波穿过混凝土试体时在混凝土的石子中所经历的声程 l_g，即可换算出混凝土中砂浆的声速 v_m，然后用 v_m 与相应的混凝土强度建立关系，该关系排除了石子的影响，适用于多种配合比的混凝土。

（2）石子声速的测定

在硬化水泥浆声速换算法及水泥砂浆声速换算法中都需预先测出石子的声速 v_g。在一般测试中，可按石子所属岩种参考有关手册，但同种岩石的声速并不是恒定不变的，因此，最好以实测值为依据。

① 直接测量法

把石料加工成有两个平面相互平行的试体，然后用仪器量出超声脉冲通过时的声程（两平面间的距离）及声时，从而计算出声速（图 2-36）。

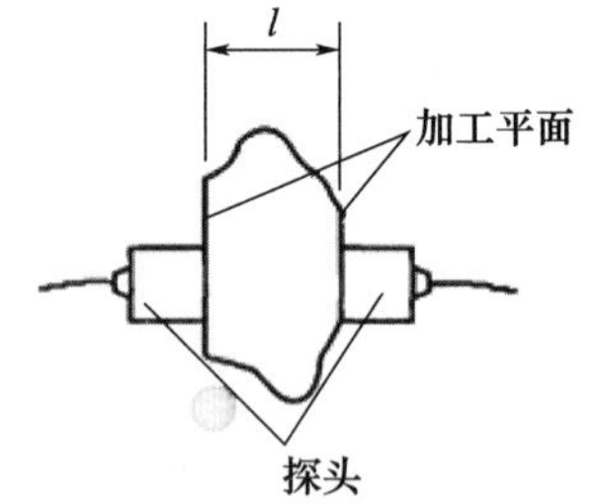

图 2-36 石子声速直接测量法

② 拌入砂浆法

将待测混凝土所用的石子按四分法取样，称取一定质量的石子，使其体积刚好等于 1.6875L（不包括空隙体积），即等于边长为 150mm 的立方体试块体积的一半。另外拌制 5.0625L 砂浆，即等于 1.5 个立方体试块的体积，制成一个边长 150mm 的砂浆试块，并把其余砂浆与所称取的石子拌成混凝土，制成边长 150mm 的混凝土试块。养护后测定砂浆试块的声时，算出砂浆声速 v_m，同时测出混凝土试块的声时，并用下式算出石子的声速：

$$v_{g}=\frac{v_{m} l_{g}}{v_{m} t-(l-l_{g})} \tag{2-47}$$

式中 v_g——石子声速，km/s；

v_m——砂浆声速，km/s；

t——混凝土试块的声时，μs；

l——混凝土试块的声程，mm（即 150mm）；

l_g——混凝土中石子计算声程，mm。

第一种方法适用于一种岩体加工的碎石，第二种方法适用于河卵石、卵碎石等。试验证明第二种方法所测的 v_g 往往稍低于第一种方法。在条件许可时，可取两种方法的平均值。

③ 混凝土强度与混凝土中砂浆换算声速的关系

将砂浆声速与实测的混凝土强度绘成散点图，并用回归分析法求出关系式。陕西省建筑科学研究院首先提出了这种方法，并进行了系统研究，他们用杭州、贵阳、成都、咸阳、湘潭、南京、北京等不同地区的 15 种石子的试验数据进行换算处理后，得出的混凝土强度与砂浆换算声速的回归方程为：

$$f_{cu}^{c}=0.958 v_{m}^{2.88} \tag{2-48}$$

式中 f_{cu}^{c}——用砂浆声速法所推算的混凝土强度，MPa；

v_m——经换算求得的混凝土中砂浆的声速，km/s。

用该式计算的相关系数 $r=0.91$，相对误差为 $\pm 15.49\%$，可见其适用范围是比较宽的。

2.2.6 混凝土强度的推定

根据各测区超声声速检测值，通过测强曲线或声速换算法得到对应测区的混凝土强度值。最后按下列情况推定结构混凝土的强度。

（1）按单个构件检测时，单个构件的混凝土强度推定值取该构件各测区中最小的混凝土强度计算值。

（2）按批抽样检测时，该批构件的混凝土强度推定值按下式计算：

$$f_{cu}^{e}=m_{f_{cu}^{c}}-1.645 S_{f_{cu}^{c}} \tag{2-49}$$

$$m_{f_{cu}^{c}}=\frac{1}{n} \sum_{i=1}^{n} f_{cu,i}^{c} \tag{2-50}$$

$$S_{f_{cu}^{c}}=\sqrt{\frac{\sum_{i=1}^{n}(f_{cu,i}^{c})^{2}-n(m_{f_{cu}^{c}})^{2}}{n-1}} \tag{2-51}$$

式中 $f_{cu,i}^{c}$——结构或构件第 i 个测区的混凝土抗压强度换算值，MPa；

f_{cu}^{e}——结构或构件测区混凝土抗压强度推定值，MPa；

$m_{f_{cu}^{c}}$——结构或构件测区混凝土抗压强度换算值的平均值，MPa；

$S_{f_{cu}^{c}}$——结构或构件测区混凝土抗压强度换算值的标准差，MPa；

n——抽取的结构或构件的件数。

（3）当同批测区混凝土强度换算值的标准差过大时，这批构件的混凝土强度推定值可按下式计算：

$$f_{cu}^{e} = m_{f_{cu,min}^{c}} = \frac{1}{m}\sum_{i=1}^{m} f_{cu,min,i}^{c} \tag{2-52}$$

式中 $m_{f_{cu,min}^{c}}$——同批中各构件中最小的测区强度换算值的平均值，MPa；

$f_{cu,min,i}^{c}$——第 i 个构件中的最小测区混凝土强度换算值，MPa；

m——抽取的构件数。

（4）按批抽样检测时，若全部测区强度的标准差出现下列情况时，则该批构件应全部按单个构件检测来推定强度：

① 当混凝土强度等于或低于 C20 时：$S_{f_{cu}^{c}} > 2.45$MPa；

② 当混凝土强度高于 C20 时：$S_{f_{cu}^{c}} > 5.5$MPa。

2.2.7 超声脉冲法检测混凝土强度的影响因素

混凝土是一种非常复杂的多相复合体，它的力学强度受到种种内部结构因素及外部环境条件的影响。而超声脉冲传播速度，就其本质而言，则是混凝土应力—应变性质的反映。虽然在应变性质与强度关系的理论推导中可以推出，混凝土强度与声速之间应有一定的关系，但由于实际材料受种种复杂因素的影响，这种关系并不是完全稳定的。影响混凝土强度 f 和声速 v 之间关系的因素很多，根据国内外科学研究和实际检测的经验总结，这些影响大致归纳为如下诸方面。

2.2.7.1 试体断面尺寸效应

关于试体横向尺寸的影响，在测量声速时必须注意。纵波速度是在无限大介质中测得，随着试体横向尺寸减小，纵波速度可能向杆、板的声速或表面波的声速转变，即声速比无限大介质中纵波声速小。图 2-37 所示为不同断面尺寸的试体上测得声速的变化情况。

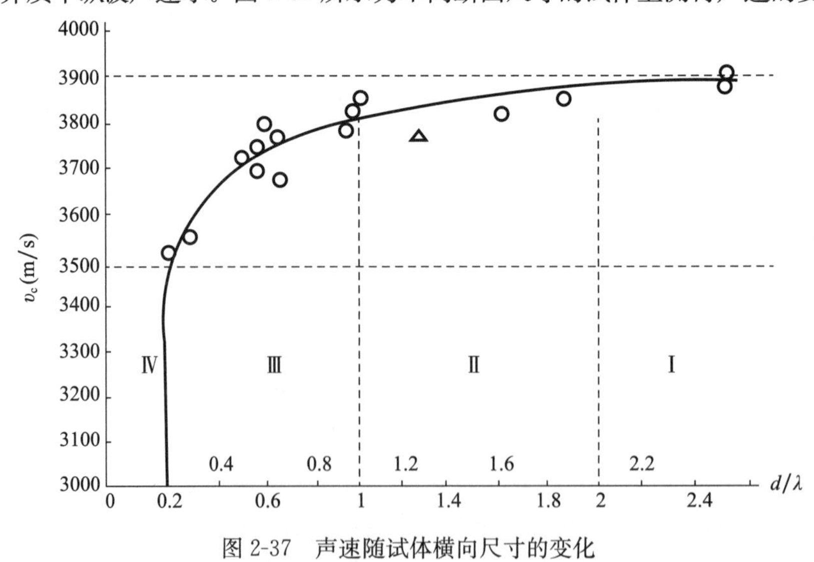

图 2-37 声速随试体横向尺寸的变化

当断面最小尺寸 $d \geqslant 2\lambda$（λ 为波长）时，传播速度与大块体中纵波速度值相当（图 2-37中Ⅰ区）。

当 $\lambda<d<2\lambda$ 时，可使传播速度降低 2.5%～3.0%（图 2-37 中Ⅱ区）。

当 $0.2\lambda<d<\lambda$ 时，传播速度变化较大，降低 6%～7%（图 2-37 中Ⅲ区），在这个区间里测量时，估计强度的误差可能达到 30%～40%，这是不允许的。

Ⅳ区是 $d<0.2\lambda$，是属于波在杆件中的传播。

2.2.7.2　温度和湿度的影响

当混凝土处于环境温度为 5～30℃的情况下，因温度升高脉冲速度变化不大；当环境温度在 40～60℃范围内，脉冲速度约降低 5%，这可能是由混凝土内部的微裂缝增多所致。温度在 0℃以下时，由于混凝土中的自由水结冰，使超声脉冲速度增大（自由水的 $v=1.45$km/s，冰的 $v=3.50$km/s）。

当混凝土测试时的温度处于表 2-14 所列的范围内时，可以允许修正，如果混凝土遭受过冻融循环下的冻结，则不允许修正。

表 2-14　超声波传播速度的温度修正值

温度（℃）	修正值（%）	
	存放在空气中	存放在水中
+60	+5	+4
+40	+2	+1.7
+20	0	0
0	−0.5	−1
<−4	−1.5	−7.5

混凝土的抗压强度随含水率的增加而降低，而超声波传播速度 v 则随孔隙被水填满而逐渐增大。饱水混凝土的含水率增高 4%，传播速度 v 相应增大 6%。超声波传播速度的变化特征取决于混凝土的结构，随着混凝土孔隙率的增大，干混凝土中超声波传播速度的差异也增大。

在相同的抗压强度下，水中养护的混凝土比空气养护的混凝土具有更高的超声波传播速度。水下养护混凝土的强度最大，其传播速度高达 4.60km/s；而相同强度但暴露在空气里养护的混凝土的传播速度约 4.10km/s。

湿度对超声波传播速度的影响可以解释为：

（1）水中养护的混凝土具有较高的水化度并形成大量的水化产物，超声波传播速度对此产生的反应大于空气中硬化的混凝土。

（2）水中养护的混凝土，水分渗入并填充了混凝土的孔隙，由于超声波在水中传播速度为 1.45km/s，在空气中仅为 0.34km/s，因此水中养护的混凝土具有比在空气中养护的混凝土大得多的超声波传播速度，甚至掩盖了随着混凝土强度增长而提高的声速影响。

2.2.7.3　结构混凝土中钢筋的影响与修正

钢筋中超声波的传播速度为普通混凝土中超声波传播速度的 1.2～1.9 倍。因此，在测量钢筋混凝土的声速时，若在超声波通过的路径上存在钢筋，测读的“声时”可能是部分或全部通过钢筋的传播“声时”，使混凝土声速计算偏高，这在推算混凝土的实际强度时可能出现大的偏差。

钢筋的影响分两种情况：一是钢筋配置的轴向垂直于超声波传播的方向；二是钢筋配置的轴向平行于超声波传播的方向。对于第一种情况，在一般配筋的钢筋混凝土构件中，钢筋断面所占整个声通路径的比例较小，所以影响较小（对于高强混凝土影响更小）。对于第二种情况，在做超声波“声时”测量时，可能影响较大，应加以避免或修正。钢筋的轴向垂直和平行于超声波传播方向的布置对超声波声速的影响分述如下。

（1）钢筋的轴向垂直于超声波传播方向

如图 2-38 所示，钢筋的轴向垂直于声通路。当超声波完全经过钢筋的每个直径时，仪器测量的超声脉冲传播时间用下式表示：

$$t=\frac{L-L_s}{v_c}+\frac{L_s}{v_s} \tag{2-53}$$

式中 L——两探头间的距离，mm；

L_s——钢筋直径的总和（$L_s=\sum d_i$），mm；

v_c、v_s——混凝土、钢筋中的超声波传播速度，km/s。

用 $t=L/v$ 代入式（2-53），则得：

$$\frac{L_c}{v}=\frac{1-\frac{L_s}{L}}{1-\frac{L_s v}{L v_s}} \tag{2-54}$$

式中 v——钢筋混凝土中实测的超声波传播速度，km/s。

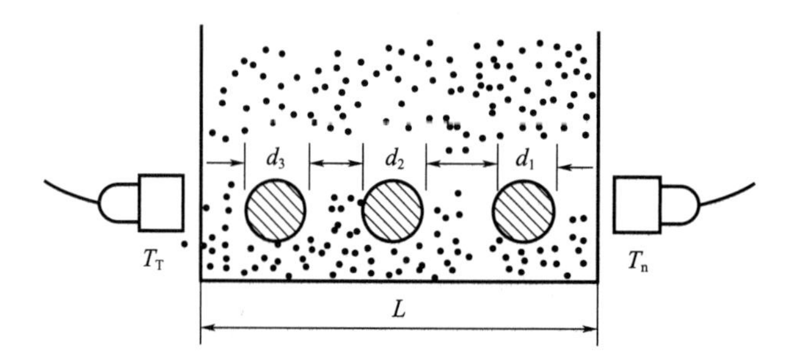

图 2-38 钢筋轴线垂直于超声波传播方向

为了找出混凝土中实际的传播速度 v_c，需要对测得的声速 v 乘以某个系数，这个系数取决于脉冲穿过钢筋所经的路程与总路程之比 L_s/L，以及测得的速度与钢筋中传播速度之比 v/v_s。此系数列于表 2-15，实际上校正系数 v_c/v 稍大于表 2-15 中所列的值，因为发射-接收的路径与钢筋的布线不完全重合，即实际通过钢筋的距离小于 L_s。

表 2-15 钢筋影响的修正值（钢筋垂直于超声传播方向）

L_s/L	$v_s/v=\frac{\text{超声波在钢筋中的传播速度}}{\text{超声波在钢筋混凝土中实测的传播速度}}$		
	质量差的混凝土 $v_c=3000\text{m/s}$	质量一般的混凝土 $v_c=4000\text{m/s}$	质量好的混凝土 $v_c=5000\text{m/s}$
1/12	0.96	0.97	0.99
1/10	0.95	0.97	0.99

续表

L_s/L	$v_s/v=\frac{\text{超声波在钢筋中的传播速度}}{\text{超声波在钢筋混凝土中实测的传播速度}}$		
	质量差的混凝土 $v_c=3000\text{m/s}$	质量一般的混凝土 $v_c=4000\text{m/s}$	质量好的混凝土 $v_c=5000\text{m/s}$
1/8	0.94	0.96	0.99
1/6	0.92	0.94	0.98
1/4	0.88	0.92	0.97
1/3	0.83	0.88	0.95
1/2	0.69	0.78	0.90

修正系数还可以根据图 2-39 所示曲线查得，对实测的传播速度 v 进行修正。例如 L_s/L 为 0.2，并且认为混凝土质量是差的，则混凝土中钢筋影响 v_s/v 的修正系数为 0.9，这样测得的脉冲速度乘以 0.9 就得出了素混凝土的脉冲速度。

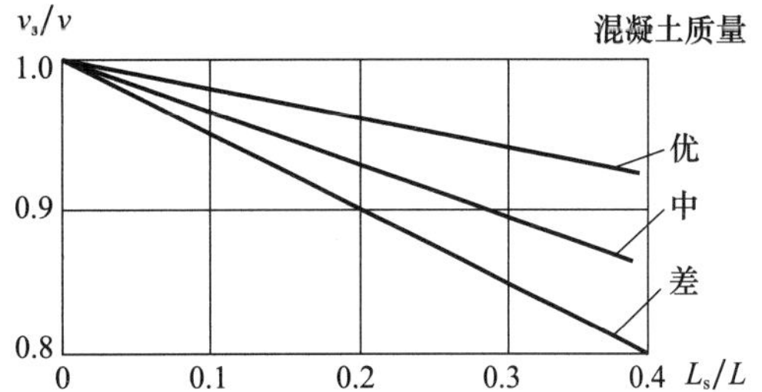

图 2-39 钢筋对超声波脉冲速度的影响

(2) 钢筋轴线平行于超声波传播方向

如图 2-40 所示为超声波传播方向与钢筋轴线平行，且探头靠近钢筋轴线的情况。超声波从发射探头 A 发出，先经 AB 在混凝土中传播，然后沿钢筋 BC 段传播，再经 CD 段在混凝土中传播而达到接收探头 D。设 v_c 为混凝土中的声速，v_s 为钢筋的声速，l 为两探头间距离，a 为探头与钢筋轴线的垂直距离。则：

超声波在混凝土中的传播时间：$2t_1=\frac{2\sqrt{a^2+x^2}}{v_c}$

超声波在钢筋中的传播时间：$t_2=\frac{l-2x}{v_s}$

总的传播时间：

$$t=2t_1+t_2=\frac{2\sqrt{a^2+x^2}}{v_c}+\frac{l-2x}{v_s} \tag{2-55}$$

欲求超声波到达接收探头的最短时间，即求 t 的最小值，需对 x 求导并令导数为零，即：

$$\frac{\mathrm{d}t}{\mathrm{d}x}=\frac{\mathrm{d}}{\mathrm{d}x}\left(\frac{2\sqrt{a^2+x^2}}{v_c}+\frac{l-2x}{v_s}\right)=0$$

经整理后得 $x=\frac{a^2}{\sqrt{v_s^2-v_c^2}}v_c$（负值舍去）。将 x 代入式（2-55），得最短传播时间：

$$t=2a\sqrt{\frac{v_s^2-v_c^2}{(v_sv_c)^2}}+\frac{l}{v_s} \tag{2-56}$$

理论上要避免混凝土中声速受钢筋的影响，根据式（2-56）得到混凝土的真正声速为：

$$v_c=\frac{2av_s}{4a^2+(v_st-l)^2} \tag{2-57}$$

令 $t_1=l/v_c$，t_1为超声波直接在混凝土中传播所需要的时间，则 $t_2=2a\sqrt{\frac{v_s^2-v_c^2}{(v_sv_c)^2}}+\frac{l}{v_s}$为经由钢筋轴线的传播时间。想要避免钢筋的影响，应使 $t_1<t_2$，即 $\frac{l}{v_c}<2a\sqrt{\frac{v_s^2-v_c^2}{(v_sv_c)^2}}+\frac{l}{v_s}$，整理后得 $a>\frac{1}{2}\sqrt{\frac{v_s-v_c}{v_s+v_c}}$，即当探头距离钢筋大于$\frac{1}{2}\sqrt{\frac{v_s-v_c}{v_s+v_c}}$时，由于经由钢筋传播的信号落在直接由混凝土中传播的信号之后，于是钢筋的存在就不会影响混凝土声速的测量。一般当测量线离开钢筋轴线 1/8～1/6 测距时，就可避开钢筋的影响。

素混凝土中的传播速度 v_0 也可根据图 2-41 所示曲线查出修正系数，继而对实测的超声波传播速度 v 加以修正。例如，钢筋混凝土中的 a/L 值为 0.1，并认为混凝土质量一般，那么混凝土中钢筋影响的修正系数 v_c/v 为 0.8，最后将测得的脉冲速度乘以 0.8，即为素混凝土的脉冲速度。

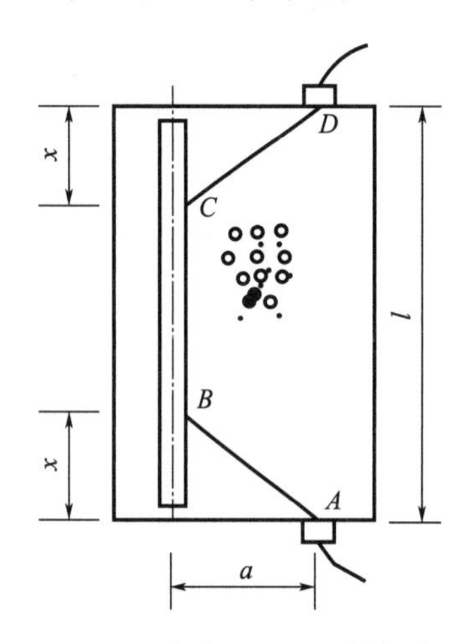

图 2-40　超声波平行于钢筋轴传播

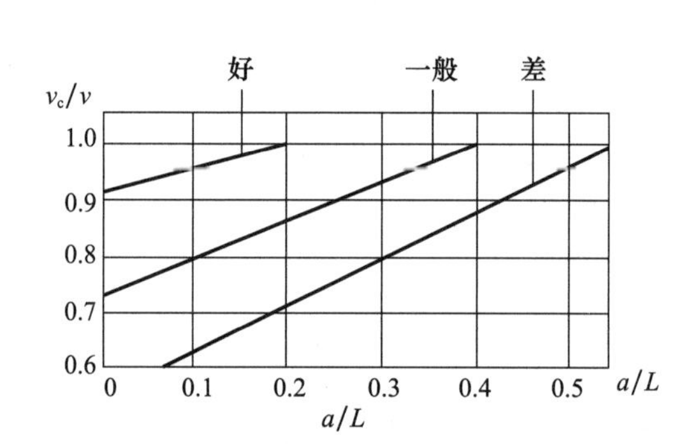

图 2-41　钢筋轴向平行于脉冲

2.2.7.4　粗集料品种、粒径和含量的影响

每 1m³ 混凝土中集料用量的变化、颗粒组成的改变对混凝土强度的影响要比水灰比、水泥用量及强度等级的影响小得多，但是粗集料的数量、品种及颗粒组成对超声波传播速度的影响却十分显著，甚至稍微增加一些碎石的用量或采用较高弹性模量的集料对超声波脉冲的声速都是十分敏感的。比较水泥石、水泥砂浆和混凝土三种试体的超声波检测，在强度值相同的条件下，混凝土的超声波脉冲声速最高，砂浆次之，水泥石最低。差异的原因主要是超声波脉冲在集料中传播的速度比混凝土中传播速度快。声通路上粗集料多，声速则高；反之，声通路上粗集料少，声速则低。

（1）粗集料品种不同的影响

表 2-16 为不同品种粗集料的声速值。由于集料的声速比混凝土中其他组分的声速要高得多，它在混凝土中所占比例又高达 75%左右。因此集料声速对混凝土总声速具

有决定性的影响。

表 2-16 不同品种粗集料的声速值

集料品种	密度（g/cm³）	纵波速度（km/s）	横波速度（km/s）
花岗岩	2.66	4.77	2.70
辉长岩	2.99	6.46	3.50
玄武岩	2.63	5.57	2.40
砂岩	2.66	5.15	1.97
石灰岩	2.65	5.97	2.88
石英岩	2.64	6.60	2.75
重晶岩	4.38	4.02	—
页岩	2.74	5.87～6.50	2.80～3.61
河卵岩	2.78	5.0～5.58	—
陶粒	0.56～0.67	2.4～2.8	—

不同品种的集料配制混凝土对 f-v 关系曲线的影响如图 2-42 所示。

由图可见，若不注意粗集料品种的影响，简单地采用某一特定的混凝土强度与相应的超声波声速关系曲线，在确定混凝土强度时会造成较大的误差。

经研究和实际检测表明，卵石和卵碎石这两种集料配制的混凝土，一般来说，当声速相同时，卵碎石混凝土的抗压强度比卵石混凝土的抗压强度高出 10%～20%。其原因是当各种配比条件均相同时，卵碎石的表面粗糙，有利于水泥石与集料的粘结。因此强度可略高于表面光滑的卵石混凝土，而由于石质基本相同，卵石较为坚实，可导致声速略为提高。

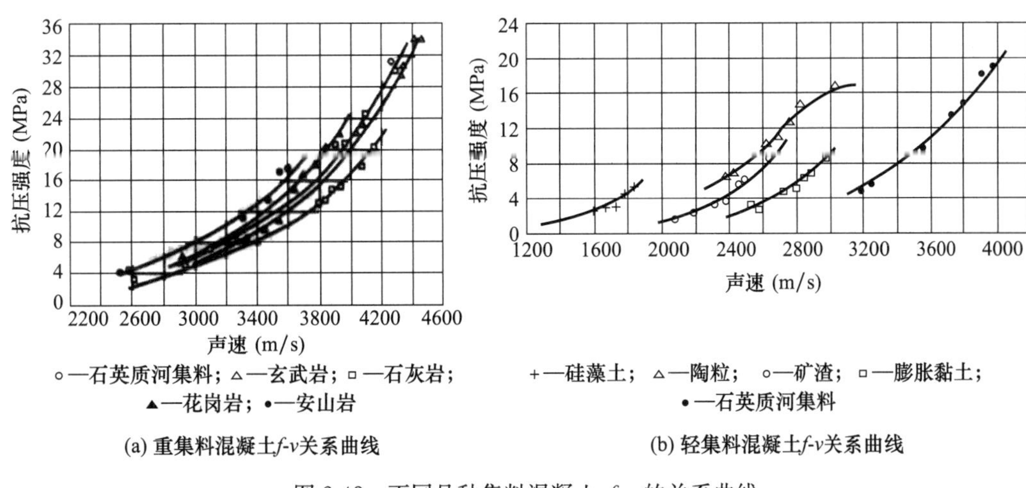

(a) 重集料混凝土f-v关系曲线

(b) 轻集料混凝土f-v关系曲线

图 2-42 不同品种集料混凝土 f-v 的关系曲线

（2）粗集料最大粒径的影响

如图 2-43 所示为不同最大粒径 ϕ_{max} 粗集料配制的混凝土抗压强度与超声波声速的关系曲线。它表明集料粒径越大，则单位体积混凝土中集料所占有的声程随之增加，即混凝土的声速随集料最大粒径的增大而增加。换句话说，按标定的测强曲线推算，对于某一给定的超声波声速，如果混凝土的集料最大粒径大，则其所对应的混凝土抗压强度较低。其原因是集料的超声波传播速度比混凝土中超声波传播速度要快，集料粒径增大使混凝土中超声波传播速度增加，比混凝土强度测定值增加更快。

（3）粗集料含量的影响

图 2-44 所示为集料品种相同时，不同含石量对混凝土中超声脉冲传播速度的影响。一般相同强度的混凝土其超声波声速随粗集料含量增加而有提高的趋势。实际上，在混凝土的组合料中，不管砂率、集灰比的大小如何，对混凝土超声波声速影响起主导作用的仍然是粗集料含量。

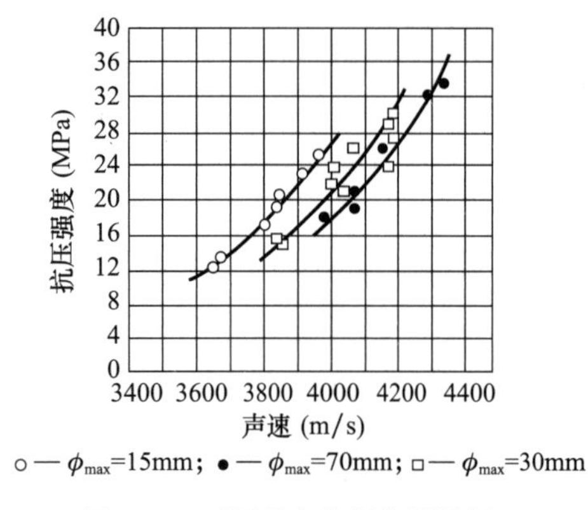

图 2-43　不同最大粒径集料混凝土 f-v 关系曲线

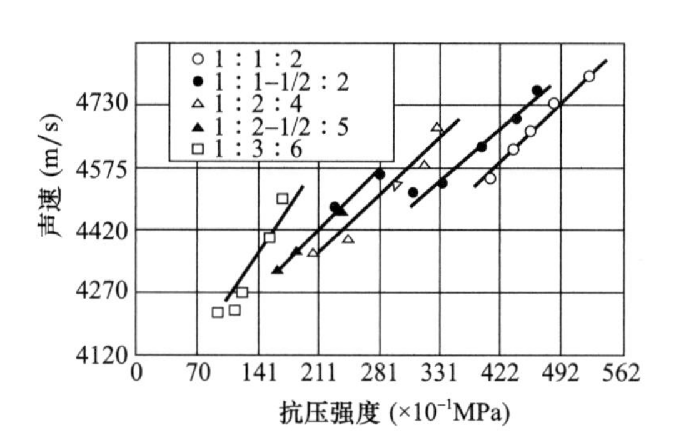

图 2-44　集灰比对 f-v 相关性的影响

不同强度等级的混凝土，超声波声速不同，低强度等级的混凝土超声波声速较高，是由于其粗集料含量多，或者说是集灰比较大所引起的。

图 2-45 所示为不同水灰比（W/C）、集灰比对超声波声速的影响。忽视集灰比的影响采用声速估算混凝土强度的误差很大。

图 2-46 所示为混凝土中不同砂率对 f-v 关系的影响。同一强度的混凝土，砂率越低，声速越大。因此，不考虑砂率的影响，用声速的单一指标推算混凝土的抗压强度，有可能产生 5%～15%的误差。

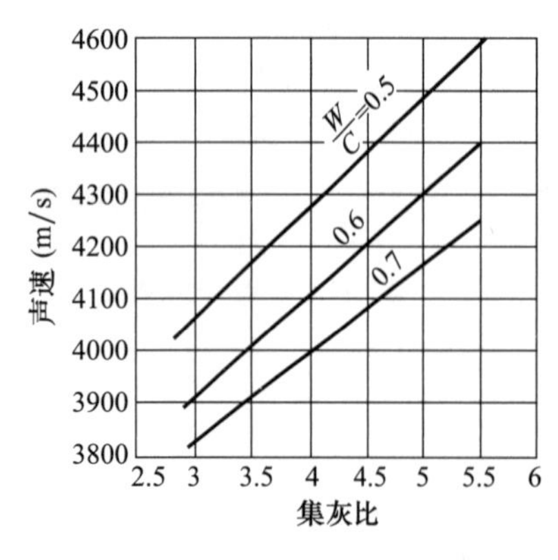

图 2-45　集灰比对声速的影响

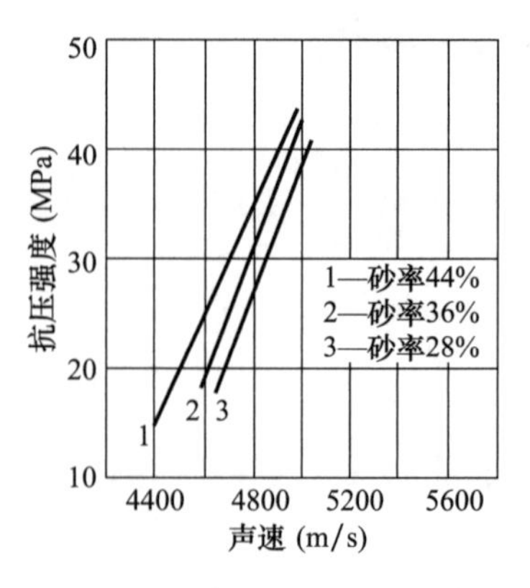

图 2-46　砂率对 f-v 关系的影响

2.2.7.5 水灰比及水泥用量的影响

混凝土的抗压强度取决于水灰比，随着 W/C 降低，混凝土的强度、密实度以及弹性性质相应提高，超声脉冲在混凝土中的传播速度也相应增大；反之，超声脉冲速度随着 W/C 的提高而降低（图 2-47）。

水泥用量的变化实际上改变了集灰比。如图 2-48 所示为混凝土中水泥用量不同的 f-v 关系曲线。在混凝土强度相同的情况下，当粗集料用量不变时，水泥用量越多则超声波声速越低。

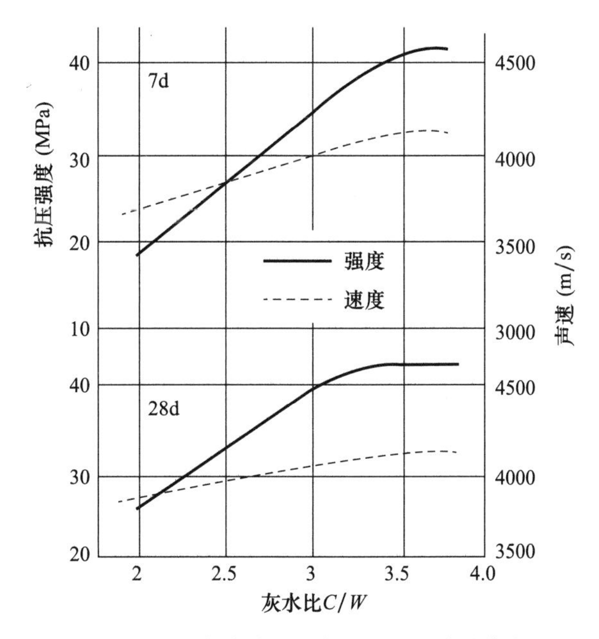

图 2-47 不同灰水比混凝土的 f-v 关系曲线

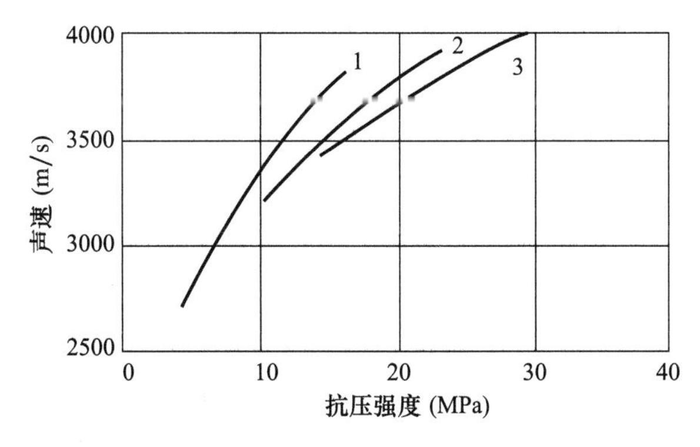

图 2-48 不同水泥用量的混凝土 f-v 关系曲线

1—水泥用量 260kg/m^3；2—水泥用量 350kg/m^3；3—水泥用量 550kg/m^3

2.2.7.6 混凝土龄期和养护方法的影响

如图 2-49 所示为不同龄期混凝土的 f-v 关系曲线。试验证明，在硬化早期或低强度时，混凝土强度 f 的增长小于声速 v 的增长，即曲线斜率$\frac{df}{dv}$很小，声速对强度的变化十分敏感。随着硬化进行，或混凝土强度较高时，$\frac{df}{dv}$值迅速增大，即 f 的增长大于声速 v 的增长，甚至在强度达到一定值后，超声波传播速度增长极慢，因而采用超声波声速来推算混凝土的强度，必须十分注意测量声速的准确性。

不同龄期混凝土的 f-v 关系曲线是不同的（图 2-50）。当声速增长时，长龄期混凝土的强度较高。混凝土试体养护条件不同，所建立的 f-v 关系曲线也是不同的。通常，当混凝土相同时，在空气中养护的试体其声速比在水中养护的试体声速低得多。主要原因可解释为在水中养护的混凝土水化较为完善且混凝土孔隙充满了水，水的声速比空气声速大 4.67 倍。因此，相同强度的试体，饱和状态的声速比干燥状态的声速大。此外，干燥状态中养护的混凝土因干缩等原因而造成的微裂缝也将使声速降低。

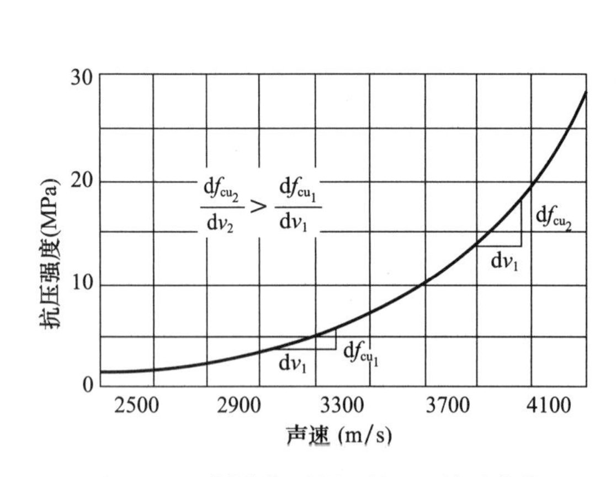

图 2-49　不同龄期混凝土的 f-v 关系曲线

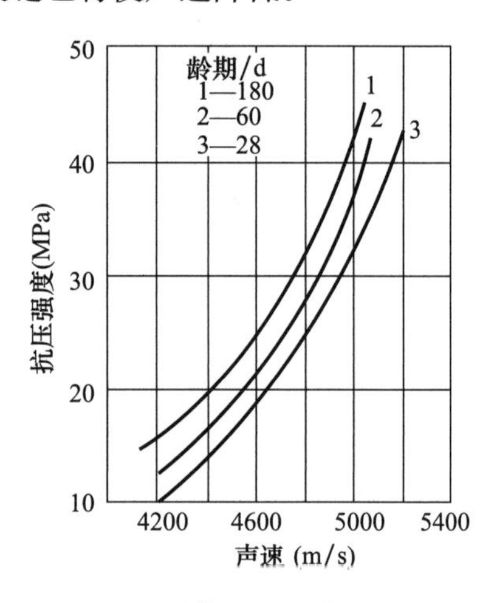

图 2-50　龄期对 f-v 关系的影响

2.2.7.7　混凝土缺陷与损伤的影响

采用超声法检测和推定混凝土强度时，只有在混凝土强度波动符合正态分布的条件下，才能进行混凝土强度的推定。这就要求混凝土内部不应存在明显缺陷和损伤。如果将混凝土缺陷或损伤的超声波参数用来参与强度评定，有可能使检测结果不真实或要承担削弱安全度的风险。

鉴于目前建立混凝土超声波测强曲线时，立方试体是在不受力的条件下测试的，而结构混凝土包括混凝土自重已不同程度地承受了荷载。这种受力状态的构件究竟对超声波检测是否有影响，即超声检测值要不要进行修正，已有的国内外研究表明，荷载超过某一定范围对超声波检测影响是存在的。一般认为构件受力超过极限破坏应力的30%～50%时，混凝土内部会不同程度地产生损伤，超声波声速将随受力增大而降低。虽然目前还没有建立定量的修正标准，但应注意这是影响超声测强的一个因素。

2.2.8　各影响因素的显著性分析

各种因素对混凝土声速-强度（f-v）关系的影响，其显著性不完全一致。当各种因素的变化范围不同时，其影响也不同。此外，当各种因素同时出现时，由于其间的交互作用，它们的影响显著程度又往往与单一因素的影响程度不同。而且各种因素影响的显著性，还与 f-v 关系本身所要求的误差范围有关。当某种因素所造成的偏差在 f-v 关系允许的误差范围以内时，该因素的影响属于不显著之列，可不予置理，但当 f-v 关系允许的误差范围减小时，该因素所造成的偏差则有可能超出允许范围，必须予以修正。因此，影响因素的显著性分析是个错综复杂的问题，单通过试验资料的直观分析是难以得出明确答案的。为此，不妨采用正交设计和方差分析的方法加以解决。关于正交设计和方差分析的原理，可参考有关文献，这里仅举例说明其使用方法。

（1）选定影响因素和变化水平

根据已有的资料和经验选定需要试验验证的主要影响因素，以及这些因素在本单位或本地区的大概变化范围、选定这些因素在试验中的取值。在正交设计中，这些因素中所取的不同值称为“水平”。

设本例中所要求验证的是当水灰比在 0.45、0.55、0.65、0.74 四个“水平”上变化时，水泥品种（矿渣水泥和普通水泥两个“水平”）及粗集料品种（河卵石和石灰石碎石两个“水平”）间影响的显著性。本例所选定的因素和水平见表 2-17。

表 2-17 选定的因素与水平

水平号	因素 A	因素 B	因素 C
	水灰比	水泥品种	粗集料品种
1	0.45	矿渣水泥	河卵石
2	0.55	普通水泥	石灰石碎石
3	0.65	—	—
4	0.74	—	—

（2）选用正交表，确定试验方案

正交表是正交试验设计中合理安排试验并对数据进行统计分析的重要工具。若正交表选得合适，表头设计合理，则可用较少的试验次数得到较满意的结果。正交表的选用十分灵活，但应遵循下面的原则：所需分析验证的因素及它们之间交互作用的自由度总和，必须不大于所选正交表的总自由度。

正交表的总自由度 $f_{总}$ 为：

$$f_{总}=n-1 \tag{2-58}$$

式中 n——试验次数。

各因素的自由度 $f_{因}$ 为：

$$f_{因}=m-1 \tag{2-59}$$

式中 m——某因素的水平数。

本例中各因素自由度总和为：

$\sum f_{因}=f_A+f_B+f_C=(4-1)+(2-1)+(2-1)=5$

由于表 2-17 中所选定的各因素水平数不等，所以使用混合型正交表 $L_8(4^1\times2^4)$。其试验次数 n 为 8，根据式（2-58）所算出的总自由度 $f_{总}=7$。所以，各因素自由度总和 $\sum f_{因}$ 小于该正交表的总自由度 $f_{总}$。

表 2-18　L_8（$4^1\times 2^4$）正交试验方案

试验号因素	A	B	C	D	E
	水灰比	水泥品种	粗集料品种	空	空
1	A_1	B_1	C_1	D_1	E_1
2	A_1	B_2	C_2	D_2	E_2
3	A_2	B_1	C_1	D_2	E_2
4	A_2	B_2	C_2	D_1	E_1
5	A_3	B_1	C_2	D_1	E_2
6	A_3	B_2	C_1	D_2	E_1
7	A_4	B_1	C_2	D_2	E_1
8	A_4	B_2	C_1	D_1	E_2

表 2-18 共有 6 列，其中两个空列用来计算试验误差。根据该表所确定的试验方案，其中，各因素的代号及水平的下标与表 2-17 所表示的相同。

根据表 2-18 所确定的试验方案，设计出 8 次试验的混凝土配合比，并按试验要求制作试体和测出试体的声速 v 和抗压强度 f_{cu}^{c}。

（3）对试验结果进行极差分析或方差分析

若以混凝土的声速值 v 与实测抗压强度 f_{cu}^{c}之比（v/f_{cu}^{c}）作为衡量指标 y_i（i 为水平号），则试验结果的极差分析和方差分析的方法如下：

① 极差分析

将试验结果列于表 2-19 中，并算出各列的 K_i、$\overline{K_i}$及极差 W。

若以 j 为列数，以 i 为水平号，则有：

第 j 列的 K_i 等于第 j 列中相同的“i”所对应的结果之和；

第 j 列的$\overline{K_i}$等于第 j 列的 K_i除以第 j 列中“i”的重复次数；

第 j 列的极差 W 等于第 j 列中$\overline{K_i}$最大值与最小值之差。

将计算结果填入表 2-19 中。

比较各列的极差，极差大则表示该因素在所变化的水平范围内所造成的差别大。极差是影响试验指标的主要因素，极差小的则是次要因素。空列极差代表试验误差；此外，低于空列极差的极差可认为不是由于因素水平变化所引起的偏差，而是试验误差，因此，也可计入试验误差平均值。就本例而言，3 个因素的次序号为：

$$W_A > W_C > W_B$$

即水灰比影响最明显，其次是粗集料品种。水泥品种变化所造成的偏差小于试验误差，可计入试验误差。

表 2-19　极差分析表

列号 j	1	2	3	4	5	试验结果
因素	A	B	C	D	E	$y_i=\dfrac{v_i}{f_{cu,i}}$
	水灰比	水泥品种	粗集料品种	空	空	−10
1	A_1	B_1	C_1	D_1	E_1	0.52

续表

列号 j	1	2	3	4	5	试验结果
2	A_1	B_2	C_2	D_2	E_1	1.27
3	A_2	B_1	C_1	D_2	E_1	3.29
4	A_2	B_2	C_2	D_1	E_1	4.58
5	A_3	B_1	C_1	D_1	E_1	8.78
6	A_3	B_2	C_2	D_1	E_1	5.81
7	A_4	B_1	C_2	D_1	E_1	11.7
8	A_4	B_2	C_1	D_1	E_1	10.56
K_1	1.79	24.29	20.18	24.44	22.61	$\sum y_i=46.51$
K_2	7.87	22.22	26.33	22.07	23.90	$[\sum y_i]^2=2163.18$
K_3	14.59					$\sum y_i{}^2=392.932$
K_4	22.26					
$\overline{K_1}$	0.895	6.072	5.045	6.11	5.65	
$\overline{K_2}$	3.935	5.556	6.58	5.52	5.98	
$\overline{K_3}$	7.295					
$\overline{K_4}$	11.13					
W	10.24	0.516	1.535	0.59	0.33	

② 方差分析

用表 2-19 中的试验结果算出总的偏差平方和 $S_{总}$、各因素的偏差平方和 $S_{因}$ 及试验误差 $S_{误}$，其计算公式和本例的计算结果如下：

$$S_{总}=\sum_{i=1}^{n}(y_i-\overline{y})^2=\sum_{i=1}^{n}y_i^2-(\sum_{i=1}^{n}y_i)^2/n=\sum_{i=1}^{n}y_i^2-CT \tag{2-60}$$

$$S_{因}=r\sum_{i=1}^{n}(\overline{K_i}-\overline{y})^2=r\left[\sum_{i=1}^{n}\left(\frac{K_i}{r}\right)^2-m\left[\frac{\sum_{i=1}^{n}y_i}{n}\right]^2\right]=\frac{\sum_{i=1}^{n}K_i^2}{r}-CT \tag{2-61}$$

$$S_{误}=S_{总}-(\sum S_{因})=S_{空} \tag{2-62}$$

式中　CT——修正项，$CT=(\sum_{i=1}^{n}y_i)^2/n$；

n——试验号，$n=mr$；

m——水平数；

r——水平重复数。

将本例按式（2-60）～式（2-62）进行计算，计算结果如下：

$CT=(\sum y_i)^2/n=2163.18\div 8=270.398$

$\sum y_i^2=392.932$

$S_{总}=392.932-270.398=122.534$

$$S_A=\frac{(1.79)^2+(7.87)^2+(14.59)^2+(22.26)^2}{2}-270.398=116.36$$

$$S_B=\frac{(24.29)^2+(22.22)^2}{4}-270.398=0.535$$

$$S_C=\frac{(20.18)^2+(26.33)^2}{4}-270.398=4.727$$

$S_{误}=122.534-(116.36+0.535+4.727)=0.910$

按式（2-58）、式（2-59）计算自由度 f：

$f_{总}=n-1=8-1=7$

$f_A=m-1=4-1=3$

$f_B=m-1=2-1=1$

$f_C=m-1=2-1=1$

计算各因素的方差 $V_{因}$ 及统计量 $F_{因}$：

$$V_{因}=\frac{S_{因}}{f_{因}} \tag{2-63}$$

$$V_{误}=\frac{S_{误}}{f_{误}} \tag{2-64}$$

$$F_{因}=\frac{V_{因}}{V_{误}} \tag{2-65}$$

本例计算结果见表 2-20。

表 2-20　方差分析表

因素	偏差平方和 S	自由度 f	方差 V	$F_{因}$	临界值	显著性
A	116.36	3	38.86	85.41	$F_{0.05(3,3)}=9.28$ $F_{0.01(1,3)}=29.46$	* *
B	0.535	1	0.760	1.67	$F_{0.05(3,3)}=10.13$ $F_{0.01(1,3)}=34.12$	
C	4.727	1	4.952	10.88	$F_{0.05(3,3)}=10.13$ $F_{0.01(1,3)}=34.12$	*
误差	0.91	2	0.455	—	—	—

从 F 检验的临界值表上，查出相应于信度为 5%和 1%时的临界值。当 $F_{因}>F_{0.05}(f_{因}, f_{误})$ 时，认为该因素对试验指标有显著的影响，以“ * ”表示；当 $F_{因}>F_{0.01}(f_{因}, f_{误})$ 时，认为该因素对试验指标有高度显著的影响，以“ * * ”表示。

由表 2-20 可见，本例中水灰比有高度显著影响，粗集料品种有显著影响，而水泥品种的影响不显著。

从以上两种分析方法可知，其结果是类似的。极差分析较为简单、直观，而方差分析则有比较明确的定量界限。

上述方法也可用于回弹法及其他检测方法中影响因素显著性的分析。

2.3 超声回弹综合法检测混凝土强度

2.3.1 综合法原理及参数选择

在前两节中，分别讨论了用回弹值或超声波声速值等单一指标推定混凝土强度的方法。然而，用单一指标与混凝土强度建立相关关系，往往局限性较大。因此，不得不分别制定一系列与工程条件相适应的专用曲线，或采用众多的修正系数和修正方法以提高其测试精度。尽管如此，在许多国家的标准中，对这些方法的运用仍持十分慎重的态度。

单一指标法局限性较大的原因主要有以下两点：

（1）混凝土强度是一个多要素的综合指标，它与弹性、塑性、材料结构的非匀质性、孔隙率和孔结构，以及试验条件等一系列因素有关。因此，用单一的物理指标必然难以全面反映这些要素，当然也不能确切地反映强度值。换而言之，从理论上来说，这些单一指标本身是先天不足的。

（2）混凝土的某些配合比的因素或构造因素对单一指标的影响程度与对混凝土强度的影响程度不一致。例如，混凝土中粗集料用量及品种的变化，可导致声速的明显变化，其变化率可达10％～20％，但对强度的影响却并不如此显著。又如，含水率对强度的影响并不显著，但它可使声速上升，使回弹值下降。这种影响程度的不一致，必然导致对单一指标与强度之间相关关系的影响，使其局限性增大。同时还可看到，某些因素所造成的影响，对不同的单一指标来说是相反的。

因此，人们很自然地会想到用较多的指标综合反映混凝土强度的可能性，这就是综合法的基本设想。简而言之，所谓综合法就是采用两种或两种以上的非破损检测手段，获取多种物理参数，从不同的角度综合评价混凝土强度的方法。

早在20世纪50年代，苏联杜拉索夫（A. C. Цурасов）和克雷洛夫（H. A. Крцлов）就提出了用超声法和射线法测定混凝土声速和密度，进而通过弹性模量综合推算混凝土强度的方法。但是在工程上应用最为成功的还是罗马尼亚弗格瓦洛（I. Făcaoaru）等所提出的超声回弹综合法。该法于60年代提出，至今已被许多国家采用。我国也于60年代开始了超声回弹综合法的研究，70年代形成了全国性的研究协作网络，并先后颁布实施了《超声回弹综合法检测混凝土强度技术规程》（CECS 02：88和CECS 02：2005）、《超声回弹综合法检测混凝土抗压强度技术规程》（T/CECS 02-2020）。与此同时，我国其他指标综合法的研究也非常活跃。例如，声速-衰减综合法、声速-回弹-衰减综合法、回弹-砂浆声速综合法等都取得了一定效果。由此可见，无论从理论上的逻辑推论来看，还是从已取得的研究成果来看，采用综合法是现场检测结构混凝土强度的必然趋势。

合理选择综合的物理参数是综合法的关键。从现有综合法来看，综合参数的选择原则较为灵活，有以下三点是必须考虑的原则：

（1）所选的参数应与混凝土的强度有一定的理论联系或相关关系；

（2）所选的各项参数在一定程度上能相互抵消或离析采用单一指标测量强度时的某些影响因素；

（3）所选的参数应便于在现场用非破损或半破损的方法测量。

一般来说，只要能满足上述原则的参数，均能作为综合指标。

2.3.2 超声回弹综合法的基本依据

超声回弹综合法是指通过测定混凝土的超声波声速值和回弹值检测混凝土抗压强度的方法。本方法采用带波形显示器的低频超声波检测仪，并配置标称频率为 50～100kHz 的换能器，测量混凝土中的超声波声速值，以及采用标称能量为 2.207J 的混凝土回弹仪，测量回弹值。

超声和回弹法都是以材料的应力—应变行为与强度的关系为依据的。但超声速度主要反映材料的弹性性质，同时，由于它穿过材料，因而也反映材料内部构造的密实性、均匀性等信息。回弹法反映了材料的弹性性质，同时在一定程度上也反映了材料的塑性性质，但它只能确切反映混凝土表层（约 3cm）的状态。因此，超声与回弹值的综合，既能反映混凝土的弹性，又能反映混凝土的塑性；既能反映表层的状态，又能反映内部的构造，自然能较确切地反映混凝土的强度。这就是超声回弹综合法基本依据的一个方面。

超声回弹综合法基本依据的另一方面是，实践证明将声速 v 和回弹值 R 合理综合后，能消除原来影响 f-v 与 f-R 关系的许多因素。例如，水泥品种的影响、试件含水量的影响及碳化影响等，都不再像原来单一指标所造成的影响那么显著。这就使综合的 f-v-R 关系有更广的适应性和更高的精度，而且使不同条件的修正大为简化。

2.3.3 超声回弹综合法检测技术

（1）应用范围

在正常的施工情况下，结构混凝土的强度应按《混凝土结构工程施工质量验收规范》（GB 50204—2015）所规定预留试块进行验收。只有在下列情况下才能应用超声回弹综合法：

① 对原有预留试块的抗压强度有怀疑，或没有预留试块时；

② 因原材料、配合比以及成型与养护不良而发生质量问题时；

③ 已使用多年的老结构，为了维修和加固处理，需取得混凝土实际强度值，而且有将结构上钻取的芯样进行校核的情况。

超声回弹综合法对在硬化期间遭受冻伤、化学腐蚀、火灾、高温损伤的混凝土，及环境温度低于 0℃或高于 40℃的情况下，一般不宜使用，若必须使用，应作为特殊问题研究解决。总之，凡是不宜进行回弹或超声单一参数检测的工程，综合法也不宜使用。

（2）检测前的现场准备

① 在检测前应详细了解待测结构的施工情况，以及混凝土原材料条件、配合比及混凝土质量可能存在的问题和原因，了解现场测试的条件、测试范围及电源情况等。

② 综合法所使用的仪器应满足回弹及超声单一参数检测时对仪器的各项要求。

③ 检测数量。按单个构件检测时，应在构件检测面上均匀布置测区，每个构件上测区数量不应少于 10 个。对于检测面一个方向尺寸不大于 4.5m，且另一个方向尺寸不大于 0.3m 的构件，其测区数量可适当减少，但不应少于 5 个。当同批构件按批进行一次或二次随机抽样检测时，构件最小样本容量宜符合表 2-21 的规定。

表 2-21　随机抽样的最小样本容量

检测批的容量	检测类别和最小样本容量		
	A	B	C
3～8	2	2	3
9～15	2	3	5
16～25	3	5	8
26～50	5	8	13
51～90	5	13	20
91～150	8	20	32
151～280	13	32	50
281～500	20	50	80
501～1200	32	80	125
1201～3200	50	125	200
3201～10000	80	200	315
10001～35000	125	315	500
35001～150000	200	500	800
150001～500000	315	800	1250

注：1. 检测类别 A 适用于施工或监理单位一般性抽样检测，也可用于既有结构的一般性抽样检测；
2. 检测类别 B 适用于混凝土施工质量的抽样检测，可用于既有结构的混凝土强度鉴定检测；
3. 检测类别 C 适用于混凝土结构性能的检测或混凝土强度复检，可用于存在问题较多的既有结构混凝土强度的检测。

④ 测区布置规定。测区优先布置在构件混凝土浇筑方向的侧面，测区可以在构件的两个相对面、相邻面或同一面上布置；测区应均匀布置，相邻两测区的间距不应大于 2m；测区应避开钢筋密集区和预埋件；测区尺寸宜选 200mm×200mm，平测时可选 400mm×400mm；测试面应为清洁、干燥、平整的混凝土原浆面，不应有接缝、施工缝、饰面层、浮浆和油垢，避开蜂窝、麻面部位。对测试时可能产生颤动的薄壁、小型构件，应进行固定。

结构或构件上的测区应编号，并记录下测区位置和外观质量情况。

（3）回弹值的测量与计算

在测区内回弹值的测量、计算及其修正，均与回弹法检测混凝土抗压强度的方法基本相同。值得注意的是：测试时，对结构或构件的每一个测区，应先进行回弹测试，后进行超声测试；超声对测或角测时，回弹测试应在测区内超声波的发射面和接收面各测读 5 个回弹值；超声平测时，回弹测试应在测区内超声波的发射和接收测点之间测读 10 个回弹值。每一测点的回弹值精确至 1，且同一测点只允许弹击一次。相邻两测点的净间距不小于 20mm，测点与构件边缘、外露钢筋或预埋件的间距不小于 30mm。

（4）超声值的测量与计算

声时和声程的测量、声速计算及修正应按 2.2 节所述的规定进行。需要指出的是，超声的测试点应布置在同一个测区的回弹值测试面上，但探头安放位置不宜与弹击点重叠。每个测区内应在相对测试面上对应地布置 3 个测点，相对面上的收、发探头应在同一轴线。只有在同一个测区内所测得的回弹值和声速值才能作为推算强度的综合参数，不同测区的测值不可混淆。

2.3.4 超声回弹综合法测强曲线

在综合法测强中，结构或构件上每一个测区的混凝土强度，是根据该测区实测的并经必要修正的超声波声速值 v 及回弹平均值 R，按事先建立的 f-v-R 关系曲线推算出来的，因此必须建立可靠的 f-v-R 关系曲线。

（1）基本要求

回弹仪、超声波检测仪以及换能器的要求与超声回弹综合法检测混凝土强度时所用仪器要求相同。混凝土用水泥应符合现行国家标准《通用硅酸盐水泥》（GB 175—2023）的要求，混凝土用砂、石应符合现行行业标准《普通混凝土用砂、石质量及检验方法标准》（JGJ 52—2006）的要求，混凝土用外加剂、掺和料和拌和水应符合国家相关质量规定。选用本地区常用水泥、粗集料、细集料，按常用配合比制作混凝土强度等级为C15、C20、C30、C40、C50、C60 的、边长为 150mm 的立方体试件。

（2）试件准备

① 试模应符合现行行业标准《混凝土试模》（JG/T 237—2008）的要求。

② 每一混凝土强度等级的试件应采用同一盘或同一车混凝土均匀装模，振动成型。

③ 试件拆模后应浇水养护 7d，然后按“品”字形堆放在不受日晒雨淋处自然养护。

④ 试件的测试龄期宜分为 14d，28d，60d，90d，180d 和 365d。

⑤ 对同一强度等级的混凝土，应一次成型完成，每个测试龄期试件最小数量为30 个。

（3）试件测试

① 将被测试件 4 个浇筑侧面上的尘土、污物等擦拭干净，以同一强度等级混凝土的 3 个试件作为一组，依次编号。

② 在试件测试面上标示超声测点。取试件浇筑方向的侧面为测试面，在两个相对测试面上分别画出相对应的 3 个测点（图 2-51）。

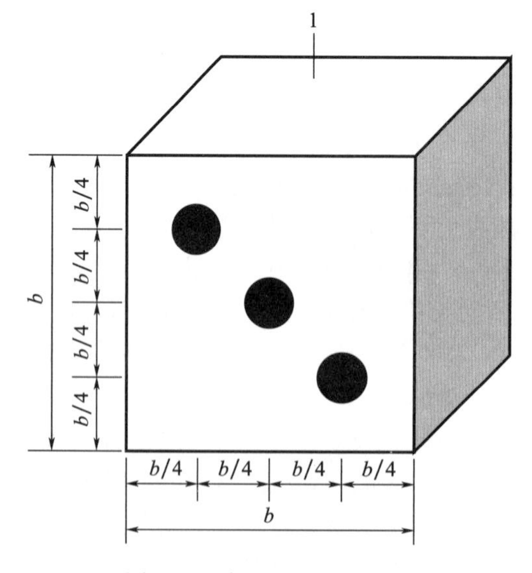

图 2-51 声时测量测点布置

1—浇筑面

③ 测量试件的超声测距。采用钢卷尺或钢板尺，在两个超声测试面的两侧边缘处逐点测量两测试面的垂直距离，取两边缘对应垂直距离的平均值作为测点的超声测距值（l_1、l_2、l_3）。

④ 测量试件的声时值。在试件两个测试面的对应测点位置涂抹耦合剂，将一对发射和接收换能器耦合在对应测点上，并始终保持两个换能器的轴线在同一直线上。逐点测读声时读数（t_1、t_2、t_3），精确至 0.1μs。

⑤ 计算声速代表值。取 3 个测点混凝土中声速代表值的平均值作为该试件的混凝土中声速代表值，即：

$$v=\frac{1}{3}\sum_{i=1}^{3}\frac{l_i}{t_i-t_0} \tag{2-66}$$

式中 v——试件混凝土中声速代表值，km/s（精确至 0.01km/s）；

l_i——第 i 个测点的超声测距，mm（精确至 1mm）；

t_i——第 i 个测点的声时读数，μs（精确至 0.1μs）；

t_0——声时初读数，μs。

⑥ 测量回弹代表值。应先将试件超声测试面的耦合剂擦拭干净，再置于压力机上、下承压板之间，使另外一对侧面朝向便于回弹测试的方向，然后加压至 60～80kN 并保持压力。分别在试件两个相对侧面上按照水平测试方法各测 5 点回弹值，精确至 1。剔除 1 个最大值和 1 个最小值，取余下 8 个有效回弹值的平均值作为该试件的回弹代表值（R），计算精确至 0.1。

⑦ 抗压强度试验。回弹值测试完毕后，卸荷将回弹测试面放置在压力机承压板正中，按现行国家标准《混凝土物理力学性能试验方法标准》（GB/T 50081—2019）的规定速度连续均匀加荷至破坏。计算试件抗压强度实测值，精确至 0.1MPa。

（4）测强曲线的计算

① 数据整理汇总。将各试件测试所得的声速代表值（v）、回弹代表值（R）和试件抗压强度实测值汇总。

② 测强曲线采用下列公式计算：

$$f_{\rm cu}^{\rm c}=av^{\rm b}R^{\rm c} \tag{2-67}$$

式中 a——常数项；

b、c——回归系数；

$f_{\rm cu}^{\rm c}$——试件混凝土抗压强度换算值，MPa。

③ 误差计算。测强曲线的平均相对误差（δ）、相对标准差（$e_{\rm r}$）应按公式(2-68)、公式（2-69）计算：

$$\delta=\frac{1}{n}\sum_{i=1}^{n}\left|\frac{f_{{\rm cu},i}^{\rm c}}{f_{{\rm cu},i}^{0}}-1\right|\times100\% \tag{2-68}$$

$$e_{\rm r}=\sqrt{\frac{\sum_{i=1}^{n}\left(\frac{f_{{\rm cu},i}^{\rm c}}{f_{{\rm cu},i}^{0}}-1\right)^2}{n-1}}\times100\% \tag{2-69}$$

式中 δ——平均相对误差，%（精确至 0.1%）；

$e_{\rm r}$——相对标准差，%（精确至 0.1%）；

$f_{cu,i}^{c}$——第 i 个立方体试件的抗压强度换算值，MPa（精确至 0.1MPa）；

$f_{cu,i}^{0}$——第 i 个立方体试件的抗压强度实测值，MPa（精确至 0.1MPa）；

n——制定回归方程式的试件数。

由此得出的测区混凝土抗压强度换算表只限于在建立测强曲线的立方体试件强度范围内使用，不得外延使用。

2.3.5 混凝土强度的换算及推定

结构或构件中第 i 个测区的混凝土抗压强度换算值，利用前面所得修正后的测区回弹代表值（R_{ai}）及声速代表值（v_{ai}），采用专用测强曲线、地区测强曲线或全国测强曲线换算而得。如果没有专用和地区测强曲线，通过相关验证后，可按照全国统一测区混凝土抗压强度换算表换算（附录 E），也可按下列全国统一测区混凝土抗压强度换算公式计算：

$$f_{cu,i}^{c}=0.0286v_{ai}^{1.999}R_{ai}^{1.155} \tag{2-70}$$

式中 $f_{cu,i}^{c}$——第 i 个测区混凝土抗压强度换算值，MPa（精确至 0.1MPa）。

为了对构件或结构的混凝土强度做出总体评价，应按照下列原则推定混凝土的特征强度，其推定方法如下。

（1）当结构或构件所采用的材料及其龄期与制定测强曲线所采用的材料及其龄期有较大差异时，可采用在结构或构件上钻取混凝土芯样（ϕ100mm×100mm）或同条件立方体（边长 150mm）试件对测区混凝土抗压强度换算值进行修正。芯样或试件数量不应少于 4 个。此时，计算测区混凝土抗压强度修正量及修正测区混凝土抗压强度换算值。

① 测区混凝土抗压强度修正量：

$$\Delta_{tot}=f_{cor,m}-f_{cu,m0}^{c} \tag{2-71}$$

$$\Delta_{tot}=f_{cu,m}-f_{cu,m0}^{c} \tag{2-72}$$

$$f_{cor,m}=\frac{1}{n}\sum_{i=1}^{n}f_{cor,i} \tag{2-73}$$

$$f_{cu,m}=\frac{1}{n}\sum_{i=1}^{n}f_{cu,i} \tag{2-74}$$

$$f_{cu,m0}^{c}=\frac{1}{n}\sum_{i=1}^{n}f_{cu,i}^{c} \tag{2-75}$$

式中 Δ_{tot}——测区混凝土抗压强度修正量，MPa（精确至 0.1MPa）；

$f_{cor,m}$——芯样试件混凝土抗压强度平均值，MPa（精确至 0.1MPa）；

$f_{cu,m}$——同条件立方体试件混凝土抗压强度平均值，MPa（精确至 0.1MPa）；

$f_{cu,m0}^{c}$——对应于芯样部位或同条件立方体试件测区混凝土抗压强度换算值的平均值，MPa（精确至 0.1MPa）；

$f_{cor,i}$——第 i 个混凝土芯样试件抗压强度；

$f_{cu,i}$——第 i 个混凝土同条件立方体试件抗压强度；

$f_{cu,i}^{c}$——对应于第 i 个芯样部位或同条件立方体试件测区回弹值和声速值的混凝土抗压强度换算值（附录 E）；

n——芯样或试件数量。

② 测区混凝土抗压强度换算值的修正：

$$f_{cu,i1}^{c}=f_{cu,i0}^{c}+\Delta_{tot} \tag{2-76}$$

式中　$f_{cu,i1}^{c}$——第 i 个测区修正后的混凝土抗压强度换算值，MPa（精确至 0.1MPa）；

$f_{cu,i0}^{c}$——第 i 个测区修正前的混凝土抗压强度换算值，MPa（精确至 0.1MPa）；

Δ_{tot}——测区混凝土抗压强度修正量，MPa（精确至 0.1MPa）。

（2）结构或构件混凝土抗压强度推定值（$f_{cu,e}$），应按下列规定确定：

① 当结构或构件的测区混凝土抗压强度换算值中出现小于 10.0MPa 的值时，该构件的混凝土抗压强度推定值（$f_{cu,e}$）取小于 10.0MPa。

② 当结构或构件中测区数少于 10 个时：

$$f_{cu,e}=f_{cu,min}^{c} \tag{2-77}$$

式中　$f_{cu,min}^{c}$——结构或构件最小的测区混凝土抗压强度换算值，MPa（精确至 0.1MPa）。

③ 当结构或构件中测区数不少于 10 个或按批量检测时：

$$f_{cu,e}=m_{f_{cu}^{c}}-1.645s_{f_{cu}^{c}} \tag{2-78}$$

$$m_{f_{cu}^{c}}=\frac{1}{n}\sum_{i=1}^{n}f_{cu,i}^{c} \tag{2-79}$$

$$s_{f_{cu}^{c}}=\sqrt{\frac{\sum_{i=1}^{n}(f_{cu,i}^{c})^{2}-n(m_{f_{cu}^{c}})^{2}}{n-1}} \tag{2-80}$$

式中　$m_{f_{cu}^{c}}$——结构或构件测区混凝土抗压强度换算值的平均值，MPa（精确至 0.1MPa）；

$s_{f_{cu}^{c}}$——结构或构件测区混凝土抗压强度换算值的标准差，MPa（精确至 0.01MPa）；

$f_{cu,i}^{c}$——结构或构件第 i 个测区的混凝土抗压强度换算值，MPa（精确至 0.1MPa）；

n——测区数。

（3）对按批量检测的构件，当测区混凝土抗压强度标准差出现下列情况之一时，该批构件应全部按单个构件进行强度推定：

① 测区混凝土抗压强度换算值的平均值 $m_{f_{cu}^{c}}<25.0$MPa，标准差 $s_{f_{cu}^{c}}>4.50$MPa；

② 测区混凝土抗压强度换算值的平均值 $m_{f_{cu}^{c}}=25.0\sim50.0$MPa，标准差 $s_{f_{cu}^{c}}>5.50$MPa；

③ 测区混凝土抗压强度换算值的平均值 $m_{f_{cu}^{c}}>50.0$MPa，标准差 $s_{f_{cu}^{c}}>6.50$MPa。

2.3.6　超声回弹综合法检测混凝土强度的影响因素

近年来，针对我国施工特点及原材料的具体条件，我国有关部门对用超声回弹综合法测定混凝土强度的影响因素进行了全面综合性研究。

2.3.6.1　水泥品种及水泥用量的影响

采用普通硅酸盐水泥、矿渣硅酸盐水泥及粉煤灰硅酸盐水泥所配制的 C10、C20、C30、C40、C50 强度等级的混凝土试件所进行的对比试验证明，上述水泥品种对 f-v-R 关系无显著影响（图 2-52），可以不予修正。

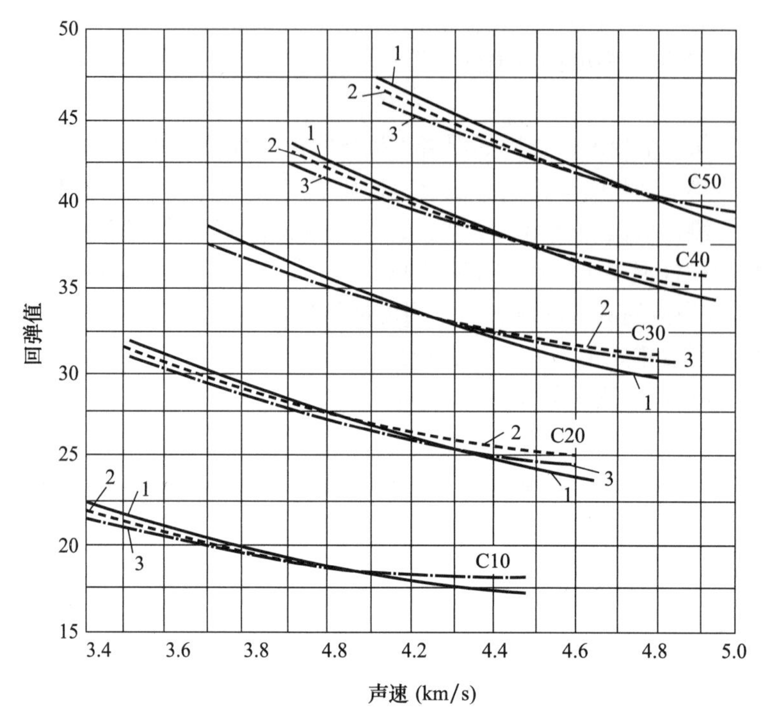

图 2-52　不同水泥品种的 f-v-R 关系

1—普通水泥；2—矿渣水泥；3—粉煤灰水泥

一般认为，水泥品种对声速 v 及回弹值 R 有影响的原因主要有两点。第一，由于各种水泥密度不同，导致混凝土中水泥体积含量存在差异；第二，由于各种水泥的强度发展规律不同，硅酸盐水泥及普通硅酸盐水泥中硅酸三钙（C_3S）的含量较高，因此强度发展较快。而掺混合材水泥则因硅酸三钙（C_3S）的相对含量较低，早期强度发展较慢，这样导致配比相同的混凝土由于水泥品种不同而造成在某一龄期区间内（28d 以前）强度不同。但就检测中的实际情况进行分析可知，水泥密度不同所引起的混凝土中水泥体积含量的变化是很小的，不会引起声速和回弹值的明显波动。各种水泥强度存在不同的发展规律，但其影响主要在早期。试验研究表明，在早期，若以普通水泥混凝土的推算强度为基准，则矿渣水泥混凝土实际强度可能低 10%，即推算强度应乘以 0.9 的修正系数；但是，28d 以后，这一影响已不明显，两者的强度发展逐渐趋向一致。而实际工程检测一般都在 28d 以后，所以在超声回弹综合法中，水泥品种的影响不予修正是合理的。

试验研究还表明，当每 $1m^3$ 混凝土中，水泥用量在 200kg、250kg、300kg、350kg、400kg 和 450kg 范围内变化时，对 f-v-R 综合关系也没有显著影响。但当水泥用量超出上述范围时，应另外设计专用曲线。

2.3.6.2　碳化深度的影响

在回弹法检测混凝土抗压强度中，碳化对回弹值有显著影响，因而必须把碳化深度作为一个重要参量。但是，试验研究表明，在综合法中碳化深度每增加 1mm，用 f-v-R 关系推算的混凝土强度仅比实际强度高 0.6%左右。为了简化修正项，在实际检测中基本上可不考虑碳化因素。

在综合法中碳化因素可不予修正，是由于碳化仅对回弹值产生影响，而回弹值 R 在整个综合关系中的加权比单一采用回弹法时的值要小得多。同时，一般来说，碳化深度较大的混凝土含水量相应降低，导致声速稍有下降，在综合关系中也抵消因回弹值上升所造成的影响。

2.3.6.3 细集料品种及砂率的影响

用山砂、特细砂及中河砂所配制的混凝土进行对比试验，结果证明，砂的品种对 f-v-R 综合关系无明显影响，而且当砂率在常用的30%上、下波动时，对 f-v-R 综合关系也无明显影响。其主要原因，是在混凝土中常用砂率的波动范围有限，同时砂的粒度远小于超声波长，对超声波在混凝土中的传播状态不会造成很大影响。但要指出，当砂率小于28%或大于44%，明显超出混凝土常用砂率范围时，其影响也不可忽视，应另外建立测强曲线。

2.3.6.4 粗集料品种、用量及粒径的影响

若以卵石和碎石进行比较，试验研究表明，石子品种对 f-v-R 关系有十分明显的影响。由于碎石和卵石的表面情况完全不同，使混凝土内部接口的粘结情况也不同。在配合比相同时，碎石因表面粗糙，与砂浆的接口粘结较好，因而混凝土的强度较高，卵石则因表面光滑而影响粘结，混凝土强度较低。但超声速度和回弹值对混凝土内部的接口粘结状态并不敏感，所以若以碎石混凝土为基础，则卵石混凝土的推算强度平均约偏高25%（图2-53）。而且许多单位所得出的修正值并不一样，为此，一般来说，当石子品种不同时，应分别建立 f-v-R 关系。

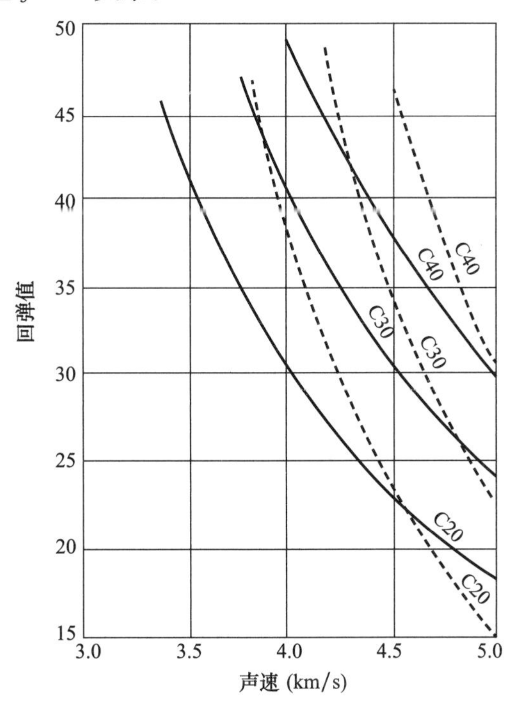

图2-53 石子品种对 f-v-R 关系的影响

实线—卵石；虚线—碎石

当石子用量变化时，声速将随含石量的增加而增加，回弹值也随含石量的增加而增加。当石子最大粒径为2～4cm时，f-v-R 的影响不明显，但石子粒径超过4cm后，其影响也不可忽视。

由此可见，在超声回弹综合法检测混凝土强度中，石子的影响必须予以重视。

2.3.6.5 测试面的位置及表面平整度的影响

当采用钢模或木模施工时，混凝土的表面平整度明显不同，采用木模浇筑的混凝土表面不平整，往往影响探头的耦合，因而使声速偏低，回弹值也偏低。但这一影响与木模的平整程度有关，很难用一个统一的系数来修正，因此一般应对不平整表面进行磨光处理。

当在浇筑混凝土上表面或在底面进行测试时，由于石子离析下沉及表面泌水、浮浆等因素的影响，其声速与回弹值均与侧面测量时不同。若以侧面测量为准，在上表面或底面测量时对声速及回弹值均应乘以修正系数。

2.3.6.6 混凝土含水率的影响

试验研究表明，混凝土表面的湿度对回弹值有显著影响。一般来说，湿度越大，回弹值越低。而对超声来说，声波在水中的传播要比在空气中传播快。因此，在 f-v-R 关系中可部分抵消因回弹值下降造成的影响。这种影响随混凝土强度的提高而变小。但是，由于混凝土的湿度与气候条件、龄期等均有关系，各地所测得的影响程度区别较大。因此在现场测试中尽可能采用干燥状态条件进行测试。

从以上分析来看，超声回弹综合法的影响因素，比超声法或回弹法的影响因素要少得多。有关的影响因素见表2-22。

表2-22 声速回弹综合法的影响因素

因素	试验验证范围	影响程度	修正方法
水泥品种及用量	普通水泥、矿渣水泥、 粉煤灰水泥 250～450kg/m^3	不显著	不修正
碳化深度	—	不显著	不修正
细集料品种及砂率	山砂、特细砂、中砂 28%～44%	不显著	不修正
粗集料品种、含石量	卵石、碎石；集灰比 1∶4.5～1∶5.5	显著	必须修正或制定不同的曲线
粗集料粒径	0.5～2cm；0.5～4cm；0.5～3.2cm	不显著	>4cm 应修正
测试面	浇筑侧面与浇筑上表面及底面比较	有影响	对 v、R 分别进行修正

2.3.7 回弹法、超声法、超声回弹综合法的比较

为了比较前面所讨论的三种现场强度测量方法的可靠性，我国将来自全国22个省、市用来制定通用曲线的实测数据，根据三种方法的要求进行回归分析和方差分析。中国建筑科学研究院还用同一芯样试件，采用三种方法推算其强度，再与实际抗压强度对比，进一步验证了这三种测量结果的精确度，见表2-23。

表 2-23 回弹法、超声法、综合法比较表

集料品种	回归系数及统计参数	综合法 $f=Av^BR^C$	回弹法 $f=AR^B10^{Cd}$	超声法 $f=Av^B$
卵石 $n=2164$	A	0.0037937	0.0107064	0.468378
	B	1.228138	2.178297	2.73904
	C	1.952291	−0.008414	—
	r	0.9118	0.8930	0.4522
	e_r	15.6%	17.7%	38.5%
	δ	13.2%	14.1%	30.7%
碎石 $n=3124$	A	0.0079984	0.024301	0.253283
	B	1.723517	2.00851	3.14975
	C	1.56854	−0.014883	—
	r	0.9153	0.8970	0.6553
	e_r	15.6%	18.3%	32.3%
	δ	13.1%	14.4%	25.2%

注：A、B、C 为回归系数；r 为相关系数；δ 为平均相对误差；e_r 为相对标准差。

从这些有代表性数据的分析结果来看，超声回弹综合法的相对标准差及相关系数均优于回弹法和超声法。

2.4 拔出法检测混凝土强度

2.4.1 概述

通过拉拔安装在混凝土中的锚固件，测定极限拔出力，并根据预先建立的极限拔出力与混凝土抗压强度之间的关系推定混凝土抗压强度的检测方法，称为拔出法。

拔出法包括后装拔出法和预埋拔出法。后装拔出法是在已经硬化的混凝土表面钻孔、磨槽、嵌入锚固件并安装拔出仪进行拔出法检测，测定极限拔出力，并根据预先建立的极限拔出力与混凝土抗压强度之间的相关关系推定混凝土抗压强度的检测方法。预埋拔出法是对预先埋置在混凝土中的锚盘进行拉拔，测定极限拔出力，并根据预先建立的极限拔出力与混凝土抗压强度之间的相关关系推定混凝土抗压强度的检测方法。

拔出法检测结果可作为评价混凝土质量的一个主要依据，下列情况适宜采用预埋拔出法。

（1）确定拆除模板或施加荷载的时间；

（2）确定施加或放张预应力的时间；

（3）确定预制构件吊装的时间；

（4）确定停止湿热养护或冬季施工时停止保温的时间。

拔出法自 20 世纪 30 年代问世以来，在国内外已经得到迅速的发展。我国在 1980 年开始这项技术的研究工作，引进了丹麦生产的 LOK 和 CAPO 拔出仪，取得了不少科研成果，几种不同类型的拔出仪研制成功，并都已应用于工程质量检测。中国工程建设标准化协会于1994年发布实施了《后装拔出法检测混凝土强度技术规程》（CECS 69：94）标准，并于2011年修订、发布了《拔出法检测混凝土强度技术规程》（CECS 69：2011）。

对拔出破坏时混凝土破坏机理的研究不仅有助于建立起对拔出试验本身的认识，而且也是选择方案和制订标准不可缺少的依据。美国的国家标准和技术研究所（National Institute of Standards and Technology）将拔出试验整个破坏过程分成三个阶段：

（1）阶段一：在拔出力达到极限拔出力的1/3时，在锚固件端头边缘开始出现环形裂缝。

（2）阶段二：继续加载，在拔出力达到极限拔出力的2/3时，锚固件端头至反力环这一范围内出现裂缝。

（3）阶段三：继续加载，在拔出力达到极限拔出力的80%时，细集料将出现剪切破坏，导致集料之间的互锁力逐渐衰减。

丹麦Niel Saabye Ottosen对LOK拔出试验进行有限元分析，研究结果表明：在荷载达到极限的18%时，径向裂纹在靠近混凝土外表面的环带上开始发生，并随着荷载的增加，裂纹逐渐扩展。逐渐增加到64%后，新的环状裂纹发生很大的扩展，这些新环状裂纹从锚头的外部向支承物延伸。然而在这狭窄的环状地带之内，依然存在着巨大的三向或双向压应力，直到破坏。Niel Saabye Ottosen认为LOK试验的破坏是由混凝土的压碎引起的。拔出嵌入的钢制锚头所要求的力直接取决于混凝土的抗压强度。然而，由于发生破坏的应力状态主要是由微小拉应力偶尔叠加的双轴应力，所以混凝土的抗拉强度具有某种间接影响。

美国国家标准局（NBS）曾在20世纪80年代初进行试验研究和理论分析，得出以下结论：在荷载的各个阶段，锚固头顶面外缘和支座内缘上都存在着应力集中，在理想破坏面附近最小主应力的方向大致与这个表面平衡，但是直到破坏时为止，锚头和支座间的轴向相对位移只有0.0010～0.0015，与单轴压力荷载下通常发生的极限变形0.002～0.003相差很多。混凝土内部受拉变形不是随着荷载增长一直均匀发展的，而是每经过一段均匀发展，就有一个跳跃增长。这种跳跃增长集中发生在荷载达到35%和65%极限值前后以及邻近极限的3个阶段之内。当荷载增加到65%左右时，环向裂纹已经扩展到支座内缘，但是荷载仍能继续增长。因此，NBS研究者并不认同Ottosen提出的环状狭窄地带被压碎的破坏机理。同时，鉴于环向裂纹发展到支座内缘后混凝土尚有35%的承载能力，他们认为混凝土的破坏也不可能是拉应力引起的。NBS关于破坏机理的看法是：混凝土的砂浆基质在荷载达到65%极限值时，已经在剪应力作用下破坏，只是由于粗集料嵌在裂开的两半砂浆体内起着连锁的作用，致使混凝土能够继续承受尚未发挥的35%的荷载。

国内学者也对混凝土在拔出试验时的破坏机理进行了研究。他们认为：在拔出力的作用下，混凝土破坏是由压应力和剪应力组合而成的拉应力所造成的。这种破坏和立方体（或圆柱体）试块在承压面上有约束条件下的破坏根本上是一样的。所不同的是：立方体边缘开裂后即达极限状态，而拔出试验的极限状态需在开裂进行一定程度方才到来。因而认为拔出强度和抗压强度之间的高度相关性并不是偶然的。

在拔出试验中，混凝土处于非均匀性的三向应力状态，因此，要建立拉拔强度与混凝土抗压强度之间的稳定关系是困难的。目前，还只能用拉拔强度作为衡量混凝土质量的相对指标。下文中介绍的拔出法仅适用于抗压强度为 10.0～80.0MPa 的混凝土强度检测与推定。

2.4.2　拔出法检测装置

检测装置由钻孔机、磨槽机、锚固件及拔出仪等组成。拔出法检测装置可采用圆环式或三点式。

（1）圆环式后装拔出法

圆环式后装拔出法检测装置的反力支承内径 d_3 宜为 55mm，锚固件的锚固深度 h 宜为 25mm，钻孔直径 d_1 宜为 18mm（图 2-54）。

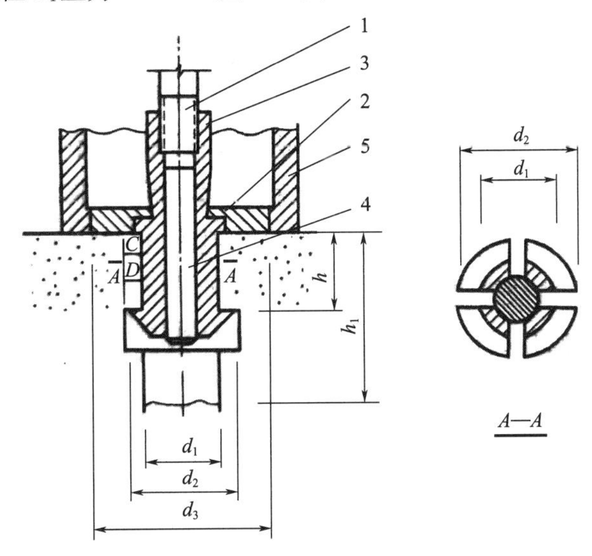

图 2-54　圆环式后装拔出法检测装置

1—拉杆；2—对中圆盘；3—胀簧；4—胀杆；5—反力支承

（2）圆环式预埋拔出法

圆环式预埋拔出法检测装置的反力支承内径 d_3 宜为 55mm，锚固件的锚固深度 h 宜为 25mm，拉杆直径 d_1 宜为 10mm，锚盘直径 d_2 宜为 25mm（图 2-55）。

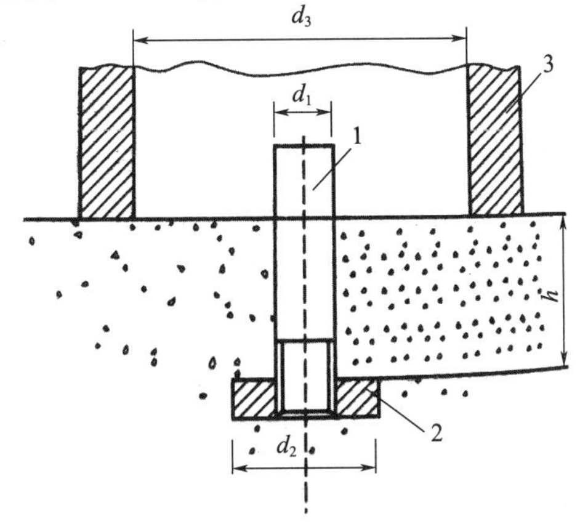

图 2-55　圆环式预埋拔出法检测装置

1—拉杆；2—锚盘；3—反力支承

(3) 三点式后装拔出法

三点式后装拔出法检测装置的反力支承内径 d_3 宜为 120mm，锚固件的锚固深度 h 宜为 35mm，钻孔直径 d_1 宜为 22mm（图 2-56）。

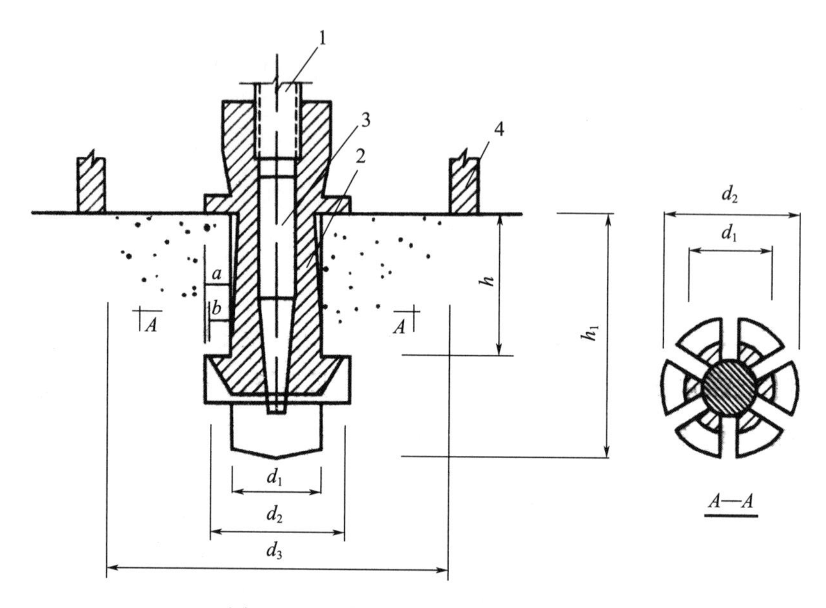

图 2-56 三点式后装拔出法检测装置

1—拉杆；2—胀簧；3—胀杆；4—反力支承

当混凝土粗集料最大粒径不大于 40mm 时，应优先采用圆环式拔出法检测装置。

2.4.3 预埋拔出法

预埋拔出法采用圆环式拔出仪进行试验。其操作步骤可分为：安装预埋件、浇筑混凝土、拆除连接件、拉拔锚盘，如图 2-57 所示。

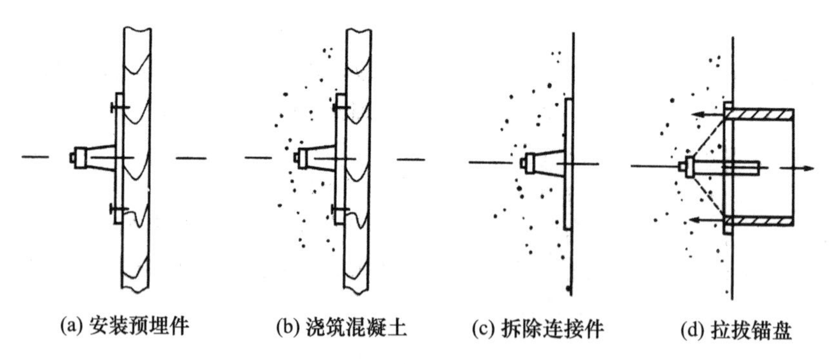

图 2-57 预埋拔出试验

预埋件的布点数量和位置应预先规划确定。对单个构件进行强度测试时，至少设置 3 个预埋点；同批构件按批量抽样检测时，抽检数量应根据测批的样本容量按照国家现行标准《建筑结构检测技术标准》(GB/T 50344—2019）的有关规定确定，且最小样本容量不少于 15 个，每个构件预埋点数宜为 1 个。预埋点之间的距离不应小于 250mm；预埋点离混凝土边沿的距离不应小于 100mm；预埋点部位的混凝土厚度不宜小于

80mm，且预埋件与钢筋边缘间的净距离不应小于钢筋的直径。

安装预埋件时，将锚头与定位杆组装在一起，并在其外表涂上一层隔离剂。在浇筑混凝土之前，将预埋件安装在划定测点部位的模板内侧。当测点在浇筑面时，应将预埋件钉在与圆盘连接的木板上，确保模板漂浮在混凝土表面。在模板内侧浇筑混凝土时，预埋点周围的混凝土应与其他部位同样捣实，但是不能损坏预埋件。之后拆除模板和定位杆，进行拔出试验。

拔出试验时，应将拉杆一端穿过小孔旋入锚盘中，另一端和拔出仪连接。拔出仪的反力支承均匀地压紧混凝土测试面，并与拉杆和锚盘处于同一轴线。摇动拔出仪的摇把，对锚固件施加连续均匀的拔出力，其速度控制在0.5～1.0kN/s，直至混凝土破坏，测力显示器读数不再增加为止，记录的拔出力值精确至0.1kN。最后根据测强曲线，由拔出力换算出混凝土的抗压强度。

预埋拔出法在北欧、北美许多地区得到广泛应用。这种试验方法现场应用方便且费用低廉。施工中对混凝土强度进行控制，不仅可以保证工程质量，也是提高施工技术水平的一个重要手段。例如，夏季施工时，确定提前拆模时间，可以加快模板周转，缩短施工工期；冬季施工时，确定防护和养护结束时间，可以避免出现质量问题，减少养护费用；预制构件生产时，确定构件的出池、起吊、预应力的放松或张拉时混凝土强度，加快生产周期等，其经济效益和社会效益都是巨大的。

2.4.4 后装拔出法

预埋拔出法尽管有许多优点，但它也有缺点。预埋拔出法必须事先做好计划，不能在混凝土硬化后随时进行。为了克服上述缺点，人们便开始研究一种在已经硬化的混凝土上钻孔、锚固再拔出的试验技术，这就是后装拔出法。采用这种方法时，只要避开钢筋或铁件的位置，在已经硬化的新旧混凝土的各种构件上都可以使用，特别是现场结构缺少混凝土强度的有关资料时，是非常有价值的一种检测手段。后装拔出法由于适应性强，检测结果可靠性较高，已成为许多国家注意和研究的现场混凝土强度检测方法之一。

后装拔出法可采用圆环式拔出仪或三点拔出仪进行试验。各种方法之间并不完全相同，但大同小异，下面以圆环支承拔出仪为例，详细介绍后装拔出试验。

（1）测点布置

测点布置应符合下列规定：

① 按单个构件检测时，应在构件上均匀布置3个测点，当3个拔出力中的最大拔出力和最小拔出力与中间值之差的绝对值均小于中间值的15%时，仅布置3个测点；当最大拔出力和最小拔出力与中间值之差的绝对值大于中间值的15%时（包括两者均大于中间值的15%），应在最小拔出力测点附近再加2个测点。

② 同批构件按批抽样检测时，抽检数量应符合国家现行标准《建筑结构检测技术标准》（GB/T 50344—2019）的有关规定，每个构件预埋点数宜为1个，且最小样本容量不少于15个。

③ 测点应该布置在构件混凝土成型的侧面，如果不能满足，也可以布置在混凝土浇筑面。

④ 在构件受力较大及薄弱部位应布置测点，相邻两测点的间距不应小于 250mm；当采用圆环式拔出仪时，测点距构件边缘不应小于 100mm；采用三点式拔出仪时，测点距构件边缘不应小于 150mm；测试部位的混凝土厚度不宜小于 80mm。

⑤ 测点应避开接缝、蜂窝、麻面部位以及钢筋和预埋件。

（2）钻孔、磨槽与锚固件

后装拔出试验的操作步骤如图 2-58 所示。

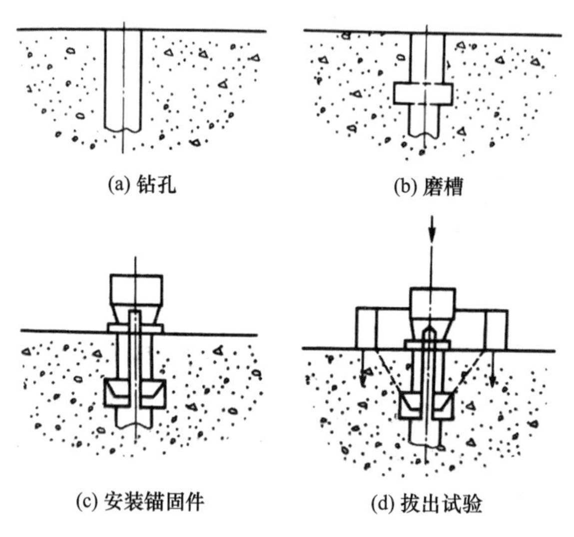

图 2-58　后装拔出试验操作步骤

所有后装拔出法，不论锚固件是胀圈、胀簧、胀钉还是粘钉方式，都离不开钻孔。钻出的孔外形规整、孔壁光滑。钻孔的基本要求是：孔径准确，孔轴线与混凝土表面垂直，垂直度偏差不应大于 3°。

在混凝土孔壁磨环形槽时，磨槽机的定位圆盘应始终紧靠混凝土测试面回转，磨出的环形槽形状应规整。在圆孔中距孔口 25mm 处磨切一槽，磨槽采用由电动机、专用磨头及水冷却装置组成的磨槽机，且有控制深度和垂直度的装置，磨槽时磨槽机沿孔壁运动，磨头便对孔壁进行磨切。

常用的锚固件主要有两种：一种是胀圈方式；另一种是胀簧方式。胀圈拔出装置由胀杆、胀圈、定位套管、拉杆和压胀螺母组成（图 2-59）。胀圈是一个闭合时外径为 18mm，胀开时外径是 25mm 且断面为方形条钢绕成两层的开口圆环。胀杆下端有一圆锥体。当胀圈套入胀杆，借助旋紧压胀螺母通过定位套管对胀圈施加压力，胀圈在圆锥体的胀力作用下慢慢张开。最终胀圈被挤胀成外径为 25mm、厚度为 5mm 的带有斜切口的单层圆环。胀圈装置安装时，将胀圈、定位套管依次套入胀杆，然后将胀杆旋进带压胀螺母的拉杆，互相扣接。把带胀圈的一端插入孔中，用扳手稳住拉杆。用另一扳手旋紧压胀螺母，使其通过定位套管对胀圈产生压入胀杆圆锥体的压力。直到胀圈落入挡肩，完全展开为一外径为 25mm 的圆环。当进行拔出试验时，先在拔出装置上套入支承环。在拉杆上拧上连接盘，通过连接盘与拔出仪连接。使拔出仪压紧支承环，就可以开始拔出试验。

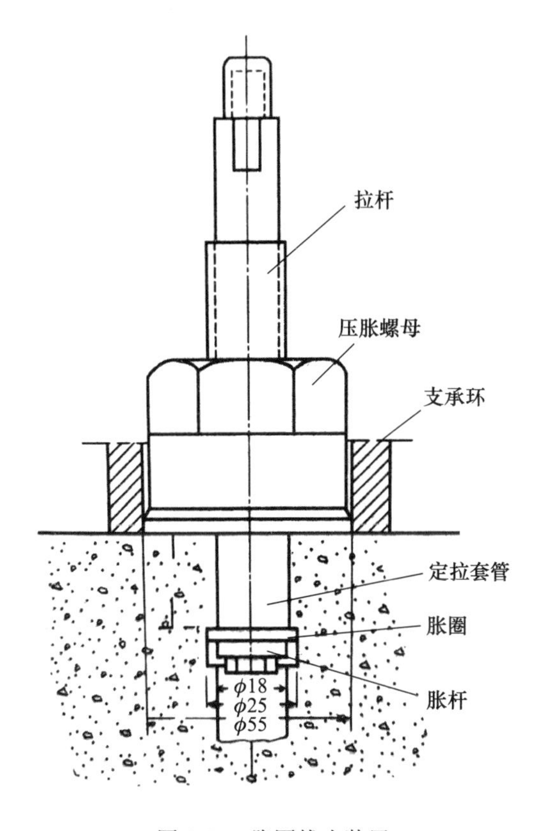

图 2-59 胀圈拔出装置

胀圈拔出装置的优点是胀圈张开后为平面状圈环，拔出时胀圈与混凝土接触良好，能避免混凝土在拔出时局部受力不均，拔出试验的数据离散性小。其缺点是在安装时想要使胀圈完全张开比较费劲，尤其是胀圈安装在混凝土中，有时难以准确判断是否已经完全胀开。为克服上述缺点，我国研制出一种胀簧拔出装置。这一装置由胀簧管、胀杆、对中圆盘和拉杆组成［图 2-58（c）］。胀管前面有个簧片，簧片端部有一突出平钩。胀簧簧片闭合时，突出平钩的外径为 18mm，正好可以插入钻孔中。当将胀杆打入胀簧管中时，4 个簧片张开，突出平钩嵌入圆孔的环形扩大磨槽部位，胀杆的打入深度能恰好使簧片张开成平均直径为 25mm。拔出试验时，分别套进对中圆盘和支承环，拧上拉杆和连接盘，即可与拔出仪连接进行拔出试验［图 2-58（d）］。国内研制的拔出仪基本上都是用胀簧方式，《拔出法检测混凝土强度技术规程》（CECS 69：2011）中规定使用胀簧式锚固件。

（3）拔出试验

试验时，应使胀簧锚固台阶完全嵌入环形槽内，拔出仪与锚固件用拉杆连接对中，并与混凝土测试面垂直，之后的操作过程与预埋拔出法相同。

拔出法试验时，混凝土中粗集料粒径对拔出力的影响最大。混凝土的拔出力变异系数随着粗集料最大粒径的增加而增加。因此，被检测混凝土的粗集料最大粒径不大于 40mm 时规定锚固件的锚固深度为 25mm；当集料粒径大于 40mm 时，需要更深的锚固深度，以保证检测结果的精度。集料粒径对拔出试验的影响原因，一方面，安设的锚固件也许就在集料中；另一方面，不同的粗集料粒径要求被拔出的混凝土圆锥体的体积大小也不同，这与混凝土粗集料粒径与标准试块尺寸的比例规定相似。若集料最大粒径大于40mm，需要采用锚固件深度为35mm的拔出试验装置，使拔出试验具有更广的使用范围。

当锚固件锚固深度为35mm时，拔出力将比锚固深度为25mm时有较大幅度的增加，采用三点反力支承可以降低拔出力，使拔出仪能够容易满足最大量程的要求。

2.4.5 拔出法测强曲线

拔出法检测混凝土强度，一个重要的前提就是预先建立混凝土极限拔出力和抗压强度的相关关系，即测强曲线。在建立测强曲线时，一般按照以下步骤进行。

（1）基本要求

① 混凝土所用水泥应符合现行国家标准《通用硅酸盐水泥》（GB 175—2023）的要求；混凝土用砂、石符合国家现行标准《建设用砂》（GB/T 14684—2022）、《建设用卵石、碎石》（GB/T 14685—2022）以及《普通混凝土用砂、石质量及检验方法标准》（JGJ 52—2006）的规定。

② 建立测强曲线试验用混凝土，不宜少于8个强度等级，每一强度等级混凝土不少于6组，每组由1个至少可布置3个测点的拔出试件和相应的3个立方体试块组成。

③ 每组拔出试件和立方体试块应采用同盘混凝土，在同一振动台上同时振捣成型，同条件养护，同时进行试验。

④ 拔出法检测的测点应布置在试件混凝土成型侧面；每一拔出试件上，应进行不少于3个测点的拔出法检测，取平均值作为该试件的拔出力计算值F。拔出试验的强度代表值，应按现行国家标准《混凝土强度检验评定标准》（GB/T 50107—2010）确定。

（2）曲线制定

将各试件试验所得的拔出力和试块抗压强度值汇总，按最小二乘法原理，进行回归分析。回归分析时，一般采用直线回归方程：

$$f_{cu}^{c}=AF+B \tag{2-81}$$

式中　f_{cu}^{c}——混凝土强度换算值，MPa（精确至0.1MPa）；

F——拔出力，kN（精确至0.1kN）；

A——测强公式回归系数，$10^{3}/mm^{2}$；

B——测强公式回归系数，MPa。

直线方程使用方便、回归简单、相关性好，是国际上普遍使用的方程形式。用相对标准差和相关系数来检验回归效果。相对标准差e_r按下式计算：

$$e_r=\sqrt{\frac{\sum_{i=1}^{n}(f_{cu,i}/f_{cu,i}^{c}-1)^2}{n-1}}\times 100\% \tag{2-82}$$

式中　e_r——相对标准差，%；

$f_{cu,i}$——第i组立方体试块抗压强度代表值，MPa（精确至0.1MPa）；

$f_{cu,i}^{c}$——由第i个拔出试件的拔出力计算值F_i按式（2-81）计算的强度换算值，MPa（精确至0.1MPa）；

n——建立回归方程式的试件组数。

值得注意的是，测强曲线的使用，仅限于建立在回归方程所试验的混凝土强度范围内，不可外推。经过上述步骤建立的测强曲线在进行技术鉴定后，才能用于工程质量检测。

2.4.6 混凝土强度换算及推定

（1）强度换算

采用不同拔出法的混凝土强度换算公式有所不同：

① 后装拔出法（圆环式）

$$f_{cu}^{c}=1.55F+2.35 \tag{2-83}$$

② 后装拔出法（三点式）

$$f_{cu}^{c}=2.76F-11.54 \tag{2-84}$$

③ 预埋拔出法（圆环式）

$$f_{cu}^{c}=1.28F-0.64 \tag{2-85}$$

式中 f_{cu}^{c}——混凝土强度换算值，MPa（精确至 0.1MPa）；

F——拔出力代表值，kN（精确至 0.1kN）。

如果有地区测强曲线或者专用测强曲线时，应按照地区测强曲线或专业测强曲线计算。

（2）强度推定

① 单个构件的混凝土强度推定

单个构件检测时，当构件三个拔出力中的最大和最小拔出力与中间值之差的绝对值均小于中间值的 15%时，取最小值作为该构件的拔出力代表值。当需加测时，加测的两个拔出力值和最小拔出力值一起取平均值，再与前一次的拔出力中间值比较，取小值作为该构件的拔出力代表值。将单个构件的拔出力代表值根据不同的检测方法对应代入式（2-83）～式（2-85）中计算强度换算值作为单个构件混凝土强度推定值 $f_{cu,e}$：

$$f_{cu,e}=f_{cu}^{c} \tag{2-86}$$

② 批抽检构件的混凝土强度推定

按批抽检时，将抽样检测的每个拔出力作为拔出力代表值根据不同的检测方法代入式（2-83）～式（2-85）中计算强度换算值 $f_{cu,i}^{c}$。混凝土的强度推定值 $f_{cu,e}$ 可按下列公式计算：

$$f_{cu,e}=m_{f_{cu}^{c}}-1.645S_{f_{cu}^{c}} \tag{2-87}$$

$$m_{f_{cu}^{c}}=\frac{1}{n}\sum_{i=1}^{n}f_{cu,i}^{c} \tag{2-88}$$

$$S_{f_{cu}^{c}}=\sqrt{\frac{\sum_{i=1}^{n}(f_{cu,i}^{c}-m_{f_{cu}^{c}})^{2}}{n-1}} \tag{2-89}$$

式中 $S_{f_{cu}^{c}}$——检验批中构件混凝土的强度换算值的标准差，MPa（精确至 0.01MPa）；

m——批抽检的构件数；

n——批抽检构件的测点总数；

$f_{cu,i}^{c}$——第 i 个测点混凝土强度换算值，MPa；

$m_{f_{cu}^{c}}$——批抽检构件混凝土强度换算值的平均值，MPa（精确至0.1MPa）。

对于按批抽样检测的构件，当全部测点的强度标准差或变异系数出现下列情况时，该批构件应全部按单个构件进行检测：

① 当混凝土强度换算值的平均值不大于25MPa时，$S_{f_{cu}^{c}}$ 大于4.5MPa；

② 当混凝土强度换算值的平均值大于25MPa且不大于50MPa时，$S_{f_{cu}^{c}}$ 大于5.5MPa；

③ 当混凝土强度换算值的平均值大于50MPa时，变异系数 δ 大于0.10，其中变异系数可按下列公式计算：

$$\delta=\frac{S_{f_{cu}^{c}}}{m_{f_{cu}^{c}}} \tag{2-90}$$

思考题

1. 混凝土回弹仪的主要部件有哪些？请简要概括回弹仪的工作原理。

2. 如何通过回弹值推定结构或构件混凝土强度值？

3. 回弹法检测混凝土抗压强度的三种测强曲线，其适用范围是什么？专用或地区测强曲线的制定方法是什么？

4. 回弹仪检测混凝土强度的影响因素有哪些？最显著影响因素是什么？为什么？

5. 简述超声法检测混凝土强度的基本依据及技术途径。

6. 简述超声换能器的作用及工作原理。

7. 测试超声仪初读数的方法有哪些？各有什么优缺点？

8. 简述三种声速测试方法，并说明为什么需要对平测声速进行修正。

9. 为什么采用声速换算法？并比较两种换算方法的异同。

10. 影响混凝土强度与声速关系的因素有哪些？了解各种影响因素的显著性分析过程。

11. 为什么选用综合法检测混凝土强度，其选用原则有哪些？

12. 影响超声-回弹综合法 f-v-R 关系的主要因素有哪些？对超声法或回弹法影响显著的因素对综合法影响是否依然显著？为什么？

13. 拔出法检测混凝土强度的检测方法有几种？

14. 说明预埋拔出法与后装拔出法的各自特点，并掌握两种方法的操作步骤。

15. 胀圈和胀簧这两种锚固件的工作原理是什么？

16. 结合本章内容说说自己对无损检测混凝土抗压强度的看法（优点与不足）。

17. 调研并结合国内外研究现状，谈谈未来混凝土强度无损检测技术的发展趋势。

3　混凝土缺陷无损检测技术

3.1　超声法检测混凝土缺陷

3.1.1　概述

3.1.1.1　超声法检测混凝土缺陷技术规程

混凝土和钢筋混凝土结构物，有时因施工管理不善或受使用环境及自然灾害的影响，其内部可能存在不密实区或空洞等缺陷，外部可能形成蜂窝麻面、裂缝或损伤层等缺陷。这些缺陷的存在会不同程度地影响结构承载力和耐久性。如何采用较有效的方法查明混凝土缺陷的性质、范围及尺寸，以便进行技术处理，这是工程建设中一个重要的课题。

超声脉冲波的穿透能力较强，尤其是用于检测混凝土，这一特点显得更为突出，而且超声法检测设备较简单，操作使用较方便，所以广泛应用于结构混凝土缺陷检测。不少国家已将超声脉冲法检测混凝土缺陷的内容，列入结构混凝土质量检测标准。我国自20世纪60年代初期便有采用超声脉冲波检测混凝土表面裂缝的尝试，到60年代中期全国不少单位开展了超声法检测混凝土缺陷的研究和应用。尤其是1976年以来，建设部组织开展了混凝土缺陷的超声法检测技术，并对此进行了较系统且深入的研究，并逐步应用于工程实践中。1982—1983年，水利电力部、建设部先后组织了对超声脉冲法检测混凝土缺陷科研成果的鉴定，使这项检测技术进入实用阶段。1990年中国工程建设标准化协会发布了《超声法检测混凝土缺陷技术规程》（CECS21：90）。该规程实施以来，在消除工程隐患、确保工程质量、加快工程进度等方面取得了显著的社会经济效益。1998—1999年对此规程进行了修订和补充，继而发布了《超声法检测混凝土缺陷技术规程》（CECS21：2000）。修订后的规程吸收了国内外超声检测设备的最新成果和检测技术的最新经验，使其适应范围更宽，检测精度更高，可操作性更好，更有利于超声法检测技术的推广应用。近年来，该标准又启动了新一轮的修订，拟将相控阵超声成像法检测混凝土缺陷引入标准，融入更为前沿更为先进的检测设备和检测技术。

3.1.1.2　超声法检测混凝土缺陷的概念

混凝土是非匀质的弹黏塑性材料，对超声脉冲波的吸收、散射衰减较大，其中高频成分更易衰减，而且混凝土声速在相当大的范围内变化，不可能事先设置一个判断缺陷的指标。因此，用于混凝土检测的超声法，系指采用带波形显示功能的超声波检测仪和频率为20～250kHz的超声波换能器，测量超声脉冲波在混凝土中传播的速度（简称声速）、首波幅度（简称波幅）、接收信号的波形及主频率（简称主频）等声学参数，并根据这些参数及其相对变化，判定混凝土中的缺陷情况。

混凝土缺陷，系指破坏混凝土的连续性和完整性，并在一定程度上降低混凝土的强度和耐久性的不密实区、空洞、裂缝或夹杂泥沙、杂物等。其中，不密实区，系指混凝土因漏振、离析、架空而形成的蜂窝状，或因缺少水泥而形成的松散状，或配合比错误、受意外损伤而造成的酥松状区域。

3.1.1.3 超声法检测混凝土缺陷的原理

利用超声脉冲波检测混凝土缺陷的原理主要为：

（1）超声脉冲波在混凝土中遇到缺陷时产生绕射，可根据声时及声程的变化，判别和计算缺陷的大小；

（2）超声脉冲波在缺陷界面产生散射和反射，到达接收换能器的声波能量（波幅）显著减小，可根据波幅变化的程度判断缺陷的性质和大小；

（3）超声脉冲波通过缺陷时，部分声波会产生路径和相位变化，不同路径或不同相位的声波叠加后，造成接收信号波形畸变，可参考畸变波形分析判断缺陷；

（4）超声脉冲波中各频率成分在缺陷界面衰减程度不同，接收信号的频率明显降低，可根据接收信号主频或频率谱的变化分析判别缺陷情况。

当混凝土的组成材料、工艺条件、内部质量及测试距离一定时，各测点超声传播速度、首波幅度和接收信号主频率等声学参数一般无明显差异。如果某部分混凝土存在空洞、不密实或裂缝等缺陷，破坏了混凝土的整体性，通过该处的超声波与无缺陷混凝土相比较，声时明显偏长，波幅和接收信号的频率明显降低。超声法检测混凝土缺陷，正是根据这一基本原理，对同条件下的混凝土进行声速、波幅和主频测量值的相对比较，从而判断混凝土的缺陷情况。

3.1.1.4 混凝土缺陷检测的意义

（1）混凝土施工过程中易出现的质量问题

对于结构混凝土来说，其质量受到所用材料和配合比以及整个施工过程中混凝土搅拌、运输、浇筑、振捣、养护、支模、脱模等诸多因素的影响，很难保证不出一点质量问题，根据大量工程实际情况来看，以下几种缺陷比较多见。

① 因漏振或石子架空造成的蜂窝空洞；

② 因养护不及时或混凝土内外温差过大造成早期裂缝；

③ 冬季施工未采取有效防冻措施造成混凝土早期受冻；

④ 施工接槎处理不当造成结合不良；

⑤ 水泥、水灰比、外加剂等原材料的配比错误造成大体积混凝土硬化不良。

对于上述施工质量问题，仅从外观检查、分析是无法得出正确结论的，必须通过科学方法检测其内部质量情况，从而做出正确判断。

（2）一旦出现缺陷，需及时查明其范围及严重程度，并提出处理意见，以消除隐患。

（3）对于影响结构安全性和耐久性的缺陷，通过科学方法检测，可为结构混凝土质量事故处理提供可靠依据。

（4）对于压力灌浆处理的结构混凝土，可用超声波监控灌浆处理的效果。通过检测、灌浆、复测、补灌等的反复多次处理，最后达到满意效果。

（5）对于修补加固的混凝土，通过检测可以查明新老混凝土的结合是否良好。

3.1.1.5　超声法检测混凝土缺陷的基本方法

（1）对测法检测（采用厚度振动式换能器，两换能器的平面平行）

① 直接对测法

将一对发射（T）、接收（R）换能器，分别耦合于被测构件相互平行的两个表面，两个换能器的轴线位于同一直线上。该方法适用于具有两对相互平行表面可供检测的构件。

② 斜对测法

将一对 T、R 换能器，分别耦合于被测构件的两个相互平行的表面，但两个换能器的轴线不在同一直线上。

（2）直角斜测法检测（采用厚度振动式换能器，两换能器的平面相互垂直）

将一对 T、R 换能器分别耦合于被测构件相互垂直的两个平面。

（3）平测法检测（采用厚度振动式换能器，两换能器的前端平面在一条直线上）

将一对 T、R 换能器，置于被测构件同一个表面进行检测。该方法适用于被测部位只有一个表面可供测试的结构。

（4）钻孔或预埋管检测（采用径向振动式换能器）

① 孔中对测

将一对发射（T）、接收（R）换能器，分别置于被测结构的两个对应钻孔（或预埋管）中，处于同一高度进行测试。该方法适用于大体积混凝土结构的普测。

② 孔中斜测

将一对 T、R 换能器，分别置于被测结构的两个对应钻孔（预埋管）中，但两个换能器不在同一高度而是保持一定的高程差进行检测。该方法适用于大体积混凝土结构细测，以进一步查明两个测孔之间的缺陷位置和范围。

③ 孔中平测

将一对 T、R 换能器，或一发一收（一发双收）换能器，置于被测结构的同一个钻孔中，以一定的高程差同步移动进行检测。该方法适用于大体积混凝土结构细测，进一步查明某一钻孔附近的缺陷位置和范围。

（5）混合检测（采用一个厚度振动式和一个径向振动式换能器）

将一个径向振动式换能器置于钻孔中，一个厚度振动式换能器耦合于被测结构与钻孔轴线相平行的表面，进行对测和斜测。该方法适用于断面尺寸不太大或不允许多钻孔的混凝土结构。

3.1.1.6　超声法检测混凝土缺陷的主要影响因素

超声法检测混凝土缺陷，同超声法检测混凝土强度一样，也受许多因素的影响。在工程检测中如不采取适当措施，尽量避免或减小其影响，必然给检测结果带来很多误差。大量试验和工程实测表明，影响超声法检测混凝土缺陷的主要因素大致有以下几种。

（1）耦合状态的影响

由于超声波接收信号的波幅值对混凝土缺陷最敏感，所以测得的波幅值（A_i）是否可靠，将直接影响混凝土缺陷检测结果的准确性和可靠性。对于测距一定的混凝土来说，测试面的平整程度和耦合剂的厚薄，是影响波幅测值的主要因素。如果测试面凹凸不平或黏附泥砂，便保证不了换能器整个辐射面与混凝土测试面接触，发射和接收换能器与混凝土测试面之间只能通过局部接触点传递超声波，使得大部分声波能量损耗，造成波幅降低。另外，如果作用在换能器上的压力不均衡，使其耦合层半边厚半边薄，耦合状态不一致，造成波幅不稳定。这些原因都使测试结果不能反映混凝土的真实情况，使波幅测值失去可比性。因此，采用超声法检测混凝土缺陷时，必须使换能器辐射面与混凝土测试表面保持良好的耦合状态。

（2）钢筋的影响

由于超声波在钢筋中传播比在混凝土中传播的速度快，如果在发射和接收换能器的连线上或其附近存在钢筋，仪器接收到的首波信号，大部分路径是通过钢筋传播过来的，测得的声速值必然偏大，钢筋对混凝土超声传播速度的影响程度，除了与超声测试方向和钢筋所处的位置有关外，还与测点附近钢筋的数量和直径有关。不少试验结果表明，当钢筋轴线垂直于超声测试方向，其影响程度取决于接收信号通过各钢筋直径之和（l_s）与测试距离（l）之比，对于声速 $v \geqslant 4.00\text{km/s}$ 的混凝土来说，$l_s/l \leqslant 1/12$ 时，钢筋对混凝土声速影响较小。当钢筋轴线平行于超声测试方向，对混凝土声速测值的影响较大。为了减少或避免其影响，必须使发射和接收换能器的连线离开钢筋一定距离或者使其连线与附近钢筋轴线保持一定夹角。

（3）水分的影响

由于水的声速和特性阻抗比空气的大许多倍，如果混凝土缺陷中的空气被水取代，则超声波的绝大部分在缺陷界面不再反射和绕射，而是通过水耦合层穿过缺陷直接传播至接收换能器，使得有、无缺陷的混凝土声速、波幅和主频测值无明显差异，给缺陷测试和判断带来困难。

为此，在进行缺陷检测时，应尽量使混凝土处于自然干燥状态，缺陷中不应填充水分。

3.1.2 混凝土裂缝深度检测

混凝土出现裂缝十分普遍，不少钢筋混凝土结构的破坏都是从裂缝开始的。因此，必须重视混凝土裂缝检查、分析与处理。除了荷载作用造成混凝土的裂缝外，更多的是混凝土收缩和温度变形导致开裂，还有地基不均匀沉降引起的混凝土裂缝。不管何种原因引起的混凝土裂缝，一般都需要进行观察、描绘、测量和分析，并根据裂缝性质、原因、尺寸及对结构危害情况作适当处理。其中裂缝分布、走向、长度、宽度等外观特征容易检查和测量，而裂缝深度以及是否在结构或构件截面上贯穿，无法用简单方法检查，只能采用无破损或局部破损的方法进行检测。过去传统方法多用注入渗透性较强的带色液体，再局部凿开观测，也有用跨缝钻取芯样或钻孔压水进行裂缝深度观测。这些传统方法既费事又对混凝土造成局部破坏，而且检测的裂缝深度局限性很大。采用超声法检测混凝土裂缝深度，既方便省事，又不受裂缝深度限制，而且可以进行重复检测，以便观察裂缝发展情况。

超声法检测混凝土裂缝深度，一般根据被测裂缝所处部位的具体情况，采用单面平测法、双面斜测法或钻孔对测法进行检测。

3.1.2.1　单面平测法

当混凝土结构被测部位只有一个表面可供超声检测时，可采用单面平测法进行裂缝深度检测，如混凝土路面、飞机跑道、隧道、洞窟建筑裂缝检测以及其他大体积混凝土的浅裂缝检测。

（1）单面平测法的适用范围

① 由于平测时的声传播距离有限，只适于检测深度为 500mm 以内的裂缝；

② 结构的裂缝部位只有一个可测表面。

（2）单面平测法的基本原理如图 3-1 所示。

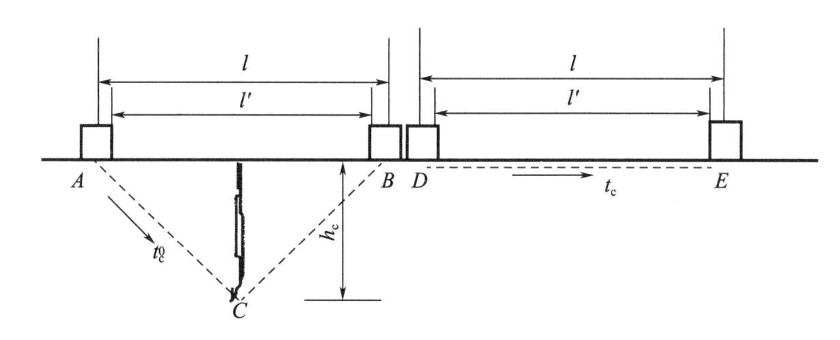

图 3-1　单面平测法检测混凝土裂缝的示意图

基本假设：

① 裂缝附近混凝土质量基本一致；

② 跨缝与不跨缝检测，其声速相同；

③ 跨缝测读的首波信号绕裂缝末端至接收换能器。

根据几何学原理，由图可知：$h_c^2=AC^2-(l/2)^2$

因为$AC=v\cdot t_c^0/2$ 而 $v=l/t_c$

$AC=（l/t_c\cdot t_c^0）/2$

所以 $h_c^2=(l/t_c\cdot t_c^0)^2/4-l^2/4$

则

$$\begin{aligned} h_c &=\sqrt{(l^2\ (t_c^0/t_c)^2-l^2)\ /4} \\ &=l/2\cdot\sqrt{(t_c^0/t_c)^2-1} \\ &=l/2\cdot\sqrt{(t_c^0 v/l)^2-1} \end{aligned} \tag{3-1}$$

式中　h_c——裂缝深度，mm；

l——超声测距，mm；

t_c——不跨缝测量的混凝土声时，μs；

t_c^0——跨缝测量的混凝土声时，μs；

v——不跨缝测量的混凝土声速，km/s。

需要说明的是，CECS 21：2000 标准中采用了计算式 $h_{ci}=l_i/2\cdot\sqrt{(t_i^0\cdot v/l_i)^2-1}$，取代了计算式 $h_{ci}=l_i/2\cdot\sqrt{(t_i^0/t_i)^2-1}$，其理由如下。

① 该计算式推导的基本原理是：跨缝与不跨缝测试的混凝土声速一致；跨缝测试的声波绕过裂缝末端形成折线传播；不跨缝测试的声波是直线传播到接收换能器。但实际检测中，不跨缝测出的各测距声速值往往存在一定差异，如按单点声时值计算缝深，会产生较大误差。因此，取不跨缝测试的声速平均值，代入原计算式更为合理。

② 试验和工程实测证明，如图 3-2 所示，有时工程中要满足跨缝、不跨缝等距测点的布置有困难（如表面不平整）。因此，先将不跨缝测试的混凝土声速（v）利用如图 3-3所示的“时-距”图或统计回归法计算出来，再以 $t_i = l_i / v$ 代入原式，可省略与跨缝等距检测的不跨缝测点的检测工作。

③ 由于不需要同时满足跨缝、不跨缝等距测点的布置，因此应用更为方便，跨缝测点可以随意取点。

（3）检测步骤

① 选择被测裂缝较宽、尽量避开钢筋的影响且便于测试操作的部位；

② 打磨清理混凝土表面。当被测部位不平整时，应打磨、清理表面，以保证换能器与混凝土表面耦合良好；

③ 布置超声测点。所测的每一条裂缝，在布置跨缝测点的同时，都应该在其附近布置不跨缝测点。测点间距一般可设 T、R 换能器内边缘 $l'_1 = 50 \sim 100$mm，$l'_2 = 2l'_1$，$l'_3 = 3l'_1$……如图 3-2 所示；

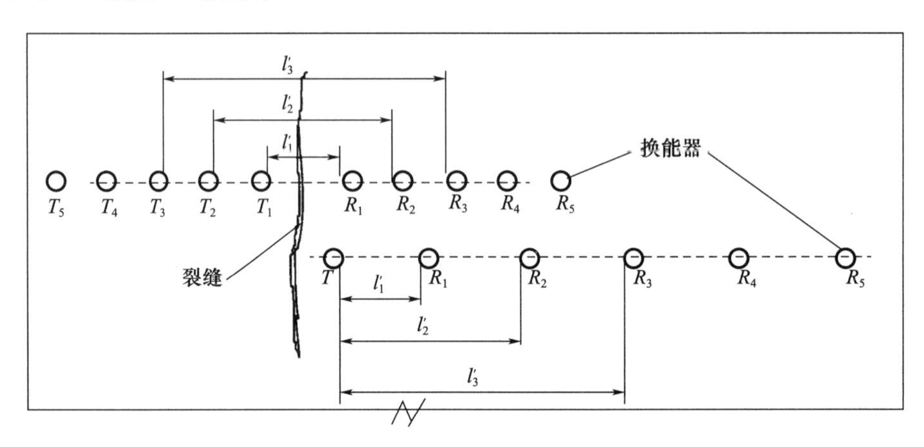

图 3-2　单面平测法检测裂缝的平面示意图

④ 分别以适当不同的间距作跨缝超声测试。跨缝测试过程中注意观察首波相位变化；

⑤ 记录首波反相时的测试距离 l'。在模拟试验和工程检测中，跨缝测试常出现首波相位翻转现象，如图 3-4 所示。

实践表明，首波反相时的测距 l' 与裂缝深度 h_c 存在一定关系，其关系式是 $l'/2 \approx h_c$。在实验室模拟带裂缝试件及工程检测中发现，当被测结构断面尺寸较大，且不存在边界面及钢筋影响的情况下，首波反相最为明显。当 $l'/2$ 大于 h_c，首波呈现如同换能器对测时一样的波形，即首波拐点向下为山谷状，如图 3-4（a）所示；当 $l'/2$ 小于 h_c 的情况下各测点首波都反相，即首波拐点向上为山峰状，如图 3-4（b）所示，此时如果改变换能器平测距离，使 $l'/2$ 大于 h_c时，首波相位恢复正常如图 3-4（c）所示。

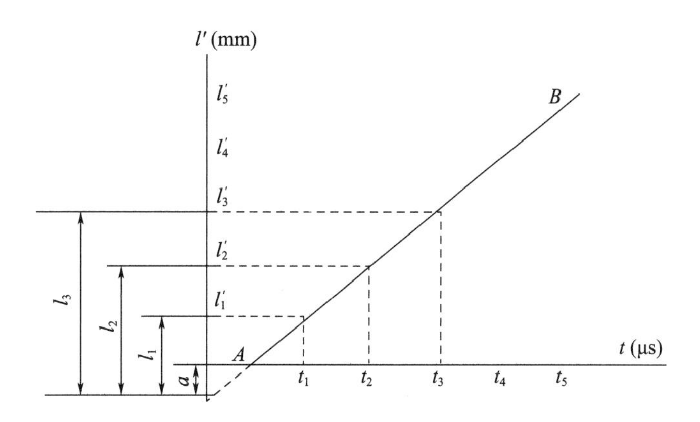

图 3-3　平测法检测混凝土裂缝的“时-距”图

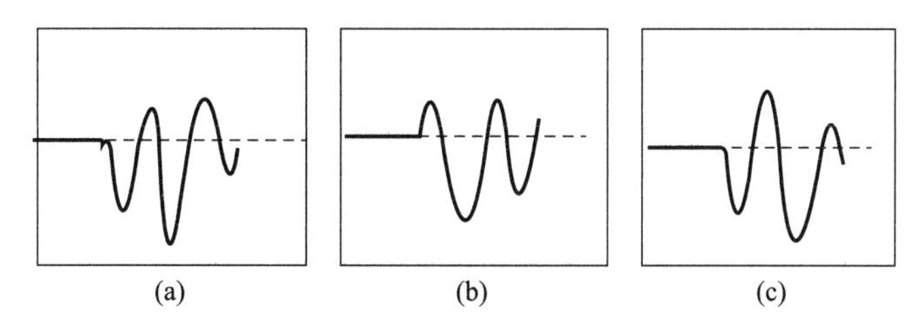

图 3-4　首波反向示意图

⑥ 求不跨缝各测点的声波实际传播距离 l' 及混凝土声速 v。

a. 用回归分析方法：$l'=a+bt_i$（mm）；a、b 为回归系数。混凝土声速 $v=b$（km/s）。

b. 绘制“时-距”坐标图法，如图 3-3 所示。

从图 3-3 可以看出，每一测点超声实际传播距离 $l_i=l'_i+|a|$，考虑“a”是因为声时读取过程中存在一个与对测法不完全相同的声时初读数 t_0 及首波信号的传播距离并非是 T、R 换能器内边缘的距离，也不等于 T、R 换能器中心的距离，所以“a”是一个 t_0 和声传播距离的综合修正值。

（4）裂缝深度的计算

① 各测点裂缝深度计算值按式（3-2）计算。

$$h_{ci}=l_i/2\cdot\sqrt{(t_i^0\cdot v/l_i)^2-1} \tag{3-2}$$

② 测试部位裂缝深度的平均值按式（3-3）计算。

$$m_{hc}=1/n\cdot\sum h_{ci} \tag{3-3}$$

单面平测法是基于裂缝中完全充满空气，超声波只能绕过裂缝末端传播到接收换能器，当裂缝中填充了水或泥浆，超声波将通过水耦合层穿过裂缝直接到达接收换能器，不能反映裂缝的真实深度。因此，检测时裂缝中不得填充水和泥浆。

当有钢筋穿过裂缝时，如果 T、R 换能器的连线靠近该钢筋，则沿钢筋传播的超声波首先到达接收换能器，检测结果也不能反映裂缝的真实深度。因此，布置测点时应使 T、R 换能器的连线离开穿缝钢筋一定距离，但实际工程中很难离开足够距离，一般采用使 T、R 换能器连线与穿缝钢筋轴线保持一定夹角（40°～50°）的方法加以解决。

3.1.2.2　双面斜测法

由于实际裂缝中不可能被空气完全隔开，总是存在局部连通点，单面平测时超声波的一部分绕过裂缝末端传播，另一部分穿过裂缝中的连通点，以不同声程到达接收换能器，在仪器接收信号首波附近形成一些干扰波，严重时会影响首波起始点的辨认，如操作人员经验不足，便产生较大的测试误差。所以，当混凝土结构的裂缝部位，具有一对相互平行的表面时，宜优先选用双面斜测法。

（1）适用范围

只要裂缝部位具有两个相互平行的表面，都可用等距斜测法检测。如常见的梁、柱及其结合部位。这种方法较直观，检测结果较为可靠。

（2）检测方法

如图 3-5 所示，采用等测距、等斜角的跨缝与不跨缝的斜测法检测。

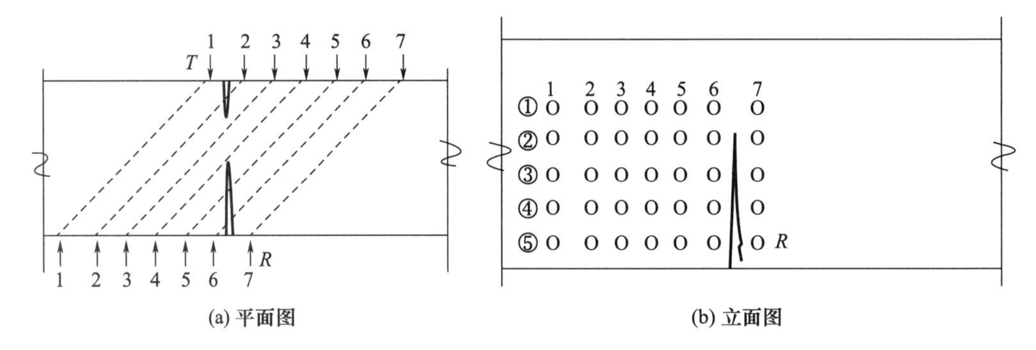

(a) 平面图　　(b) 立面图

图 3-5　斜测法检测混凝土裂缝的测点布置示意图

（3）裂缝深度判定

该方法是在保持 T、R 换能器连线的距离相等、倾斜角一致的条件下进行过缝与不过缝检测，分别读取相应的声时、波幅和主频值。当 T、R 换能器连线通过裂缝时，由于混凝土失去连续性，超声波在裂缝界面上产生很大衰减，仪器接收到的首波信号很微弱，其波幅、声时测值与不跨缝测点相比较，存在显著差异（一般波幅差异最明显）。据此便可判定裂缝深度以及是否在所处断面内贯通。

3.1.2.3　钻孔对测法

对于水坝、桥墩、大型设备基础等大体积混凝土结构，在浇筑混凝土过程中由于水泥的水化热散失较慢，混凝土内部温度比表面高，在结构断面形成较大的温度梯度，内部混凝土的热膨胀量大于表面混凝土，使表面混凝土产生拉应力。当由温差引起的拉应力大于混凝土抗拉强度时，便在混凝土表面产生裂缝。温差越大，形成的拉应力越大，混凝土裂缝越深。因此，大体积混凝土在施工过程中，往往因均温措施不力而造成混凝土裂缝。对于大体积混凝土裂缝检测，一般不宜采用单面平测法，即使被测部位具有一对相互平行的表面，因其测距过大，测试灵敏度满足不了检测仪器的要求，也不能在平行表面进行检测，一般多采用钻孔对测法检测。

（1）含义及适用范围

① 含义：所谓钻孔对测法，是在裂缝两侧分别钻出直径略大于换能器直径的测试孔，将径向振动式换能器置于测试孔中，用水耦合进行裂缝深度检测的方法。

② 适用范围：适用于水坝、桥墩、承台等大体积混凝土，预计深度在 500mm 以上的裂缝检测，被测混凝土结构允许在裂缝两侧钻测试孔。

（2）对测试孔的要求

① 孔径应比所用换能器直径大 5～10mm，以便换能器在孔中移动顺畅。

② 测孔深度应比所测裂缝深 600～800mm。本测试方法是以超声波通过有缝和无缝混凝土的波幅变化来判定裂缝深度，因此测孔必须深入到无缝混凝土内一定深度，为便于判别，通过无缝混凝土的测点应不少于 3 个。实际检测中一般凭经验先钻出一定深度的孔，通过测试，如发现测孔深度达不到检测要求，再加深钻孔。

③ 对应的两个测试孔，必须始终位于裂缝两侧，其轴线应保持平行。因声时和波幅测值随着测试距离的改变而变化，如果两个测孔的轴线不平行，各测点的测试距离不一致，读取的声时和波幅值缺乏可比性，将给测试数据的分析和裂缝深度判断带来困难。

④ 两个对应测试孔的间距宜为 2m 左右，同一检测对象各对测孔间距宜保持相同。根据目前一般超声波检测仪器和径向振动式换能器的灵敏度情况及实践经验，测孔间距过大，超声波接收信号很微弱，跨缝与不跨缝测得的波幅差异不明显，不利于测试数据分析和裂缝深度判定。如果测孔间距过小，测试灵敏度虽然提高了，但是延伸的裂缝有可能位于两个测孔的连线之外，造成漏检和误判。

⑤ 孔中粉末碎屑应清理干净。如果测孔中存在粉尘碎屑，注水后便形成悬浮液，使超声波在测孔中大量散射而衰减，影响测试数据的分析和判断。

⑥ 横向测孔的轴线应具有一定倾斜角。当需要在混凝土结构侧面钻横向测试孔时，为保证测孔中能蓄满水，应使孔口高出孔底一定高度，必要时可在孔口做“围堰”，以提高测孔的水位。

⑦ 如图 3-6（a）所示，宜在裂缝一侧多钻一个孔距相同但较浅的孔（C），通过 B、C 两孔测量无裂缝混凝土的声学参数。

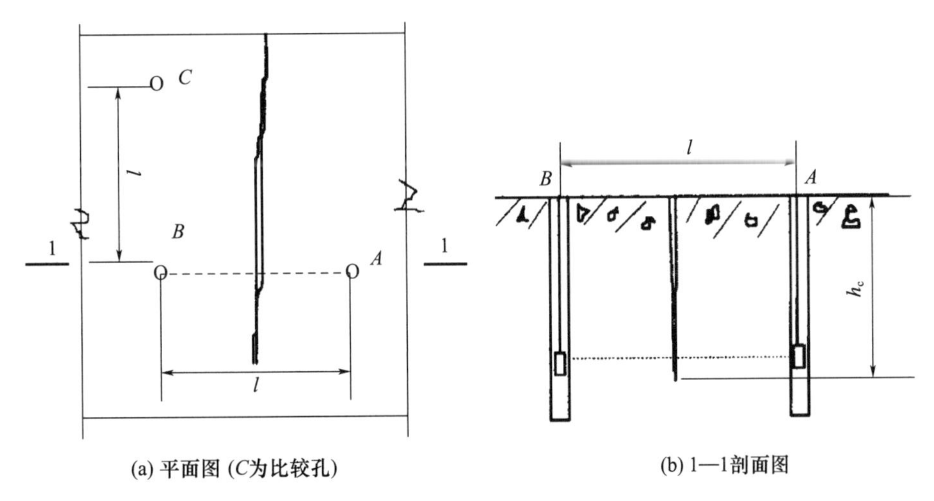

(a) 平面图 (C为比较孔)　　(b) 1—1剖面图

图 3-6　钻孔测裂缝深度

（3）测试方法

① 在钻孔中检测时，应采用频率为 20～60kHz 的径向振动式换能器。为提高测试灵敏度，接收换能器宜带有前置放大器。

② 向钻孔注满清水并检查是否有漏水现象。如果发现漏水较快，说明该测孔与裂

缝相交，应重新钻孔。

③ 先将两个换能器分别置于图 3-6（a）所示的 B、C 两孔中，测量无缝混凝土的声时、波幅值。检测时，根据混凝土实际情况，将仪器发射电压、采样频率等参数调整至首波信号足够高，且清晰稳定，在固定仪器参数的条件下，将 T、R 换能器保持相同高度，自上而下等间距同步移动，逐点测读声时、波幅及换能器所处深度。然后将两个换能器分别置于 A、B 两孔中，以相同方法逐点测读声时、波幅及换能器所处深度。

（4）裂缝深度判断

混凝土结构产生裂缝，总是表面较宽，越向里深入越窄直至完全闭合，而且裂缝两侧的混凝土不可能被空气完全隔开，个别地方被石子、砂粒等固体介质所连通，裂缝越宽连通的地方越少。反之，裂缝越窄连通点越多。当 T、R 换能器连线通过裂缝时，超声波的一部分被空气层反射，另一部分通过连通点穿过裂缝传播到接收换能器，成为仪器的首波信号，随着连通点增多超声波穿过裂缝的部分增加。就是说 T、R 换能器连线通过裂缝的测点，超声传播距离仍然为两个对应测孔的间距，只是随着裂缝宽度的变化，接收到的声波能量发生明显变化。因此跨缝与不跨缝的测点，其声时差异不明显，而波幅差异却很大，且随着裂缝宽度减小波幅值增大，直至两个换能器连线超过裂缝末端，波幅达到最大值。所以此种检测方法只用深度（h）-波幅（A）坐标图来判定混凝土裂缝深度。如图 3-7 所示，随着换能器位置的下移，波幅值逐渐增大，当换能器下移至某一位置后，波幅达到最大值并基本保持稳定，该位置对应的深度，便是所测裂缝的深度值 h。

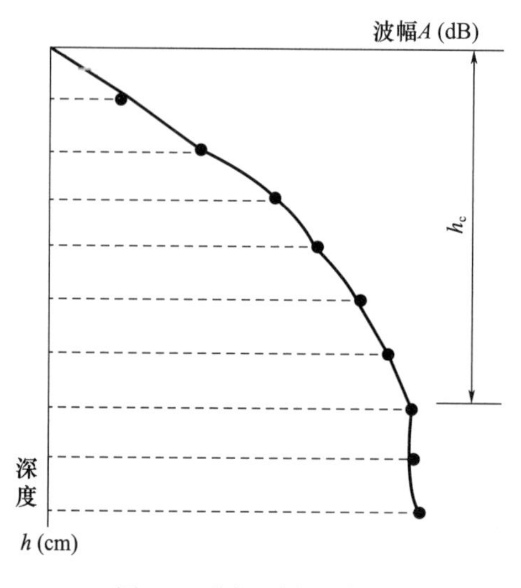

图 3-7　孔深-波幅坐标图

实践证明，钻孔测裂缝深度的方法可靠性相当高，与传统的压水法和渗透法检验相比较，超声法检测结果的准确性最高，并能反映极细微的裂缝，所以比其他方法检验的结果深一些。

在某水利枢纽工程混凝土质量检测中，采用超声波进行钻孔法检测裂缝深度，为了验证检测结果，对所测的个别裂缝再用压水法进行复检。如图 3-8 所示，在裂缝一侧钻几个斜向裂缝的孔，使其分别在裂缝所处平面的不同深度穿过，然后由浅孔至深孔，逐个进行压力灌水检验。如斜孔穿过裂缝，压水时沿裂缝渗泄，压力不能保持。当向某一钻孔压水时，水压缓慢降低，说明该孔穿过较细的裂缝。如向某钻孔压水时，水压很快保持稳定，说明该孔未穿过裂缝，根据相邻两孔的水压变化情况，可判定裂缝深度。两种方法检验结果列于表 3-1。

表 3-1 压水法与超声法检测结果对比（m）

所测裂缝编号	A	B	C	D	E	F
压水法检验结果	3.3	4.0	3.2	3.5	4.3	7.9
超声法检验结果	3.7	4.3	3.3	5.5	5.7	10.7

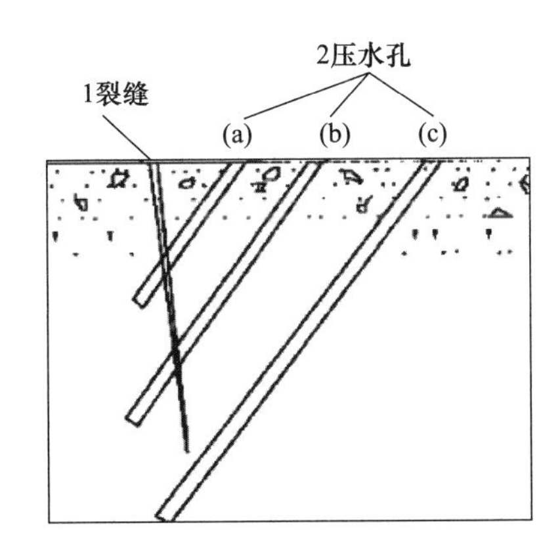

图 3-8 压水检验裂缝深度

应用钻孔对测法检测裂缝深度时，应注意下列事项。

① 混凝土不均匀性的影响。当放置 T、R 换能器的测孔之间混凝土质量不均匀或者存在不密实或空洞时，将使 h—A 曲线偏离原来趋向，此时应注意识别和判断，以免产生误判；

② 温度和外力的影响。由于混凝土本身存在较大的体积变形，当温度升高而膨胀时其裂缝变窄甚至完全闭合。当结构混凝土在外力作用下，其受压区的裂缝也会产生类似变化。在这种情况下进行超声检测，难以正确判断裂缝深度。因此，最好在气温较低的季节或结构卸荷状态下进行裂缝检测；

③ 钢筋的影响。当有主钢筋穿过裂缝且靠近一对测孔，T、R 换能器又处于该钢筋的高度时，大部分超声波将沿钢筋传播到接收换能器，波幅测值难以反映裂缝的存在，检测时应注意判别；

④ 水分的影响。当裂缝中充满水时，绝大部分超声波经水穿过裂缝传播到接收换能器，使得有无裂缝的波幅值无明显差异，难以判断裂缝深度。因此，检测时被测裂缝中不应填充水或泥浆。

3.1.2.4 检测实例

某工程地下室剪力墙混凝土设计强度等级为 C40，在混凝土竣工验收时发现 10 多条纵向裂缝，缝宽为肉眼可辨，大约 0.4mm，业主要求采用超声波检测这些纵向裂缝的深度。

因地下室剪力墙只有一个可测面，故采用单面平测法检测，在每处检测部位布置不跨缝测点 9 个，T、R 换能器内边缘测距 $l'=50$、100、150、200、250、300、350、400、450（mm）；跨缝的测点 4～5 对。不跨缝测点声时值测完后用回归处理：$l=a+bt_i$（mm）；a、b 为回归系数。其中 a 为换能器声程修正的直线方程的截距，混凝土声速 $v=b$（km/s）。跨缝与不跨缝各测点的声时值测完后，再将 T、R 换能器分别耦合于裂缝两侧（$l'=50$mm）发现首波向上，在保持换能器与混凝土表面耦合良好的状态下，将 T、R 换能器缓慢向外侧滑动，同时观察首波相位变化情况。当换能器滑动到某一位置首波反转向下时，再反复调节 T、R 换能器的距离，至首波刚好明显向下为止。

超声波检测地下室剪力墙混凝土裂缝深度的原始记录及计算见表 3-2。

表 3-2　超声波检测混凝土裂缝深度原始记录及计算

裂缝位置或编号：10-1										
不跨缝	测距 l'_i（mm）	50	100	150	200	250	300	350	400	450
	声时 t_i（μs）	15.5	26.9	38.4	50.0	61.2	72.6	84.0	95.4	106.8
跨缝	声时 t_i^0	33.5	40.8	49.9	58.7	—	—	—	—	—
用不跨缝的 l'_i、t_i 求得回归直线回归方程：$l=a_0+vt=-18+4.38t$						计算公式：$h_{ci}=l_i/2\cdot\sqrt{(t_i^0\cdot v/l_i)^2-1}$				
$h_1=65$ $h_2=67$ $h_3=70$		$h_4=68$ $h_5=$ $h_6=$				$h=\frac{1}{n}\sum_{i=1}^{n}h_i=68$（mm）				

裂缝位置或编号：10-2										
不跨缝	测距 l'_i（mm）	50	100	150	200	250	300	350	400	450
	声时 t_i（μs）	15.9	27.2	38.5	49.9	61.2	72.6	83.9	95.2	106.6
跨缝	声时 t_i^0	—	—	69.7	77.2	83.1	92.4	102.5	—	—
用不跨缝的 l'_i、t_i 求得回归直线回归方程：$l=a_0+vt=-20+4.41t$						计算公式：$h_{ci}=l_i/2\cdot\sqrt{(t_i^0\cdot v/l_i)^2-1}$				
$h_1=128$ $h_2=130$ $h_3=124$		$h_4=126$ $h_5=130$ $h_6=$				$h=\frac{1}{n}\sum_{i=1}^{n}h_i=128$（mm）				

裂缝编号 10-1 在 T、R 换能器的间距 130mm、裂缝编号 10-2 在 T、R 换能器的间距 250mm 附近时都出现首波相位翻转现象。

3.1.3　不密实区和空洞检测

3.1.3.1　概念及适应范围

所谓不密实区，系指因振捣不够、漏浆或石子架空等造成的蜂窝状，或因缺少水泥而形成的松散状以及遭受意外损伤所产生的疏松状混凝土区域。尤其是体积较大的结构或构件，因混凝土浇筑量大，且不允许产生施工缝必须连续浇筑，因此施工管理稍有疏忽，便会产生漏振或混凝土拌和物离析等现象。对于一般工业与民用建筑物的混凝土构件，处于钢筋较密集的部位（如框架结构梁、柱节点和主次梁交接部位），往往产生石子架空现象。对于楼层较高的柱子和剪力墙的混凝土浇筑，如工艺上不采取一定措施，也容易产生漏振和离析。工程检测中有时还发现结构混凝土内部混入杂物（砂石混合物、木块、砖头、土块、纸团等）。从广义上讲，上述缺陷内容都属于混凝土不密实范畴。对这种隐蔽在结构内部的缺陷，如不及时查明情况并作适当的技术处理，其后果是很难设想的。实践证明，各种类型混凝土构件和结构，都可用超声波检测其内部质量情况。

3.1.3.2 测试方法

混凝土内部缺陷范围无法凭直觉判断，一般根据现场施工记录和外观质量情况，或在使用过程中出现质量问题而怀疑混凝土内部可能存在缺陷，其位置只是大致的，因此对这类缺陷进行检测时，测试范围一般都要大于所怀疑的区域，或者先进行大范围粗测，根据粗测的数据情况再着重对可疑区域进行细测。检测时一般根据被测结构实际情况选用适宜的测试方法。

（1）对测法

适用于具有两对相互平行表面的构件检测。测点布置如图 3-9 所示。

检测时，先将 T、R 换能器分别置于其中一对相互平行测试面的对应测点上，逐点测读声时、波幅和主频值。当某些测点的数据存在异常时，除了清理表面进行复测外，再将 T、R 换能器分别置于另一对相互平行的测试面上，逐点进行检测，以便判断缺陷的位置和范围。

对测法简单省事，两个方向测完即可根据声时、波幅的变化情况判定缺陷的空间位置。

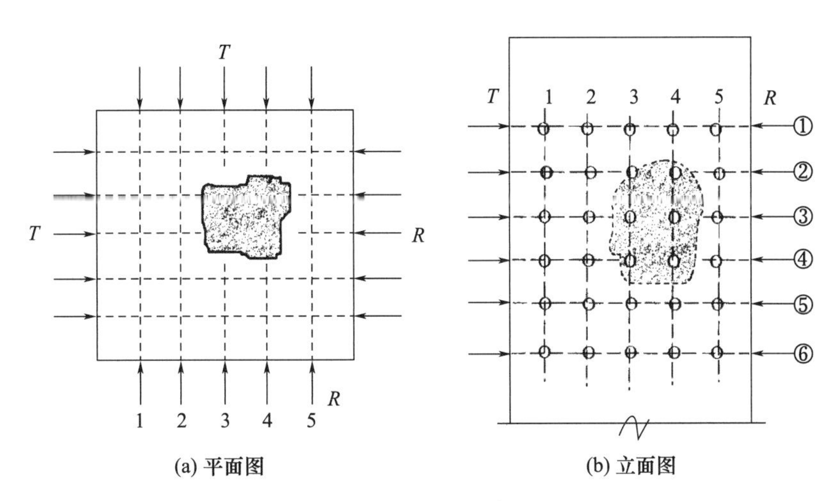

(a) 平面图　　(b) 立面图

图 3-9 对测法示意图

（2）斜测法

适用于只有一对相互平行表面的构件检测。

测试步骤同对测法，一般是在对测的基础上围绕可疑测点进行斜测（包括水平方向和竖直方向的斜测），以确定缺陷的空间位置。测点布置如图 3-10 所示。

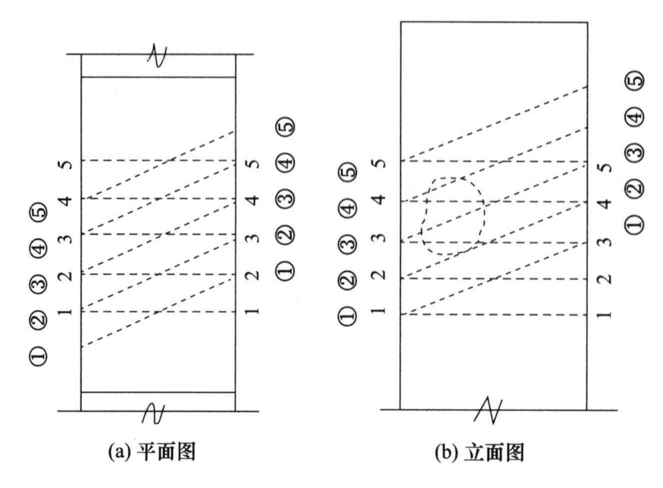

图 3-10　斜测法示意图

（3）钻孔测法

对于断面较大的结构，虽然具有一对或两对相互平行的表面，但测距太大，若穿过整个断面测试，接收信号很弱甚至接收不到信号。为了提高测试灵敏度，可在适当位置钻测试孔或预埋声测管，以缩短测距。测点布置如图 3-11 所示。

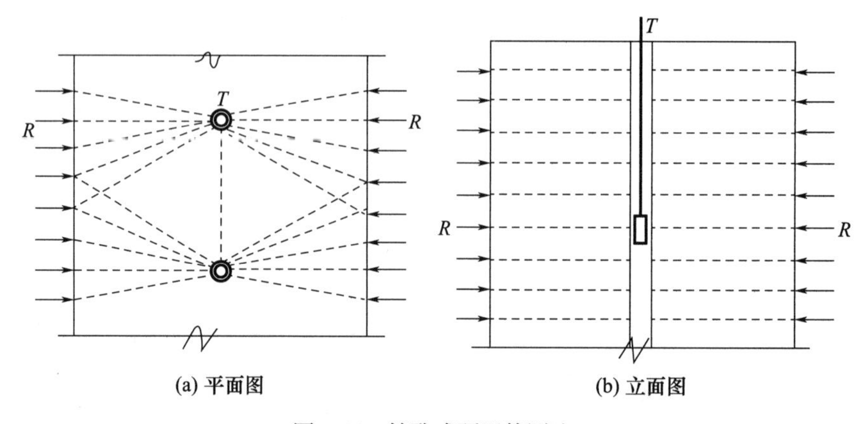

图 3-11　钻孔或预埋管测法

检测时，钻孔中放置径向振动式换能器，用清水作耦合剂，在结构侧表面放置厚度振动式换能器，用黄油耦合。一般是将钻孔中的换能器置于某一高度保持不动，在结构侧面相应高度放置平面式换能器，沿水平方向逐点测读声时 t_i 和波幅 A_i，然后将孔中换能器调整一定高度，再沿水平方向逐点测试。必要时也可以沿竖直方向，使孔中换能器与侧面换能器保持一定高度差进行测试，以便进一步判定缺陷位置。

（4）测试步骤

① 布点画线。在结构或构件被测部位两对（或一对）相互平行的表面，分别画出等间距（间距大小可根据构件被测部位断面大小及混凝土外观质量情况确定，一般为 100～300mm）网格线，并在两个相对表面的网格交叉点编号，定出 T、R 换能器对应测点位置。

② 表面处理。超声测点处混凝土表面必须平整、干净。对不平整或黏附有泥砂等

杂物的测点表面，应采用砂轮进行打磨处理，以保证换能器辐射面与混凝土表面耦合良好；当测试表面存在麻面或严重凹凸不平，很难打磨平整时，可采用高强度快凝砂浆抹平，但必须保证抹平砂浆与混凝土表面粘结良好。

③ 涂耦合剂。涂耦合剂是为了保证换能器辐射面与混凝土表面达到完全平面接触，以确保超声脉冲波在此接触面上最大限度地减少损耗。大量实践证明，钙基润滑脂（黄油）和凡士林作耦合剂效果最好，但对混凝土及测试操作人员污染较大。也可用化学浆糊和面粉浆糊作耦合剂，虽然污染较小，但耦合效果不太好。

④ 钻测试孔。当被测结构断面较大时，为提高测试灵敏度，需要在适当部位钻测试孔。一般采用电锤或风钻钻出孔径为 38～40mm 的竖向孔，孔的深度和间距根据检测需要确定，孔中注满清水作径向振动式换能器的耦合剂。

⑤ 测量声学参数和采集有参考价值的波形。声时、波幅、频率的测量和波形的采集方法应正确无误进行操作。

⑥ 测量超声波传播距离。当同一测试部位各点测距不同时，应逐点测量 T、R 换能器之间的距离，一般要求精确至 1%。

⑦ 描绘所测部位的测点布置示意图。现场描绘测点布置示意图，有助于数据分析判断，亦便于出报告时绘制缺陷位置图。

⑧ 分析处理数据。这是一个极其重要的环节，根据对各声学参数的分析处理，并结合检测人员实践经验，进行综合判断，从而获取被测对象的真实信息，以便对被测混凝土给出正确评价。

⑨ 出具检测报告。检测报告是整个工程检测的最终成果，必须以科学、认真、求实的态度编写。

3.1.3.3 数据处理及判断

（1）混凝土内部缺陷判断的特殊性

混凝土内部缺陷判断，比金属内部缺陷判断复杂得多，金属是匀质材料，只要材料型号一定，其声速值基本固定，用标准试件校准好仪器，可以用高频超声反射法，直接在工件上测出缺陷的位置和大小。

而混凝土是非匀质材料，它是固-液-气三相混合体，而且固相中，粗集料的品种、级配差异较大，即使无缺陷的正常混凝土，测得的声速、波幅和主频等参数在相当大的范围波动。因此，不可能用一个固定的临界指标作为判断缺陷的标准，一般都利用概率统计法进行判断。

（2）利用概率统计法判断混凝土内部缺陷的原理

对于混凝土超声测缺技术来讲，一般认为正常混凝土的质量服从正态分布，在测试条件基本一致，且无其他因素影响的情况下，其声速、波幅、频率观测值也基本属于正态分布。在一系列观测数据中，凡属于混凝土本身不均匀性或测试中的随机误差带来的数值波动，都应服从统计规律，处在所给定的置信范围以内。

在混凝土缺陷超声检测中，凡遇到读数异常的测点，一般都要查明原因（如表面是否平整、耦合层中有否砂粒或测点附近有否预埋件、空壳等），并清除或避开干扰因素进行复测。因此，可以说基本不存在观测失误的问题。出现异常值，必然是混凝土本身性质改变所致。这就是利用统计学方法判定混凝土内部缺陷的基本思想。

（3）测试部位声学参数平均值（m_x）和标准差（S_x）应按下列公式计算：

$$m_x=\sum x_i/n \tag{3 4}$$

$$S_x=\sqrt{\left(\sum x_i^2-n\cdot m_x^2\right)/(n-1)} \tag{3-5}$$

式中　x_i——第 i 点声学参数测量值；

n——参与统计的测点数。

（4）异常测点判断

将同一测试部位各测点的波幅、声速或主频值由大至小按顺序分别排列，即 $x_1\geqslant x_2\geqslant x_3\cdots\geqslant x_n\geqslant x_{n+1}$，将排在后面明显小的数据视为可疑，再将这些可疑数据中最大的一个（假定 X_n）连同其前面的数据计算出 m_x及 S_x 值，并按下式计算异常数据的判断值（X_0）。

$$X_0=m_x-\lambda_1\cdot S_x \tag{3-6}$$

式中 λ_1按表 3-3 取值。

表 3-3　统计数据的个数 n 与对应的 λ_1、λ_2、λ_3 值

n	10	12	14	16	18	20	22	24	26	28
λ_1	1.45	1.50	1.54	1.58	1.62	1.65	1.69	1.73	1.77	1.80
λ_2	1.12	1.15	1.18	1.20	1.23	1.25	1.27	1.29	1.31	1.33
λ_3	0.91	0.94	0.98	1.00	1.03	1.05	1.07	1.09	1.11	1.12
n	30	32	34	36	38	40	42	44	46	48
λ_1	1.83	1.86	1.89	1.92	1.94	1.96	1.98	2.00	2.02	2.04
λ_2	1.34	1.36	1.37	1.38	1.39	1.41	1.42	1.43	1.44	1.45
λ_3	1.14	1.16	1.17	1.18	1.19	1.20	1.22	1.23	1.25	1.26
n	50	52	54	56	58	60	62	64	66	68
λ_1	2.05	2.07	2.09	2.10	2.12	2.13	2.14	2.15	2.17	2.18
λ_2	1.46	1.47	1.48	1.49	1.49	1.50	1.51	1.52	1.53	1.53
λ_3	1.27	1.28	1.29	1.30	1.31	1.31	1.32	1.33	1.34	1.35
n	70	72	74	76	78	80	82	84	86	88
λ_1	2.19	2.20	2.21	2.22	2.23	2.24	2.25	2.26	2.27	2.28
λ_2	1.54	1.55	1.56	1.56	1.57	1.58	1.58	1.59	1.60	1.61
λ_3	1.36	1.36	1.37	1.38	1.39	1.39	1.40	1.41	1.42	1.42
n	90	92	94	96	98	100	105	110	115	120
λ_1	2.29	2.30	2.30	2.31	2.31	2.32	2.35	2.36	2.38	2.40
λ_2	1.61	1.62	1.62	1.63	1.63	1.64	1.65	1.66	1.67	1.68
λ_3	1.43	1.44	1.45	1.45	1.45	1.46	1.47	1.48	1.49	1.51
n	125	130	140	150	160	170	180	190	200	210
λ_1	2.41	2.43	2.45	2.48	2.50	2.53	2.56	2.59	2.62	2.65
λ_2	1.69	1.71	1.73	1.75	1.77	1.79	1.80	1.82	1.84	1.85
λ_3	1.53	1.54	1.56	1.58	1.59	1.61	1.63	1.65	1.67	1.70

将判断值（X_0）与可疑数据的最大值（X_n）相比较，当 x_n小于 X_0时，则 x_n及排列

于其后的各数据均为异常值，应将 x_n 及其后面测值剔除。此时，判别尚未结束，排列于 x_n 之前的测值中可能还包含有异常数据。因此，再用 $x_1 \sim x_{n-1}$ 进行计算和判别，直至判不出异常值为止。当 x_n 大于 X_0 时，说明 x_n 为正常值，应再将 x_{n+1} 放进去重新进行计算和判别，依此类推。

（5）异常测点相邻点的判断

当一个测试部位中判出异常测点时，在某些异常测点附近，可能存在处于缺陷边缘的测点，为了提高缺陷范围判断的准确性，可对异常数据相邻点进行判别。根据异常测点的分布情况，按下列公式进一步判别其相邻测点是否异常。

$$X_0 = m_x - \lambda_2 \cdot S_x \tag{3-7}$$

$$X_0 = m_x - \lambda_3 \cdot S_x \tag{3-8}$$

式中，λ_2、λ_3 按表 3-3 取值。当测点布置为网格状时（如在构件两个相互平行表面检测）取 λ_2；当单排布置测点时（如在声测孔中检测）取 λ_3。

异常数据判断值 X_0 是参照数理统计学判断异常值方法确定的。但与传统的 $m_x - 2S_x$ 或 $m_x - 3S_x$ 不同，在混凝土缺陷超声检测中，测点数量变化范围很大，采用固定的 2 倍或 3 倍标准差判断，置信概率不统一，容易造成漏判或误判。因此，这里的 λ_1、λ_2、λ_3 是随着测点数 n 的变化而改变。

λ_1 是基于在 n 次测量中，取异常值不可能出现的个数为 1，对于正态分布，异常测点不可能出现的概率为：$P(\lambda_1) = 1/n$。

λ_2、λ_3 是基于在 n 次测量中，相邻两点不可能同时出现的概率是：

$P(\lambda_2) = 1/2\sqrt{1/n}$（用平面式换能器穿透测试）；

$P(\lambda_3) = \sqrt{1/2n}$（用径向振动式换能器在钻孔或预埋管中测试）。

表 3-3 中的 λ_1、λ_2、λ_3 是根据以上三个关系式，按统计数据的个数“n”在正态分布表中查得。

异常值判断流程见图 3-12。

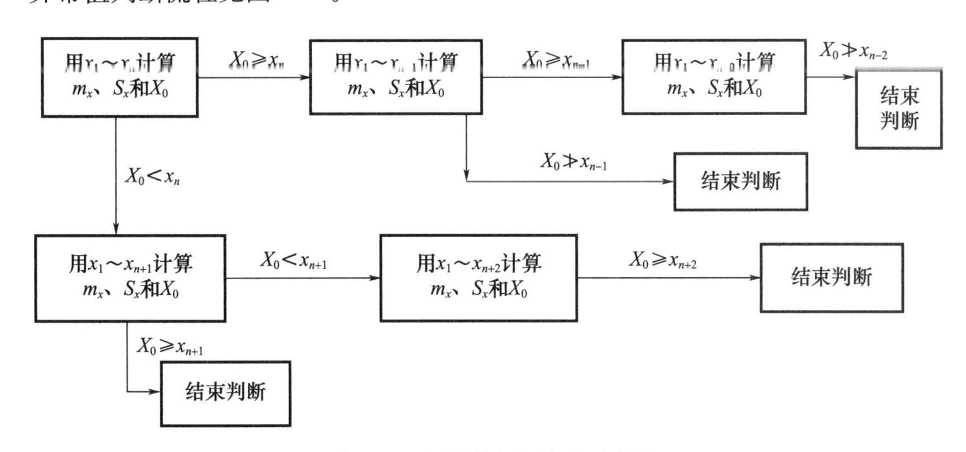

图 3-12　异常值判断流程示意图

利用专门软件可同时进行异常测点及其相邻点的判断。

3.1.3.4 检测计算实例

采用一对直径 38mm、$t_0=4.0\mu s$、标称 50kHz 的厚度式超声波换能器，用超声法检测一长方形构件混凝土的缺陷。构件长边的距离 $A=1.20m$，短边的距离 $B=1.00m$。长、短边方向各 10 对总计 20 对测点的仪器读数声时值（μs）见表 3-4。试确定该构件是否存在缺陷；如果有，确定其位置。

表 3-4 20 对测点的仪器读数声时值

测点编号	1	2	3	4	5	6	7	8	9	10
A 长边声时（μs）	270	268	267	269	267	269	269	265	266	267
B 短边声时（μs）	221	225	242	243	240	226	222	220	225	224

超声波检测长方形构件混凝土的各测点仪器读数声时扣除初读数后的计算声速见表 3-5。

表 3-5 超声波检测长方形构件混凝土的各测点的计算声速值

测点编号	1	2	3	4	5	6	7	8	9	10
A 长边实际声时（μs）	266	264	263	265	263	265	265	261	262	263
A 长边声速（km/s）	4.51	4.55	4.56	4.53	4.56	4.53	4.53	4.60	4.58	4.55
B 短边实际声时（μs）	217	221	238	239	236	222	218	216	221	220
B 短边声速（km/s）	4.61	4.52	4.20	4.18	4.24	4.50	4.59	4.63	4.52	4.55

先把声速从大到小排序：4.63、4.61、4.60、4.59、4.58、4.56、4.56、4.55、4.55、4.55、4.53、4.53、4.53、4.52、4.52、4.51、4.50、4.24、4.20、4.18 将排在后面明显小的数据 B-5、B-3、B-4、三对测点视为可疑，再将这些可疑数据中最大的一个即：B－5＝4.24（km/s）连同其前面的 17 数据（共 18 个，$\lambda_1=1.62$）计算出 m_x 及 S_x 值。经统计计算后得：测试部位声速平均值 $m_x=4.537$；标准差 $S_x=0.0823$；异常数据的判断值（X_0）：

$$X_0=m_x-\lambda_1\cdot S_x=4.537-1.62\times0.0823=4.40\ (km/s)$$

因为 $X_0=4.40$ 大于可疑数据中最大的一个 B－5＝4.24km/s，小于可疑数据之前最小的第 17 数据 4.50，所以判定 B-3、B-4、B-5 三对测点存在缺陷。

3.1.3.5 混凝土内部空洞尺寸估算

关于混凝土内部空洞尺寸的估算，目前有以下两种方法：

（1）设空洞位于 T、R 换能器连线的正中央，如图 3-13 所示。

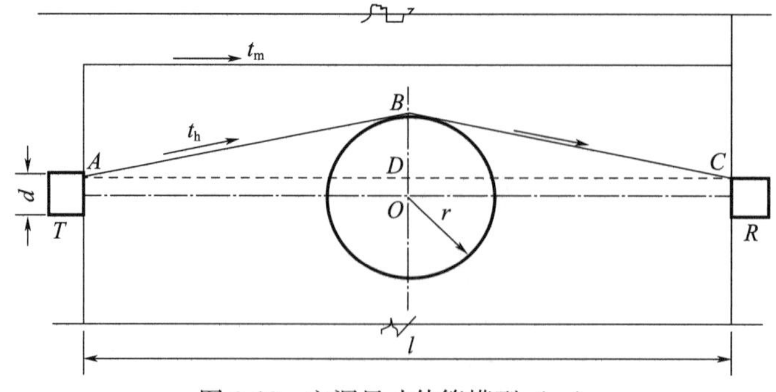

图 3-13 空洞尺寸估算模型（一）

由图 3-13 看出，根据几何学原理有以下关系：

$$BD^2=AB^2-AD^2 \tag{3-9}$$

式中 $AB=1/2\cdot vt_h$；

$AD=l/2$；

$v=l/t_m$；

$BD=r-d/2$。

将以上各项分别代入式（3-9），得：

$$(r-d/2)^2=(l/2\cdot t_h/t_m)^2-(l/2)^2 \tag{3-10}$$

将式（3-10）整理后得：

$$r=l/2\cdot\ (d+l\cdot\sqrt{(t_h/t_m)^2-1}) \tag{3-11}$$

式中 r——空洞半径，mm；

d——换能器直径，mm；

l——测距，mm；

t_h——绕空洞传播的最大声时，μs；

t_m——无缺陷混凝土的平均声时，μs。

实际应用中一般不考虑换能器的直径 d。则：

$$r=l/2\cdot\sqrt{(t_h/t_m)^2-1} \tag{3-12}$$

（2）设空洞位于 T、R 换能器连线的任意位置，如图 3-14 所示。

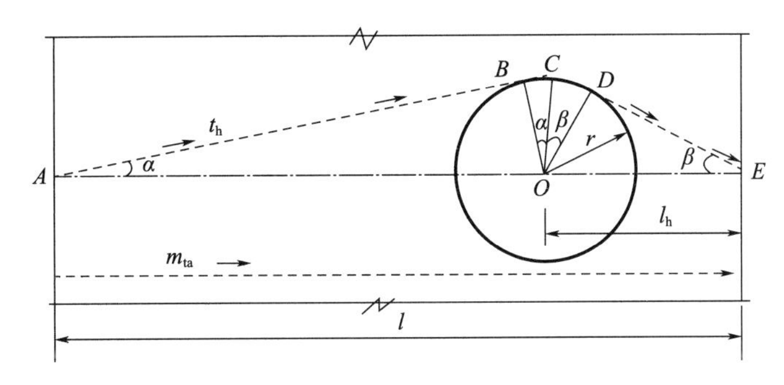

图 3-14 空洞估算模型（二）

设检测距离为 l，空洞中心（在另一对测试面上声时最长的测点位置）距某一测试面的垂直距离为 l_h，脉冲波在空洞附近无缺陷混凝土中传播时间的平均值为 t_m，绕空洞传播的时间（空洞处的最大声时值）为 t_h，空洞半径为 r。

由图 3-14 看出：

$$t_h-t_m=\Delta t=\left[\ (AB+BC+CD+DE)\ -l\right]\ /v \tag{3-13}$$

式中 $AB=\sqrt{(l-l_h)^2-r^2}$；

$BC=r\cdot\alpha$（弧度）$=r\cdot 0.01745\sin^{-1}\left[r/\ (l-l_h)\right]$；

$CD=r\cdot\beta$（弧度）$=r\cdot 0.01745\sin^{-1}\left[r/l_h\right]$；

$DE=\sqrt{l_h^2-r^2}$。

所以

$\Delta t/t_m=\sqrt{1-2l_h/l+(l_h/l)^2-(r/l)^2}+r/l\cdot 0.01745\ \left[\sin^{-1}(l/r-lh/r)^{-1}+\right.$

$\sin^{-1}(r/l_h)] + \sqrt{(l_h/l)^2-(r/l)^2} - 1$

设 $x=\Delta t/t_m$；$y=l_h/l$；$z=r/l$；$r/l_h=l\cdot z/l\cdot y=z/y$

则 $$x=\sqrt{(1-y)^2-z^2}+\sqrt{y^2-z^2}+z\cdot 0.01745\cdot[\sin^{-1}(z/(1-y))+\sin^{-1}(z/y)]-1 \quad (3\text{-}14)$$

已知 x、y 便可求出 z，根据 $z=r/l$，则可求得空洞半径 r。

为便于应用，这里按式（3-14）事先计算出 x、y、z 之间的函数表，见表 3-6。

表 3-6　x、y、z 函数值

z / y (x)	0.05	0.08	0.10	0.12	0.14	0.16	0.18	0.20	0.22	0.24	0.26	0.28	0.30
0.10 (0.9)	1.42	3.77	6.26	—	—	—	—	—	—	—	—	—	—
0.15 (0.85)	1.00	2.56	4.06	5.96	8.39	—	—	—	—	—	—	—	—
0.20 (0.80)	0.78	2.02	3.17	4.62	6.36	8.41	10.9	13.9	—	—	—	—	—
0.25 (0.75)	0.67	1.72	2.69	3.90	5.34	7.03	8.98	11.2	13.8	16.8	—	—	—
0.30 (0.70)	0.60	1.53	2.40	3.46	4.73	6.21	7.91	9.38	12.0	14.4	17.1	20.1	23.6
0.35 (0.65)	0.55	1.41	2.21	3.19	4.35	5.70	7.25	9.00	10.9	13.1	15.5	18.1	21.0
0.40 (0.60)	0.52	1.34	2.09	3.02	4.12	5.39	6.94	8.48	10.3	12.3	14.5	16.9	19.6
0.45 (0.55)	0.50	1.30	2.03	2.92	3.99	5.22	6.62	8.20	9.95	11.9	14.0	16.3	18.8
0.50 (0.50)	0.50	1.28	2.00	2.89	2.89	5.16	6.55	8.11	9.84	11.8	13.3	16.1	18.6

注：表中 $x=[(t_h-t_m)/t_m]100\%$；$y=l_h/l$；$z=r/l$。

一般说来，混凝土若存在空洞，不可能刚好分布在正中间，所以第二种方法较符实际情况。对这种估算方法曾做过如下模拟试验：

① 南京水利科学研究院的试验

制作一个尺寸为 300mm×300mm×600mm 的混凝土试件，在内部预留 ϕ150mm、ϕ110mm、ϕ85mm 和 ϕ50mm 的圆柱形空洞，同时在另一个 ϕ85mm 圆柱空洞中填充了多孔混凝土，经超声检测和估算，结果见表 3-7。

表 3-7　南京水利科学研究院模拟缺陷试验

空洞实际尺寸（mm）	ϕ150	ϕ110	ϕ85	ϕ85 填多孔混凝土	ϕ50
无洞混凝土声时（μs）	68.0	68.0	69.8	67.5	67.5

续表

空洞实际尺寸（mm）	ϕ150	ϕ110	ϕ85	ϕ85 填多孔混凝土	ϕ50
过洞中心声时（μs）	77.6	75.1	73.1	71.5	69.2
空洞估算尺寸（mm）	156	132	102	102	68
绝对误差（mm）	+6	+22	+17	+17	+18
相对误差（%）	+4.0	+20.0	+20.0	+20.0	+36.0

② 陕西省建筑科学研究院的试验

制作几个 200mm×200mm×200mm 混凝土模拟试件，其中分别预留空洞 ϕ30mm、30mm×50mm、60mm×80mm、ϕ58mm 和预埋 100mm×100mm×100mm 加气混凝土块，如图 3-15 所示。检测和估算结果见表 3-8。

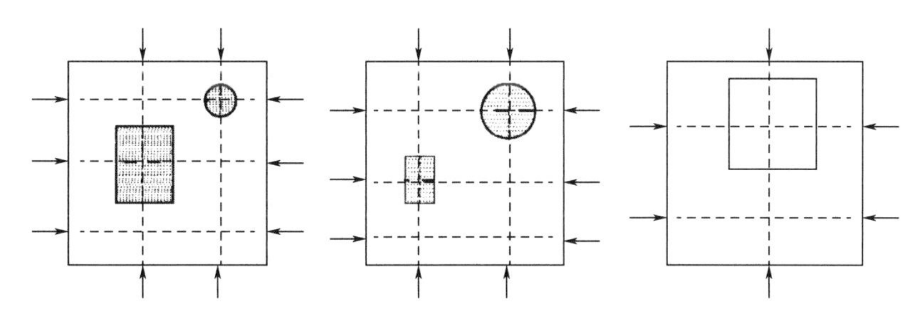

图 3-15　空洞估算模拟试验

表 3-8　陕西省建筑科学研究院模拟试验

空洞实际尺寸（mm）	ϕ30	ϕ68	30×50	100×100 加气混凝土	60×80
无洞混凝土声时（μs）	37.7	36.3	36.3	42.0	37.7
过洞中心声时（μs）	38.2	37.4	38.1	50.0	39.8
空洞估算尺寸（mm）	28	56	28	118	68
绝对误差（mm）	+2	+12	+2	−18	−8
相对误差（%）	+6.0	+17.6	+6.0	−18.0	−13.3

试验研究结果表明，用该方法估算混凝土内部空洞的大致尺寸是可行的。不过这种方法计算过程十分繁杂，应用起来较麻烦，一般情况下，用第一种方法估算也可以。值得注意的是，无论哪种估算方法，在理论推导过程中，为了计算方便，都假设空洞呈圆球形或其轴线垂直于测试方向的圆柱形，而且空洞周围的混凝土都是密实的，上述模拟试验也是按此假设进行的。但是，实际构件或结构物中，因施工失误造成的蜂窝空洞，不可能处于如此理想状态，其形状很不规则，周围总伴随有蜂窝状不密实混凝土。因此，估算结果肯定存在一定误差，有待进一步研究和验证。

3.1.4　混凝土结合面质量检测

3.1.4.1　定义及检测前的准备

（1）定义

所谓混凝土结合面系指前后两次浇筑的混凝土之间形成的接触面（主要指在已经终

凝了的混凝土上再浇筑新混凝土，两者之间形成的接触面）。对于大体积混凝土和一些重要结构物，为了保证其整体性，应该连续不间断地一次浇筑完混凝土，但有时因施工工艺的需要或因停电、停水、机械故障等意外原因，中途停顿间歇一段时间后再继续浇筑混凝土；对有些早已浇筑好的混凝土的构件或结构，因某些原因需要加固补强，进行第二次混凝土浇筑。两次浇筑的混凝土之间，应保持良好结合，使新旧混凝土形成一个整体，共同承担荷载，方能确保结构的安全使用。但是，在做混凝土第二次浇筑时，往往不能完全按规范要求处理已硬化混凝土的表面。因此，人们对两次浇筑的混凝土结合面质量特别关注，希望能有科学的方法进行检验。超声脉冲技术的应用，为混凝土结合面质量检验提供了较好途径。

（2）检测前的准备

对施工接槎的检测，应首先了解施工情况，弄清接槎位置，查明结合面的范围及走向，以保证所布置的测点能使脉冲波垂直或斜穿混凝土结合面。其次是制定合适的检测方案，使检测范围不仅覆盖结合面而且一定要大于结合面的范围。

3.1.4.2　测试方法

超声法检测混凝土结合面质量，一般采用穿过与不穿过结合面的脉冲波声速、波幅和频率等声学参数进行比较的方法。因此，为保证各测点的声学参数具有可比性，每一对测点都应保持倾斜角度一致、测距相等。对于柱子之类构件的施工接槎检测，可用斜测法，换能器布置如图 3-16（a）所示；对于局部修补混凝土的结合面检测，可用对测法，换能器布置如图 3-16（b）所示；对于加大断面进行加固的混凝土结合面检测，可采用对测加斜测的方法，在对测的基础上，围绕异常测点进行斜测，以确定结合不良的具体部位，如图 3-16（c）所示。

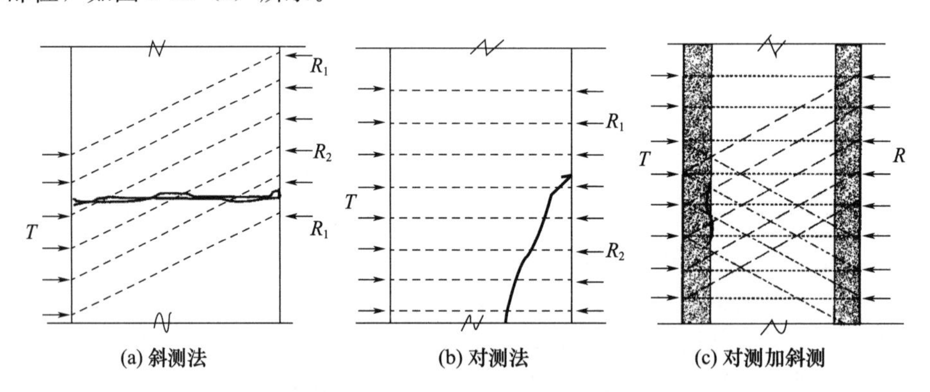

图 3-16　混凝土结合面质量检测示意图

测点间距可根据结构被测部位的尺寸和结合面外观质量情况确定，一般为 100～300mm，间距过大，可能会使缺陷漏检。

一般施工接槎附近的混凝土表面都较粗糙，检测之前一定要处理好表面，以保证换能器与混凝土表面有良好的耦合状态，提高测试数据的可比性。当发现某些测点声学参数异常时，应检查异常测点表面是否平整、干净，并作必要的打磨处理后再进行复测和细测，以便于数据分析和缺陷判断。

3.1.4.3 数据处理及判断

检测混凝土结合面的数据处理及判断方法，与混凝土不密实区和空洞检测相同。如果所测混凝土的结合面良好，则超声波穿过有无结合面的混凝土时，声速、波幅等声学参数应无明显差异。当结合面局部地方存在疏松、空洞或填进杂物时，该部分混凝土与邻近正常混凝土相比较，其声学参数值出现明显差异。但有时因耦合不良、测距发生变化或对应测点错位等因素的影响，导致检测数据异常。因此，对于数据异常的测点，只有在查明无其他非混凝土自身的影响时，方可判定该部位混凝土结合不良。

当测点数较少无法进行统计判断或数据较离散标准差较大时，可直接用穿过与不穿过结合面的声学参数相比较。若 T-R_2测点的声速、波幅明显低于不穿结合面的 T-R_1测点，则该点可判为异常测点。

对于构件或结构修补加固所形成的结合面，因两次浇筑混凝土的间隔时间较长，而且加固补强用的混凝土强度比原有混凝土高一个等级，集料级配和施工工艺条件也与原混凝土不一样。所以，两种混凝土不属于同一个样本，但如果结合面两侧的混凝土厚度之比保持不变，穿过结合面的测点声学参数，反映了这两种混凝土的平均质量。因此，仍然可以按本章所述的统计判断方法进行操作。

3.1.5 相控阵超声成像法检测混凝土缺陷

3.1.5.1 概述

相控阵超声成像法是指通过一系列超声相控阵探头实现超声波的发射与接收，并采用相控阵反射算法完成超声成像的技术。该技术广泛应用于电力、石油化工、铁路、核工业、航空航天等领域，其中最常见的应用是焊缝检测与缺陷探伤。相控阵超声成像法用于混凝土缺陷检测，是随着相控阵超声检测设备的不断演进而发展起来的，与传统的超声法相比，其优势如下。

（1）相控阵超声成像法使用横波换能器，与传统的超声法相比，其同样频率下波长小，相较于纵波的空间分辨率更高。

（2）相控阵超声成像法采用干耦合点接触式换能器阵列技术，改传统点测为面测，可实现连续扫描，并且无须使用任何耦合剂，检测效率得到大幅度提升。

（3）相控阵超声成像法测试完成后，通过合成孔径成像技术实现检测混凝土内部图像重构，能够更加直观地反映检测混凝土内部质量和缺陷情况。

相控阵超声成像法检测混凝土缺陷的适用范围同传统超声法中的单面平测法，图 3-17为检测混凝土不存在缺陷时探头发射和接收超声波的传播路径射线图。数字 1～12 代表每排换能器编号，检测时，第 1 排换能器激发超声信号，其余换能器接收超声信号。此后下一排换能器激发超声信号，其右侧的换能器接收超声信号。此过程循环重复，直至前 11 排换能器都已经激发过超声信号为止。测量的信号传播时间会被计算机根据合成孔径成像算法处理生成换能器下方空间的 2D 图像，图像可以显示检测物体底部超声波反射边界的位置，根据其显示位置可获得被检物体的厚度。

相控阵超声成像法可应用于混凝土缺陷检测中的裂缝深度检测、不密实区和空洞检测以及结合面质量检测。

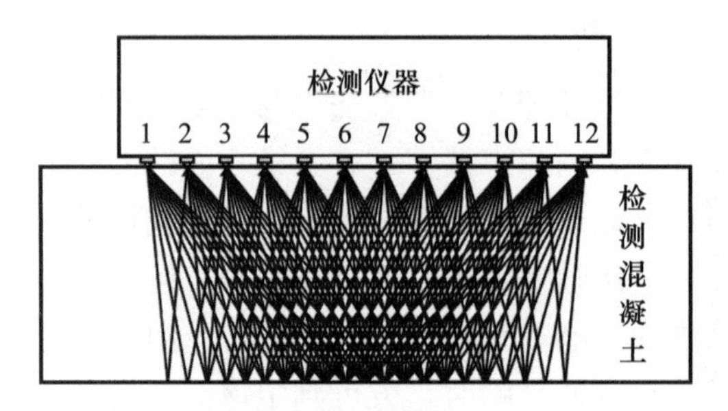

图 3-17 检测无缺陷混凝土时的声传播路径示意图

3.1.5.2 相控阵超声成像法检测混凝土裂缝深度

图 3-18 为检测物体存在裂缝时，裂缝附近探头发射和接收超声波的传播路径射线图，此时经过裂缝底端的超声波在底端处发生散射，缝底散射的超声波信号会先于构件底面反射的超声波信号到达换能器，信号处理软件根据每排换能器接收到的缝底散射超声波的传播时间来推断裂缝的深度。测量的信号波形会被计算机根据合成孔径成像算法处理生成换能器下方空间的 2D 图像，图像可以显示裂缝底端及其检测物体底部边界的位置。

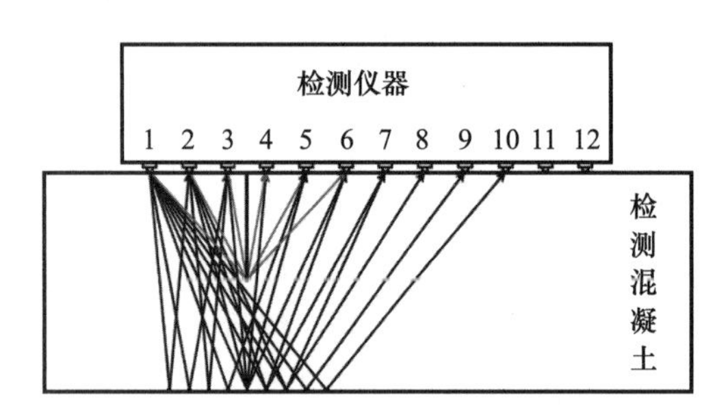

图 3-18 检测裂缝时的声传播路径示意图

3.1.5.3 相控阵超声成像法检测混凝土不密实区和空洞

图 3-19 为检测物体存在内部缺陷时，缺陷附近探头发射和接收超声波的传播路径射线图。检测物体内部存在不密实区或空洞时，此时经过缺陷的超声波在缺陷上表面提前发生反射，由缺陷上表面反射的信号会先于构件底面反射的信号到达接收端，造成超声的异常反射。测量的超声信号波形会被根据合成孔径成像算法计算机处理生成换能器下方空间的 2D 图像，图像可以同时显示缺陷及其检测物体底部边界的位置。

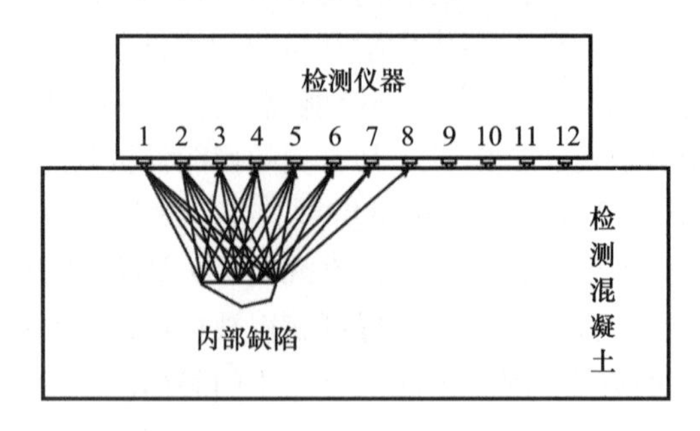

图 3-19 检测不密实区和空洞时的声传播路径示意图

3.1.5.4　相控阵超声成像法检测混凝土结合面缺陷

混凝土结合面缺陷附近的超声波传播路径射线与混凝土不密实区和空洞检测相似（图3-20）。如果所测混凝土的结合面良好，则超声波穿过有无结合面时，声传播路径无明显变化。当结合面局部地方存在疏松、空洞或填进杂物时，此时经过缺陷的超声波在缺陷上表面提前发生反射，由缺陷上表面反射的信号会先于构件底面反射的信号到达接收端，造成超声的异常反射。测量的超声信号波形会被根据合成孔径成像算法计算机处理生成换能器下方空间的2D图像，图像可以同时显示存在缺陷的结合面及其检测物体底部边界的位置。

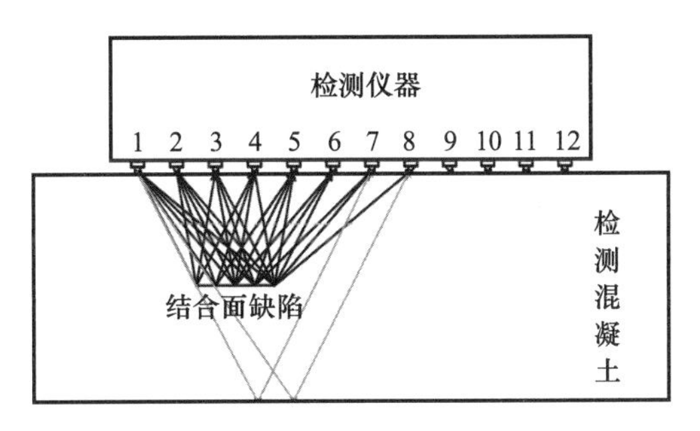

图3-20　检测结合面缺陷时的声传播路径示意图

3.1.5.5　检测实例

以昆山市建设工程质量检测中心和同济大学联合开展的裂缝深度检测为例，阐释相控阵超声成像法在混凝土缺陷裂缝深度检测中的研究探索。

（1）测试仪器

采用A1040 MIRA混凝土相控阵超声成像仪，如图3-21所示。A1040 MIRA混凝土相控阵超声成像仪工作面长度370mm、宽度130mm，换能器阵列分布为4行×12列，共计48个，长度方向探头间距30mm，宽度方向探头间距24mm。该设备不仅两侧设有标尺，底面处还安装了4个激光发射器，便于现场检测时的仪器定位。标称换能器操作频率为25～85kHz横波，均为干耦合点接触超声换能器（DPC）。换能器探头均装载有弹簧，适用于粗糙的混凝土表面。每个测点采集和处理数据的时间不超过3s，显示结果为换能器下方空间的2D图像。

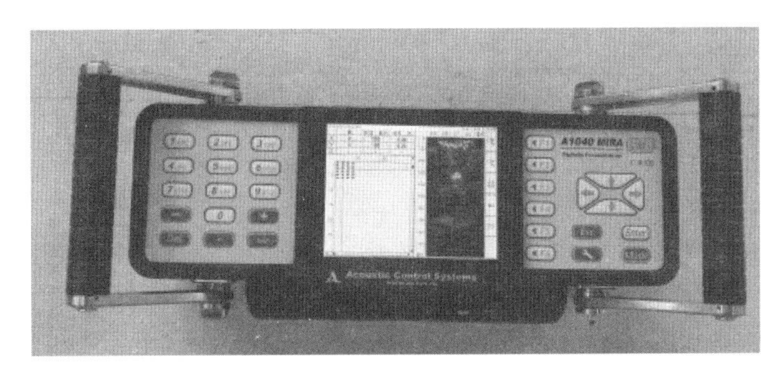

图3-21　A1040 MIRA混凝土相控阵超声成像仪

（2）试验构件设计制作

采用试验室制作标准混凝土试件，试件尺寸 1100mm×1100mm×300mm，混凝土强度等级为 C30。试件内部不设钢筋，在垂直测试面方向预设 7 条不同深度、不同长度的裂缝，裂缝具体参数见表 3-9，在试件中的位置分布如图 3-22 所示。

表 3-9　裂缝参数

裂缝编号	裂缝深度（mm）	裂缝长度（mm）	裂缝宽度（mm）
1	30	150	1.5
2	50	200	1.5
3	80	250	1.5
4	100	300	1.5
5	150	400	1.5
6	200	300	1.5
7	250	600	1.5

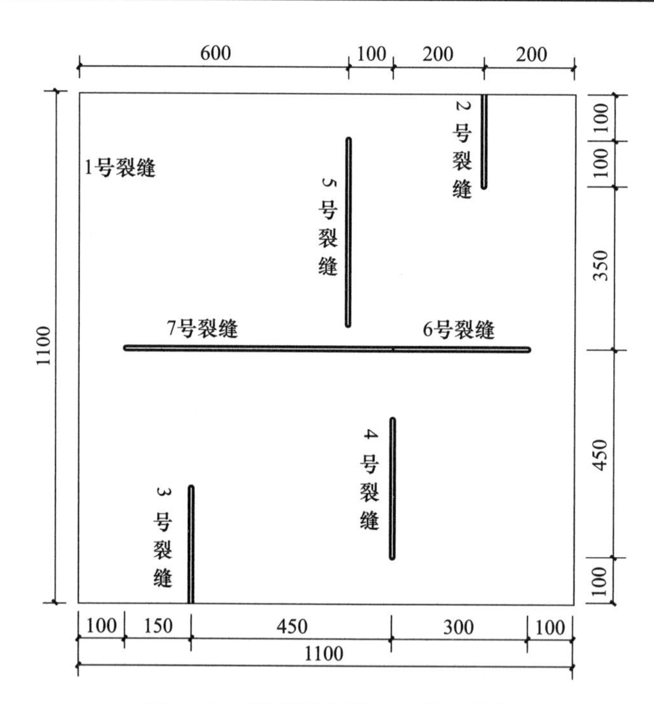

图 3-22　预设裂缝混凝土试件设计图

（3）测试过程及图像数据

① 跨单裂缝检测

检测时，A1040 MIRA 混凝土相控阵超声成像仪两侧标尺的零刻度线与裂缝大致重合，保持横向激光定位线与裂缝平行，使得仪器与裂缝保持垂直，操作仪器得到换能器下方的 2D 断面图像，测试数据如图 3-23 所示。

② 试件整体成像检测

试验前需提前布置测线，根据试件表面裂缝的位置分布，确定相控阵超声成像法的

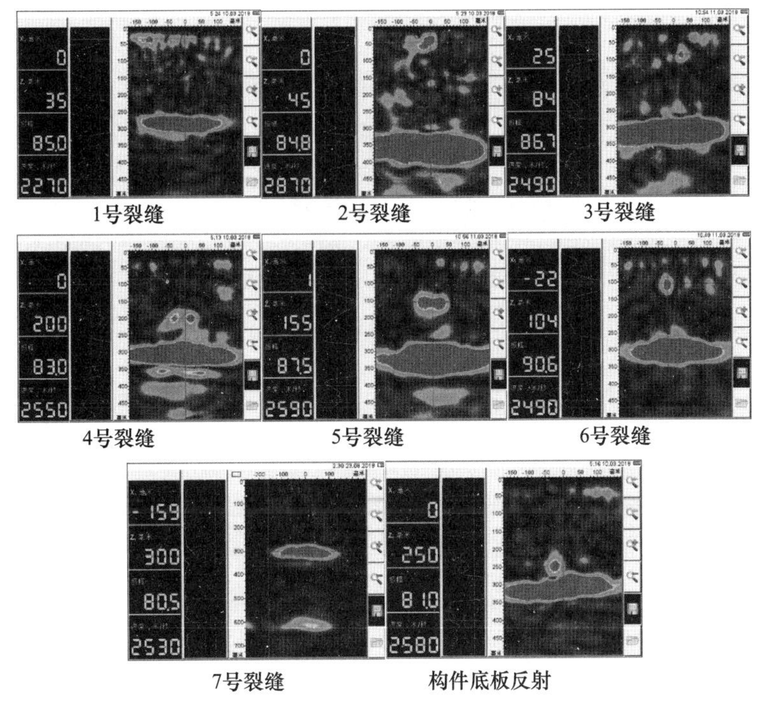

图 3-23　7 种裂缝及构件底板 2D 断面图像

测线布置如图 3-24 所示，水平测线的间距为 100mm，边距为 150mm；竖向测线的间距为 150mm，边距为 175mm。

相控阵超声成像法的测试方法如下：从测线交点（H1，V1）开始，沿着水平测线 H1 方向，依次对水平测线 H1 与竖向测线的交点采集数据，采集结束后转换到水平测线 H2 重复以上步骤。依此类推，直到水平测线和竖向测线所有交点的数据全部采集完成，如图 3-25 所示。试验所得数据采用配套软件 IntroView 处理，可实现各测点图像拼接并自动剔除重复区域，最后得到测线范围内的 3D 影像，如图 3-26 所示。

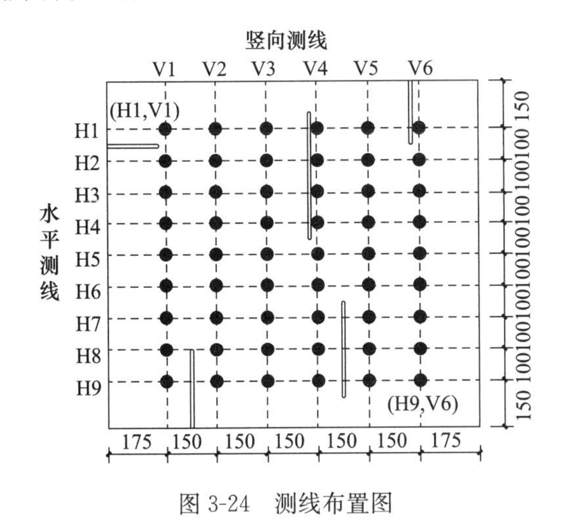

图 3-24　测线布置图

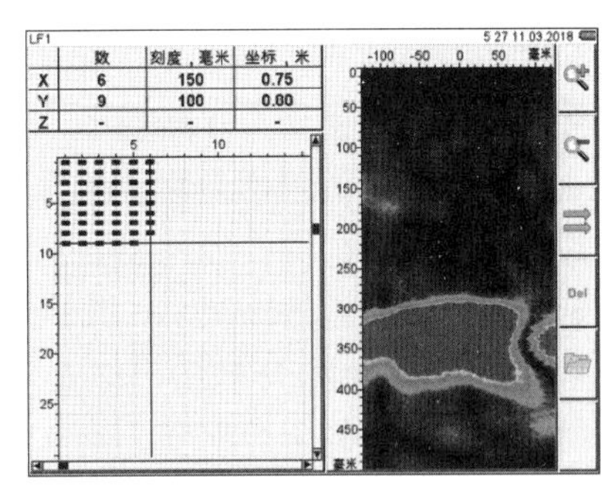

图 3-25　数据采集图

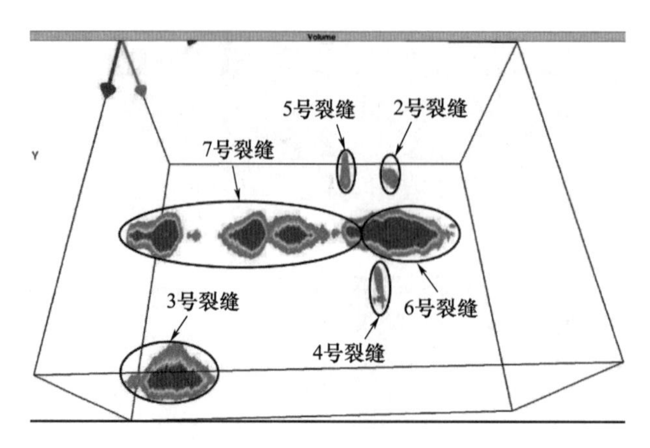

图 3-26 试件整体的超声阵列 3D 影像图

（4）数据处理及结果分析

根据图 3-23 中每条裂缝深度读数及表 3-9 中裂缝参数整理得表 3-10。

表 3-10 裂缝深度检测值与实际值对比

裂缝编号	实际深度（mm）	检测深度（mm）	绝对误差（mm）	相对误差（%）
1	30	35	5	16.7
2	50	45	－5	－10.0
3	80	84	4	5.0
4	100	104	4	4.0
5	150	155	5	3.3
6	200	200	0	0
7	250	250	0	0

由表 3-10 可知：1 号裂缝相对误差值最大，为 16.7%，主要是因为 1 号裂缝长度短且位于试件边缘，检测时受边界效应影响，测试数据误差较大，因此不具备参考价值。2 号、3 号、4 号、5 号、6 号、7 号裂缝相对误差值分别为－10%、5%、4%、3.3%、0、0，均满足《混凝土裂缝宽度及深度测量仪校准规范》（JJF 1334—2012）：测量范围为 50～500mm 时，最大允许误差±10%，仪器检测精度满足要求。3 号、4 号、5 号、6 号、7 号裂缝相对误差值在±5%以内，检测精度较高。且随着裂缝深度不断加深，仪器的测试误差逐渐变小，当裂缝深度较浅时，经过裂缝底端的超声射线较为稀疏，因为混凝土的不均匀性，超声波实际传播速度与试验前测定的声速值误差较大，随着裂缝深度不断加深，经过裂缝底端的超声射线逐渐增加，超声实际传播速度与试验前测定的声速值误差逐渐减小，其检测精度逐渐提高。

从试件整体的 3D 影像图可以看出：2 号、3 号、4 号、5 号、6 号、7 号裂缝均被成功检测出，且效果十分明显，而 1 号裂缝却被漏测，具体原因分析如下：如图 3-17 所示，图中没有超声射线穿过的检测区域被称为检测盲区，当裂缝底端位于检测盲区内时，没有超声波经过裂缝底端发生绕射继而被换能器接收，因此无法被仪器探测到，从而出现漏测的情况。在裂缝两侧略微调整仪器的位置，使裂缝底端不再位于盲区内，裂缝将被发现。

目前，我国相控阵超声成像法在科研探索和试验验证方面已取得阶段性成效，在实际工程中的检测应用尚需增强。

3.2　冲击回波法检测混凝土内部缺陷及厚度

3.2.1　概述

为了无破损地探测混凝土构筑物的内部缺陷（空洞、剥离层、疏松层、裂缝等），目前较多使用的无破损检测方法是超声法。这是因为该法可以穿透（传播）较远距离，且安全方便。但该方法目前主要采用的是穿透测试，需要两个相对测试面，这就限制了它的应用范围，在诸如路面、跑道、墙体、底板、护坡、护坦及隧洞中的衬砌、喷射混凝土等结构上往往难以应用。另外，由于采用穿透测试，不能获得缺陷的明确信号，只能根据许多测点测试数据的相对比较，以统计概率法原理来处理数据、评断缺陷，因而不够直观，而且要测量许多测点后才能作出判断。另外，这些结构往往还需要测量厚度，而现有的测量混凝土结构厚度的方法，包括超声脉冲法都还存在一些问题。

长期以来，人们一直寻求以声波发射（回波）的方法来探测混凝土内部缺陷。这样可以有以下优点：可单面测试，扩大应用范围；可获得缺陷明确的反射信号，直观，测一点即可判断一点；无须丈量测距，测试方便；可以很方便地测量结构厚度。

针对这些问题，国际上从20世纪80年代中期便开始研究一种新型的无破损检测方法——冲击反射法，又称冲击回波法（Impact Echo Method），简称IE法。该法是美国康奈尔大学（Cornell University）的Marry Sansalone和美国国家标准和技术研究所（NIST）的Nicholas J. Carino首创的。

该法的要点是：在结构表面施以微小冲击，产生应力波，当应力波在结构中传播遇到缺陷与底面时，将产生来回反射并引起结构表面微小的位移响应。接收这种响应并进行频谱分析可获得频谱图。频谱图上突出的峰就是应力波在结构表面与底面及缺陷间来回反射所形成的。根据最高峰的频率值可计算出结构厚度；根据其他频率峰可判断有无缺陷及缺陷的深度。

这种测试方法是单面反射测试，测试方便、快速、直观，且测一点即可判断一点。这种新型的检测方法可用于各类土木工程的混凝土和沥青混凝土结构的内部缺陷探测和厚度测量，其特别适合于单面结构，包括喷射混凝土的检测。国外已将冲击反射法大量用于工程实测中，如探测混凝土结构内的疏松区、路面及底板的剥离层、预应力张拉管中灌浆的无浆区、表层裂缝深度，甚至用于探测耐火砖砌体及混凝土中钢筋锈蚀产生的膨胀等。

南京水利科学研究院的研究人员从1989年开始研究这项技术，取得成功后又研制出一套用于现场测试的测试系统——IES-A型冲击反射测试系统（图3-27）。该项技术1996年通过当时的国家电力工业部鉴定，1997年获国家水利部科技进步奖，1998年被选定为国家交通运输部科技推广项目。该系统功能指标如下。

（1）冲击器：冲击头可更换。配有6个冲击头，分别带有直径为5mm、6mm、

8mm、9.5mm、12.8mm、20mm 的钢珠。

（2）接收器：带放大器的宽频接收器，放大器增益 20dB。

（3）采样分析系统：主机与笔记本电脑由打印接口相连，电脑可单独使用。

采样频率：62.5kHz、125kHz、250kHz、500kHz、1MHz、2MHz。

采样点数：512 点、1024 点。

具有采集瞬态波形、滤波、快速傅里叶变换（FFT）、计算厚度（深度）、显示、存储、绘图、打印等功能。对于较厚的构件，该系统具有频率细化功能，可将频率分辨率提高 2～128 倍。

（4）测量厚（深）度范围：100～2000mm。

（5）厚度测量精度：5%。

（6）主机电源：交直流两用，主机额定功率 15W。

图 3-27　IES-A 型冲击反射测试系统

3.2.2　测试原理

坚硬的物体在冲击混凝土表面时，形成一瞬间应力脉冲（图 3-28）。该应力脉冲由压缩波（纵波，P 波）、剪切波（横波，S 波）及瑞利波（R 波）组成。P 波和 S 波沿圆形波阵面传入试体，R 波沿表面传播。当 P 波、S 波在传播过程中遇到缺陷或边界（底面）时，由于两种介质的声阻抗率不同，应力波在这些界面处将产生反射。这样，在表面与界面（缺陷与边界）之间产生多重反射，结果形成瞬时的共振条件。当把一个传感器置于冲击点附近时，即可测出该处由于多次反射波引起的表面位移响应。

冲击反射测量中，主要关心的是 P 波，因为由 P 波所引起的表面位移比 S 波大得多。从传感器所获得的时间-位移曲线（简称时域曲线，如图 3-28 所示）上可看到 P 波多次反射引起的表面位移变化情况。

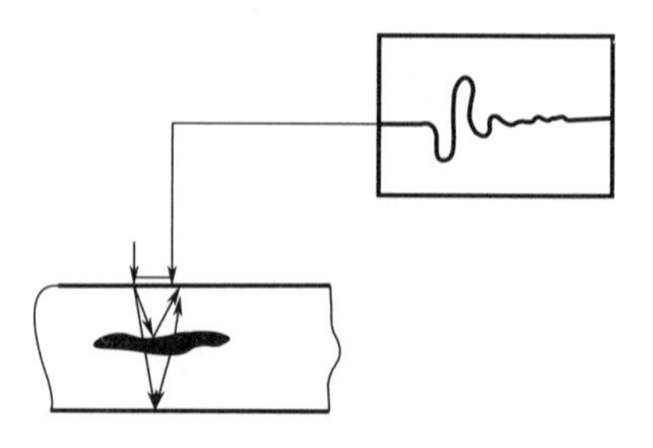

图 3-28　冲击反射原理

将所得的冲击响应进行快速傅里叶变换（FFT），即获得该冲击响应中各种频率成分的振幅分布图，称为频谱图（振幅图）或频域曲线。图 3-29 是应用该系统在一块混凝土板上冲击，接收到响应后再进行 FFT 变化，最后在计算机屏幕上获得的冲击响应（波形）的频谱图。谱图中最高的峰正是由于应力波在顶面与界面（此处为底面）间来回反射形成的振幅加强所致，最高峰所对应的频率就是混凝土构件厚度频率。本处为 10.25kHz，计算混凝土构件厚为 205mm。

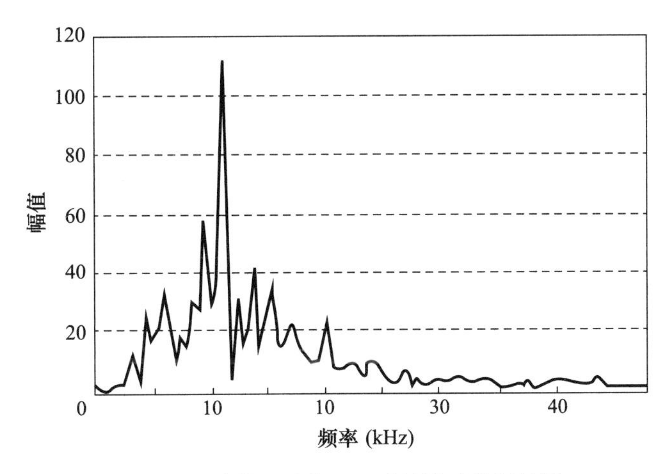

图 3-29 计算机屏幕上显示的测试分析结果

在靠近冲击点处所接收到的反射 P 波，其传播路径大致是混凝土构件厚度（T）的 2 倍。来回反射一次的周期应等于传播路径（$2T$）除以 P 波的速度（v_p）。频率是周期的倒数，故与某厚（深）度相应的频率 f 应为

$$f=\frac{v_p}{2T} \tag{3-15}$$

从式（3-15）可知，在频谱图上的某个峰所对应的厚（深）度可由下式计算：

$$T=\frac{v_p}{2f} \tag{3-16}$$

式中 T——混凝土构件厚度计算值，m；

f——频谱图上该峰所对应的频率值，Hz；

v_p——混凝土表观波速，可通过直接量测的混凝土构件实际厚度，用上述公式来计算获得，也可通过实测获得，m/s。

3.2.3 试验装置及试验流程

该测试系统由下列几部分组成：冲击器、接收传感器、数据采集仪、分析软件、连接电缆和接头，它们共同完成整个测试工作。冲击反射法的试验流程如图 3-30 所示，现分述如下。

3.2.3.1 产生冲击

（1）冲击接触时间

首先在混凝土表面施加一瞬时冲击，产生一应力脉冲，冲击必须是瞬间的。冲击的力-时间曲线可大致看成一个半周期正弦曲线。施加的应力脉冲宽度，即冲击接触时间 t_c（与混凝土表面的接触时间）决定了所产生的应力脉冲的频率成分。可以认为，脉冲的大部分能量包含在低于大约 $1.5/t_c$ 的频率段内。短的接触时间产生宽的频率范围，但

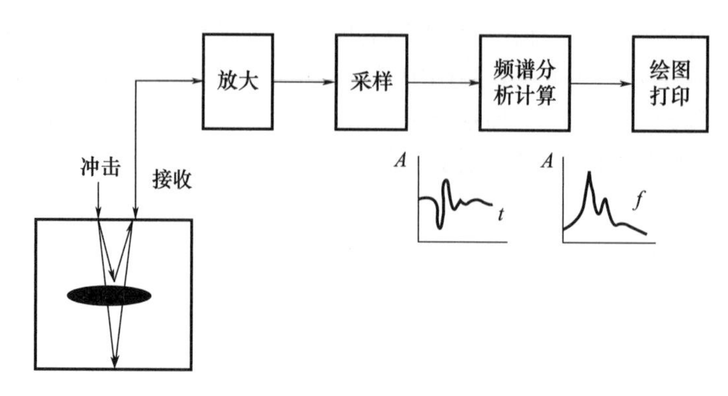

图 3-30　冲击反射试验流程

每种频率分量的振幅低。冲击接触时间决定了冲击试验所能检测的缺陷和厚度的尺寸。当接触时间减小时，脉冲包含较高的频率成分（波长短），可以探测出较小的缺陷或界面，探测的厚度也较薄。冲击接触时间应选择能使发生的脉冲所包含的波长大致等于或小于被探测缺陷或界面的横向尺寸及被测厚度的 2 倍（$2T$）。

（2）产生冲击的手段

早期的研究中均采用钢珠自由落体撞击混凝土表面的方法。这是获得瞬间冲击最好的方法。通过改变钢珠的直径可以很方便地获得不同的冲击接触时间。

为了能使钢珠在不同的方向冲击，进一步的改进是：

① 给钢珠装一弹性手柄。这就是在钢珠上连接一根细的弹簧钢丝，手持钢丝瞬间地敲击混凝土表面。Marry Sansalone 和 Nicholas J. Carino 后期的研究就是采用这种冲击方式。20 世纪 90 年代初面世的第一代冲击回波测试系统（名为 Docter）也采用这种方式：在圆盘上安装了不同直径的带弹性手柄的钢球，通过拨动不同的钢丝，使钢球弹击混凝土表面，从而获得不同冲击接触时间的瞬时冲击。

② 另一种途径是南京水利科学研究院专门研制的冲击器。该冲击器内部有弹簧装置，将冲击器对准冲击点，按下冲击器手柄，弹簧随即将一钢珠射出，冲（弹）击混凝土表面，产生瞬间冲击应力脉冲。冲击后的钢珠通过内部设置的磁块的吸引回到原来的出发点，等待下次的冲击。

冲击接触时间即应力脉冲宽度，通过采用不同直径的钢珠来改变。该系统配置的冲击器冲击头可卸下，更换 6 种不同的冲击头。不同的冲击头各含一粒不同直径（5mm、6mm、8mm、9.5mm、12.8mm、20mm）的钢珠，可产生不同的冲击接触时间 t_c（为 15～100μs），相当于 15kHz 以上到 200kHz 以下的频率宽度。大直径钢珠产生宽脉冲，窄频带；小直径钢珠产生窄脉冲，宽频带。当然，脉冲宽度，即接触时间也与被冲击表面硬度、光滑度有关。同样直径的钢珠，在硬的光滑表面产生较短的接触时间。可根据所探测结构的厚度及缺陷的深度参考表 3-11 选择不同的冲击头。如果测量厚度较大，用 20mm 的钢珠仍不能获得明显的厚度频率峰，可改用尖头的铁锤敲击。

表 3-11　钢珠直径选择表

结构厚度（cm）	10～20	20～30	30～50	50～100	>100
钢珠直径（mm）	5	6～8	8～9.5	9.5～20	>20

③ 美国 Olson 公司推出的冲击回波测试系统的冲击器则采用一种电驱动的螺旋管，在电驱动下瞬间射出，冲击混凝土表面。螺旋管的冲击能量可以调节，从而既可以改变冲击能量，同时又可改变冲击接触时间。

3.2.3.2　冲击点与接收器间的距离

冲击点与接收器的距离很重要，如果距离太大，则回波就不主要是纵波（P 波）了，而式（3-15）、式（3-16）也就不成立了。但如果此距离太短，则冲击激发出的表面波对反射上来的纵波干扰就太大。经过许多研究认为，此间距为缺陷深度的 0.2～0.5 倍较合适。

3.2.3.3　被测体的表观波速值

为了计算被测体厚度及缺陷深度，首先应当知道被测体的表观波速（v_{p}），并预先输入到测试系统中。确定被测体的表观波速可以采用以下两种方法：

（1）现场标定法

选取一处有代表性且已知厚度的部位，进行冲击回波测试，在频谱图上获得厚度峰的频率数值，按式（3-15）即可计算出被测体的表观波速，这是最合理的确定波速的方法。

（2）现场测试表观波速法

当被测体的厚度无法直接量测时，可采用此方法测定其表观波速。目前的一些冲击回波法测试系统已具有此项功能。首先，系统可采集、显示两路接收信号，而接收传感器（换能器）也是两个，并被固定，彼此保持固定距离（如 300mm），如图 3-31 所示。

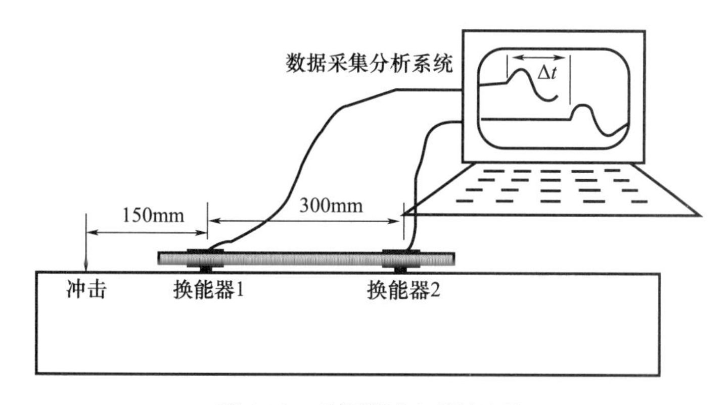

图 3-31　现场测试表观波速法

两接收传感器置于被测体表面，在接收传感器一端冲击，两个接收传感器接收到两个时域波形，但冲击波到达时刻不同，测量出两个接收传感器所接收到信号的时间差 Δt，则混凝土构件纵波传播的表观波速可由下式计算：

$$v_{\mathrm{p}}=\frac{10^{6}L}{\Delta t}k \tag{3-17}$$

式中　v_{p}——混凝土表观波速，m/s；

L——两个接收传感器间的直线距离，m；

Δt——两个接收传感器所接收到信号的时间差，μs；

k——截面形状系数，可通过现场试验确定。

3.2.3.4 接收信号

由冲击所产生的响应由接收传感器接收。接收传感器为接收表面法向位移、加速度等振动信号的宽频带传感器，通过电缆与系统主机相连。接收传感器须具备合适的灵敏度，要能探测到冲击产生的纵波沿表面传播引起的微小变形。接收点应尽量靠近冲击点，接收传感器的输出与表面法向位移成比例。接收传感器底部的铝箔用来完成换能元件的电路连接和接收传感器与被测表面的声耦合。测量时首先调整好计算机和主机，然后将接收传感器对准接收点，按下接收传感器手柄，让锥形换能元件与冲击点表面接触，按下放大器开关，再用冲击器弹击试体表面。由冲击引起的混凝土表面位移响应被接收传感器接收，经放大后传到主机。

3.2.3.5 采集波形

数据采集系统的主要功能就是采集、记录、处理传感器的输出信号。数据采集系统是配有双通道或多通道数据采集卡的便携式电脑，或者是便携式双通道或多通道波形分析仪。由接收传感器送来的位移响应波形由数据采集卡采集并传输给计算机。预先设定采集波形中的各种参数，输入计算机。主机上有两个控制按钮："衰减"和"电平"。"衰减"即衰减器，作用是把输入的波形幅度减少到合适的大小。"电平"的作用是调节触发电平大小。

3.2.3.6 频谱分析及计算

这一步骤由计算机中的分析软件完成。主机采集波形后转化为数字量并送入计算机。采集分析软件在显示时域波形的同时也进行快速傅里叶变换（FFT），获得冲击响应的频谱图（振幅谱），并显示在计算机屏幕上。这样，冲击之后屏幕显示两条图线：时间域的波形线和频率域的频谱线。

频谱线上有一系列峰。计算机自动按从大到小的顺序，确定这些峰所对应的频率值并按式（3-15）计算出相应的厚（深）度，一并显示在屏幕上。通常最高的峰就是与厚度相应的峰。测试数据及图线可存入计算机硬盘及软盘。

3.2.3.7 绘图打印

利用随机所附的测试结果输出程序，可将检测数据绘制成图表，可以直接打印，也可以插入检测报告中。

以上就是一次测试的全部过程。

3.2.4 波形采集及采样参数

3.2.4.1 波形采集及分析

（1）外触发、内触发

当信号（波形）送入主机时，必须启动采样系统进行采样，如图 3-32 所示。启动的方法就是要送一个触发信号给采样板。这个触发信号可来自外界（即另外加一个信号），称为外触发，也可利用信号本身作为触发信号，称为内触发。冲击反射测量中使用内触发。

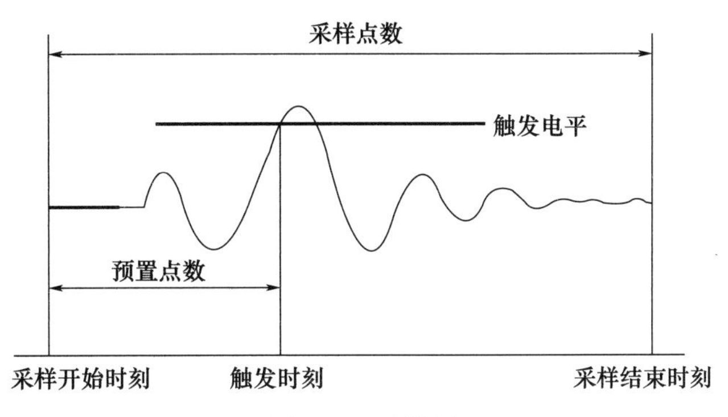

图 3-32　采样图

（2）触发电平

要启动采样板采样，除需要有触发信号外，还必须使触发信号振幅（电压）超过某一限值，这限值称为采样系统的触发电平。触发电平大小是可调的。对于内触发，当接收信号幅度达不到触发电平时，可调节主机上的电平按钮，降低触发电平。但触发电平也不能太低，否则其他干扰信号会引起误触发。

（3）预置触发

当接收（触发）信号一达到触发电平，采样板立即从达到触发电平的时刻开始向后采样，直到采完所有预定的采样点数，但达到触发电平的时刻以前的波形将不能被采集到。为了保证所采集的波形完整，该系统设置了预置触发功能，使用者可预先设定某一预置点数，采样板将按照所设点数，在触发信号达到触发电平那一时刻，自动地将采样开始点向前移动该预置点数。触发电平与预置点数、采样点数的关系如图 3-32 所示。

（4）滤波

该采样系统在采集波形时具有滤波功能，滤波的形式（高通、低通）及滤波界限可预先设定。通常，根据所测结构厚度预先估计其最低频率值，采样时可设置高通，界限定为该最低频率，从而滤掉低频干扰波。如有需要也可设置低通。

（5）频率分辨力

在进行 FFT 分析得出频谱图时，要注意一个参数，那就是频率分辨力。频率分辨力就是频谱图上相邻点的频率间隔 Δf。

$$\Delta f=\frac{f'}{N} \tag{3-18}$$

式中　Δf——频率分辨力，Hz；

f'——采样频率，Hz；

N——采样点数。

例如，若采样频率为 500kHz，采样点数为 1024 点，则 $\Delta f=0.49$kHz。频率分辨力直接关系到深（厚）的测量精度。为提高分辨力，可适当增多采样点数和降低采样频率。当测量较厚结构时，通常的频率分辨力有限，这时可启动该系统的频率细化功能。

3.2.4.2　采样参数

（1）采样频率

冲击响应是瞬态连续波形。要将这波形记录下来并进行 FFT 变换，首先必须采样。

采样就是按一定的时间间隔获取波形的振幅（电压值）并将其转化为数字量（*A*/*D* 转换）。这样就将连续波的模拟量转化为离散的数字量。一个数字量就是一个采样点。采样点的间隔即时间间隔（或称采样周期），其倒数称为采样频率。为保证采样不失真，采样频率须大于被采样波形频率 2 倍以上。冲击反射测量中，响应波形的频率成分一般在 100kHz 以下。该系统的采样频率范围为 62.5kHz～2MHz，通过计算机设定。一般测试时，可使用 500kHz 采样频率。

（2）采样点数

每次采样时采集的样品个数称为采样点数。该系统设置的采样点数有 512、1024 两种，可任意设定。

（3）采样长度

采样点数与采样间隔（周期）之积称为采样长度。采样长度应覆盖有用的波形，但过长的采样长度没有必要，反而使计算机进行 FFT 运算的时间延长。

3.2.5　冲击回波法的应用

冲击回波法具有突出的优点，被认为是一种有效的探测混凝土结构内部缺陷和厚度的无破损检测方法，受到广泛的重视。尤其是随着美国 Olson 公司研制出扫描式冲击回波系统（Impact Echo Scanner，简称 IES），避免了原来单点逐个测试的繁琐程序，更使得这种检测方法在国内外得到迅速推广和应用。

1998 年美国制定了关于冲击回波法的正式标准（ASTM，C1283-98a），同时美国混凝土协会（ACI）228 委员会也于 1998 年将冲击回波法与其他行之有效的无破损检测方法一起列入评价结构混凝土的无破损检测报告中，予以推广。2017 年我国也制定了采用冲击回波法检测混凝土缺陷的行业标准《冲击回波法检测混凝土缺陷技术规程》（JGJ/T 411—2017）。

21 世纪初，国际上已有冲击回波法的产品出售，例如美国 Olson 公司的 NDT-PC、荷兰 TNO 公司的 THLCK 和丹麦 Docter 冲击回波测试仪。国内也已开展了类似仪器的研究，如南京水利科学研究院、北京市康科瑞工程检测技术公司以及同济大学等。从最早采用波形分析器记录、分析、存储检测数据到研制便携式检测系统，再到开发新的 Windows 界面，提高了系统稳定性，并提供了在线支持，以及针对不同用户的软件包和教程。试验设备的研制促进了各种冲击-回波检测技术在现场检测的应用，随着科学技术的发展，这项测试技术必将得到更广泛的推广和应用。

思考题

1. 超声波检测利用超声波的哪些特性？
2. 混凝土中的钢筋对超声波检测产生什么影响？如何避免钢筋影响？
3. 混凝土不密实区和空洞检测的钻孔测法检测步骤是什么？每一操作步骤有何注意事项？
4. 利用哪些声学参数检测混凝土缺陷？其基本原理是什么？
5. 超声波检测混凝土缺陷常用哪几种方法？每种方法适用于什么场合？
6. 请从检测工程伦理的角度，谈一谈在实际工程中混凝土无损检测需要注意什么？

4　混凝土弹性和非弹性性质的动态测量

4.1　概　　述

混凝土的应变性质可以用它的动弹性模量（E_d）及松弛周期来综合描述。动弹性模量和松弛周期是混凝土强度的基本参量之一，因此这些参量的测量被认为是混凝土强度无损检测技术的基础之一。

目前常用的 E_d 测量方法是振动法。当材料受力振动时，材料经历着周期性的应力 应变过程，所以，各项振动参数正是应变性质的反映。根据材料振动状态的不同，振动法又可分为共振法（受迫振动状态）、敲击法（阻尼自由振动状态）及超声脉冲法（振动传播过程）。

共振法是用一振幅基本恒定、频率可调的周期性外力作用于待测的试件，这时试件产生受迫振动，其频率响应曲线的峰值所对应的频率，即为试件的共振频率，该频率值取决于试件材料的弹性性质，而频率响应曲线的尖锐度则取决于黏塑性性质。

敲击法是用一机械力作用于待测试件，当机械力消失后，试件处于阻尼自由振动状态，借以测定试件基振频率，仪器的判别电路相应测得基频的振动周期，通过振动的数学关系式换算为试件的动态参量。其自振频率与试件材料弹性性质有关，而阻尼自由振动的衰减过程与材料黏塑性性质有关。

一般来说，共振法和敲击法都要求试件具有一定的形状，因此它只能用于实验室的试件及批量很大、形状规则的预制构件测试，而不宜用于构筑物的直接测试。

超声脉冲速度法是用一超声脉冲穿越试件，这时超声脉冲的传播速度与试件的弹性性质有关，而超声波在试件中的衰减与试件黏塑性性质及非匀质性有关。这种方法基本上不受试件形态的限制，因而可用于结构的直接测量。

根据实测结果，混凝土的应力-应变关系曲线是一条弯向应变轴的曲线，就宏观力学性能而言，混凝土受力变形时，兼有弹性、黏性和塑性性质，因此，称混凝土为弹黏塑性体。所谓非弹性性质就是黏性性质和塑性性质的总和。

根据混凝土流变模型及流变方程可以证明，混凝土的强度既与弹性性质有关，也与非弹性性质有关，而且非弹性性质还影响混凝土的脆性和断裂性能。因此，若能用较简便的方法测出非弹性性质，那么对混凝土性能的研究是有意义的。

为了寻找非弹性性质的测量方法，有必要首先分析一下混凝土具有非弹性性质的原因。

近年来的研究成果表明，混凝土产生非弹性变形的主要原因有以下三点。

（1）在长期外力的作用下，凝胶体中的水分向毛细孔中迁移，总体上表现为整个体积变形增加。

(2) 在长期外力的作用下，凝胶体中胶粒之间产生缓慢的滑移和重新排列，因而在受力方向上使变形增加。

(3) 在外力的作用下，本来就广泛遍布于混凝土内部的各种微裂缝、微孔等原生缺陷逐步发展，使变形明显增加。

从以上三点来看，在混凝土的徐变测定中，由于长期外力的稳定作用，第（1）、（2）点原因将充分表现出来，因而它们是混凝土徐变的主要原因。但在一般强度检验时，由于加荷时间较短，尤其是胶粒的滑移还来不及充分表现，因此，在一般混凝土力学检验时，所表现出来的非弹性性质主要来自微裂缝的发展。

研究证明，在混凝土尚未受力以前，就已布满了种种微孔和微裂缝。特别是在粗集料和砂浆的界面上，由于水泥石的干缩变形和温度变形，在原有微孔的基础上形成了许多极细的微裂缝。试验表明，当施加不超过抗压强度30%的应力时，也就是说应力与强度之比不大于0.3时，不会引起这些裂缝的明显扩展和增加，这时应力-应变曲线基本上接近直线状态，但并非完全是直线，因为混凝土的内部破坏，从很低的应力条件下就已开始。当应力继续增加时，原有微裂缝的数量、长度和宽度都将增加，裂缝的缓慢增加一直延续到应力与强度之比达0.7～0.9为止。这时应力-应变曲线逐渐弯向应变轴，在宏观力学上则表现为非弹性变形越来越显著。当应力进一步提高时，原来在粗集料界面附近的裂缝伸长，导致穿越砂浆而彼此接通，这是裂缝增长最快的阶段，此时试件变形量也迅速增加，直至破坏。

裂缝的增长和发展的规律，可从能量平衡的观点加以解释。当混凝土受到外力作用时，原有的初始缺陷和微裂缝成为裂缝增长的发源地，每次增加裂缝的长度和数量，都会形成一个新的表面，使表面能增加，这一能量的增加则与外加应力所做的功平衡。因此，当外荷载的能量释放速率大于混凝土中产生新的表面及变形所需的能量需求速率时，裂缝扩展，以平衡外来的能量；当这两个速率相等时，裂缝开展处于临界状态；当能量需求速率大于释放速率时裂缝静止不动。而混凝土中裂缝开展的方式不同于玻璃等脆性材料，在混凝土中一条裂缝的发展往往枝节横生，在微裂缝的末梢形成一簇新的裂缝向周围延伸，遇到集料的阻挡时还将绕道前进，从而裂缝长度明显增加。因此，它要求外荷载提供更多的能量。从应力-应变曲线来看，它明显弯向应变轴，使曲线与轴线所围成的面积增大，亦即使外荷载提供更多的能量，以平衡微裂缝扩展所需的能量，在宏观力学上则表现为非弹性变形增加。

从以上分析可知，混凝土的非弹性性质，实质上与内部微缺陷的存在和扩展密切相关。从细观力学的角度来看，它实际上是微区脆性断裂的反映，但从整体来看却表现为黏塑性性质，所以有人称这种塑性为“假塑性”。

基于以上分析，就混凝土而言，其非弹性性质越明显，则其内部原生微缺陷越多，各质点的相互联系越疏松，甚至不连续。若在这样的混凝土中激发振动，由于质点间联系薄弱，振动力从一个质点传递到另一个质点较为困难，在其间产生较多的能量损耗，即所谓“内耗”增高，所以从定性的角度来看，不难想象，混凝土的非弹性性质是通过作为内耗源的内部微缺陷与振动衰减密切关联的。

4.2　共振法

4.2.1　共振法的原理

4.2.1.1　自由度振动系统的无阻尼自由振动和阻尼自由振动

当一自由度振动系统在无阻尼和无外力作用时，可根据振动质点惯性力和弹性回复力相互平衡的原则，写出如下振动方程：

$$m\frac{d^2\xi}{dt^2}+E\xi=0 \tag{4-1}$$

式中　m——振动质点的质量，kg；

ξ——位移，cm；

E——振动系统的弹性回复系数，N/cm^2；

t——时间，s。

线性无阻尼自由振动的频率，完全取决于振动系统的固有特性，故称为固有频率。若能测量固有频率 f_0 及质量 m，即可算出弹性回复系数 E。假定有一完全弹性的杆件，从中取出一微段作为振子（图 4-1），则微段两侧的杆件其余部分，类似地相当于作用于振子上的两根弹簧，这时的系统弹性回复系数 E，类似于杆件的动弹性模量 E_d。所以，材料的动弹性模量应是由该材料所构成的振动体系的固有频率的函数。

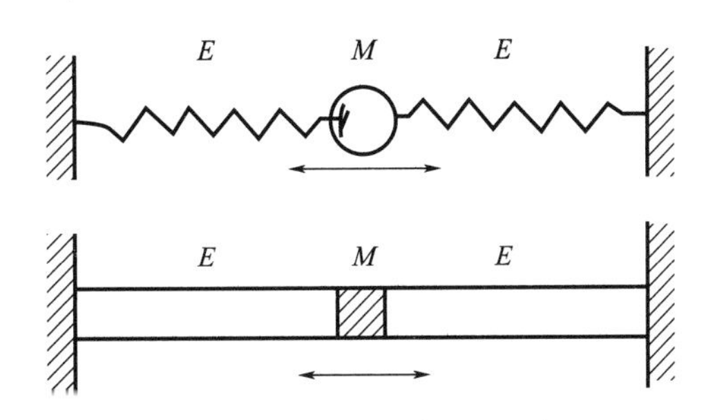

图 4-1　细长杆与弹簧振子的类比

但是，实际材料并不是完全弹性体，尤其是混凝土等弹黏塑性材料，振动时的内摩擦阻力和由它所构成的整个振动体系受到的外部摩擦阻力（如空气，阻力及支承阻力等）都将使它处于阻尼振动的状态。

假定振动体系所受的阻尼力 F_r 与振动质点的运动速度成正比而方向相反，则

$$F_r=-a\frac{d\xi}{dt} \tag{4-2}$$

式中　a——阻尼系数，N·s/m。

根据惯性力和回复力及阻尼力平衡的原则，可写出如下阻尼振动方程：

$$m\frac{d^2\xi}{dt^2}+a\frac{d\xi}{dt}+E\xi=0 \tag{4-3}$$

已知无阻尼自由振动的圆频率 $\omega_0=\sqrt{\dfrac{E}{m}}$，则上式可写成：

$$\frac{d^2\xi}{dt^2}+\frac{a}{m}\frac{d\xi}{dt}+\omega_0^2\xi=0 \tag{4-4}$$

当 a 很大时，振幅迅速衰减，这时要测量 ω_0 比较困难，在测试中希望阻尼振动体系能维持稳态振动。因此，常在试件上施以 $F=F_0\cos\omega t$ 的周期性外力，这时试件处于受迫振动状态。

4.2.1.2 自由度振动系统的受迫振动

受迫振动的频率响应曲线如图 4-2 所示。设施加于振动系统的周期性外力为 $F=F_0\cos\omega t$，其中 ω 为周期性外力的圆频率，则受迫振动的运动方程为：

$$m\frac{d^2\xi}{dt^2}+a\frac{d\xi}{dt}+E\xi=F_0\cos\omega t \tag{4-5}$$

已知 $\omega_0^2=\frac{E}{m}$，并令 $h=\frac{F_0}{m}$则上式可写成：

$$\frac{d^2\xi}{dt^2}+\frac{a}{m}\frac{d\xi}{dt}+\omega_0^2\xi=h_0\cos\omega t \tag{4-6}$$

该微分方程的解应是两部分之和：第一部分是方程右边等于零时的解，亦即振动系统的阻尼振动解；第二部分是形式与等式右边项相仿的解，即

$$\xi=A\cos\ (\omega t+\varphi) \tag{4-7}$$

而第一部分的解由于阻尼力的作用，在一定时间后振幅变得很小，可以忽略，因而仅剩下第二部分的解，体系进入稳态振动，测试时在稳态下进行。

4.2.1.3 共振时 ω 和 ω_0 的关系

共振测试中，在周期性外力作用下试件发生振动，其中位移振幅 A 最大时的振动称为共振。但是必须知道，寻找共振点的目的在于测出试件的固有圆频率 ω_0。由于试件阻尼的存在，位移振幅的极大值出现在外力频率 ω 小于固有频率 ω_0 的频率处，其间的差值随阻尼的增大而增加（图 4-3）。当混凝土强度较高时，混凝土的黏塑性较小，内摩擦阻尼较小，因而位移共振的极大值接近于 ω_0。但当混凝土强度较低时（如早期强度或因冻融等原因引起衰变接近破坏时）试件阻尼较大，因而不能以位移振幅最大时的 ω 值作为试件的固有圆频率 ω_0。

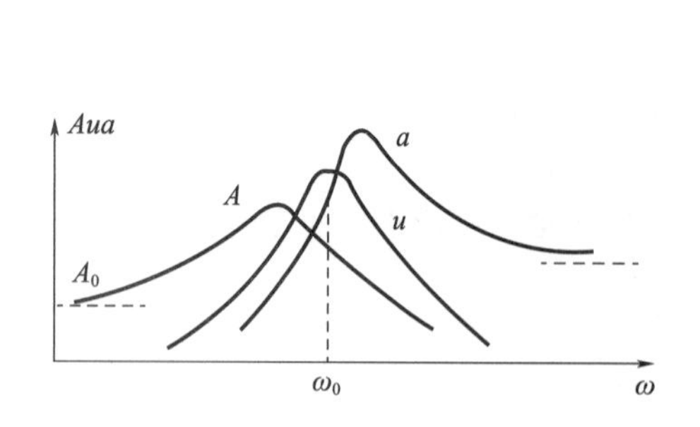

图 4-2 受迫振动的频率响应曲线

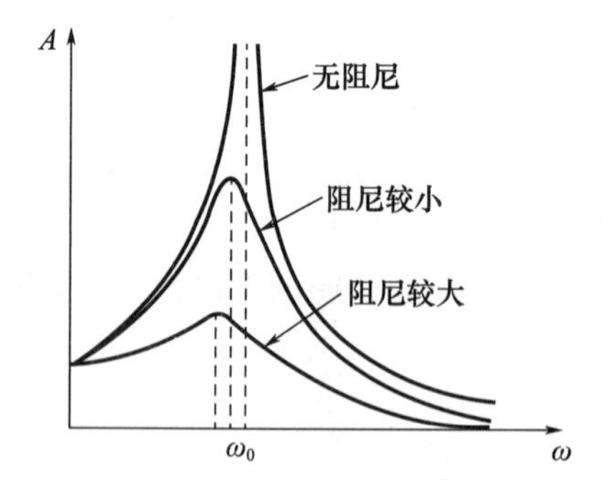

图 4-3 不同阻尼情况的最大位移振幅

4.2.2 杆状试件固有频率 ω_0 与动弹性模量 E_d 的关系

在进行共振法测量时，一般将试件制成杆状，因此，分析杆状试件的振动状态及其

固有圆频率 ω_0 与动弹性模量 E_d 的关系是共振法测量的基础。

随着杆状试件所受的激振力的方向和位置的不同，试件的振动形式也不同，基本上有四种不同的振动形式。

（1）激振力作用方向与杆状试件的长轴方向一致，这时，杆中质点的振动方向平行于长轴，这种振动称为纵向振动［图 4-4（a)］。

（2）激振力的作用方向与杆状试件的长轴方向垂直，而且作用力与长轴线在同一平面上。这时杆中质点的振动方向与长轴相互垂直，这种振动称为横向振动［图 4-4（b)］。

（3）激振力的作用方向与杆状试件长轴方向垂直，但作用位置与长轴不在同一平面上，这时，试件中质点围绕长轴摆动，整个试件产生扭转，这种振动称为扭转振动［图 4-4（c)］。

（4）当激振力的作用方向和作用位置与上述三种情况不同时，往往会出现兼有纵向振动、横向振动及扭转的复合振动状态。这种状态是测试时不希望出现的，只要激振器布置合理即可避免。

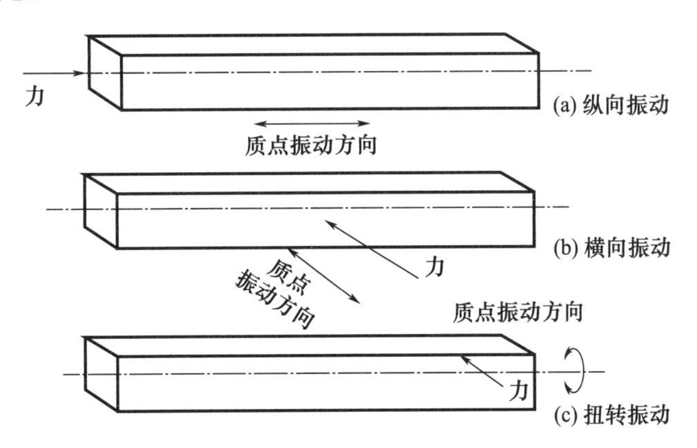

图 4-4　激振力的作用方向和位置与杆件的振动形式

4.2.2.1　杆状试件的纵向振动

当杆状试件在激振力的作用下产生纵向振动时，假定试件的每一个横断面仍然保持为平面，即横截面上应力分布均匀。显然，只有当试件的长度远远大于横向尺寸时，上述假定才有可能成立。如果在试件上取出一微小单元 $\mathrm{d}x$（图 4-5），在 $\mathrm{d}x$ 一侧的应力设为 σ，另一侧的应力为 $\sigma+\frac{\partial\sigma}{\partial x}\mathrm{d}x$。又设微小单元的位移为 ξ，试件密度为 ρ，横截面积为 S，则位移加速度应为$\frac{\partial^2\xi}{\partial t^2}$，根据牛顿第二定律有：

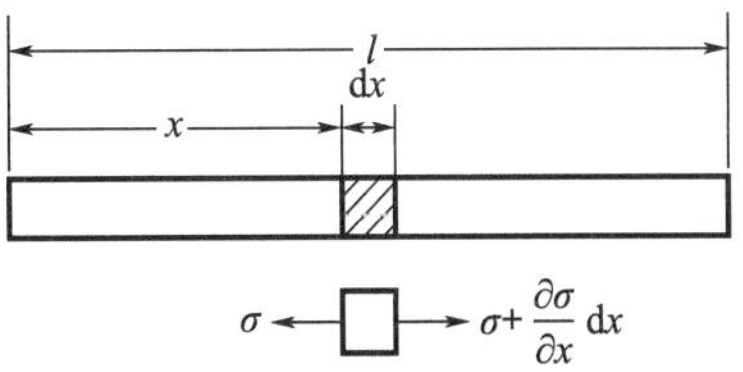

图 4-5　杆纵向振动的分析

$$S\frac{\partial\sigma}{\partial x}\mathrm{d}x=\rho S\mathrm{d}x\frac{\partial^2\xi}{\partial t^2} \tag{4-8}$$

在所取单元中，应力 $\partial\sigma$ 和应变 $\partial\xi/\partial x$ 之比即为动力杨氏弹性模量 E_d，即$\frac{\partial\xi}{\partial x}=\frac{\partial\sigma}{E_d}$，

对 x 求导，并代入式（4-8），得

$$E_{\mathrm{d}}\frac{\partial^2\xi}{\partial x^2}=\rho\frac{\partial^2\xi}{\partial t^2} \tag{4-9}$$

式中，$E_{\mathrm{d}}/\rho=C^2$，C 即为振动在杆件中的传播速度。所以，式（4-9）又可写成：

$$C^2\frac{\partial^2\xi}{\partial x^2}=\frac{\partial^2\xi}{\partial t^2} \tag{4-10}$$

该式即为细长杆状试件纵向振动方程式，ξ 为试件中任一点的振动位移；$C=\sqrt{\frac{E_{\mathrm{d}}}{\rho}}$，即为纵波在试件中的传播速度。

该方程谐振形式的解为

$$\xi=A\cos\left[\omega\left(t-\frac{x}{c}\right)+\varphi\right]+B\sin\left[\omega\left(t-\frac{x}{c}\right)+\psi\right] \tag{4-11}$$

若将式（4-11）对 x 微分，则

$$\frac{\partial\xi}{\partial x}=A\frac{\omega}{c}\sin\left[\omega\left(t-\frac{x}{c}\right)+\varphi\right]-B\frac{\omega}{c}\cos\left[\omega\left(t-\frac{x}{c}\right)+\psi\right] \tag{4-12}$$

如果试件两端自由侧在端部的振动位移最大，即$\frac{\partial\xi}{\partial x}=0$。所以，两端自由的杆状试件在 $x=0$ 及 $x=L$ 处，其边界条件应为

$$\left(\frac{\partial\xi}{\partial x}\right)_{x=0}=0 \qquad \left(\frac{\partial\xi}{\partial x}\right)_{x=L}=0$$

将边界条件$\left(\frac{\partial\xi}{\partial x}\right)_{x=0}=0$代入式（4-12）：

$$\left(\frac{\partial\xi}{\partial x}\right)_{x=0}=A\frac{\omega}{c}\sin[\omega t+\varphi]-B\frac{\omega}{c}\cos[\omega t+\psi] \tag{4-13}$$

从式中可见 $A=B$，$\varphi=\psi$，将该关系式再代入式（4-11）及式（4-12）得

$$\xi=2A\cos\frac{\omega x}{c}\cos\ (\omega t+\varphi) \tag{4-14}$$

$$\left(\frac{\partial\xi}{\partial x}\right)=2A\frac{\omega}{c}\sin\frac{\omega x}{c}\cos\ (\omega t+\varphi) \tag{4-15}$$

将第二个边界条件$\left(\frac{\partial\xi}{\partial x}\right)_{x=L}=0$代入式（4-15）：

$$\left(\frac{\partial\xi}{\partial x}\right)=2A\frac{\omega}{c}\sin\frac{\omega L}{c}\cos\ (\omega t+\varphi) \tag{4-16}$$

从式（4-16）可见：

$$\sin\frac{\omega L}{c}=0 \tag{4-17}$$

该式即为频率方程，由式（4-17）可得

$$\frac{\omega L}{c}=n\pi\ \text{或}\ f=n\frac{c}{2L} \tag{4-18}$$

式中 ω——圆频率，rad/s；

f——频率 $\omega=2\pi f$，Hz；

L——试件长度，cm；

n——任意正整数。

因为波长 $\lambda=\frac{c}{f}$，代入（4-18）式，得：

$$\lambda=\frac{2L}{n} \tag{4-19}$$

从式（4-18）和式（4-19）可见：当杆状试件受激产生纵向振动时，第一主振型 $n=1$，频率为 $f_1=\frac{c}{2L}$，称为基频，其波长为 $2L$（图 4-6）；第二主振型 $n=2$，频率为 $f_2=\frac{c}{L}$，称为第二谐频，其波长 $\lambda=L$（图 4-6）。依此类推，其主振型有无限多个，其波形如图 4-6 所示。

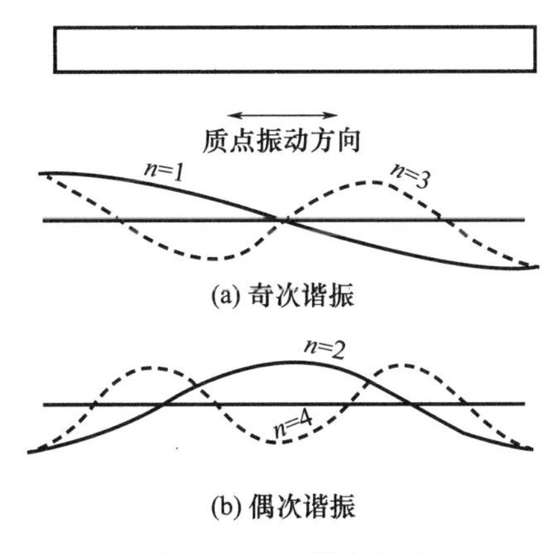

图 4-6　杆的纵向振动

从图中可见，试件纵向振动时，试件中有若干个位移等于零的平面，称为波节，位移最大的平面称为波腹。波节的数目与 n 相等，波节的位置见表 4-1。由于波节处 $\xi=0$，所以，在测试时，可将波节作为支承点和挟持点。如准确地支承在波节上，则从理论上来说，支座对试件振动不产生阻尼。反之，若将试件某种振型的波节牢固挟持，则试件的振型被固定，即试件挟持方式是选择振型的一种手段。

式（4-18）又可写成

$$f_1=n\frac{1}{2L}\sqrt{\frac{E_d}{\rho}} \tag{4-20}$$

所以

$$E_d=\frac{4L^2 f_1^2\rho}{n^2} \tag{4-21}$$

若试件为基频共振，$n=1$，则式（4-21）成为

$$E_d=4L^2 f_1^2\rho \tag{4-22}$$

式中　E_d——动弹性模量，dyn/cm^2，$1dyn=1\times10^{-5}N$；

f_1——基频共振频率，Hz；

L——试件长度，cm；

ρ——材料密度，kg/cm^3。

$$\rho=\frac{W'}{g\cdot v} \tag{4-23}$$

式中　W'——试件质量，dyn；

V——试件体积，mm^3；

g——重力加速度（在北京，$g=980.22cm/s^2$）。

从理论上来说，测出共振频率 f_1、试件长度 L、宽度 b（cm）、高度 h（cm）及质量 W（kg），即可根据式（4-22）、式（4-23）求出动弹性模量

$$E_d=4\times10^{-4}\frac{f_1^2LW}{bh}\ (\mathrm{MPa}) \tag{4-24}$$

4.2.2.2 杆状试件的横向振动

对于细长杆状试件而言，激励横向振动比激励纵向振动容易，所以，在测定试件的动弹性模量时的横振比纵振具有更大实用价值。

采用与分析纵向振动相类似的方法，可推演出杆状试件在两端自由时的横向振动频率方程为 $\cos\lambda\cos(h\lambda)=1$。

因而其振型如图 4-7 所示。

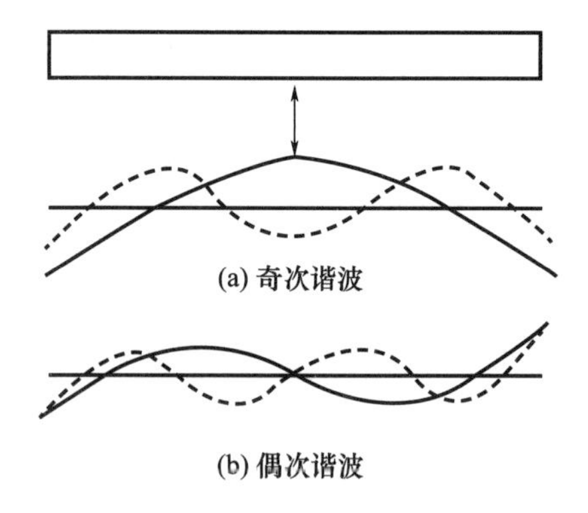

图 4-7 杆的横向振动

横向振动的共振频率与试件动弹性模量 E_d 之间的相互关系为：

$$E_d=\left[\frac{2\pi L^2f_h}{rk^2}\right]^2\rho T \tag{4-25}$$

式中 r——试件横截面的回转半径，cm；

k——振型常数；

T——形状因子，它取决于试件的泊松比 μ、试件的尺寸、形状及振型；

L——试件长度，cm；

f_h——试件横向振动的共振频率，Hz；

ρ——试件密度，kg/cm^3。

当试件横截面为圆形时，$r=d/4$，其中 d 为圆的直径。当试件横截面为矩形时，$r=a/\sqrt{12}$，其中 a 为试件横截面上与振动方向一致的尺寸。

振型常数 k 是频率方程式（4-24）的无数个根，前几种谐频的 k 值为 $k_1=4.730$（基频共振频率为 f_{h1}）；$k_2=7.852$（第二谐频 f_{h2}）；$k_3=10.996$（第三谐频 f_{h3}）；$k_4=14.137$（第四谐频 f_{h4}），等。

若将以上已知值代入式（4-25），则可得出各种试件处于不同振型时的动弹性模量和共振频率的关系式。根据式（4-25），从理论上来说，共振法对各种复杂断面的构件

均可运用。但断面越复杂，运算就越困难，所以，在试验中，一般选用较简单的几何形体，如圆柱形（钻取的岩芯或混凝土试样）及棱柱形（混凝土标准棱柱体试样）。

（1）圆柱体试样

将已知的 $r=d/4$ 及式（4-23）代入式（4-25），即得圆柱体试件横向基频共振频率与动弹性模量公式：

$$E_{\mathrm{d}}=16.39\times10^{-4}\frac{WL^{3}f_{h1}^{2}}{d^{4}}T_{1}\ (\mathrm{MPa}) \tag{4-26}$$

式中 E_{d}——动弹性模量，MPa；

W——试件质量，kg；

L——试件长度，cm；

d——试件横截面直径，cm；

f_{h1}——横向基频共振频率，Hz；

T_1——第一主振型的校正系数。

（2）棱柱体试样

将已知的 $r=a/\sqrt{12}$ 与 k_1 及式（4-23）代入式（4-25），即可得棱柱体试件横向基振频率与动弹性模量公式：

$$E_{\mathrm{d}}=9.465\times10^{-5}\frac{WL^{3}f_{h1}^{2}}{ba^{3}}T_{n}\ (\mathrm{MPa}) \tag{4-27}$$

式中 a——试件横截面上与激振方向一致的尺寸，cm；

b——试件横截面上与激振方向垂直的尺寸，cm；

其余各项含义同式（4-24）。

4.2.2.3 杆状试件的扭转振动

当杆状试件受到垂直于纵轴，而又不与纵轴在同一平面上的力作用时，将激起扭转振动。试件各质点在垂直于纵轴的平面上，围绕纵轴摆动，在平面与平面之间产生剪切变形，所以，这种振动所反映的弹性模量应为剪切弹性模量。

在扭转振动中，两端自由的试件，各振型的波节和波腹的位置与纵向振动一致（图 4-8）。

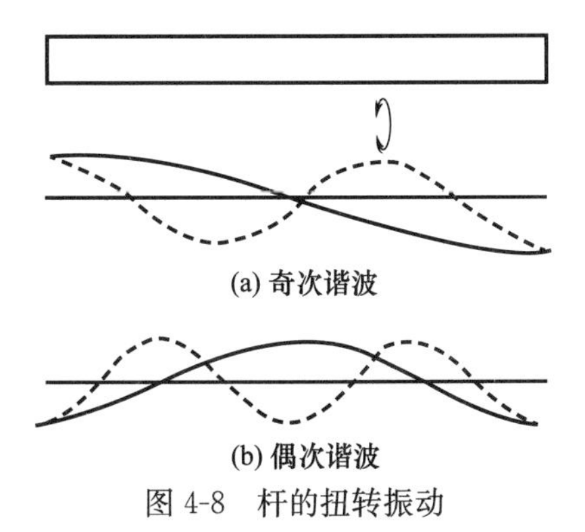

图 4-8 杆的扭转振动

试件的动力剪切模量 G_{d} 与扭转振动时的基频共振频率之间有如下关系：

$$G_{\mathrm{d}}=4\times10^{-4}\frac{f_{\mathrm{n}}^{2}LW}{bh}K \tag{4-28}$$

式中 G_d——动力剪切弹性模量，MPa；
f_n——扭转基频共振频率，Hz；
W——试件质量，kg；
L——试件长度，cm；
B、h——试件的宽度和高度，cm；
K——形状因子。

对于圆柱形试件：$K=1$；

对于正方形截面的棱柱体试件：$K=1.1834$；

对于横截面积为 a 和 b，$a>b$ 的矩形截面棱柱体：

$$K=\frac{\frac{b}{a}+\frac{a}{b}}{4\left(\frac{b}{a}\right)-2.52\left(\frac{b}{a}\right)^{2}+0.21\left(\frac{b}{a}\right)^{6}} \tag{4-29}$$

4.2.2.4 E、G、μ 三者之间的关系

根据二向和三向受力状态时的广义虎克定律，可从理论上求出同一材料的杨氏弹性模量 E 和剪切弹性模量 G 及泊松比 μ 之间有如下关系：

$$\mu=\frac{E}{2G}-1 \tag{4-30}$$

可见，若测得 E、G 即可求出材料的另一重要参数 μ。当采用共振法测量时，只要在同一试件上采用不同的激振方式，即可求出动力杨氏弹性模量 E_d 及动力剪切模量 G_d，进而可求出动力泊松比 μ。

4.2.3 共振频率的测量装置

当试件受周期性外力的激励而产生受迫振动时，试件的振动频率与外加周期力的频率相同。所以，只要调节外加周期力的频率，使试件受迫振动的振幅达最大值，同时使外力与试件振动的相位差等于 $\pi/2$ 时，试件即处于共振状态，这时外加周期力的频率即等于试件的共振频率。

共振频率测量的系统图如图 4-9 所示，它主要由下列几个单元所组成。

（1）振荡信号发生器。它能输出正弦波，正弦波频率可以调节，其调节范围应与测试对象的固有频率范围相适应。在混凝土及其他相类似的建筑材料测试中，频率范围为 100～20000Hz。信号发生器的输出功率应足以激发试件的基频或谐频振动，在混凝土标准试件试验中，有 5W 左右即可满足要求。为了适应不同大小的各类试件，仪器的输出功率应可调节。在试验时，若激振功率太大，往往会引起干扰，甚至使激振头与试件接触不稳定，以致试件所受的实际激振力不是正弦波，而是成为重复频率与信号发生器输出功率一致或不一致的脉冲波，将显著影响测试结果。因此，在测试时，应将激振功率调到既能激发试件振动又能保持激振头与试件的稳定接触为度。此外，在整个频率调节范围中输出电压的波动不大于±20%，以免造成试件振幅的非共振波动，影响试件共振点的准确测量。

（2）频率计及记录仪。它们用来准确显示信号发生器的输出频率，也就是试件振动频率的显示装置。它一般接在振荡信号发生器的输出端，但也可以接在接收换能器和前

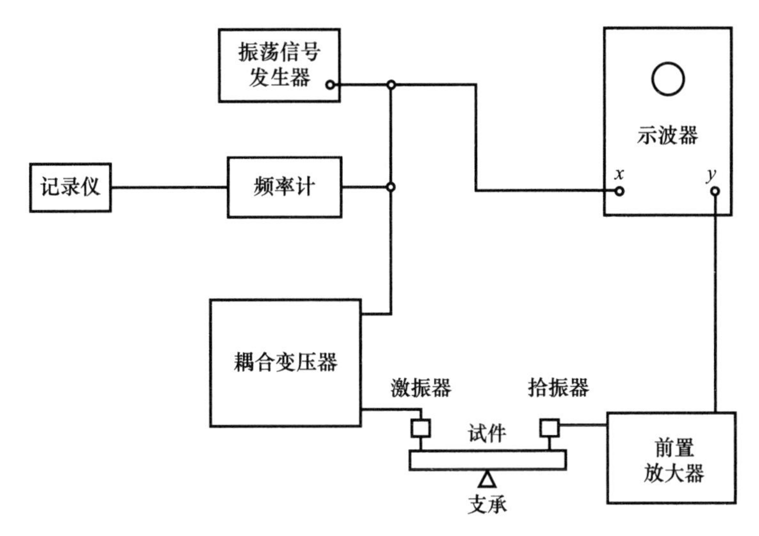

图 4-9　共振频率测定装置示意图

置放大器的后面，直接反映试件的振动频率。据试验，这两种接法对测试结果影响甚微。目前常用的频率计为数字显示式频率计，读数较为方便，为了记录试验结果，也可跟接一台打点式或划线式记录仪。

（3）激振换能器和接收换能器。激振换能器的作用在于把电振荡信号转换成机械振动。常见的激振换能器为电磁式换能器，其基本结构如图 4-10 所示。其构造与动圈式扬声器相似。它由主磁头、激励线圈和振动头（可动部分）及线圈和振动头的柔性支撑四个部分组成。将正弦电压信号输入激励线圈后，由于磁力线的交互作用使线圈产生振动位移，从而推动振动头起振，振动头直接与试件接触，将振动传给试件。

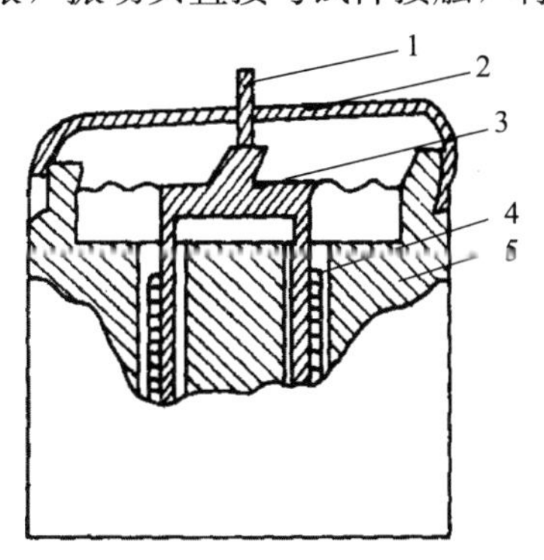

图 4-10　电磁式激振换能器结构

1—振动头；2—盖；3—支撑片；4—线圈；5—磁铁

接收换能器可采用激振换能器的逆作用，也可采用压电晶体式传感器。图 4-11 为压电晶体式换能器的结构示意图。其中，（a）为引针式压电换能器。试验时将针尖触在试件的待测位置，试件的位移振幅，通过针杆变成对晶片的交变力，从而变换成电信号。

图 4-12 所示的压电式换能器即为加速度计，将它垂直置于振动着的试件上时，由于质量块的惯性而造成对压电晶体的压力，所以压电晶体上产生一个电压。该电压与振动加速度成比例。这类换能器也与电磁式换能器一样，有一个频率响应的问题。当试件

振动频率低于换能器谐振频率时换能器的输出电压与加速度成比例，当频率接近于换能器自身共振频率时，输出电压会明显上升。其频率特性曲线如图 4-13 所示。从图中可见，换能器自身的共振频率，实际上即为该换能器适用频率范围的上限。一般来说换能器的质量越小，则自身共振频率越高，亦即适用频率范围越宽，但随着换能器质量的减小，灵敏度也相应降低。

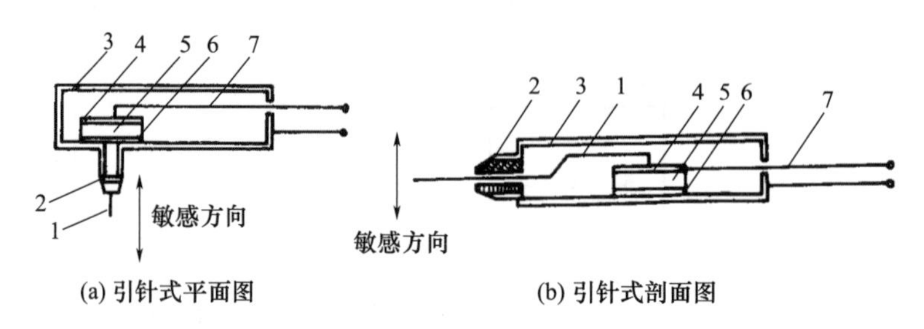

图 4-11 压电晶体换能器结构示意图

1—引针；2—柔性引针套；3—外套；4—导电层；5—压电晶片；6—导电层；7—引线

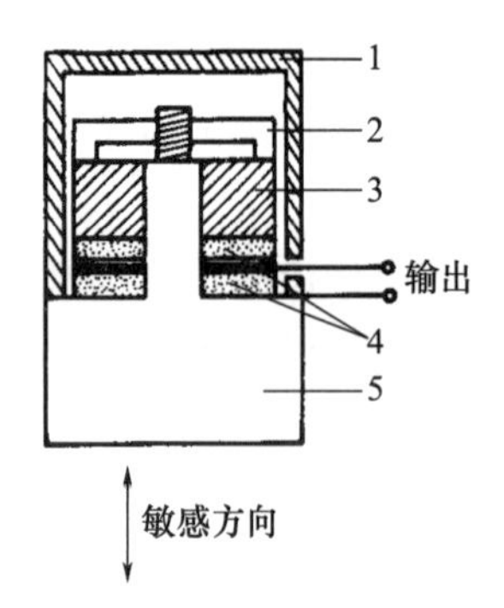

图 4-12 压电式加速度计结构示意图

1—盖；2—压簧；3—质量块；
4—压电晶片；5—基座

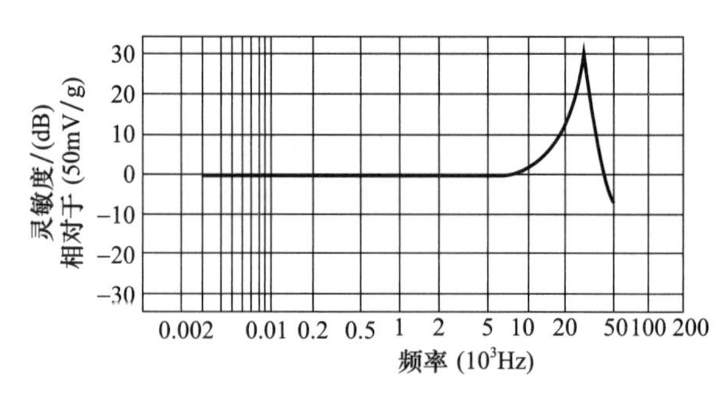

图 4-13 压电式加速度计的典型频率特性曲线

用加速度计采用共振法进行测量时，由于它必须搁置于试件上，使试件局部质量增加，从而改变了振动方程的边界条件。因此，在满足灵敏度的前提下，应尽可能选择较小的压电加速度计。

由于压电晶体的压电性能具有方向性，因此，这类换能器均具有方向性。一般来说，传给晶片的力与压电极化方向一致时，灵敏度最高。所以，不管引针的方向如何，都应以上述原则来选择安装方向，电磁式换能器也应注意其方向性。

（4）前置放大器。由接收换能器输出的电信号非常微弱，不足以推动显示装置。因此，在接收换能器后面应接入前置放大器。但当显示仪器本身有对信号的放大单元，则前置放大器可以省略。

（5）振幅显示装置。为了显示接收换能器的输出电压大小，亦即试件振幅的大小，常用指针式电压表及示波器显示。在试验中，将信号发生器的输出频率由大到小连续调节时，电表指针也随着振幅的增大而逐渐增大，并有一极大值，超过极大值后，虽然频率继续上升，但电表读数逐渐减小。如将接收信号输入示波器，则波形幅值高低的变化也能显示出振幅大小的变化。

采用示波器作显示装置的另一个更为重要的作用，是为了显示激振力和试件之间的相位差。若将激振信号和接收信号同时分别输入示波器的 x 轴和 y 轴，这时由于两个信号垂直叠加将产生李沙育图形（Lissajous figure）。两个等幅等频的信号垂直相加时，不同相位的李沙育图形如图 4-14 所示。

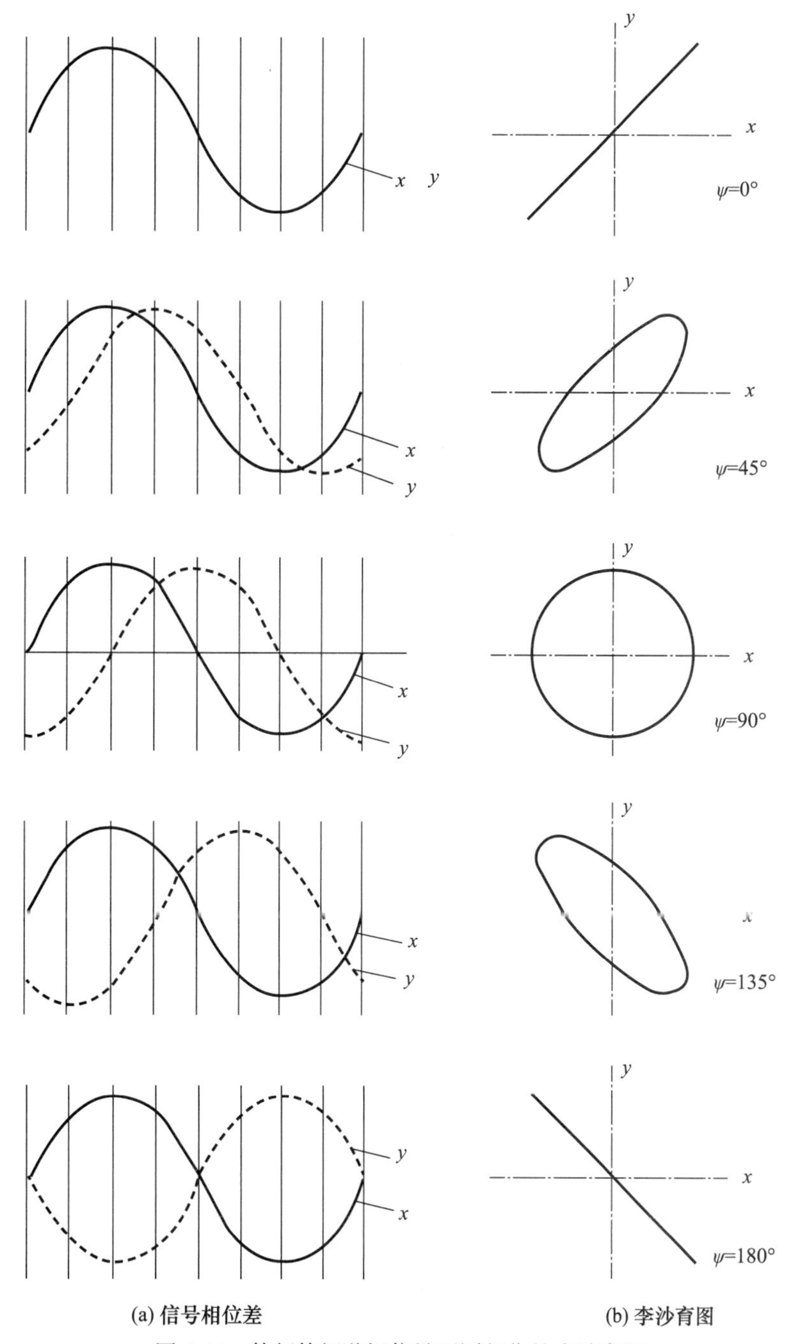

图 4-14　等频等幅谐振信号不同相位的李沙育图

以上所述共振法测量系统的五个单元，可用现有的电子仪器组合而成，也可用具有以上各单元功能的电子线路组装成一台专用仪器。目前国产的 DT-l 型动弹模量测定仪、

DT-2 型数字式动弹模量测定仪即属于这类仪器。

为了提高测量的自动化程度，可采用如图 4-15 所示的自动扫频系统。

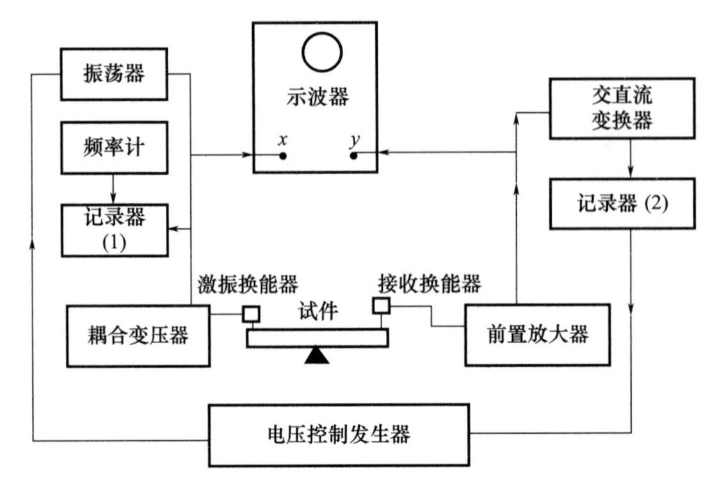

图 4-15　自动扫频共振装置示意图

在测试时，频率的连续调节可以用手动旋钮，也可以用自动扫频。在自动扫频装置中，电压控制发生器频率与有图像记录器的振荡信号发生器的频率同步。开关电路使得频率被连续地扫描，自动扫过所规定的频段，接收换能器的交变信号经放大变换成直流信号，在记录器中成条状图像，在整个扫描过程中形成一个频率响应曲线的图像，根据曲线图像的峰点即可确定共振频率。

4.2.4　试件的支承

当试件受外加周期力的作用而产生受迫振动时，若支承的方式（支座的形式、材料和支承位置）不当，将给试件振动造成阻尼，使试件通过与支座的外摩擦形成某种联系。显然，在这种情况下所测得的共振频率，是包括支座等机构在内的整个振动体系的共振频率，而不是单一杆状试件的共振频率。这将严重影响测量结果的可靠性。因支座所造成的外部阻尼越大，这种影响越严重，所以，支承方式在共振试验中是个重要问题。

但实际操作中不可能完全避免支座所造成的外部阻尼。设计或选择支承方式时的基本原则是使阻尼尽可能减少。

支座对试件振动的阻尼，是由于试件振动时与静止支座之间的相对运动产生摩擦力所形成的，所以，减少阻尼的途径是使两者之间尽可能不产生相对运动。一种方法是选择试件振动时位移等于零的点（或面）作为支承位置，即将支座置于波节处；另一方法是使支承物体随着试件的位移一起运动，这种支承物体应是柔性物质，它与试件接触的部分，可随试件产生位移，而又不将这种位移传递到底座上去，使试件与底座之间有一层柔性物隔离。如将试件用柔性金属细丝悬挂起来，或将试件置于厚海绵或泡沫塑料垫上，均可达到上述目的。

试件的波节取决于试件的振动方式及振型，波节的位置与试件长度的关系如表 4-1 所示。

从理论上来说，杆状试件的波节应是一个垂直于纵轴的平面，所以，支撑应严格支承在波节平面与试件底面的相交直线上。支撑垫块应做成尖刃状，使其与试件的接触尽可能为线接触。支撑垫块以硬橡胶制作较佳［图 4-16（a）］。

当用金属丝悬挂时，往往以金属丝兼作为激振换能器的传感通道，以便把试件置于高温、真空等特殊环境条件下测试，而换能器可置于该环境之外。这时悬挂位置应选在试件振动时的波腹处，以激励和接收较大的振幅，波腹的位置在试件的两端或波节与波节之间的中点。但是不用金属丝兼作传感通道时，悬挂位置仍应在波节处，悬挂时试件应保持水平，金属丝应与试件纵轴相交，振动位移方向应与金属丝平行或垂直［图 4-16（b）］。当进行激励扭转振动时，则需作偏心悬挂［图 4-16（c）］。

用海绵或泡沫塑料软垫支撑作支承是最方便的方法，采用这种支承方法时，垫层厚度应视试件质量而定，一般不得小于 2cm，垫层面积应大于试件底面［图 4-16（d）］，否则将改变试件的阻尼状态，尤其是底层太薄时会使阻尼变得很大，严重影响测试结果。

还应注意试件支座的设计，尽可能使支座本身的固有频率远离试件的固有频率，以免由于试件与支座之间的耦合而引起支座共振，影响测试结果。

表 4-1　杆状试件波节位置

振动方式	振型	
	基频	二次谐频
纵向振动	0.5l l	0.25l 0.75l l
横向振动	0.224l 0.776l l	0.132l 0.5l 0.868l l
扭转振动	0.5l l	0.25l 0.75l l

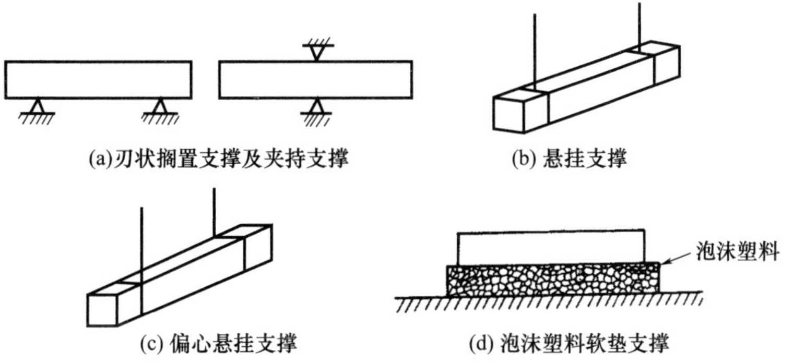

(a)刃状搁置支撑及夹持支撑　(b) 悬挂支撑

(c) 偏心悬挂支撑　(d) 泡沫塑料软垫支撑

图 4-16　试件的支撑

4.2.5 激振换能器与接收换能器的安装

激振换能器的布置原则是尽可能激起试件的最大振幅，而且所激起的振动状态应符合预先选定的振动状态，应避免复合振动状态的形成。

根据上述原则，激振换能器一般布置在波腹处，振动头的运动方向应与图 4-4 所示的激励方向一致，而且在横向振动时从激振点沿振动头运动方向的延长线应与试件纵轴相交，在纵向振动时从激振点沿振动头运动方向的延长线应与试件纵轴重合；在扭转振动时，激振换能器应作用于试件边缘，使激振力形成一个对纵轴的扭力矩。为了避免同时激起横向振动，该力矩应在横振的波节面上（图 4-17）。接收换能器也应布置在试件振幅最大的位置。换能器传感针尖的指向，应根据其灵敏度的方向性而定。即对同一振动方向的试件，用不同构造的接收压电式换能器时应采用不同的安装方式。

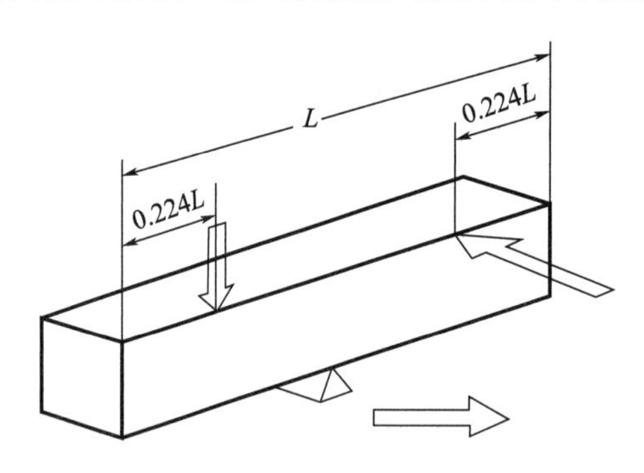

图 4-17　扭转时激励换能器位置

4.2.6 共振法的应用

利用共振法进行建筑材料的性能研究已有多年历史，1947 年美国材料试验学会（ASTM）颁布了 E_d 的试验方法，1958 年推荐试行（ASTMC 215—58T），1960 年正式列入美国国家材料试验标准（ASTMC 215—60），并于 1976 年又重新审定推行。英国于 1970 年，日本于 1976 年也相继将该法列入国家标准（BS 1881—1：1970，JIS A1127—1976）。

我国也进行了较系统的研究，并将共振法列入国家标准《普通混凝土长期性能和耐久性能试验方法标准》（GB/T 50082—2009）。随着我国电子工业的发展，近年来已研制成多种共振仪。

共振法所适用的材料品种的范围十分广泛，从各种金属材料到混凝土等非金属复合材料均可应用，但就其测试类型来说有以下几方面的内容。

4.2.6.1 混凝土动弹性模量及泊松比的测量

弹性模量是混凝土的重要力学性质，在结构设计及材料性能研究中往往把它作为一项重要指标或判断依据。

前文已给出了试件处于各种振动状态时，动弹性模量与试件固有频率的关系，所以用共振法测量材料的动弹性模量，非常简便迅速。

必须指出，用共振法测量混凝土的动弹性模量时，一些非材料性质的因素将会影响试验结果。这些因素除了前文已论述的试验方法的因素外，尚有试件本身的因素，例如同一试件的湿度不同时，所得的 E_d 不同，一般来说当湿度增加时，E_d 也随之增加，因此，在试验时所有试件应取相同的湿度。此外，试件尺寸的大小也会影响 E_d 值。因为试件尺寸越大，共振频率越低，也就是材料所受交变应力的频率较低。Kesler. C. E 通过试验发现，对于同一种混凝土，当试件尺寸变化引起的频率越低时，动弹性模量就越高。Jones. R 曾用同一种混凝土所制作的不同尺寸的试件进行测定，使不同尺寸的试件的共振频率在 70～10000Hz 之间变化，并采用横向及纵向两种不同的振动形式。结果表明，对潮湿的混凝土，动弹性模量随频率的变化而变化，在所试验的频度范围内，影响不超过 3%。但当试件大小悬殊，频率相差太大时，应予重视。我国一般均采用矩形截面试件（岩芯试样除外），试件长度与横截面振动方向长度之比，以 3～5 为最佳，而且规定该比例不得小于 2。

在测量温度敏感性材料时，温度的影响十分明显，例如沥青混凝土的动弹性模量随温度的升高而迅速下降，某些塑料制品也有类似的现象。因此，在进行这类材料测试时也应适当控制温度。

在共振状态下所测得的动弹性模量，实质上是在微弱瞬变应力作用下混凝土的应力-应变特性。这时，由于所施应力很微弱，而且交变时间极短，因而混凝土的黏塑性来不及反映出来。从混凝土的应力-应变曲线来看，它即为原点切线模量，而静力弹性模量取应力等于 $0.4\sigma_{max}$ 时的割线模量，在一定的配合比范围内，这两者之间应有一定关系，为了寻找这一类关系，许多学者曾进行了研究，并已提出若干种经验关系式。

4.2.6.2　共振法在混凝土强度增长规律研究中的应用

混凝土强度的增长规律受水泥品种、水灰比、搅拌工艺、养护时温、湿度条件、外加剂等因素的影响。通过对混凝土强度增长曲线的测定及分析，有助于最佳配比及工艺参数的选择，而且也可作为混凝土早期强度及后期强度推算的参考依据，因而有助于混凝土强度的快速测定。常用的混凝土强度增长规律均采用立方体试块抗压试验法，这种方法需在各不同龄期点进行抗压试验，因此，需要作大量试件，而且往往由于大量试件质量不均一，致使测试数据离散。而采用共振法进行测试时，全部强度增长过程均可在同一试件（或同一组试件）上得到连续测量，不仅节省了试件数量，而且还排除了大量试件不均一所带来的影响。在整个强度增长过程中，可选取较多的龄期点或条件突变点进行测量，因而使实测强度增长曲线能如实反映混凝土性能的实际变化。

用共振法进行混凝土强度增长规律研究时，仍然是用测量混凝土试件固有频率，并推算出弹性模量来间接反映混凝土强度的方法。混凝土强度是其弹性性质及非弹性性质的综合函数，当早期混凝土强度较低时，非弹性性质将有明显影响，若采用单一的弹性模量指标则这种影响得不到体现。所以，应该指出，混凝土强度的增长曲线的形状与混凝土弹性模量增长曲线的形状不会完全重合，但它们所体现的增长趋势是完全相似的（图 4-18）。从图中可见 E_d-t 及 f-t 两条曲线的形状，在早期强度较低时差异较大，后期趋势相同。

图 4-19 示出了不同养护温度时，混凝土动弹性模量与龄期的关系。试件采用了两种不同的养护条件，A 试件被置于空气中（相对湿度为 40%），B 试件埋在湿砂中（相对湿度达 100%）。从图中可见，由于湿度条件不同，弹性模量的增长受到影响，这一

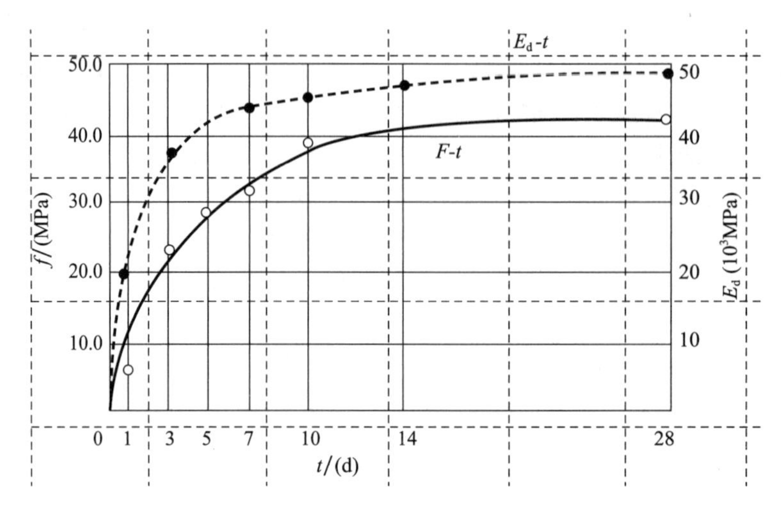

图 4-18　混凝土强度（f）及弹性模量（E_d）与龄期的关系

影响在早期的 4～5d 中最为显著，7d 后增长速率（曲线的斜率）逐渐接近，但养护湿度高的试件，E_d 的增长速率仍高于湿度低的试件，而且可以看出，由于水泥早期水化条件所造成的较低的弹性模量在后期也无法补回，由此可见，早期养护条件在整个混凝土工艺中具有重要意义。

湖南大学吴慧敏教授曾采用不同的混凝土搅拌方法，用共振法研究了混凝土动弹性模量的增长规律。图 4-20 为同一种配比的混凝土，采用普通搅拌方法及采用水泥浆预水化搅拌方法制成的混凝土动弹模量增长曲线。图 4-20 说明，由于搅拌工艺对混凝土中水泥石结构形成过程有明显的影响，所以，不同搅拌工艺所得到的混凝土，其强度及动弹模量均不相同。采用预水化的混凝土使水化产物产生近程凝聚现象，并改善了界面状况，因而混凝土的强度和动弹模量均较高。根据作者的试验资料，当预水化搅拌工艺参数选择适当时，强度和动弹模量比采用普通搅拌方法时的强度和动弹模量增长 20%。而在长期的观察中发现，普通搅拌方法的混凝土强度永远无法超过预水化混凝土的强度。这一试验加深了我们对搅拌工艺在整个混凝土工艺过程中所起的重要作用的认识。

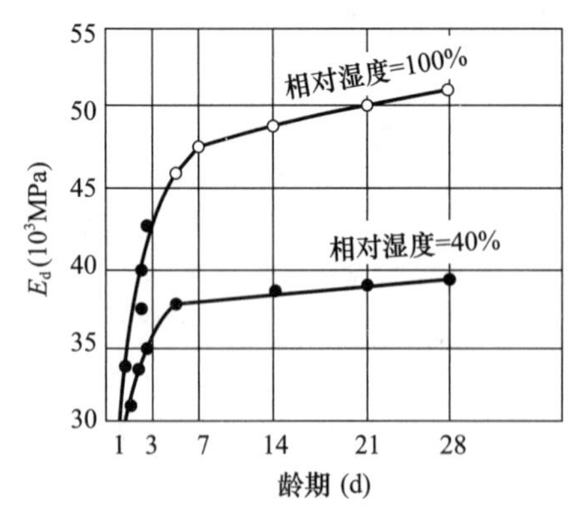

图 4-19　不同湿度下 E_d-t 的关系

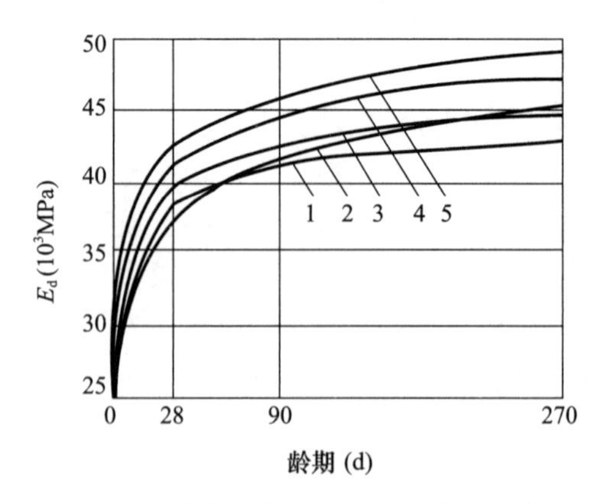

图 4-20　水化混凝土 E_d 增长趋势的比较

1—未预水化；2—预水化 2h；3—预水化 1h；
4—预水化 4h；5—预水化 3h

4.2.6.3 混凝土力学衰变及耐久性测定

由于自然环境中因气温变化所造成的冻融过程及各种物理、化学腐蚀作用的影响，混凝土的强度将产生衰变，这一衰变过程与混凝土的耐久性有着密切的联系。

目前，材料耐久性的衡量方法大体上有两种类型：一种是用模拟自然界或人为化学腐蚀并经浓缩的试验条件，测量材料在这种试验条件下的性能衰变过程，以此来衡量材料的耐久性；另一种是在短期或中期（几年或几十年）的时间中，观察材料在自然环境中强度变化的规律，然后用数学方法，外推出混凝土强度能维持在设计强度以上的大致年限，用该年限的长短来衡量材料的耐久性。这两种方法都需要测量同一材料试件在实验室条件下或在天然条件下性能的变化过程，因而共振法在这一研究领域中有其广泛的前景。

对于第一种类型，在一般非化学腐蚀的条件下，以试件经受一系列冻融循环后，混凝土强度损失或质量损失作为耐久性指标。试验证明，对特定的混凝土而言，其强度与 E_{d} 有一定的相关性。

用共振法所测得的 E_{d} 值的变化率可作为混凝土耐久性的系数，即

$$P_i=\frac{E_{\mathrm{d}ni}}{E_{\mathrm{d}01}} \tag{4-31}$$

或

$$P_i=\frac{f_{ni}^2}{f_{01}^2}\times 100\% \tag{4-32}$$

式中 P_i——试件经 n 次冻融循环后试件的相对动弹模量，%；

$E_{\mathrm{d}0i}$、f_{0i}——试件尚未经受冻融循环时，第 i 个试件的动弹模量和共振频率，Hz；

$E_{\mathrm{d}ni}$、f_{ni}——经受 n 次冻融循环后，第 i 个试件的动弹模量和共振频率，Hz。

$$P=\frac{1}{3}\sum_{i=1}^{3}P_i \tag{4-33}$$

式中 P——经 n 次冻融循环后一组混凝土试件的相对动弹性模量（%）。相对动弹性模量 P 应以三个试件试验结果的算术平均值作为测定值。当最大值或最小值与中间值之差超过中间值的 15%时，应剔除此值；当取其余两值的算术平均值之差均超过中间值的 15%时，应取中间值作为测定值。

图 4-21 为用共振法测量混凝土抗冻性的一个实例。图中体现了共振频率、抗压强度及抗弯强度下降率随冻融循环次数变化的规律。

由图可以看出，用共振法所测得的数值的离散性较小，而测量抗压强度及抗折强度变化时，需制作许多试件进行破坏性试验，由于试件之间的质量差异，使所测得的数据波动很大。此时所有测试数据连成的折线，虽然也反映了因冻融而破坏的变化规律趋势，但因试件之间不均一性的干扰，导致数据较为离散。由此可见，用共振法测量混凝土衰变过程，干扰较小、规律性较好、测试方便，具有独特的优越性。

衡量混凝土耐久性的另一个方法是根据短期所测得的强度变化曲线来推算混凝土的使用年限。根据这一衡量方法，建筑材料耐久性的一般定义应为：材料在周围环境对它所起的长期的物理及化学作用下，保持其强度的能力，以时间为其指标。而理论耐久性的定义则为材料强度从原始强度出发，在增长和衰退的综合过程中，其强度保持在原始强度以上的时间。混凝土的原始强度往往稍高于结构设计使用的强度，而材料若能保持

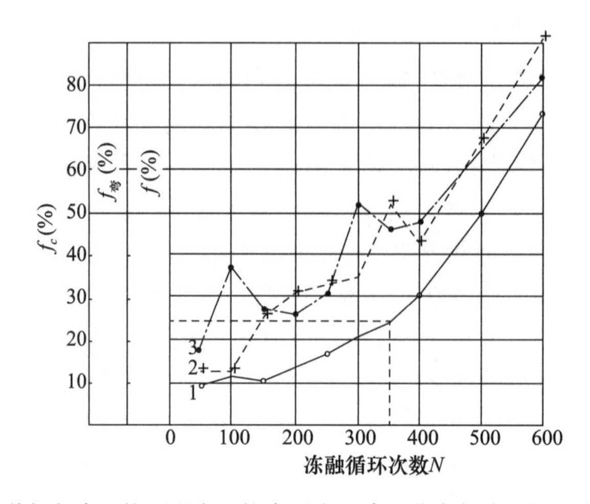

图 4-21　共振频率、抗压强度、抗弯强度下降百分率与冻融循环次数之关系

设计所要求的强度，或它的某个百分数（例如 80％～90％或其他适宜的百分率），则建筑物一般尚可使用。图 4-22 即说明了上述关系。

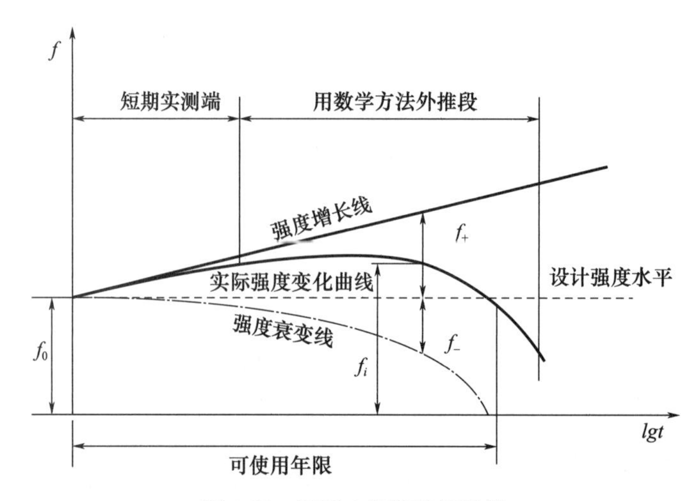

图 4-22　混凝土长期性能计算

这种耐久性衡量方法，对于确定尚无工程实际考验的新材料的有效使用年限有重要意义。为了确定使用年限，必须求出材料强度随使用年限的增长而变化的曲线（即增长与衰减的综合曲线）。这一曲线的全过程显然不能完全用实测的方法求出，而只能对试件作较长期观察，实测出曲线的前段，然后用数学方法推算出全曲线，找出该曲线与原始强度水平线的交点，该点所对应的年限，即为可使用年限。显然，曲线前段的测量数据越多越精确，规律性越好，所推出的全曲线也越可靠。采用共振法能达到这种要求。

4.2.6.4　用共振法测量混凝土的强度

严格地说，用共振法所求得的单一弹性指标不可能确切地反映混凝土强度，但是如果对混凝土的原材料及配合比等条件加以限制，仍有可能建立强度与动弹模量之间的相关关系。所以，在一定条件下，共振法仍可用于混凝土的强度测量。

许多学者为探索 f-E_d 关系作了大量研究工作，提出了一些反映 f-E_d 关系的经验公式。1950 年雷尔·密脱（R. L′Hermite）得出了如下关系式：

$$E_d = K_1 f^{\frac{1}{2}} \tag{4-34}$$

式中　f——混凝土抗压强度，MPa；

K_1——经验系数。

瓦伊希托克（N. C. Байнштoк）在 1961 年的著作中提出了相同的关系式。而契夫迪维利（J. Chefdeville）对上式作了修正，得出了相关性更好的关系式：

$$E_d = K_2 f^A \tag{4-35}$$

式中　K_2、A——经验系数。

当水泥品种不同及粗集料品种不同时具有不同的数值，根据 Chefdeville 的试验，$A=\frac{1}{3}$或$\frac{1}{4}$，甚至更小。

我国湖南大学吴慧敏等用共振法及敲击法对 E_d-f 关系进行了较系统的研究。在试验中采用两种水泥（矿渣和普通硅酸盐水泥）、两种粗集料（卵石和石灰石碎石），据所得数据，用统计方法求出经验公式，该公式与契夫迪维利公式十分相似（表 4-2）。其中，A 及 K_2 两个经验系数随水泥品种及集料的不同而不同。在所得到的试验结果中，A 及 K_2 主要取决于粗集料的品种，粗集料相同的混凝土具有较为接近的经验系数。

表 4-2　E_d-f 关系的经验公式及 K_2 和 A 的数值

水泥品种	粗集料品种	K_2	A	经验公式
矿渣水泥	卵石	79.25×10^3	$\frac{1}{3.5}$	$E_d=79.25\times10^3R^{\frac{1}{3.5}}$
	碎石	124×10^3	$\frac{1}{4.8}$	$E_d=124\times10^3R^{\frac{1}{4.8}}$
普通水泥	卵石	98.06×10^3	$\frac{1}{3.8}$	$E_d=98.06\times10^3R^{\frac{1}{3.8}}$
	碎石	126.01×10^3	$\frac{1}{4.4}$	$E_d=126.1\times10^3R^{\frac{1}{4.4}}$

图 4-23 反映了 E_d 与集料在混凝土中所占体积分数 V 之间的关系，E_d 随 V 的增加而变化，并在 0.7 附近有一拐点，$V<0.7$ 时 E_d 随 V 的增加而增加，$V>0.7$ 时因集料含量过多，难以证实 E_d 是否下降，但对混凝土强度的影响并不明显。

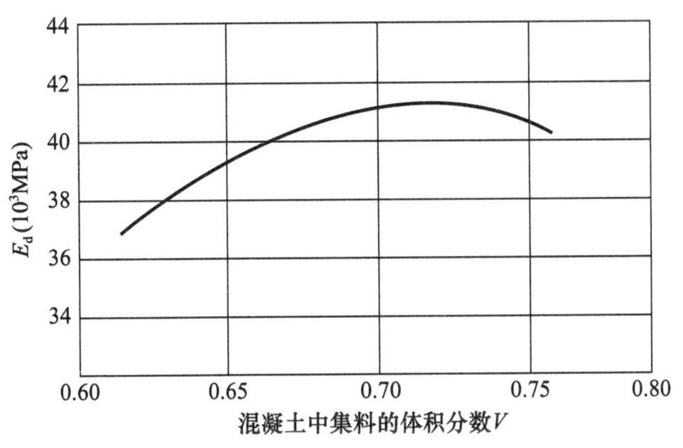

图 4-23　混凝土中集料对 E_d 的影响

综上所述，当原材料和配比条件一定时，用共振法所测得的 E_d 值可反映混凝土的强度。前已述及，在抗冻和耐腐蚀试验中，以及在混凝土强度增长规律的测量中，都是用同一试块进行全过程测量，也就是说，是在保持混凝土原材料及配合比严格不变的情况下测得 E_d变化值，因此，这时的变化值能较好地反映混凝土强度。

4.2.6.5 共振法的现场应用

使用共振法测量混凝土弹性模量，并据此进行混凝土强度推算时，对试件的形状及大小均有较严格的要求。在工地现场，由于建筑构件形状复杂，质量较大，若用共振法测试，则需极大的激振力和十分复杂的计算，因而共振法在工地上使用是不适宜的。

但是，对于混凝土预制构件厂批量生产的小型构件，共振法仍可作为质量检验的一种手段。例如琼斯就曾用共振法测量混凝土轨枕的承载能力，其精度可达±7%。

测量这种预制厂生产的小型构件时，应将激振换能器的输出功率提高，一般采用横振方向较易起振。对于横截面积较规则，并在长度方向上横截面保持不变的预制构件（如过梁、空心楼板、T 形梁等），可根据所测量的共振频率，求出动弹性模量岛作为质量判据。当然，在应用公式（4-25）时，式中的构件横截面回转半径 r 应根据构件截面形状的不同而不同。

对于变截面构件，计算较为困难；若是生产量较大的定型构件，可用共振法及破坏性试验法建立共振频率与构件承载能力的关系曲线，或确定一个产品合格的频率范围，这些曲线或合格范围即可作为大批产品质量检查的依据。

通过以上分析可知，共振法是建立在匀细杆受迫振动的理论基础之上的，因而试件应满足匀细杆的基本假设，这一点给共振法的应用带来一些不可避免的限制。此外，为了造成受迫振动状态，必须施加连续的交变激振力，而施加大功率交变激振力是很不方便的。所以，共振法所选用的试件不能过大，这一点给现场建筑预制构件的直接测量带来了困难。从操作要领中可知，许多试验条件及操作因素都将影响测量结果，因而往往要求试验者有较熟练的操作技能和对试验现象的分析判断能力，否则会造成很大的测量误差，甚至作出完全错误的判断。由于现代电子技术的发展，出现了扫频法等新的共振测试技术，使人为的操作误差得到部分消除，但是操作者仍然必须了解试件的振动状态，这样才能进行正确的计算。

综上所述，共振法是一种有一定局限性的无损测试方法，目前主要应用于实验室中对材料性能的研究，以及小型构件的质量检验。但是共振法所适应的材料品种十分广泛，从各种金属材料到各种非金属材料（如混凝土、岩石、玻璃、陶瓷、砖瓦等）均可应用。所以，目前共振法仍然是各种材料力学性能研究的重要无损检测手段之一。

至于应用的范围，尚有待于根据其基本原理逐步扩展。本节所提及的应用实例，就是目前最常用的方法。而新的应用还在不断出现，例如用于混凝土板厚测定、预应力张拉力的测量、桩基检测等方面都不乏其例。可见，共振法在使用时虽有一定局限性，但只要使用得当仍有其广阔前景。

4.3 敲击法

4.3.1 脉冲力激振的试件振动

任何一个具有一定弹性性质的试件，受到一个作用时间很短的脉冲力（如敲击力）的激励时，将发生瞬态响应，使试件发生振动。该响应的状态及所产生的振动形式取决于脉冲力的大小和作用时间的长短（可用冲量表示）以及力的作用方向和位置、材料本身的性质、试件的形状和支承方式等。当脉冲力结束后，试件由瞬态振动迅速转入稳态自由振动，但是由于试件受到介质阻尼、材料内摩擦阻尼等因素的影响，试件实际上迅速进行阻尼自由振动状态，这时的响应方程如下：

$$\xi=\frac{\hat{F}}{m\omega_n\sqrt{1-r^2}}e^{-r\omega_n t}\sin\sqrt{1-r^2}\,\omega_n t \tag{4-36}$$

式中 ξ——t 时刻的位移，cm；

$\hat{F}$——脉冲力的冲量（$\hat{F}=F(t)\,dt$，$F(t)$ 为脉冲力），N/S；

m——质量，kg；

ω_n——无阻尼时的固有频率，rad/s；

r——阻率（即阻尼系数 a 与临界阻尼系数 a_c 之比；$r=\frac{a}{a_c}$）。

对于一个连续弹性试件，当被外力激发而产生振动时，会出现许多个主振形式谐频，这些谐频之间由于不产生能量交换因而彼此独立。这些主振型中，基频 ω_1 即试件固有频率，其数值低于其他各次谐频。从式（4-36）可见，在同一试件上，同一次敲击时，m、r、$\hat{F}$ 均相等，ξ 的衰减速度则取决于 ω_n 的大小，所以高次谐频振动的振幅衰减比基频振动的振幅衰减要迅速得多（图 4-24）。在受脉冲力激励而振动的试件中，由于高次谐频迅速衰减，因而经过一定时间 t_0 后的剩余振动只有基频阻尼自由振动，其他谐频均已消失。

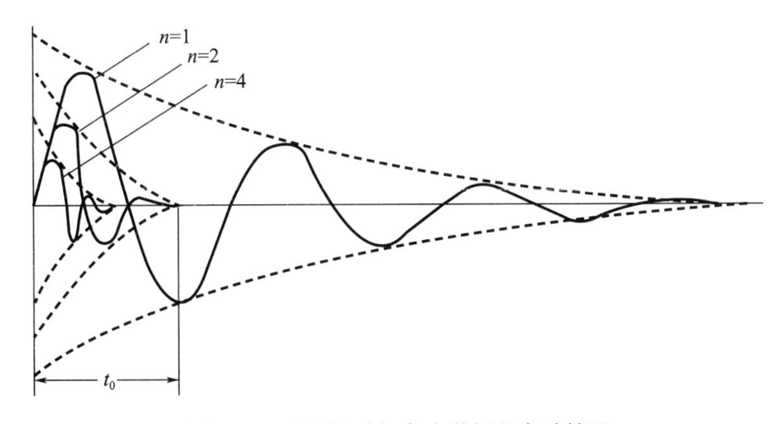

图 4-24 基频振动与高次谐振的衰减情况

从以上分析可知，当敲击试件起振后，只要选择适当时机进行频率测量，即可得到试件的固有频率。

但是，由于混凝土试件受黏塑性的影响，其基频振动的衰减虽然比其他各次谐频的衰减缓慢得多，但基频振动所能持续的时间仍然有限，所以，一般的测试手段很难抓住这一极短暂的时机。

现代电子技术的发展为这一理论分析的应用提供了可能，1970 年比利时制成了“Grindo-Sonic 仪”首先用于金属、陶瓷等低阻尼材料，1978 年我国研制成功“JS38-Ⅰ、Ⅱ型数字动弹模量测定仪”，并在金属、玻璃、陶瓷、砂轮等领域中得到应用，取得良好效果。1980 年，进一步制成了“JS38-Ⅲ型数字动弹模量测定仪”，并在方法和应用上进行了系统研究，使该法在混凝土中的应用获得成功。此外，目前常用的振动分析仪、振动波采集和频谱分析系统均可用于瞬态激振法的测量，下面对现有的专用仪器作简要介绍。

4.3.2 敲击法动弹模量测定仪

现以 JS38-Ⅲ型动弹模量测定仪为例，该仪器由传感器、放大器、信号判定单元、计数电路等部分所组成，整机方框图如图 4-25 所示。

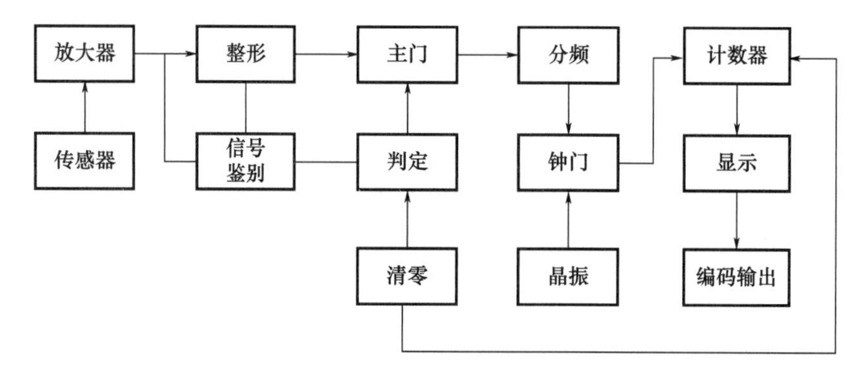

图 4-25 JS38-Ⅲ型动弹模量测定仪示意图

(1) 接收换能器

为把试件受激后所产生的机械振动转换成电信号，首先需要一个较为灵敏的接收换能器，或称传感器。敲击法所用的换能器的要求与共振法的基本相同，在 JS38-Ⅲ仪器中设计了两种换能器，即 TZ-1 型引针式换能器和 HT-1 型话筒式换能器。

TZ-1 型引针式换能器是一种直接转换压电式换能器，使用时引针与待测部位直接接触，它由锆钛酸铅压电晶体与前置放大器所组成（图 4-26）。

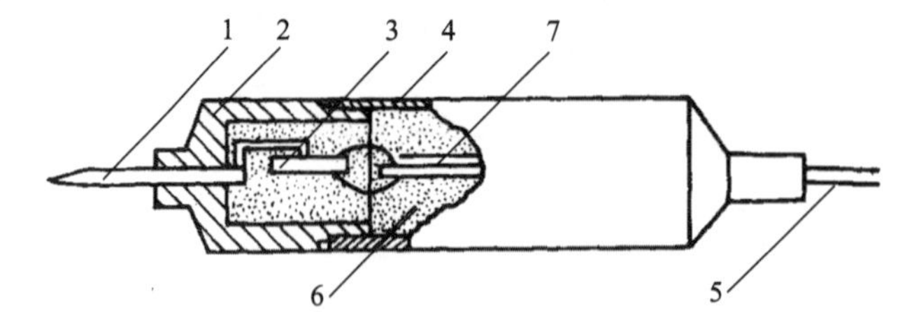

图 4-26 TZ-1 型引针式换能器

1—引针；2—有机玻璃外壳；3—压电体；4—金属外壳；5—引线；6—填料；7—前置放大器

由于压电晶体的输出阻抗很大，等效电容量很小，为改善其低频特性，以便输出信号与试件振幅尽可能保持线性关系，前置放大器采用了输入阻抗为 1MΩ 左右的复合射极跟随器，其输出阻抗在 1MΩ 以下，可进行远距离信号传输。同时，为了减少换能器质量对试件振动状态的影响，将换能器做得尽可能小巧。这种换能器的频响范围为 0.03～30kHz，质量 10g，在外壳上标有“色点”指示其灵敏方向。

HT-1 型话筒式换能器，是一种驻极体电容传声器。为了提高对环境的抗干扰能力，在其前部有一引向腔（图 4-27）。这种换能器在使用时无须与试件接触，因此，不会在试件上增加附加质量，但由于环境声源往往对它产生干扰，所以，只适用于较安静的环境中。

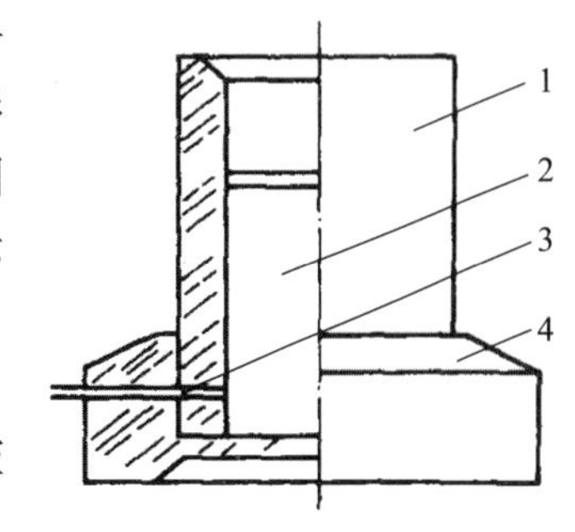

图 4-27　话筒式换能器
1—外壳；2—话筒芯；
3—引线；4—底座

这种换能器的频率响应范围为 0.05～10kHz（与仪器配合使用时，频率范围从 0.03～20kHz 仍可正常工作），不均匀度为 8dB，灵敏度 ＞15mV/Pa，输出阻抗约 1kΩ。

在一般情况下，这两种换能器在相同条件下使用，测定结果基本一致，但各有特点，测试时可根据不同情况，适当选择。

（2）放大器

其作用是将来自换能器的交变电信号放大。换能器所输出的电信号十分微弱，一般均在毫伏级以下，而且波形复杂，因此，要求放大器有较宽的频带，失真度小，有较大的电压增益和荷载能力。

（3）信号判定单元

经过放大后的被测信号输入判定单元，其作用是根据基频振动衰减缓慢的特点，设计了一个特殊的自动延时线路（称为惰性延迟阻滞开关电路），只有当高次谐频的信号衰减到小于计数器的触发电平时，主门才打开，让基频信号送入计数电路。

信号判定单元是仪器的核心部分，其方框原理图如图 4-28 所示。从图中可见，放大后的振动信号经 A 点分两个支路，在 $A-C$、$A-F$ 支路中，C、F 点的电位幅值因受惰性延迟电路的牵制而滞后于 A 点的电位幅值，其延迟特性由 $A-B$ 支路中的微分电路所控制，当 A 点的电位幅值逐渐下降时，C 点的电位也跟随 C、F 点电位幅值的下降而下降，这时只要合理调整电平比较器，就可使被测信号中的高次主振幅衰减到低于整形器的翻转电平，电压比较器输出逻辑“1”信号，主门打开，只有基频振动信号通过主门而送入计数电路。

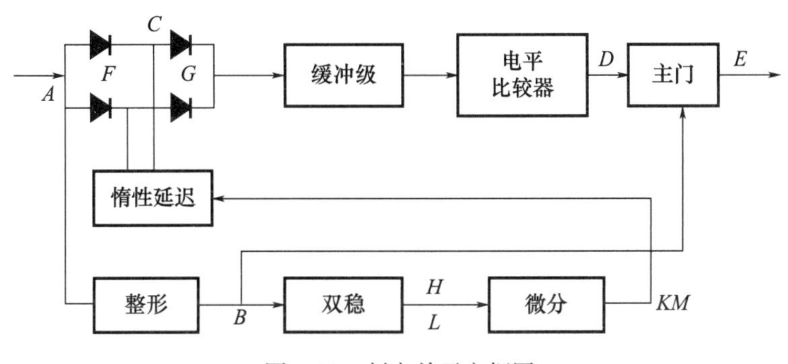

图 4-28　判定单元方框图

（4）计数单元

为了提高振动信号频率的测试精度，仪器采用稳定度为 1×10^{7}rs 的晶体振荡器作为时钟脉冲源（频率为 1MHz）。计数器显示被测信号的 2 个周期，即：

$$A=2T \tag{4-37}$$

式中 A——仪器显示值；

T——被测试试件基频振动的周期。

图 4-29 为计数电路的方框原理图。从图中可见，通过主门的基频信号在到达时钟门时已进行了八分频，由于闭锁双稳的作用，第一个脉冲使时钟门打开，第八个信号脉冲使时钟门关闭，此后进入主门的脉冲因闭锁双稳电路已处于闭锁状态，不能再发出使时钟门启闭的指令。故无论被测信号个数有多少，仪器只对 8 个脉冲信号进行周期测定。在时钟门之后，又经过四分频，因此，计数器实际显示值为被测信号的 2 倍周期。

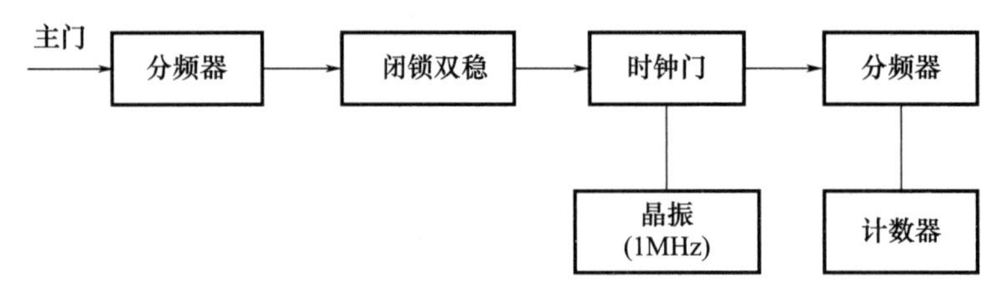

图 4-29　计数电路示意图

对于混凝土等内耗较大的试件，由于衰减较快，通过主门的信号不足 8 时，时钟门得不到关门指令，这时仪器便出现无休止的计数状态（即显示紊乱）。为适应高内耗材料的测量，仪器中增设了“÷4”功能，即每次只测定 4 个信号脉冲周期，在时钟门之后又经过二分频，因此，计数器实际显示之值仍为被测信号的 2 倍周期。

此外，仪器还有材料品质因素 Q 值测定单元等。

由仪器的设计原理可知，用敲击法测试时，试件振动信号全部由仪器自动处理和显示，操作简单，人为误差小，所以它具有简便、迅速、对测量者的操作水平要求不高等特点，比共振法更适用于现场和工厂的质量检查。

4.3.3　阻尼对测量结果的影响及敲击法的适用范围

敲击法实质上是用脉冲力激发试件产生振动，当试件由激发初期的瞬态振动转入稳态阻尼自由振动后，测量其振动频率，由于高次谐波迅速衰减，所以所测频率即为试件阻尼自由振动的频率。

由于“阻尼系数”的存在，敲击法所测得的阻尼自由振动 ω_1 并不等于试件固有圆频率 ω_0。其差值的大小取决于 a 值。当 a 值不大时，ω_1 基本上等于 ω_0，对测量精度影响很小。但对于 a 值较大的材料应予以修正。

表 4-3　共振法与敲击法测值的比较

抗压强度（MPa）	共振法（Hz）	敲击法（Hz）	相对差值$\frac{\omega_0-\omega_1}{\omega_1}$（%）
55.8	15249	15293	−0.29

续表

抗压强度（MPa）	共振法（Hz）	敲击法（Hz）	相对差值$\frac{\omega_0-\omega_1}{\omega_1}$（%）
43.8	13886	13886	0
32.2	14074	13993	0.58
24.9	13823	13697	0.91
13.1	12937	12645	1.42
10.3	12453	12227	1.82

表4-3中列出了不同强度的混凝土，用敲击法和共振法所测得的ω_1和ω_0值，以及它们之间的相对差值$\frac{\omega_0-\omega_1}{\omega_1}$（%）。图4-30为相对差值与混凝土强度的关系。从表4-3及图4-30可见，在一般情况下，$\omega_0>\omega_1$。个别数据有相反的现象，这是由于混凝土强度较高时a值很小，$\omega_0\approx\omega_1$，这时采用共振法测值，由于测试误差使ω_0在ω_1附近波动，因而出现$\omega_0<\omega_1$的现象。同时还可看出，相对差值随混凝土强度的增加而减少，这是由于强度越大a值越小的缘故。

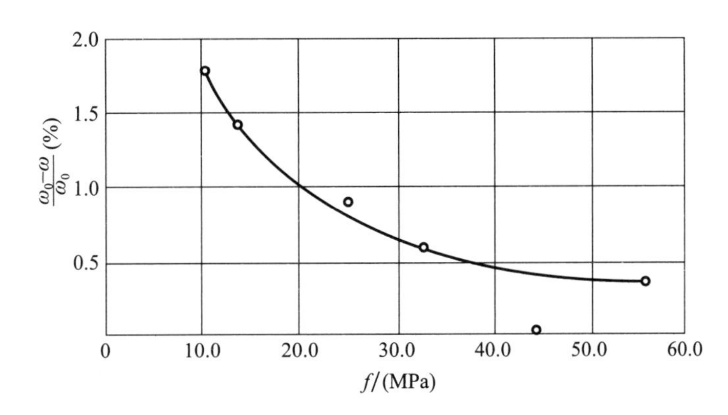

图4-30　共振法和敲击法测示值的相对差值$\frac{\omega_0-\omega_1}{\omega_1}$（%）与抗压强度（$f$）之关系

对于强度极低、损坏严重的混凝土试件及高阻尼材料的试件，敲击法的应用是有一定限度的。

4.3.4　敲击法与共振法测量精度的比较

在使用敲击法时，从接收换能器所获得的试件振动信息，均由仪器中的电子线路自动处理并给予显示，所以人为操作误差极小，而共振法的频率响应曲线不够尖锐，位移振幅峰值可在一定的频带宽度上滑移，所以确定峰值时往往与操作人员的操作有关，即人为操作误差较大。一般来说，只要在敲击法适用的范围内，敲击法的测试精度比共振法的测试精度更高。

吴慧敏等曾用这两种方法，对不同强度的混凝土的测量结果的离散系数C_v进行了系统比较，结果示于图4-32中。从所示数据可见，两种方法的离散系数C_v均随混凝土强度的升高而下降。共振法离散系数的下降速率比敲击法的大，两者差距随强度的下降而增加。

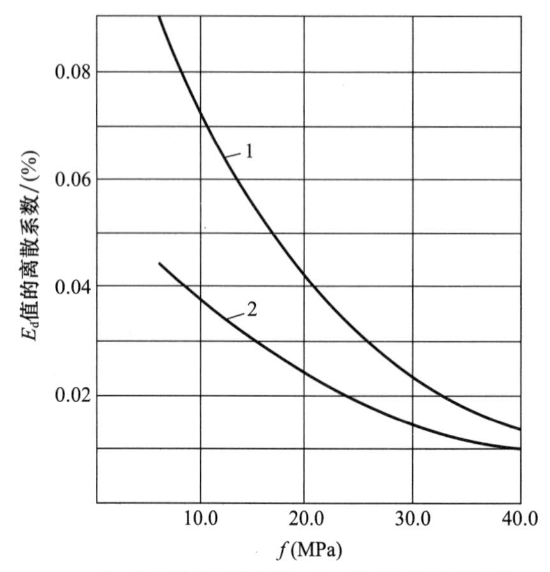

1—共振法的试验结果；2—敲击法的试验结果。

图 4-31　共振法及敲击法 f-C_v 关系之比

在敲击法试验中，测量迅速简便（每分钟可测量 30 次以上）。所以，为了提高测量精度，一般对于同一试验的同一次测量，均读 15 个数据，再取平均值。

从以上的分析可知，无论是共振法还是敲击法，其测量精度均与材料的阻尼系数 a 值有关。图 4-32 为实测的 a 值与 C_v 值的关系。从图中可见，共振法测量精度受阻尼系数的影响比敲击法的更为明显。

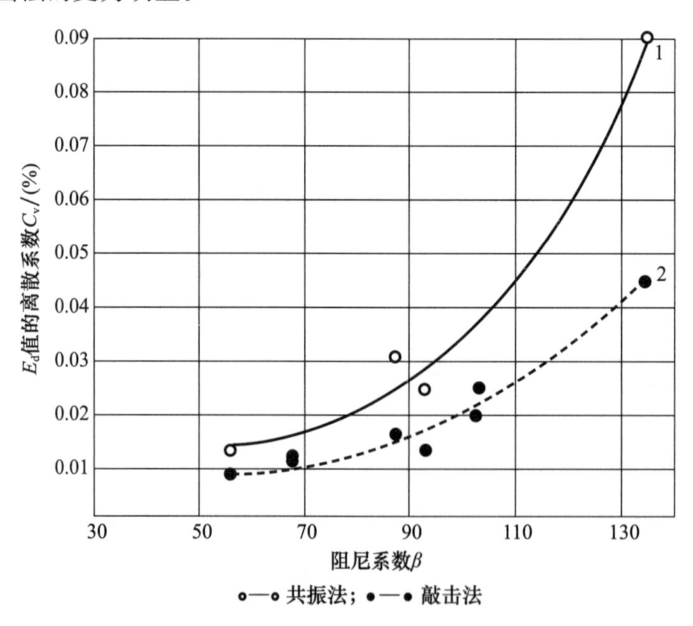

图 4-32　共振法及敲击法测量精度与试件阻尼系数之关系

从以上实测的离散系数来看，与混凝土其他试验中的 C_v 值相比，敲击法的离散系数是很小的。

4.3.5 敲击法的试验条件和计算方法

采用敲击法在测试中，对试件的要求、支承方式和激振位置（即敲击点）及方向的选择均与共振法的类似。根据试件的支承方式及敲击位置与方向的不同，可在试件上激振出各种不同振动状态（如纵振、横振、扭转等）。与共振法不同的是，敲击法为受迫振动，而共振法为阻尼自由振动。

因此，在共振法中用来计算动弹模量 E_d 的公式及各项修正系数均可用于敲击法。

$$E_d=3.786\times10^8\frac{L^3W}{bh^3B_H^2}T_n\ (\text{MPa})\quad G_d=1.6\times10^9\frac{LW}{bhB_N^2}K\ (\text{MPa})\qquad(4\text{-}38)$$

式中 B_H、B_N——仪器读数，μs。

4.3.6 敲击法的应用

由于敲击法的操作比共振法简易迅速，测值的精度较高，只要试件的阻尼在敲击法适用范围极限以内，其应用范围完全与共振法的一致，所以在4.2节中所述及的共振法应用实例同样可以用敲击法测试，而且用敲击法更容易激励构件振动。因而，敲击法比共振法更适于现场应用。此外，由于敲击法具有某些特点，其应用范围正在扩大，现举例如下。

（1）混凝土强度因冻融和腐蚀作用而衰变的测量

图4-33所示为两种不同配合比的混凝土试件。在冻融及腐蚀的综合作用下，混凝土衰变过程的测量结果。图中同时列出了用共振法与敲击法得出的测量结果。试验表明，采用共振法与敲击法，两者的测量结果基本上是一致的，但当强度的衰变越大时，两者差值也越大。这一差值中包含了两部分影响：一部分是由于随着衰变过程的发展，试件 a 值增加，以致两种方法中各自的测量误差增加；另一部分是由于因 a 值增加，用敲击法所测得的阻尼自由振动基频 ω_1 与试件无阻尼固有频率 ω_0 的差值增加，后者为系统误差，可予以修正，修正后它们两者的测试结果将更加接近。

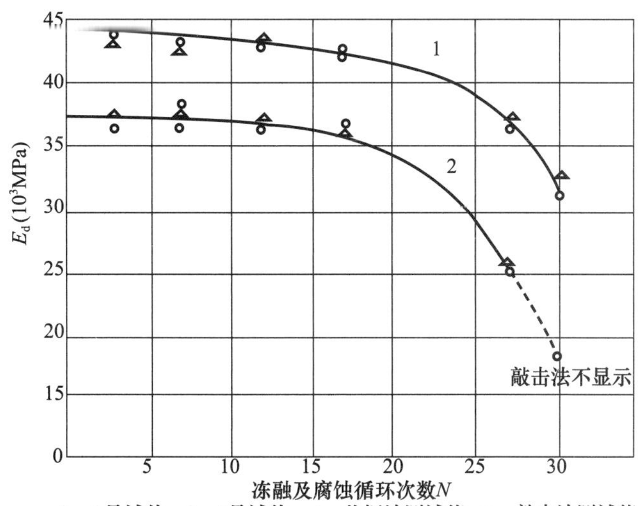

图4-33 混凝土在冻融作用 f-E_d 值的变化及敲击法与共振法适用范围的比较

（2）预应力钢筋张拉应力的测量

一根单位长度质量为 ρ 的顶应力钢丝，在张拉应力 σ 下被张紧时，根据振动弦的理论分析，该钢筋受敲击或弹拨后，其张拉应力 σ 与钢丝在该应力的张紧状态下的固有频率 f_0 有如下关系：

$$\sigma=\frac{4L^2 f_0^2}{\rho} \tag{4-39}$$

式中　L——钢丝长度，cm。

由该式可知，若能测量预应力钢丝张拉后的固有频率 f_0，即能算出张拉应力 σ。

该式只适用于较细长的预应力钢丝，当预应力钢筋的直径较大时，该式应予以修正。试验证明，有如下经验关系，

$$\sigma=k_1 f_0^{k_2} \tag{4-40}$$

或

$$\lg\sigma=\lg k_1+k_2\lg f_0 \tag{4-41}$$

式中　k_1、k_2——与钢丝密度、直径等因素有关的经验系数。

在实测时由于张拉钢筋的长短不一，为了使计算简化，一般可采用挟持器，挟住一段钢筋，使试验长度一致。图 4-34 为测试装置示意图。

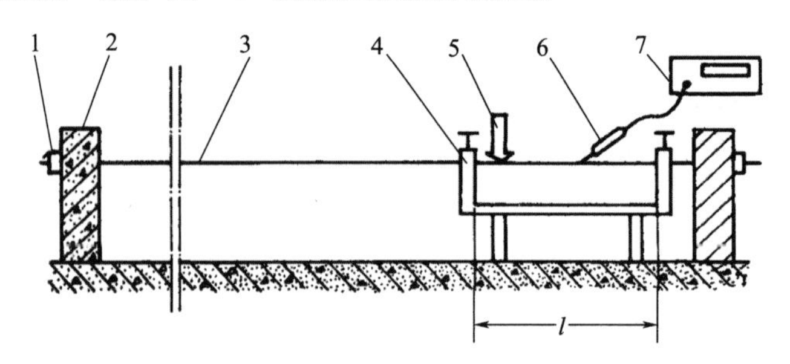

图 4-34　预应力钢筋张拉力实测试验装置示意图

1—锚具；2—张拉台座；3—钢筋；4—挟持器；5—敲击点；6—接收换能器；7—JS-38-Ⅲ仪

图 4-35 表示直径为 12mm 圆钢筋在挟持长度为 44cm 时的实测结果。

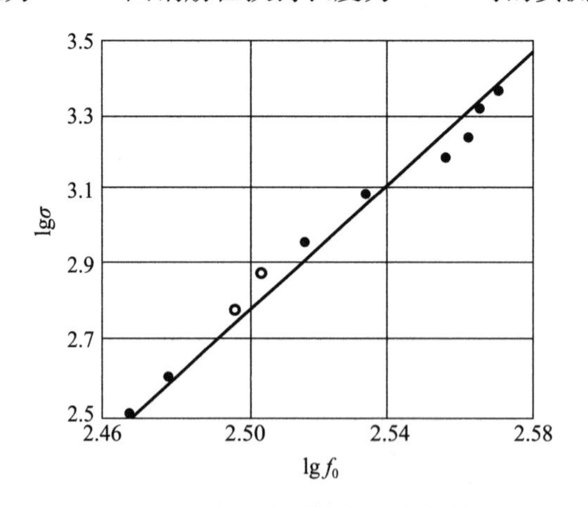

图 4-35　钢筋张拉应力与频率的关系

试验证明，这种方法所测得的预应力值是较准确的。

4.4 振动衰减

一个试件或预制构件受激振动时，并非试件本身进行单一的孤立振动，而是试件与周围环境（如支座、空气介质等）构成了一个振动体系，因此，试件振动衰减的原因是复杂的，其阻尼不仅来自材料本身的结构状态所形成的内耗源，而且还来自支座及周围介质。而上节已经说明，为反映混凝土的非弹性性质，人们感兴趣的，是材料本身的内耗源所引起的阻尼。

但是，在试验中，一般很难消除支承阻尼和介质阻尼，因此，要测量材料的绝对阻尼比较困难。通常只能尽可能减少或稳定外部阻尼，而通常测出的阻尼系数均为相对值，随着测试条件的不同，测试值也必然不同。

由于阻尼力多种多样，因此，要全面如实地描述比较困难。为了便于数学处理，可引用阻尼力与质点运动速度成正比的模式，亦即

$$F_r = -a\frac{dx}{dt} \tag{4-42}$$

式中 F_r——阻尼力，N；

a——阻尼系数，N·s/m。

该假定模式一般来说与实际阻尼状态相近似。

4.5 阻尼系数的测量方法

根据阻尼系数与各振动参数的相互关系，阻尼系数的测定主要有以下几个途径。

（1）共振曲线品质因数法；

（2）激励和响应相位差法；

（3）共振峰值法；

（4）阻尼自由振动的对数缩减率法；

（5）共振频率与阻尼自由振动频率差法（共振与敲击综合法）；

（6）超声脉冲衰减法。

以上6个途径中，除超声脉冲衰减法包含有更加广泛的衰减因素，并已在第3章中被论及外，其余均未涉及，现就其余5个途径及其比较讨论如下。

4.5.1 频率响应曲线品质因数法

在试件受迫振动时，其振动曲线（即频率响应曲线）的尖锐度与阻尼有关。频率响应曲线的尖锐度可用品质因数Q来度量。品质因数Q的定义是：最大振幅A_{max}所对应的频率与振幅为$0.707A_{max}$所对应的两个频率之差的比值，即

$$Q = \frac{\omega_0}{\omega_2 - \omega_1} \tag{4-43}$$

式中 ω_0——$A=A_{max}$时所对应的频率，当阻尼不太大时ω_0即为固有频率，Hz；

ω_1、ω_2——$A=\frac{A_{max}}{\sqrt{2}}$时所对应的频率，Hz。

Q 值与阻率 r 及阻尼系数 a 的关系为：

$$Q=\frac{1}{2r}=\frac{m\omega_0}{a} \tag{4-44}$$

由此可见，测出共振曲线（频谱曲线）的 Q 值即能求出阻尼系数 a。

在测量时只要在原有共振法试验设备的基础上，或在瞬态信号频谱分析的基础上，找到 A_{max} 及 ω_0 后，测出 $0.707A_{max}$ 时相应的 ω_2 及 ω_1，由于 ω_2 与 ω_1 分别处于频率响应曲线峰值的两侧，因此 $\omega_2>\omega_1$ 据此即可算出 Q 值和 a 值。

用这种方法进行测量时，对于频率响应曲线比较尖锐的低阻尼试件，测量结果较为精确，因为这时 ω_0 及 ω_1、ω_2 都较易确定。对于共振曲线较平缓的高阻尼试件，由于 ω_0 较难确定，因而所测得的 Q 或 a 值往往误差甚大，可见，共振曲线品质因数法较适合于高 Q 值、低 a 值试件，随着 Q 值降低，其误差增大。

4.5.2 激励和响应相位差法

在进行共振试验时，若能测出某一频率时激励和响应的相位差则可计算出 r 值，进而可算出 a 及 a_c。

该法可用稳态激振式与瞬态激振法进行，采用瞬态法时可通过谱分析获得相位谱，采用稳态法时仍可在共振法测量装置的基础上进行，但需在激振换能器和接收换能器上取一信号，输入相位测量装置（图 4-36），以便准确测量相位差。

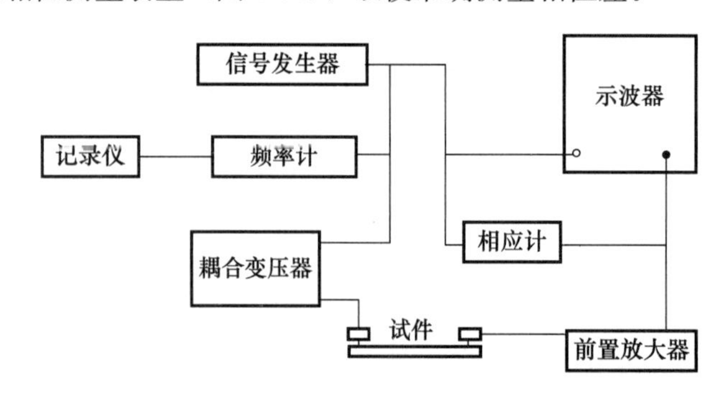

图 4-36 激励和响应相位差测量装置

在测量时，首先测出 ω_0，然后调节频率旋钮，选一适当的 ω 值，这时在相位测量装置上读出相应的相位差 φ。

目前相位差法在橡胶、塑料制品等高阻尼材料中已得到应用。在混凝土中，由于一般质量的混凝土的阻率都小于 0.15，而且尚无专用测量仪器，测量 φ 时往往有一定困难，因而应用较少。近年来，由于混凝土冻融及腐蚀破坏问题受到重视，在研究混凝土经受冻融或腐蚀接近破坏阶段的状态时，单用弹性模量一个指标已不足以全面反映混凝土的破坏状态，因此，有人采用了弹性模量和阻尼系数的综合指标，当混凝土接近破坏时，属于大阻尼的状态，用相位差法进行测量是可取的途径之一。

4.5.3 共振峰值法

在进行共振试验时，若使外加的周期性外力的最大幅值 F_0 保持恒定，并测出它的数值，则可根据实测的共振曲线峰值 A_{max} 求出 a 值。但是，实际上由于激振头的响应问题，很难使 F_0 在任意 ω 时均保持恒定，而且由于仪器本身机电转换的不稳定性，要求出 F_0 及 A_{max} 的绝对值是困难的，因此，这种方法只适用于作为不同 a 值的相对比较。

例如，在进行冻融循环试验时，欲测定未经受冻融作用的试件的 a 与经受一定冻融循环后的 a' 之比，并使 F_0 保持不变，则可用下式计算：

$$\frac{a}{a'}=\frac{A'_{max}\omega'_0}{A_{max}\omega_0} \tag{4-45}$$

显然用该法试验时，其前提是使 $F_0=F'_0$，为了达到这一目的，必须使每次试验时仪器的输出功率和接收信号增益维持不变，而且尽可能使激振换能器的响应有一近似的等幅段，并使换能器工作在这一段范围内。欲达到这些要求需要有一些能满足其性能的仪器。

以上 3 种方法都是在共振法基础上衍生的混凝土非弹性性质测量方法，这类方法的共同特点是：它们都能在共振试验时利用共振试验装置，或增加一些仪器即可同时进行阻尼系数的测量，但是它们的结果计算中均与 ω_0 有关，而在共振法中，ω_0 的测量精度是随着阻尼系数的增加而降低的，因此，这些测量方法都不可避免地含有共振法本身所固有的缺点。此外，共振法中产生外部阻尼的因素是比较多的，例如支座的位置和形式，激振换能器和接收换能器对试件所产生的附加质量，及其与试件接触的松紧情况、空气的阻尼等。为了尽可能降低试件的外部阻尼或使阻尼恒定，应使支座位置严格地支承在振动节点上，或采用柔性支座，最好采用非接触型的换能器。

在某些金属试验中往往采用悬挂支承，并且将试件置于真空条件下激振，这样可使外部阻尼降低到最低限度，以便更确切地反映试件内部的阻尼大小。但是，在对混凝土进行测试时由于试件较大，而且试件需保持一定的湿度，因此，要达到金属材料那样的试验条件是有困难的。

4.5.4　阻尼自由振动的对数衰减率法

当试件处于阻尼自由振动时，由于阻尼的存在，能量将不断衰耗，因此振幅越来越小。为了定量地描述这一衰减的趋势，引入“对数衰减率”这个概念，其定义为任意两个相邻振幅比值的自然对数。其表达式为：

$$\delta=\ln\frac{X_1}{X_2} \tag{4-46}$$

式中　　δ——对数衰减率，%；

X_1 及 X_2——两相邻波峰的幅值，mm（图 4-37）。

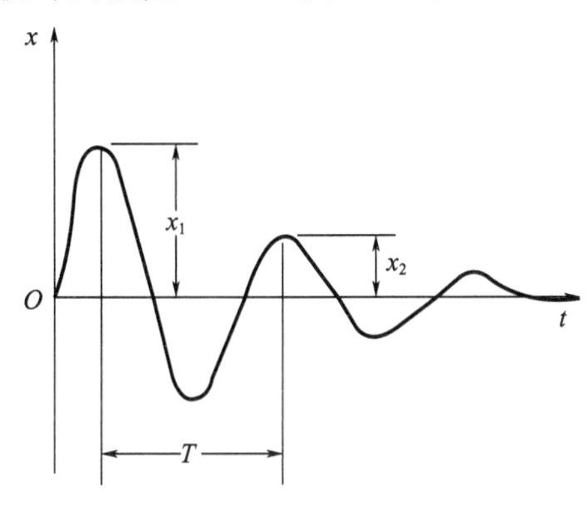

图 4-37　阻尼自由振动相邻振幅的变化

$$\delta = \frac{\pi}{Q} \tag{4-47}$$

即

$$\delta = \frac{\pi a}{m\omega_0} \tag{4-48}$$

由此可见，若能测出两相邻振幅的值即可按式（4-46）求出对数衰减率 δ，然后或按式（4-48）求出阻尼系数 a。

在实际测量中，由于两相邻振幅的差值较小，测量误差较大，因此，往往以初始周期的振幅与 n 个周期后的振幅之比来计算，前已定义两相邻振幅之比的自然对数等于 δ，所以下式成立：

$$\frac{X_0}{X_1} = \frac{X_1}{X_2} = \frac{X_2}{X_3} = \cdots = \frac{X_{n-1}}{X_n} = e^{\delta}$$

比值 X_0/X_n 可以写成

$$\frac{X_0}{X_n} = \left(\frac{X_0}{X_1}\right)\left(\frac{X_1}{X_2}\right)\left(\frac{X_2}{X_3}\right)\cdots\left(\frac{X_{n-1}}{X_n}\right) = (e^{\delta})^n = e^{n\delta}$$

两边取自然对数得

$$\delta = \frac{1}{n}\ln\frac{X_0}{X_n} \tag{4-49}$$

所以，测出 X_0 及 n 个周期后的 X_n，按式（4-49）也可算出 δ。

如果预先设定 X_0 及 X_n 的数值，而且测出从 X_0 衰减到 X_n 时所需要经历的周期数 n，同样可算出 δ 及 a。

具体测量方法有如下两种：

（1）用波形记录仪（如瞬态波形存储器等）摄录或数字存储试件受敲击产生阻尼自由振动时的波形，然后在波形图上量出 X_1、X_2 或 X_n、n，或从存储数据中算出所需数据。

（2）用 DEQ-1 型混凝土敲击仪（即 JS38-Ⅲ）测量。在 DEQ-1 型仪器中设有对数衰减率 δ 的测定功能，仪器的工作原理是在仪器中设有上电平及下电平两个“门槛”，上电平相当于 X_0，下电平相当于 X_n（图 4-38）。一组振动波输入仪器后，当振幅达到上电平相应电压时，计数门打开，仪器开始记录波峰的个数；当振幅衰减到低于下电平电压时，计数门关闭，这时计数电路所显示的波峰数即为 n。

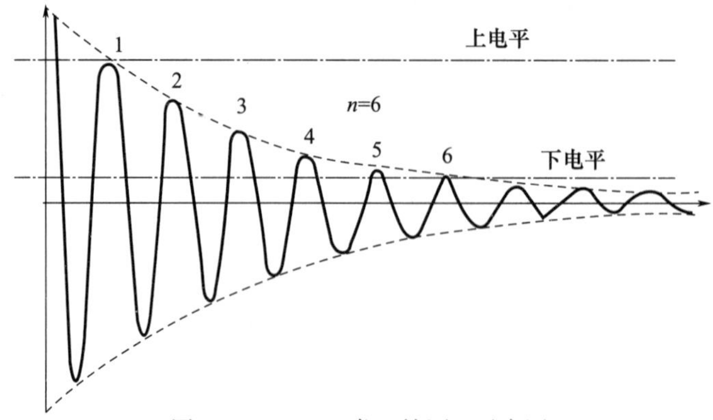

图 4-38　JS38-Ⅲ仪 δ 挡原理示意图

由于上下电平的数值是设定值，所以 $\ln\frac{X_0}{X_n}$ 是一仪器常数，令其为 K，则式（4-49）、式（4-47）可写成

$$\delta=\frac{K}{n} \tag{4-50}$$

$$Q=\frac{\pi n}{K} \tag{4-51}$$

式中　K——仪器常数；

　　n——仪器读数。

由于有了这种专用仪器，则使 δ 值的测量较为方便，它可由敲击法测量材料弹性模量时同时测出，但当混凝土配合比较大时，由于 n 数甚少，会引起较大误差。

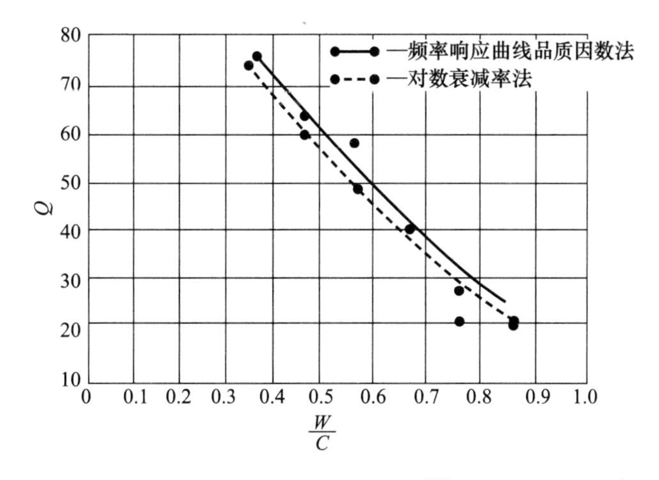

图 4-39　用不同的方法测量 Q-$\frac{W}{C}$ 关系的差异

图 4-39 为混凝土配合比由 0.35 变化到 0.84（保持集料体积含量不变）的 6 组试件，用频率响应曲线品质因素法及对数衰减率法（敲击法）所测得的 Q 值。从图中可见，Q 值随水灰比变化而变化的规律是一致的，但由于试验方法不同，Q 的绝对值有差异（平均约相差 15%），造成这种差异的原因十分复杂，其中外阻尼的变化是主要原因之一。

4.5.5　共振与敲击综合法

阻尼系数 a 及阻率 r 与自由振动周期 T 及无阻尼振动固有频率 ω_0 有如下关系：

$$a=2m\sqrt{\omega_0^2-\frac{4\pi^2}{T^2}} \tag{4-52}$$

$$r=\sqrt{1-\left(\frac{2\pi}{\omega_0 T}\right)^2} \tag{4-53}$$

T 可用敲击法测出，ω_0 可用共振法测出，因而可算出 a 和 r 值。

但是值得注意的是，采用两个试验结果时，两次试验的外部阻尼不易统一，而且 ω_0 及 T 本身的测试误差使 a 的结果受很大影响。因此，这种方法只能用于 Q 较大的情况，而且要求 T 与 ω_0 的测值均较准确，但是这一要求显然与共振法及敲击法的固有特

点相矛盾，所以这种方法还有待于进一步研究。

表 4-4、图 4-40 为用综合法所测得的结果。其中，所用混凝土试件中集料的体积含量不变，水灰比由 0.55 变至 0.85，试件尺寸为 10cm×10cm×40cm，处于横向振动状态。

表 4-4　混凝土水灰比与振动阻尼的关系（用综合法测量）

混凝土的水灰比	f_0（赫兹）	T（s）	r	Q	δ
0.55	2240	4.4903×10^{-4}	0.0114	43.95	0.07148
0.65	2200	4.5873×10^{-4}	0.0180	27.73	0.11329
0.75	2043	4.9654×10^{-4}	0.0282	17.75	0.17699
0.85	1982	5.13877×10^{-4}	0.0357	14.02	0.22416

从图 4-40 可见，用综合法所测得的数据与图 4-39 所示的数值基本符合，与频率响应曲线品质因数法比较，平均相差 35%，与敲击法比较相差 7.6%。

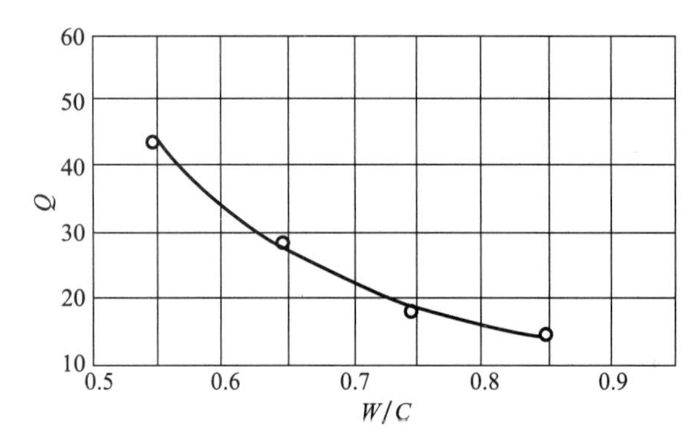

图 4-40　用共振敲击综合法测出的 Q-$\frac{W}{C}$ 关系

以上所述的 5 种方法，都是在音频范围内的阻尼测量技术，这些方法中有的已广泛得到应用，有的则因尚无适当的专用仪器，测量时误差过大而有待进一步研究。但是，在已经应用的方法中，鉴于混凝土材料本身的特殊性及混凝土研究部门普遍存在的试验条件的限制，要准确测量 a 或 δ、Q 是困难的。

品质因素 Q 对数衰减率 δ、阻尼系数 a 及阻率 r 是表示材料内耗性能的 4 个指标，它们之间的换算关系已在前面的公式推导中阐明，现将它们综合列于表 4-5 中。

表 4-5　Q、δ、a、r 的换算关系

指标	Q	δ	a	r
Q	$Q=Q$	$Q=\frac{\pi}{\delta}$	$Q=\frac{m\omega_0}{a}$	$Q=\frac{1}{2r}$
δ	$\delta=\frac{\pi}{Q}$	$\delta=\delta$	$\delta=\frac{\pi a}{m\omega_0}$	$r=2\pi\delta$
a	$a=\frac{m\omega_0}{Q}$	$a=\frac{\delta m\omega_0}{\pi}$	$a=a$	$a=2m\omega_0 r$
r	$r=\frac{1}{2Q}$	$r=\frac{\delta}{2\pi}$	$r=\frac{a}{2m\omega_0}$	$r=r$

4.6　混凝土脆性性质的动态测量

4.6.1　混凝土振动滞后回线与应力-应变曲线的类比

混凝土受压至极限应力及卸荷时的应力-应变曲线如图 4-41 所示。图中面积 W_2 为弹性应变能，面积 W_1 为黏塑性应变能，令两者之比为 B，则

$$B=\frac{W_2}{W_1} \tag{4-54}$$

B 值反映了混凝土的脆性性质。

混凝土在自由阻尼振动的过程中，在交变应力的作用下，除了产生弹性变形外，也会产生滞后于应力的非弹性变形［图 4-42（a）］。由于有非弹性变形存在，引起振动系统的能量消耗，这一现象即为振动内耗，因而使振动状态下的应力和应变关系形成一条滞后回线［图 4-42（b）］。

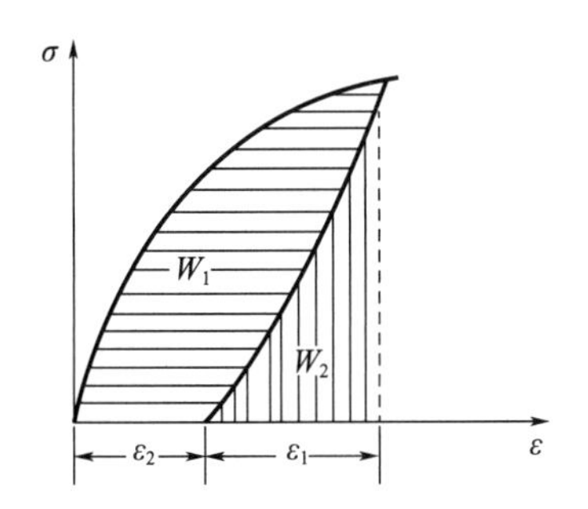

图 4-41　混凝土的加荷和卸荷曲线

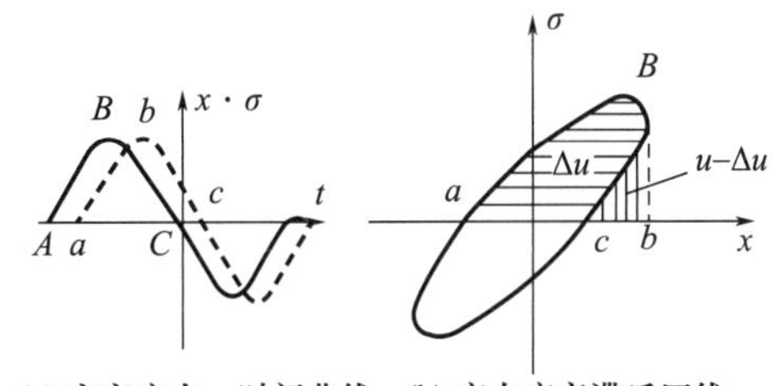

(a) 交变应力—时间曲线　(b) 应力应变滞后回线

图 4-42　混凝土振动状态下的应力-应变滞后回线

若将振动滞后回线的承压分支，即图 4-42 中的阴影线部分与图 4-41 中加荷和卸荷曲线所围成的面积相比，两者有许多相似之处，所不同的是两者应力大小不同。图 4-41 所示的曲线表示在较大静态应力作用下的混凝土应力-应变状态，这时混凝土中原生微裂缝已有明显开展，裂缝开展所消耗的能量，反映在塑性变形所消耗的能量中。图 4-42 所示的曲线则是在交变应力作用下混凝土的应力-应变状态曲线。这时瞬间动态应力可能较大，但总的平均应力水平很低，不足以引起原生裂缝的产生。这时的能量消耗主要来自振动体中的内耗源，混凝土中的振动内耗源主要是各种原生微缺陷及各种界面等。

从以上分析可知，混凝土静态大荷载作用下的加荷和卸荷应力-应变曲线，与交变应力作用下的应力-应变回线，不仅在形状上相似，而且造成能量消耗的根本原因都与混凝土中的原生微缺陷有关。换而言之，混凝土的振动回线虽然没有直接反映混凝土在大荷载作用下的力学行为，但是反映了在大荷载作用下将会引起塑性变形或脆性断裂的某些内在因素。因此，就本质而言，图 4-41 和图 4-42 所示的图形中，各应变组分的能量变化情况是有联系的。

设 B_d 为振动状态下各应变组分的能量比，u 为图 4-42（a）中交变应力由 A 点增加到 B 点时的振动总能量，在图 4-42（b）中即为 aBb 的面积，其中包括弹性应变和塑性应变所需要的能量，Δu 为交变应力由 A 点到 B 点再回到 C 点的半圆中因塑性变形所消

耗的能量，在图 4-42（b）中即为 aBc 的面积，则在混凝土经历加荷和卸荷的承压振动半圆中，所积蓄的弹性能 W'_2 和所消耗的塑性应变能 W'_1 分别为：

$$W'_2=u-\Delta u \tag{4-55}$$

$$W'_1=\Delta u \tag{4-56}$$

因此

$$B_d=\frac{W'_2}{W'_1}=\frac{u-\Delta u}{\Delta u} \tag{4-57}$$

由于应力-应变曲线与振动回线存在类比关系，因而脆性指标 B 与 B_d 也应有相似性。所不同的是，B 直接反映了混凝土在接近强度极限的大荷载作用下，弹性应变组分能量与黏塑性应变组分能量之比；而 B_d 直接反映了振动状态下混凝土弹性应变组分能量与滞弹性应变组分能量之比，它间接地反映了混凝土内耗源的性质和数量，因而也间接地预示了混凝土在大荷载下将导致产生黏塑性变形的内在因素。

所以，可以认为，若 B 被视为混凝土脆性的直接指标，则 B_d 可被视为混凝土脆性的间接指标。

4.6.2 B_d 值与振动衰减参数之间的关系及其测量

设混凝土试件自由阻尼振动的相邻振幅为 X_1、X_2、X_3、…，从对数衰减率的定义可知：

$$\delta=\ln\frac{X_1}{X_2}$$

将该式写成指数形式，则有

$$\frac{X_2}{X_1}=e^{-\delta}=1-\delta+\frac{\delta^2}{2!}\cdots \tag{4-58}$$

若相应于 X_1、X_2 的振动能为 u_1、u_2，则关系式为：

$$u_1=\frac{1}{2}EX_1^2 \tag{4-59}$$

$$u_2=\frac{1}{2}EX_2^2 \tag{4-60}$$

相邻振幅的能量损失为：

$$\frac{u_1-u_2}{u_1}=1-\left(\frac{X_2}{X_1}\right)^2 \tag{4-61}$$

令

$$\Delta u=u_1-u_2 \tag{4-62}$$

将式（4-58）、式（4-59）代入式（4-61）得：

$$\frac{\Delta u}{u}=2\delta-\frac{(2\delta)^2}{2!}+\cdots \tag{4-63}$$

因混凝土的对数衰减率很小，式（4-63）可写成

$$\frac{\Delta u}{u}=2\delta \tag{4-64}$$

将式（4-64）代入式（4-57），得：

$$B_d=\frac{1}{2\delta}-1 \tag{4-65}$$

根据表4-5中所列的关系，又可得到 B_d 值与品质因素 Q、阻尼系数 a 及阻率 r 之间的关系：

$$B_d=\frac{Q}{2\pi}-1 \tag{4-66}$$

$$B_d=\frac{2m\omega_0}{\pi a}-1 \tag{4-67}$$

$$B_d=\frac{1}{4\pi r}-1 \tag{4-68}$$

只要测出混凝土的任何一个振动阻尼参数，均能算出 B_d 值。

必须指出，当测定各阻尼参数，以便求得 B_d 值时，务必尽可能排除外部阻尼的干扰。如试件采用悬丝支承，并置于密闭容器中抽真空，以便消除空气阻尼等。

4.6.3　B_d 与混凝土抗压强度 f 的关系

图4-43为实际测定结果。从图中可见，在所试验的范围内，B_d 与 f 呈线性关系，B_d 值随 f 的增大而增大。但是当集料品种和水泥品种不同时，直线的斜率和截距不同。当抗压强度相同时，碎石混凝土的 B_d 值大于卵石混凝土的 B_d 值，即相对来说，碎石混凝土的脆性比卵石混凝土的大。由于试件中保持石子体积含量相同，因此造成这一现象的原因显然是由于石子与砂浆界面的结合状态不同所致。

此外，当集料品种相同时，同一抗压强度的混凝土中，使用矿渣水泥的混凝土的 B_d 值略高于普通硅酸盐水泥混凝土的 B_d 值。

以上试验规律与其他脆性指标所得的规律基本上是一致的，因而进一步说明了 B 与 B_d 之间的类比关系。

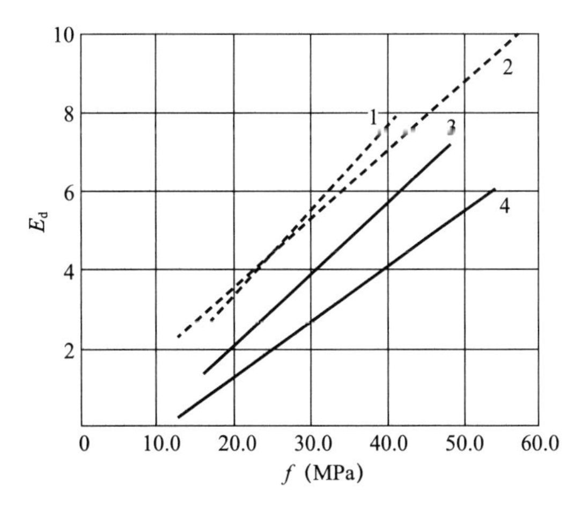

图4-43　混凝土的 B_d 值与抗压强度 f 的关系

1—矿渣水泥，碎石；2—普通水泥，碎石；3—普通水泥，卵石；4—矿渣水泥，卵石

思考题

1. 什么是敲击法？什么是共振法？它们适用于哪些试件的测试？
2. 共振频率测量的系统由哪几个单元组成？它们各自的作用是什么？
3. 共振法就其测试类型来说有几种方法？它们的主要原理是什么？
4. 敲击法有哪些方面的应用？
5. 测量阻尼系数有哪几种方法？

5　混凝土灌注结构的质量检测

5.1　钢管混凝土的质量检测

5.1.1　概述

钢管混凝土系在钢管中浇灌混凝土并振捣密实，使钢管与核心混凝土共同受力的一种新型的复合结构材料，它具有强度高、塑性变形大、抗震性能好、施工快等优点。同钢筋混凝土的承载力相比，钢管混凝土的承载力更为高，因而，当承载相同时可以节省60％～70％的混凝土用量，缩小了混凝土构件的断面尺寸，降低了构件的自重，且可在施工中节省全部的模板用量。可见，钢管混凝土结构经济效果显著。

随着钢管混凝土结构材料在工业、桥梁、台基建筑工程中推广应用，关于核心混凝土的施工质量、强度及其与钢管结合整体性等问题，已成为工程质量检查与控制迫切要解决的技术问题。结合钢管混凝土结构设计，同济大学于 1984 年就钢管混凝土质量和强度检测技术，采用超声脉冲法进行了系统的探测研究，确定了检测方法的有效可行性，钢管混凝土缺陷检测已编入了《超声法检测混凝土缺陷技术规程》（CECS 21：2000）中。

钢管混凝土质量超声检测方法如图 5-1 所示。

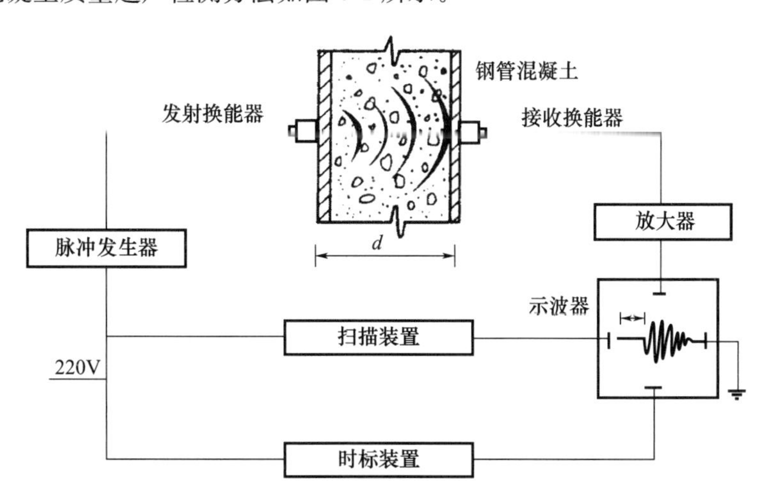

图 5-1　低频超声波检测系统方块图

根据超声仪接收信号的超声声时或声速、初至波幅度、接收信号的波形和频率的变化情况，作相对比较分析，判定钢管混凝土各类质量问题。

在钢管混凝土超声检测工作中，超声波沿钢管壁传播的信号对检测信号是否有影响及影响程度，是检测人员所关注的问题，也是能否采用超声脉冲法检测钢管混凝土质量的关键问题。根据超声波传播的距离及实测的结果可以归纳如下。

以对穿检测法而言，超声波沿钢管混凝土径向传播的时间 $t_{混}$ 与钢管壁半周长的传播时间 $t_{管}$ 的关系为：

$$t_{管}=\frac{\pi R}{v_{管}} \qquad t_{混}=\frac{2R}{v_{混}} \tag{5-1}$$

$$t_{管}=\frac{\pi}{2}\cdot\frac{v_{混}}{v_{管}}\cdot t_{混} \tag{5-2}$$

式中　R——钢管的半径，m；

$v_{混}$——超声波在钢管混凝土中传播的速度，m/s；

$v_{管}$——超声波在钢管中传播的速度，m/s。

按设计规范要求钢管混凝土的核心混凝土的设计强度为 C30，实测结果，其超声波声速约为 4400m/s，而钢管的超声波声速约为 5300m/s，即

$$t_{管}=1.3t_{混} \tag{5-3}$$

按钢管混凝土径向传播超声波声时等于沿钢管壁半周长传播的声时，即$\frac{2R}{v_{混}}=\frac{\pi R}{5300}$，$v_{混}\approx 3400$m/s，而在整个模拟各种缺陷试验过程所测得的超声波声速均大于 3400m/s。结果表明，对钢管混凝土进行检测时，超声波为直接穿透钢管混凝土的，而按 $v_{混}$ 为 4400m/s、4300m/s、4200m/s 计算，则 $t_{管}$ 分别为 $1.30t_{混}$、$1.27t_{混}$ 与 $1.24t_{混}$。

声通路将主要取决于核心混凝土的探测距离，而与超声波收、发换能器接触的两层钢管壁厚相对于钢管混凝土直径的测距是很短的，对声时检测的影响不会比钢筋混凝土中垂直声通路排置钢筋的影响大。通过核心混凝上和钢管混凝土穿透对测的比较，钢管壁对钢管混凝土缺陷检测的声时影响很小，检测钢管混凝土缺陷时，根据声时变化的相对比较，一般可以考虑采用钢管外径作为超声对测的传播测距。

5.1.2　缺陷判断

硬化的钢管混凝土中如果存在缺陷，超声脉冲通过结构材料传播的声速比相同材质的无缺陷混凝土传播的声速要小，能量衰减大，接收信号的频率下降，波形平缓甚至发生畸变，综合这些声学参量，可评定混凝土的质量状况。

超声参量的变化与钢管混凝土的质量有关，实际上与核心混凝土的密实度、均匀性及其与钢管内壁结合脱粘或局部空壳有关，钢管混凝土缺陷判断的依据，从原理上可作如下解释。

（1）声时或声速变化

当混凝土内部或其表层存在缺陷时，在超声波发-收通路上形成了不连续的介质，即缺陷的孔、缝或疏松的空间充有较低声阻抗的气体或水［空气的声阻抗 $\rho c_L=0.00398\times10^4$g/（cm^2·s），水的 $\rho c_L=14.8\times10^4$g/（cm^2·s），混凝土的 $\rho c_L=96.6\times10^4$g/（cm^2·s）］，超声波传播通路上遇有这些缺陷，将绕过缺陷向前传播，在探测的距离内，超声纵波在复合介质中传播的平均声时，或绕射到达所需要的时间将比超声纵波在密实的混凝土中直接传播所需要的声时长，反映了存在缺陷的混凝土的超声波传播的声速要小，对测法的换能器一旦顺着密致→缺陷→密致区域的混凝土扫测，声速则是从大→小

→大过渡变化的。

（2）接收信号能量衰减

由于混凝土存在缺陷，不连续介质则构成固-气、固-液的界面，使投射的声波产生不规则的散射，相对于无缺陷密致的混凝土而言，接收到的超声波能量损失较大，即接收信号的首波幅度下降，反映了声能的衰减。对于所有介质的界面，声波垂直入射时，声压或声强的反射率见公式（5-4）和式（5-5）。

$$\gamma=\frac{\rho_2 c_2-\rho_1 c_1}{\rho_2 c_2+\rho_1 c_1} \tag{5-4}$$

或

$$k=\left(\frac{\rho_2 c_2-\rho_1 c_1}{\rho_2 c_2+\rho_1 c_1}\right)^2=\gamma^2 \tag{5-5}$$

式中　$\rho_1 c_1$——第一介质的声阻抗，g/（cm^2·s）；

$\rho_2 c_2$——第二介质的声阻抗，g/（cm^2·s）。

可见，当两个介质的声阻抗相等（$\rho_2 c_2=\rho_1 c_1$）时，则 γ 或 k 均为 0，即所谓全透射，而当$\frac{\rho_2 c_2}{\rho_1 c_1}\to 0$ 或∞时，则 γ 或 K 等于 1，即接近全反射。声波在混凝土中传播，垂直射到充气缺陷的界面上，其能量近乎 100%反射，也就是说超声波绕射到达的信号是极其微弱的。

（3）接收信号的频率变化

混凝土的组织构造的非匀质性，加上内存缺陷，使探测脉冲在传播的过程发生反射、折射，高频成分的能量衰减比低频的快（理论上能量衰减与超声频率 f^2、f^4 成正比，即 $a=af+bf^2+cf^4$），也就是说，在探测的过程高频部分消失比较快，因此，混凝土超声检测接收信号的频率总是比发射的探测频率或通过相同测距的无缺陷混凝土收到的频率低，故测定接收信号频率的变化或作频谱分析，借以判断混凝土质量情况是个有效的参量。

（4）信号波形变化

由于超声波在缺陷的界面上复杂的反射、折射，使超声波传播的相位产生差异，叠加的结果导致接收信号的波形发生畸变，同质量正常的钢管混凝土的探测波形的比较，信号波形变化具有很强的可比性。所以，探测波形的重现性可以作为判断的钢管混凝土质量的依据之一。

综上所述，采用诸超声参量综合评定钢管混凝土的缺陷性质和范围，无疑比任一单指标的分析更为合理和有效。

以上诸参量，除超声声速和声时，接收信号频率变化（采用游标测读计算或作频谱分析）可以作量化的检测判断，而声能衰减和波形变化，由于受人为、耦合状况以及检测面平整度等随机性的影响，在目前的技术条件下，尚只能作定性和经验性的判别，但其有效性是毋庸置疑的。

钢管混凝土的质量主要针对混凝土的质量及其与钢管胶结紧密程度，尤其是后者。一旦两种介质结合不良，而超声诸参量均较敏感，往往有以超声波在钢管壁传播的混响为背景的接收波形发生严重畸变的图像。

5.1.3 使用方法

依据低频超声波在钢管混凝土复合材料中传播的基本原理，以及判断缺陷的方法，超声脉冲可适用于圆钢管混凝土、方钢管混凝土和混凝土构件粘钢补强的结合质量等检测。根据材料结构强度形成和施工条件可能造成的质量问题，以及工程设计的要求，模拟可能产生的各种缺陷，以及检测结果分述如下。

模拟试件采用强度等级为52.5级的普通硅酸盐水泥配制C30混凝土，粗集料的粒径为5～30mm，钢管的内径为ϕ38cm、ϕ25cm两种，管壁厚有6mm和10mm两种，采用CTS-25型非金属超声波检测仪，换能器的频率50kHz，钢管混凝土的测试龄期有7d、14d、36d、60d。

（1）混凝土内部空洞的探测

在混凝土施工过程中，由于混凝土的流动性降低，或在钢板插件附近漏振架空可能形成的空洞缺陷。钢管混凝土模拟试件的检测位置、各龄期检测的声速和相应的波形如图5-2和表5-1所示。

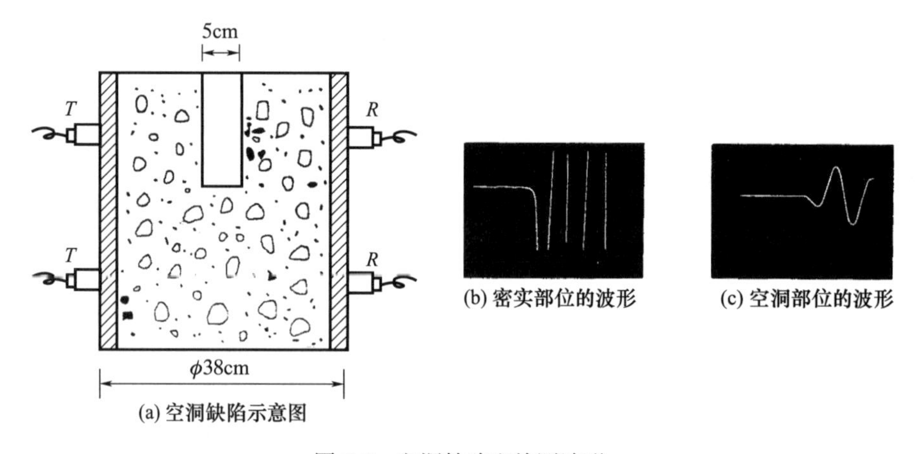

图5-2　空洞缺陷和检测波形

表5-1　不同部位、不同龄期超声声速的变化情况

检测部位	声速（m/s）			
	7d	14d	36d	60d
密实区	4236	4491	4556	4703
空洞区	4121	4130	4158	4236

综上可见：

① 钢管混凝土随着养护龄期的增长，超声声速逐渐提高，它反映了混凝土强度增大与声速呈一致性关系，证明了混凝土与钢管结合良好，接收信号初至波是沿着钢管混凝土径向传播的超声波信号。

② 随着钢管混凝土养护龄期的增长，绕过空洞缺陷的声速变化比对穿过密实混凝土的声波速度小得多，14d龄期之后探测缺陷比7d龄期的检测的辨别率要高。

③ 首波幅值和频率变化（表5-2）

表 5-2 不同部位、不同龄期首波幅值和频率的变化情况

检测部位	7d（分贝值/幅度）	60d（分贝值/幅度）
密度部位	0dB/1.5cm	5dB/4cm
空洞部位	0dB/0.8cm	0dB/1cm
频率变化	密实部位的接收信号的频率为 32.9kHz	
	空洞部位的接收信号的频率为 21.6kHz	

相对于密实区，空洞区的接收信号的频率下降约 34%。

（2）混凝土局部不密实区的探测

因施工过程混凝土假凝，或水泥浆稀少、砂石偏多，形成混凝土组织构造局部松散缺陷。模拟试件检测位置、不同龄期、不同部位检测的超声声速及波形如图 5-3 和表 5-3所示。

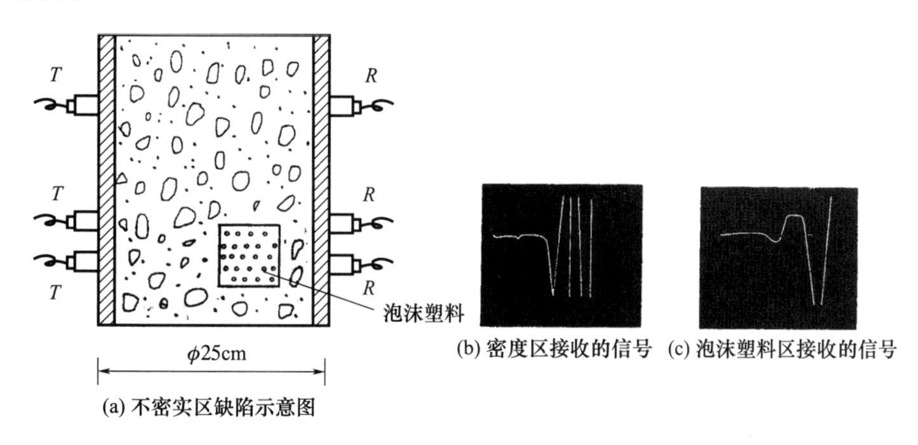

图 5-3 不密实区缺陷与检测波形

表 5-3 不同部位、不同龄期超声声速变化情况

检测部位	声速（m/s）			
	7d	14d	36d	60d
密实区	4247	4364	4540	4695
疏松区	3987	3942	4033	4053

① 以 60d 龄期扫测结果为例。

密实区→密实疏松交界区→松散区，超声声速变化为

4695m/s　　4205m/s　　4053m/s

结合对应的接收信号波形，可以大致区分出混凝土内部组织构造的变化范围。

② 在松散区上超声能量衰减和频率下降比密实区的要大，以接收信号等幅度测读，声能变化为：

密实区　　交界区　　松散区

27dB/4cm　15dB/4cm　8dB/4cm

而不密实区的超声接收信号的频率比密实区收到的信号频率下降约 15.5%。

(3) 核心混凝土与钢管壁胶结不良的探测

模拟试件的不同检测位置，不同养护龄期测得的超声声速，波形如图 5-4 和表 5-4 所示。

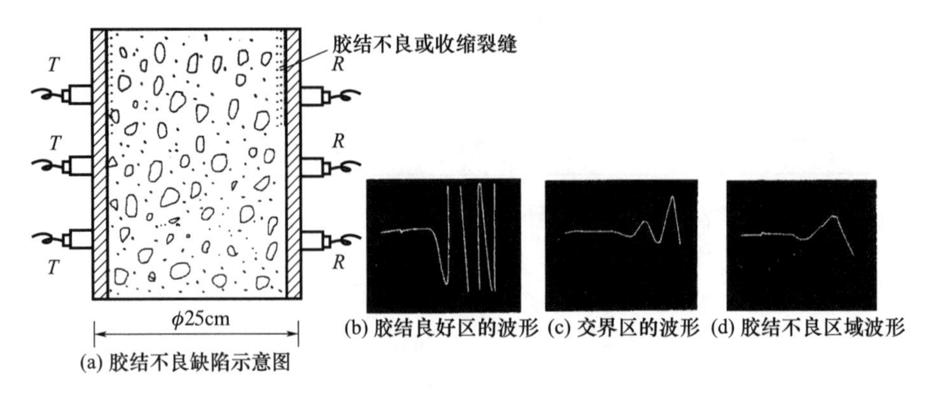

图 5-4　胶结不良缺陷与检测的波形

表 5-4　不同部位、不同龄期超声声速变化情况

检测部位	声速 (m/s)			
	7d	14d	36d	60d
胶结良好区	4247	4364	4540	4695
交界区	4212	未测	未测	4456

① 钢管与混凝土结合不良处，超声声速下降相当大，因首波畸变，首波起点较难读准，但波形变化明显，用以定性鉴别两种材料结合质量是比较有效的。

② 从胶结良好区→交界区→胶结不良位置测试比较，接收信号首波衰减量为：22dB/3cm→17dB/3cm→0dB/1cm 的变化。缺陷区的接收信号频率比质量正常的下降约 21%。

(4) 漏振疏松缺陷的检测

施工中因振捣不充分或漏振，造成混凝土内部疏松或表层的蜂窝麻面等缺陷，均削弱了钢管混凝土的承载力和耐久性。

模拟试件测试部位，不同龄期测得的超声声速及接收信号波形如图 5-5 和表 5-5 所示。

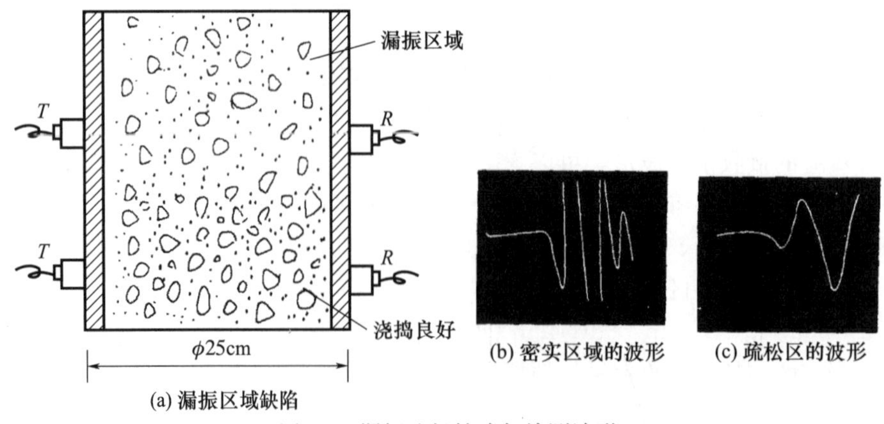

图 5-5　漏振疏松缺陷与检测波形

表 5-5 不同部位、不同龄期超声声速变化情况

检测部位	声速（m/s）			
	7d	14d	36d	60d
密实区	4247	4364	4540	4695
漏振疏松区	3910	4141	4200	4234

与密实层比较，疏松层的接收信号频率下降了 24%，根据超声参量综合分析，可鉴别钢管混凝土内混凝土密实度的状况。

（5）钢管混凝土的管壁与混凝土结合处收缩的检测

由于钢管混凝土水泥用量较高，混凝土工作度较高，渗出的水分集聚于钢管内壁均可造成钢管内壁与混凝土脱粘裂缝。

模拟收缩裂缝试件，不同龄期检测的超声声速、波形变化如图 5-6 和表 5-6 所示。

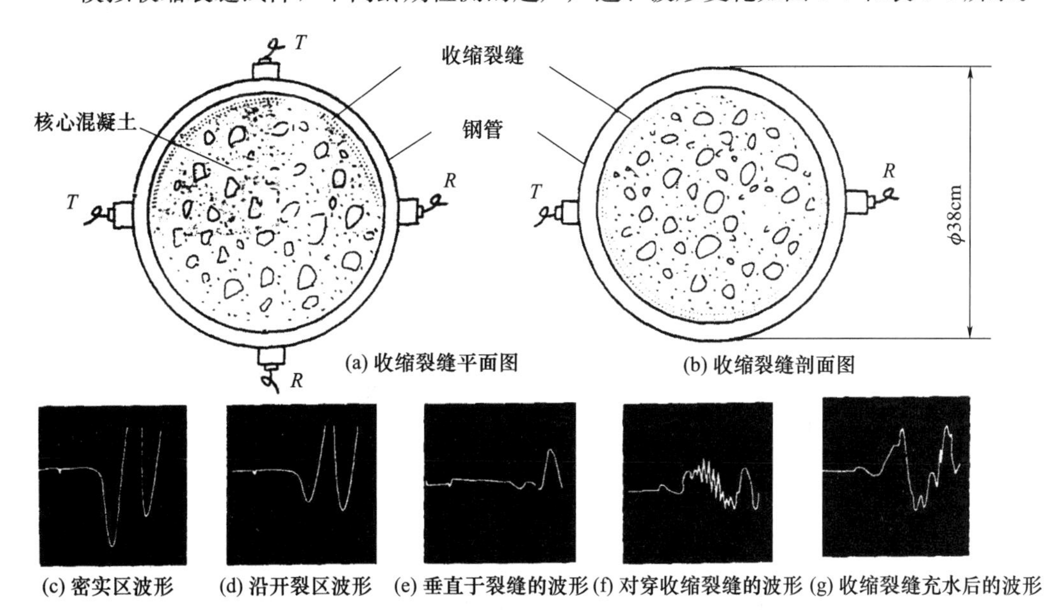

图 5-6 收缩裂缝不同位置超声检测及波形

表 5-6 不同部位、不同龄期超声声速变化情况

检测部位	声速（m/s）			
	7d	14d	36d	60d
密实区	4333	4492	4556	4703
沿裂缝交界区	4236	4280	4308	4393
垂直于裂缝	3751	3711	3770	3946

在实际检测时，正对收缩缝和部分跨缝方向检测的声速、波形状况均有差异，不同龄期的信号衰减值见表 5-7。

表 5-7　不同龄期跨缝和正对缝的信号衰减值

检测部位	7d	60d
跨缝	4dB/3cm	10dB/3cm
正对缝	0dB/波形畸变	0dB/2cm

实测表明当声波传播轴线方向与裂缝垂直时，裂缝阻隔声通路所造成声能衰减比较严重，对于钢管内壁与核心混凝土基本脱开，即使裂缝极为纤细，检测仪示波屏上显示的接收信号，总是出现混响的背景，或示波扫描不稳定，波形畸变，可以推断超声投射波大量反射、散射，造成声能的严重衰减，以及声波沿钢管壁传播的混响的干扰，导致扫描线扭曲畸变现象。

（6）混凝土分层离析均匀性的检测

由于钢管混凝土的流动性较大，或水灰比失控，施工中混凝土可能出现分层离析，形成组织构造的不均匀性。

模拟试件不同龄期的超声声速、波形状况如图 5-7 和表 5-8 所示。

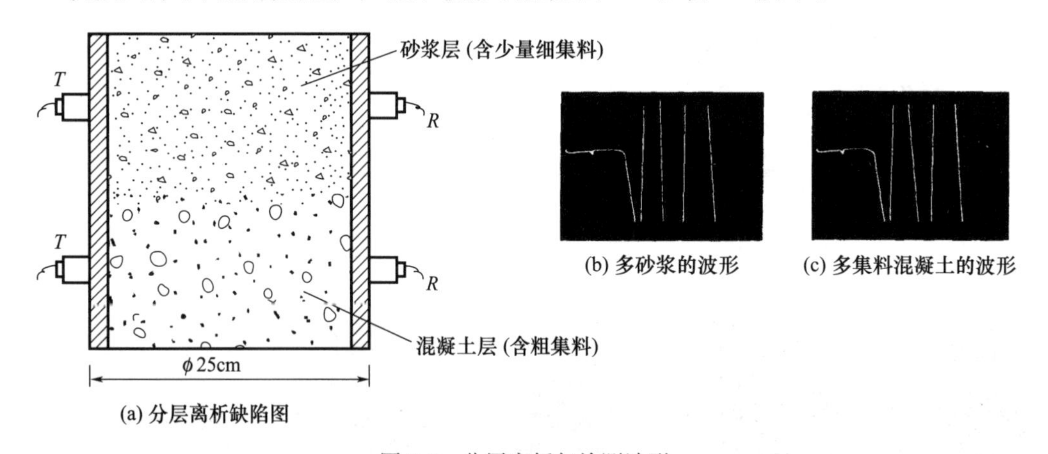

图 5-7　分层离析与检测波形

表 5-8　不同部位、不同龄期超声声速变化情况

检测部位	声速（m/s）		
	7d	14d	36d
多砂浆层	3970	4121	4141
多集料混凝土层	4380	4505	4581

实测表明，混凝土中粗集料对检测结果影响较大，即混凝土声速明显高于砂浆中的声速值，接收波形又表明在混凝土层超声波能量衰减比在砂浆层中的大，而两种状况下检测的波形均没有畸变，首波幅度均较高。而砂浆层中的首波幅度更高。可见，波形幅度正常高而两层声速有明显的差异，大多是混凝土分层离析的现象。

（7）施工缝的检测

模拟施工过程超时限的二次浇捣成型的混凝土，即后浇混凝土有可能破坏了先浇混凝土层的凝结硬化的强度，使交界层强度下降，形成施工缝，另一种是新旧混凝土结合不良也会产生整体性差的施工缝。

模拟试件，不同龄期测得的超声声速、波形变化状况如图5-8和表5-9所示。

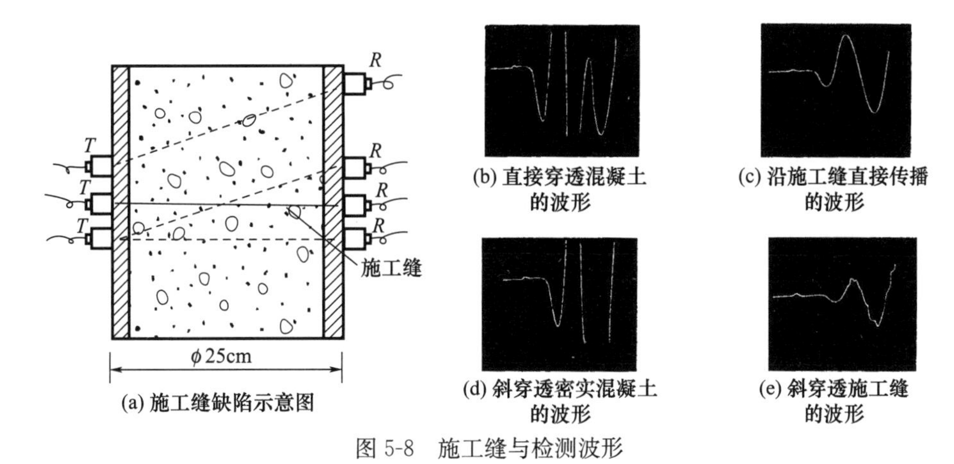

(a) 施工缝缺陷示意图
(b) 直接穿透混凝土的波形
(c) 沿施工缝直接传播的波形
(d) 斜穿透密实混凝土的波形
(e) 斜穿透施工缝的波形

图5-8　施工缝与检测波形

表5-9　不同部位、不同龄期超声声速变化情况

检测部位	声速（m/s）				接收频率
	7d	14d	36d	60d	
斜测	4269	4333	4426	4429	f=30.9kHz
跨缝斜测	3951	3910	4180	4228	f=21.1kHz

采用等距离平行斜测施工缝具有良好的可比性和鉴别率。在初步确定施工缝位置后对施工缝长短范围，可以采用相同的方法，并估计声通路能穿越缝的左、中、右布置斜测测点，以声速、首波幅度和波形诸参量与密实层中的相同测距斜测的各参量比较，估计施工缝贯穿的程度。

（8）钢管混凝土中钢板插件对超声检测的影响

由于结构的需要，钢管混凝土内部可能焊置钢板插件，为了了解成型后它的方向对超声不同方向检测的影响程度，有必要加以模拟并作超声探测。

在钢管混凝土成型时，埋入尺寸为31cm×6.4cm×1.5cm的钢块，验证超声传播平行和垂直于钢块长度方向，超声检测参量受到的影响。

模拟试件，不同龄期测得超声声速、波形变化状况如图5-9和表5-10所示。

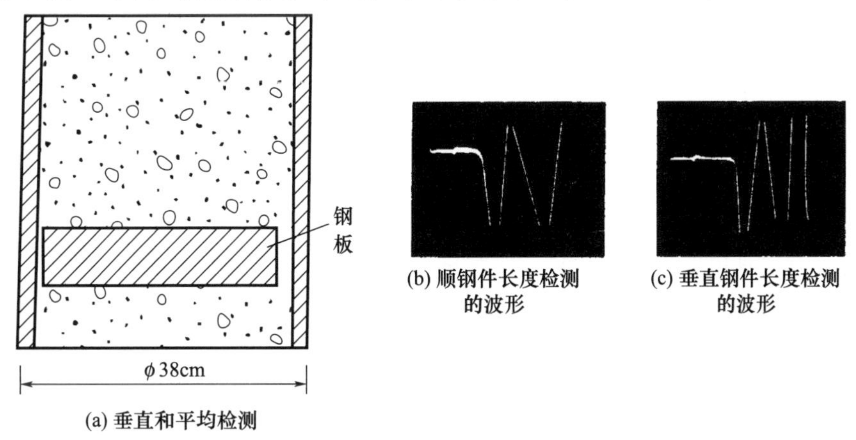

(a) 垂直和平均检测
(b) 顺钢件长度检测的波形
(c) 垂直钢件长度检测的波形

图5-9　超声垂直和平行预埋件方向的检测波形

表 5-10　不同方位各龄期测得的超声声速变化情况

检测部位	声速（m/s）			
	7d	14d	36d	60d
纵向（正对并沿钢块长度）	5087	5135	4974	5013
横向（垂直钢块长度）	4299	4373	4408	4513

检测结果表明，超声脉冲沿钢块长度方向探测的声速约 5000m/s，且各龄期的变化不大，说明这时超声声速主要取决于超声脉冲在钢块中的传播速度；而超声检测垂直于钢块长度方向的声速则主要反映了密实混凝土强度增长一致性的变化。可见，超声检测沿钢板插件长度方向传播的声速受影响较大，而声波传播垂直于钢板长度方向的检测，受到影响则较小。

5.2　混凝土灌注桩的质量检测

5.2.1　概述

5.2.1.1　关于灌注桩完整性的概念

桩是构筑物基础中的柱状构件，它的作用在于穿过软弱的可压缩性土层，把来自上部结构荷载传递到更密实、更坚硬、可压缩性较小的土壤或岩石上。桩在工作时要承受上部结构的垂直轴向荷载，还要承受上部结构因风力、水流、撞击等横向推力所引起的侧向荷载或弯矩，以及在地震状态下的复杂应力。因此，桩的质量将对整个结构物的安全起决定性作用。

桩的种类很多，混凝土灌注桩是常用的基桩型式之一。

由于灌注桩可做成大直径桩，以提高单桩承载力，又可以根据桩身内力状态分段配筋。而且施工时对周围建筑物影响较小，施工噪声也较小，因而使用较广。但灌注桩在工地条件下，现场灌注成桩，施工工艺较为复杂，影响灌注质量的因素较多，极易形成各种缺陷而影响桩身的完整性。据统计，现场灌注桩施工中桩身混凝土出现缺陷的概率为 15%～20%。

灌注桩的综合质量体现在以下 3 个方面，即承载力、桩的完整性、桩的耐久性，其中承载力因桩体较大用无损方法难以准确测量，而当地下无明显腐蚀性介质而且桩身完整时也未见有因耐久性破坏的报道。所以，完整性是混凝土灌注桩质量的主要指标。

所谓灌注桩的完整性是指桩身混凝土质量均匀，无全断面断裂及影响断面承载面积或导致钢筋外露的明显缺陷。据研究，混凝土灌注桩完整性不合格的概率高于承载力不合格的概率。换而言之，在设计无误的前提下，完整性合格的桩，承载力一般都能满足要求。而承载力合格的桩，完整性不一定能满足要求，其耐久性也不一定能满足要求。

本节仅就混凝土灌注桩的完整性的超声检测方法作简单介绍。灌注桩的质量检测也已编入了《超声法检测混凝土缺陷技术规程》（CECS 21：2000）中。

5.2.1.2　灌注桩的常见缺陷

为了对混凝土灌注桩的超声检测方法有一个较全面的认识，以便对检测结果作出正确的判断，必须对灌注桩的受力状态、施工特点及缺陷的类型和成因及其危害有所了解。

按承载方式，灌注桩可分为端承桩和摩擦桩两类，端承桩将上部压应力通过桩身传入基岩，而摩擦桩则靠桩壁与土层的摩擦力，将上部压应力逐渐分散传给土层。因此，这两种桩中，由于桩身各部位应力的不同，缺陷出现的部位对它的危害是不一样的。例如，桩顶的低强区对两种桩都很有害，而桩底沉渣则对端承桩更为有害。

桩身混凝土中的缺陷与施工方法密切相关。不同施工方法出现缺陷的类型以及不同类型的缺陷出现的概率都是不一样的。按混凝土的灌注方式，灌注桩可分为水下灌注桩和干孔灌注桩两类。

（1）水下灌注桩的常见缺陷

图 5-10（a）为水下灌注的成桩过程示意图，混凝土通过导管注入，顶托封口混凝土或砂浆，排出孔中的水，逐渐灌满桩孔。水下灌注施工时，可能出现的缺陷有以下几种，如图 5-10（b）所示。

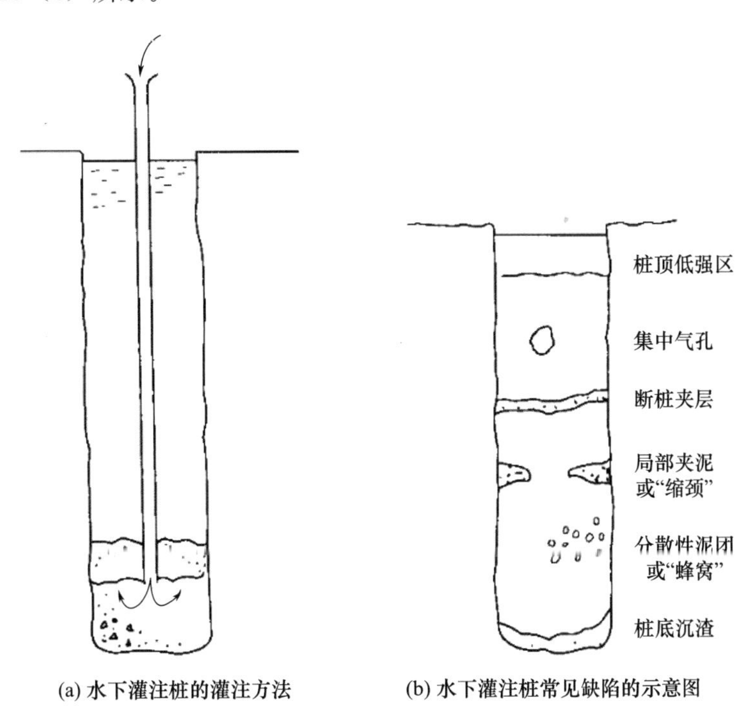

图 5-10　水下灌注桩的灌注方法及常见缺陷示意图

① 断桩（包括全断面夹泥或夹砂）

这类缺陷多半因为导管提升时不慎冒口，新注入的混凝土压在封口砂浆及泥浆上，以及因机械故障而停止灌注过久，提升导管时把已初凝的混凝土拉松，或继续施工时对表面未加清理等原因所致。断桩部位往往不是一个薄层，而是具有相当厚度的一个缺陷段，检测时不难发现。

断桩严重影响桩的承载能力，检测时不应漏检或误判。断桩对承载力的影响程度与其出现的位置有关，应按桩的受力状态分析，但断桩均应采取适当措施修理或加固。

② 局部截面夹泥或颈缩

这类缺陷一般是由于混凝土导管插入深度不适当，导致混凝土从导管流出往上顶托时，形成湍流或翻腾，使孔壁剥落或坍塌，形成局部断面夹泥或周边环状夹泥。

局部截面夹泥或颈缩将影响桩的承载面积，同时由于钢筋外露而影响耐久性，对这类缺陷检测时应尽可能检出其面积大小，以便核算桩的承载能力。

③ 分散性泥团及“蜂窝”状缺陷

其缺陷成因除与孔壁因混凝土振动而剥落有关外，还与混凝土离析及导管中被压入的气体无法完全排出有关。这类缺陷将影响混凝土的强度，若分散性泥团或气孔数量不多，影响面积不大，则对混凝土强度的影响有限，可不予处理。

④ 集中性气孔

当导管埋入厚度较深，混凝土流动性不足时，间歇倒入导管的混凝土会将导管中气体压入混凝土中而无法排出，有时会形成较大的集中性气孔，影响断面受力面积。

⑤ 桩底沉渣

在灌注前应彻底清孔，若清孔不净，则导致桩底沉渣。对端承桩而言，桩底沉渣过厚会导致桩受力时沉降位移，因此，应进行桩底压浆处理。

⑥ 桩头混凝土低强区

在混凝土浇筑过程中，封口混凝土或砂浆与水接触，在顶托过程中会混入泥水，因而强度较低，浇筑完成后应将其铲除，若未彻底铲除，则形成桩顶低强区。

在桥梁桩中，桩顶低强区不仅影响承载力，而且当河床变化时很容易被水流冲刷和腐蚀。由于桩顶一般均已露出地面，可用多种方法对混凝土强度进行检测，所以其检测值也可作为全桩混凝土强度超声推算值的校验值。

(2) 干孔灌注桩的常见缺陷

图 5-11 (a) 为干孔浇筑时的成桩过程示意图。混凝土通过升降机或溜管送到浇筑面。干孔浇筑时可能出现的常见缺陷［图 5-11 (b)］有以下几种。

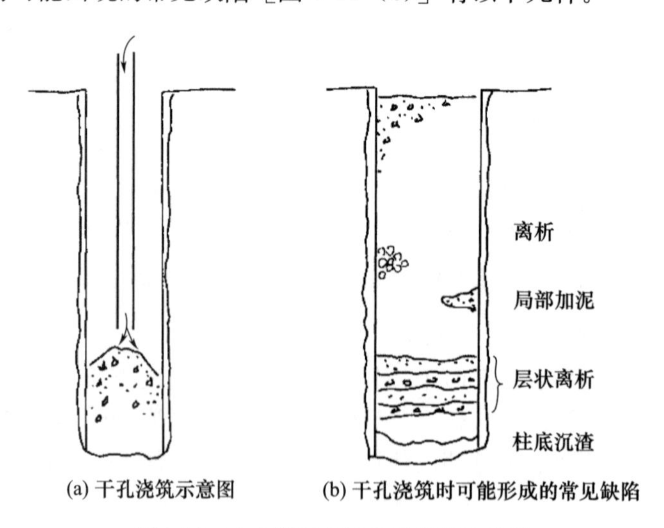

图 5-11 干孔灌注桩及常见缺陷示意图

① 混凝土层状离析或断桩

在地下水位较高的地区，常因地下水涌入孔中来不及抽干，浇入的混凝土被水冲刷或浸泡，形成层状离析，严重时砂石成层状堆积，水泥浆上浮，形成断桩。

② 局部夹泥或“蜂窝”状缺陷

干孔浇筑时常因孔壁护筒渗漏，涌入泥水而形成局部夹泥，或浇筑时未予捣实，形成“蜂窝”状缺陷。

③ 局部严重离析

由于混凝土浇筑高度超过规定要求，往往形成石子滚到边缘的离析现象，此时，石子集中区易形成“蜂窝”，而砂浆集中区因声速下降而被误判。

④ 桩底沉渣

未清孔即浇入混凝土，形成桩底沉渣。

5.2.1.3　桩的完整性分类

为了便于判断，《超声法检测混凝土缺陷技术规程》（CECS 21：2000）将灌注桩的质量按其缺陷的多少及严重程度分为四类，分类方法见表5-11。

表5-11　桩身完整性评价分类表

类别	缺陷特征	完整性评定结果
Ⅰ	无缺陷	完整，合格
Ⅱ	局部小缺陷	基本完整，合格
Ⅲ	严重局部缺陷	局部不完整，不合格，经工程处理后可使用
Ⅳ	断桩等严重缺陷	严重不完整，不合格，报废或验证确定是否加固使用

5.2.1.4　检测桩基完整性的主要方法

针对不同的桩基类型及检测目的，目前已有许多种检测方法可供选择，这些方法大致可分为四类：即静荷载试验法，直观检查法（包括开挖检查，勘探孔检查法），辐射能检测法（包括超声脉冲法及放射性元素能量衰减或散射法），动力检验法（包括高应变动力法及低应变动力法）。其中常用于桩身完整性检测的方法主要有钻芯法、超声脉冲法及低应变动力法的反射波法。

钻芯法是利用工程地质钻机在桩身混凝土中钻一竖向勘探孔，可取出芯样观察和检测不同高度混凝土的质量状况，也可依靠仔细地监视钻进速率和水中带出的钻渣的颜色和成分来判别混凝土的质量。钻芯法虽然直观可靠，但价格昂贵、工作量大，一般不使用。

反射波法是根据桩头受到一次竖向冲击后、冲击波在桩身混凝土中向下传播时，遇到缺陷的界面或桩的底面发生反射而返回桩顶的时间、相位、幅值、频率等来判断缺陷的类型、位置的一种方法。该法也可对桩长进行核对，根据波的传播速度对混凝土强度作出总体的粗略估计。该法由于简便易行，使用较广，但它主要依靠反射波进行间接判断。信号较弱或遇到多个缺陷时，容易造成误判。

超声脉冲法则是通过在桩内预埋的检测孔道，将超声换能器直接放入桩内部，逐点发射和接收超声脉冲、通过接收信号的声时、波幅、波形等参数，逐点判断混凝土的质量，并分析缺陷的位置、性质和大小。超声脉冲法需预埋检测管，因此必须在设计或施工前即列入计划，增加了工程量，但由于它比较直观、可靠，在一些重大工程及大直径灌注桩中得到广泛应用。本节将详细论述超声脉冲法的原理、检测方法以及判断方法。

5.2.2 混凝土灌注桩超声检测的原理和方法

混凝土灌注桩超声检测法是在桩内预埋若干根平行于桩的纵轴的声测管道，将超声探头通过声测管直接伸入桩身沿混凝土内部进行逐点、逐段探测。其基本原理与上部结构构件的超声探伤原理相同，即根据超声脉冲穿越被测混凝土时的传播时间、传播速度及能量的变化来反映缺陷的存在，并估算混凝土的抗压强度和质量均匀性。但由于桩的混凝土浇筑条件与上部结构的成型条件完全不同，尤其是水下浇筑时差异更大，混凝土的配合比、浇筑后的离析程度、声测管的平行度等许多因素，都会严重影响对缺陷的判断及相对强度、均匀性的推算，因此，灌注桩的超声检测必须有一套适合其特点的方法和判据，而不能完全沿用上部结构检测的方法。

吴慧敏等从1982年开始，结合郑州黄河大桥大直径灌注桩的实测需要，在国内首先开展了该项技术的研究，提出了一整套检测方法、设备要求、判断方法及PSD数值判据和计算机软件，填补了我国在该领域的一项空白，尤其是PSD数值判据的提出，改变了国外仅作波形经验判断的方法，为判断智能化打下了基础。此后，这一方法获得广泛推广应用，并已纳入有关规范。

5.2.2.1 灌注桩超声检测法的检测方式和基本检测参量

(1) 检测方式

灌注桩的超声检测方式有三种，即双孔检测、单孔检测和桩外孔检测。

① 双孔检测

在桩内预埋两根以上的管道，把发射探头和接收探头分别置于两根管道中(图5-12)，检测时超声脉冲穿过两管道之间的混凝土，这种检测方式的实际有效范围，即为超声脉冲从发射探头到接收探头所穿过的范围。随着两探头沿桩的纵轴方向同步升降，使超声脉冲扫过桩的整个纵剖面，从而可得到各项声参数沿桩的纵剖面的变化数据。由于实测时是沿纵剖面逐点移动换能器、逐点测读各项声参数，因此，测点间距应视要求而定。通常当用手动提拉探头时，测点间距一般采用20～40cm，若遇到缺陷可疑区，应加密测点。为了避免水平断缝被漏测，可采用斜测方法，即两探头之间有一定高度差，其水平测角可取30°～40°；若采用自动提拉设备，测点距离可视提拉速度及数据采集速度而定。

为了扩大桩的横截面上的有效检测控制面积，必须使声测管的布置合理。双孔测量时，根据两探头相对高程的变化，可分为平测、斜测、扇形扫测等方式，如图5-12所示，在检测时视实际需要灵活运用。

② 单孔检测

在某些特殊情况下（例如在钻孔取芯后）需进一步了解芯样周围混凝土的质量，以扩大钻探检测的观察范围。这时，只有一个孔道可供检测使用，可采用单孔测量方式(图5-13)。单孔检测方式需专用的一发两收探头，即把一个发射压电体和两个接收压电体装在一个探头内，中间以隔声体隔离。声波从发射振子发出，经耦合水穿过混凝土表层，再经耦合水到达上、下两个接收压电体，从而测出声脉冲沿孔壁混凝土传播时的各项声参数。

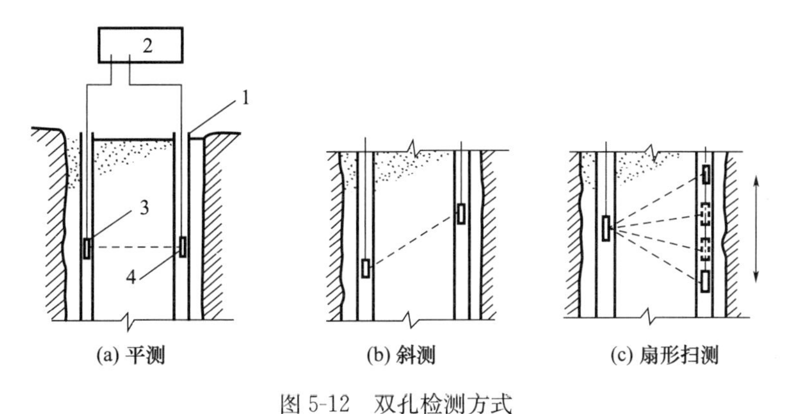

图 5-12　双孔检测方式

1—声测管；2—超声监测仪；3—发射探头；4—接收探头

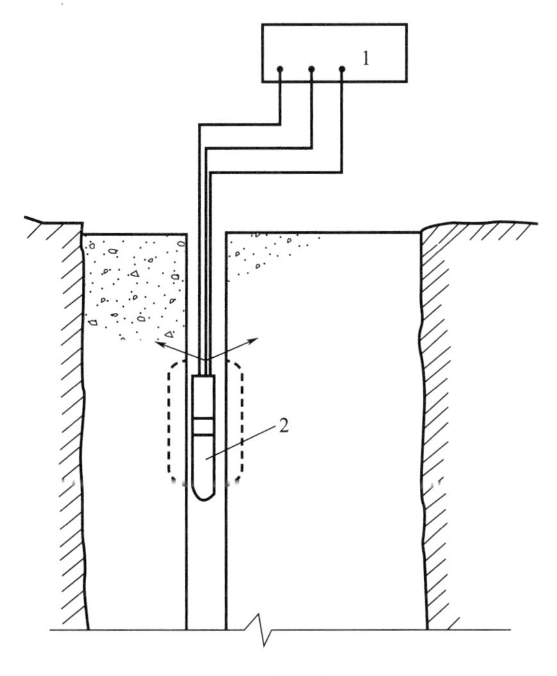

图 5-13　单孔检测方式

1—超声仪；2—一发双收探头

运用这一检测方式时，必须运用信号分析技术，以排除管中的混响干扰以及各种反射信号叠加的影响。当孔道中有钢质套管时，由于钢管影响超声波在孔壁混凝土中的绕行，故不能使用此法检测。

一般认为，单孔检测时的有效检测范围，约为一个波长的深度。

③ 桩外孔检测

当桩的上部结构已施工，或桩内未预埋声测管时，可在桩外的上层中钻一孔作为检测通道。由于超声在土中衰减很快，因此桩外的孔应尽量靠近桩身，使土层较薄。检测时在桩顶上放置发射功率较强的低频平探头，沿桩的纵轴向下发射声脉冲，接收探头从桩外孔中慢慢放下，超声脉冲沿桩身混凝土向下传播，并穿过桩与测孔之间的土层，通过孔中的耦合水进入接收换能器，逐点测出声时、波高等参数，当遇到断桩或夹层时，该处以下各点声时明显增大，波高急剧下降，以此作为判断依据。这种方式的可测桩长受仪器发射功率的限制，一般只能测到 4～8m，而且只能判断夹层、断桩、颈缩、鼓肚等缺陷。

以上三种方式中，双孔检测是灌注桩超声脉冲检测法的基本形式。其他两种方式在检测和结果分析上都比较困难，只能作为特殊情况下的补救措施加以使用。

(2) 用于判断缺陷的基本物理参量

超声脉冲穿过桩体混凝土后，被接收换能器所接收。该接收信号带有混凝土内部的许多信息。如何把这些信息离析出来，予以定量化，并建立这些物理参量与混凝土内部缺陷、强度等级和均匀性等质量指标的定量关系，是当前采用超声脉冲检测法中的关键问题。目前已被用于灌注桩混凝土内部缺陷判断的物理参量有以下 4 项。

① 声时或声速。即超声脉冲穿过混凝土所需的时间。如果两声测管基本平行，则当混凝土质量均匀、没有内部缺陷时，在各横截面所测得的声时值基本相同；但当存在缺陷时，由于缺陷区的泥、水、空气等内含物的声速远小于完好混凝土的声速，所以穿越时间明显增大，而且当缺陷中物质的声阻抗与混凝土的声阻抗不同时，界面透过率很小，根据惠更斯原理，声波将绕过缺陷继续传播，波线呈折线状。由于绕行声程比直达声程长，因此，声时值也相应增大。可见，声时值是缺陷的重要判断参数。

声时值可用仪器精确测量，通常以微秒（μs）计。为了使声时值沿桩的纵剖面的变化状况形象直观，在检测中常把检测结果绘成“声时-深度”曲线。

超声脉冲传播单位声程所需要的声时即为声速。因此，也可将声时值变换成声速值作为判断的依据。

② 接受信号的幅值。它是超声脉冲穿过混凝土后的衰减程度的指标之一。接收波幅值越低，混凝土对超声脉冲的衰减就越大。根据混凝土中超声波衰减的原因可知，当混凝土中存在低强度区、离析区以及存在夹泥、蜂窝等缺陷时，将产生吸收衰减和散射衰减，使接收波波幅明显下降，从而在缺陷背后形成一个声阴影。幅值可直接在接收波上观察测量，也可用仪器中的衰减器测量，测量时通常以首波（即接收信号的前面半个或一个周期）的波幅为准，后继的波往往受其他叠加波的干扰，影响测量结果。幅值的测量受换能器与试体耦合条件的严重影响，在灌注桩检测中，换能器在声测管中通过水进行耦合，一般比较稳定，但要注意使探头在管中处于居中位置，为此应在探头上安装定位器。

幅值或衰减与混凝土质量紧密相关，它对缺陷区的反应比声时值更为敏感，所以它也是缺陷判断的重要参数之一，是采用声阴影法进行缺陷区细测定位的基本依据。

③ 接收频率。超声脉冲是复频波，具有多种频率成分。当它们穿过混凝土后，各频率成分的衰减程度不同，高频部分比低频部分衰减严重，因而导致接收信号的主频率向低频端漂移；其漂移的多少取决于衰减因素的严重程度，所以，接收频率实质上是衰减值的一个表征量，当遇到缺陷时，由于衰减严重，接收频率会降低。

接收频率的测量一般以首波第一个周期为准，可直接在接收波的示波图形上作简易测量。近年来，为了更准确地测量频率的变化规律，已采用频谱分析的方法。它获得的频谱所包含的信息比采用简易方法时接收波首波频率所带的信息更为丰富，更为准确。在频域图上可准确地找到主频值，以及对应主频的幅值，若有发射信号的频谱资料，则可准确给出主频向低频端的漂移值。运用频谱分析时还应注意采样速率及截取长度等对频谱分析结果的影响，以便使各测点间的分析结果具有可比性。

④ 接受波波形。由于超声脉冲在缺陷界面的反射和折射，形成具有不同波线的波束，这些波束由于传播路径不同，或在界面上产生波型转换而形成横波等原因，使得到达接收换能器的时间不同，因而使接收波成为许多同相位或不同相位波束的叠加波，导致波形畸变。实践证明，当超声脉冲在传播过程中遇到缺陷，其接收波形往往产生畸变。所以，波形畸变可作为判断缺陷的参考依据。

必须指出，波形畸变的原因很多，某些非缺陷因素也会导致波形畸变，运用时应慎重分析。目前波形畸变尚无定量指标，而只是经验性的。关于波形畸变后采取怎样的分析技术，还有待进一步研究。

(3) 用于判断灌注桩混凝土强度等级及均匀性的物理参量

目前用于桩内混凝土强度等级及均匀性评价的物理参量主要有声速、衰减值以及由它们推定的强度的统计参数。

① 声速。混凝土声速与强度有良好的相关性，所以可以用声速值推定混凝土的强度等级。但声速与强度的相关性受许多因素的影响，例如不同配合比的混凝土往往有不同的“声速-强度”相关公式，所以，通常针对一定配合比和原材料条件的混凝土，并事先制成“声速-强度”校准曲线，或事先通过试验求得两者的相关公式，在检测中作为推定强度的依据。

② 衰减值。由于“声速-强度”相关关系受配合比等许多因素的影响，灌注水下混凝土时，如果产生离析等现象，那么部分混凝土的实际配合比将与设计配合比有很大差别。这时用一种相同的“声速-强度”相关公式去推定强度误差往往较大。为此，可采用“声速-衰减-强度”综合法，该法可排除离析的影响，因而可提高强度的推定精确度。用于推定强度时，衰减值应准确测量，并应排除耦合条件等因素的影响。

③ 推定强度的统计参数。为了评定桩的混凝土均匀性，以便评价施工质量，可将推定强度的平均值、标准差和不低于设计强度等级的百分率分别求出，并参照《混凝土强度检测评定标准》(GB/T 50107—2010) 进行评定。

由于声速或声时与强度值有一定相关性，因此，有时也可用声速或声时的统计参数作为评定均匀性的依据。用声速或声时的统计参数评定的均匀性，可作为施工时质量控制的参考指标，不宜作为验收指标。

5.2.2.2　灌注桩超声检测法的检测装置

灌注桩超声检测法的检测装置主要由超声探头、超声仪、探头升降装置及桩内预埋的声测管等组成。

(1) 对检测装置的基本要求

① 探头

测桩所用的探头应是柱状径向振动的换能器，其主频宜为25～50kHz，长度宜小于20cm。为提高接收换能器的灵敏度，可在换能器中安装前置放大器，前置放大器的频带宽度宜为5～50kHz。由于换能器在深水中工作，其水密性应满足在1MPa水压下不漏水。

为了标示探头在声测管中的位置，在探头电缆线上应有标尺刻度。

径向发射探头是利用圆片状或圆管状压电陶瓷的径向振动来发射或接收超声脉冲的，目前常用的有增压式径向换能器，其构造如图5-14所示。它是在一个金属圆管内侧等距离排列一组径向振动的压电陶瓷圆片，圆片周边与金属圆管内壁密合。这种组合方式可使金属圆管表面上所受到的声压全部加在面积较小的压电陶瓷圆片的周边柱面上，从而起到增压和提高灵敏度的作用。为了减少声压在金属圆管上的损失，常把金属圆管剖切成多瓣式。为了在深水下使用，整个换能器和电缆接头均需用树脂或橡胶类材料加以密封。

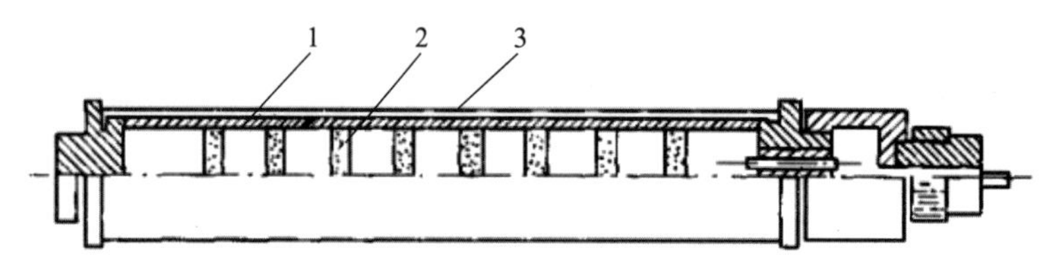

图5-14　增压式径向换能器

1—增压管；2—压电体；3—密封层

一般构造的增压式径向换能器可用作发射探头，也可用作接收探头。但有时为了增强接收信号，在接收换能器中加装一个前置放大器，装有前置放大器的径向换能器只能用于接收，不能用于发射。为了耦合稳定，探头在管孔中宜处居中位置，可在探头上、下安装扶正器。

② 超声仪

测桩所用的超声仪与之前所述的相同，超声换能器沿桩的轴向移动，同时测出各横断面上混凝土的声参数。这些数据需采用适当方法处理，才能判断混凝土的质量，为了提高现场测试效率，仪器应有自动测读、信号采集、存储和处理系统。最好选用智能型仪器。因此，数据采集、处理、显示系统是整个装置的重要组成部分。在一般仪器中通过示波器及数码管显示、人工记录，然后再用计算机处理。这种方式效率较低。目前已普遍采用超声仪与计算机连接，直接进行数据采集、存储和处理，并附有测桩专用程序，可将一次检测资料全部存储在机内，可离开现场后再作处理，大大缩短现场作业时间。

在数字化的智能型仪器中，为了使所采集的信号不失真，应有足够的采样频率和采样长度，以及具有动态显示功能，以便于现场实时观察。一般采样频率应达到20MHz（分若干级可选），采样长度应达到64K（在该长度内可选）。为了便于分析，仪器中应带有专用测桩分析软件及频谱、CT等分析和成像软件。

③ 探头升降系统

为了检测不同深度的桩内混凝土质量，必须使探头在预埋的声测管中按要求升降。为解决这一问题，通常有两种方式：一种是用人工升降，为了使操作者知道探头在桩内的确切位置，应在探头电缆线上划上标尺；另一种是采用电动机械式升降装置，可采用异步电机或步进电机驱动的小型绞车。采用这种方式升降时，升降装置必须能输出探头所处位置的明确指标，通常将绞车鼓筒的转动圈数换算成探头的升降高度，鼓筒的转动圈数可由光电式计数器记录和显示。若采用步进电机驱动，则根据步进量能更精密地测量探头位置，这种驱动方式一般用于全自动检测系统，并将探头位置信号也输入测桩专用软件统一处理。

（2）声测管的预埋

声测管是灌注桩进行超声检测法时探头进入桩身内部的通道。它是灌注桩超声检测系统的重要组成部分，它在桩内的预埋方式及其在桩上的横截面布置形式，将直接影响检测结果。因此，需检测的桩应在设计时将声测管的布置和埋置方式标入图纸，在施工时应严格控制埋置的质量，以确保检测工作顺利进行。

① 声测管的选择

声测管材质的选择，以透声率较大、便于安装及费用较低为原则。

声脉冲从发射换能器发出，通过耦合水到达水和声测管管壁的界面，再通过管壁到达声测管管壁与混凝土的界面，穿过混凝土后又需穿过另一声测管的两个界面而到达接收换能器。因此，声测管形成四个界面，每个界面的声能透过系数可按式（5-6）计算。

$$\tau_i=\frac{4Z_2Z_1}{(Z_2+Z_1)^2} \tag{5-6}$$

式中　τ_i——某界面的声能透过系数，%；

Z_1、Z_2——界面两侧介质的声阻抗率，$N \cdot s/m^3$。

发射和接受换能器之间的四个界面的总透声系数为

$$\tau_1=\tau_1 \cdot \tau_2 \cdot \tau_3 \cdot \tau_4 \tag{5-7}$$

目前常用的管子有钢管、钢质波纹管、塑料管三种。

钢管的优点是便于安装，可用电焊焊在钢筋骨架上，可代替部分钢筋截面，而且由于钢管刚度较大，埋置后可基本上保持其平行度和平直度，目前许多大直径灌注桩均采用钢管作为声测管。但钢管的价格较高。

钢质波纹管是一种较好的声测管材料，它具有管壁薄、钢材省和抗渗、耐压、强度高、柔性好等特点，通常用于预应力结构中的后张法预留孔道。用作声测管时，可直接绑扎在钢筋骨架上，接头处可用大一号波纹套接。由于波纹管很轻，因而操作十分方便，但安装时需注意保持其轴线的平直。

塑料管的声阻抗率较低，用作声测管具有较大的透声率，通常可用于较小的灌注桩，在大型灌注桩中使用时应慎重。因为大直径桩需灌注大量混凝土，水泥的水化热不易发散。鉴于塑料的热膨胀系数与混凝土相差悬殊，混凝土凝固后塑料管因温度下降而产生径向和纵向收缩，有可能使之与混凝土局部脱开而造成空气或水的夹缝，在声通路上又增加了更多反射强烈的界面，容易造成误判。

声测管的直径，通常比径向换能器的直径大 10mm 即可，常用规格是内径 50～60mm。管子的壁厚对透声率的影响很小，所以，原则上对管壁厚度不作限制，但从节省用钢量的角度而言，管壁只要能承受新浇混凝土的侧压力，则越薄越省。

② 声测管的埋置数量和布置方式

布置声测管的埋置数量及其在桩的横截面上的布局应考虑检测的控制面积。通常有如图 5-15 所示的布置方式，图中的阴影区为检测的控制面积。

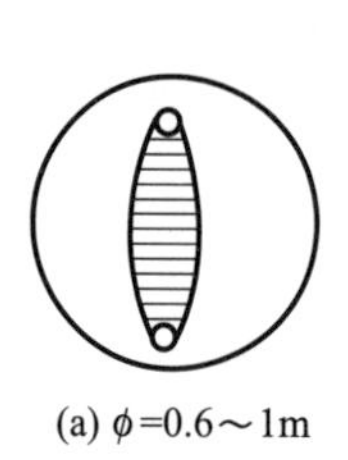

(a) ϕ=0.6～1m

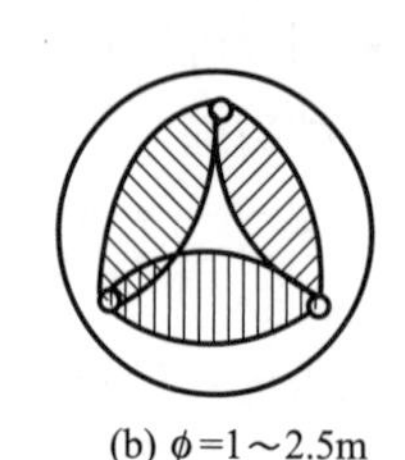

(b) ϕ=1～2.5m

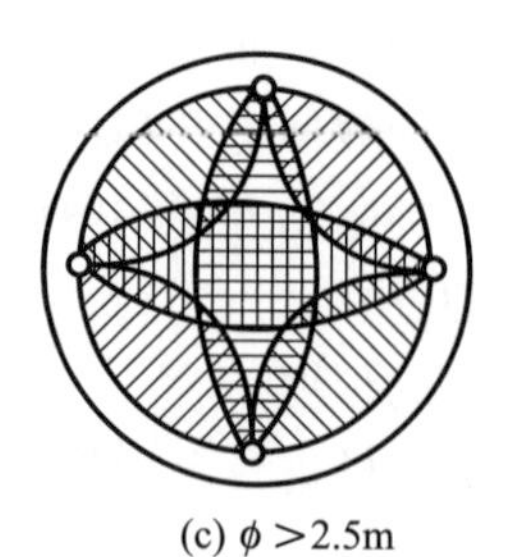

(c) ϕ＞2.5m

图 5-15　声测管的布置方式

一般桩径为 0.6～1m 时，沿直径布置两根；桩径为 1～2.5m 时，布置三根，呈等边三角形；桩径大于 2.5m 时，布置四根，呈正方形。

③ 声测管的安装方法

声测管可直接固定在钢筋笼内侧上，如图 5-16 所示。固定方式可采用焊接或绑扎，管子之间应基本上保持平行。若检测结果需对各测点混凝土的强度作出评估，则不平行度应控制在 1‰以下。钢筋笼放入桩孔时应防止扭曲。

管子一般随钢筋笼分段安装，每段之间的接头可采用反螺纹套筒接口或套管焊接方案，如图 5-16 所示。若采用波纹管则可用大一号的波纹管套接，并在套接管的两端用胶布缠绕密封。无论哪一种接头方案都必须保证在较高的静水压力下不漏浆，接口内壁应保持平整，不应有焊渣、毛刺等凸出物，以免妨碍探头的自如移动，声测管的底部也应密封，安装完毕后应将上口用木塞堵住，以免浇筑混凝土时落入异物，致使孔道堵塞。

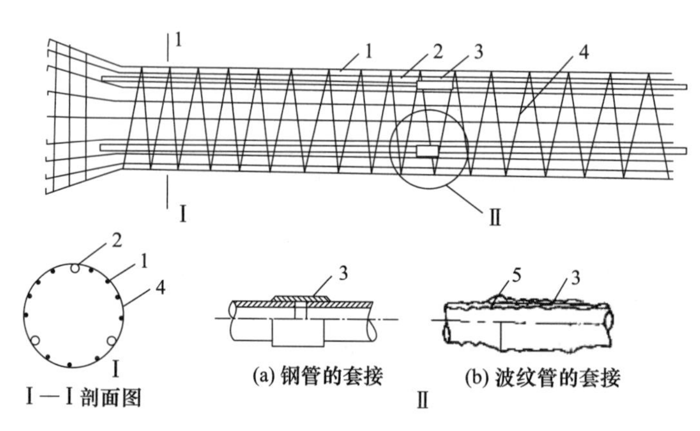

图 5-16　声测管的安装方法

1—钢筋；2—声测管；3—套接管；4—箍筋；5—密封胶布

④ 声测管的其他用途

声测管除了用作检测通道及取代一部分钢筋截面外，还可作为桩底压浆的管道。试验证明，经桩底浆处理的灌注桩，可大幅度提高其承载力。同时声测管还可作为事故桩缺陷冲洗与压浆处理的管道，这时需采取措施把需压浆的缺陷部位的管道打穿。

5.2.2.3　检测前的准备

进行灌注桩完整性超声检测前，除需认真检查检测单位和检测人员的资质、仪器设备的技术状态和预埋声测管外，还应做好下列各项准备。

（1）了解工程概况，认真阅读和分析下列资料：岩土工程勘察资料、基桩设计计算资料及图纸、基桩位置平面图及编号、基桩施工原始记录、混凝土浇筑龄期。

（2）确定被检桩的基本原则

当某工程桩量较多，无法逐一检测时，可按一定原则和比例进行抽测，抽测应有代表性，以便确切反映成批桩的质量，受检桩的确定应考虑下列因素。

① 选择设计方认为重要的桩；

② 选择施工质量有怀疑的桩；

③ 选择岩土特性复杂，施工难度较大的桩；

④ 选择代表不同施工工艺条件和不同施工单位或班组的桩；

⑤ 在同类桩随机选取的基础上，宜使被检桩位置均匀分布。

（3）被检桩的抽样数量的基本规定

① 对于一柱一桩的建筑物或构筑物，全部桩均应进行检测；

② 非一柱一桩的建筑物或构筑物，应根据上述原则进行抽测，抽取的数量不得少于桩的总数的 20%，且不得少于 10 根；

③ 当抽测不合格的桩数超过抽测数的 30%时，应加倍重新抽测；

④ 若加倍抽样复测后仍存在抽测数的 30%不合格，则该批桩应全数检测。

由于超声检测法需预埋声测管，因此，检测单位应尽早介入，事先提出检测要求，并与设计和施工单位协商确定受检桩数量和桩号。有预埋管的桩数应超过抽样数，以备复检之需，一般有预埋管的桩数可达桩总数的 40%左右，某些重要工程则应 100%埋管。当需要加倍复测，而又没有足够的埋管桩时，则可用其他检测桩的完整性的方法补足应检桩数量。

5.2.3 检测数据的处理与数值判断

当超声探头在声测预埋管中沿桩的轴向自下而上或自上而下逐点检测时，每个测点均可获得一系列混凝土声参数的检测值。在使用模拟式仪器时，需在检测现场逐点测读并记录，在使用数字化仪器时，则可将每测点的波形数据存入仪器中，需要时再从中提取所需的声参数。无论使用何种仪器，对检测者来说都必须面对大量的测试数据。如何从大量数据中分析和判断桩的质量，始终是检测的关键。尽管一些分析和判断方法已编制成实用软件，但为了真正了解分析和判断的原理，以便对分析和判断软件的适用性和可靠性有一个确切的了解，对每一位检测分析者来说都是非常重要的。

5.2.3.1 测试数据的预处理

（1）混凝土中的实际声时的确定

声时是仪器测读的基本量，原始测读的声时值（t）是由三部分组成的，即声脉冲穿过声测管及耦合水的声时（t'）、声脉冲穿过混凝土时的声时（t_c）、仪器及探头的声延迟（即 t_o），所以，混凝土中的实际声时应为：

$$t_c = t - t_o \tag{5-8}$$

式中 t_c——混凝土中声脉冲的传播时间，μs；

t_o——声脉冲检测仪发射至接收系统的延迟时间，μs；

t——声时原始测读值，μs；

t'——声时修正值，即声测管与耦合水中的声时，μs。

径向发射探头的 t_o 值可按下列方法测量。

将两个径向振动式换能器置于静止的淡水中，使两换能器轴线平行，并置于同一水平高度，将两换能器内侧边缘间距先后调节在 l_1（如 200mm），l_2（如 100mm），分别读取相应声时值 t_1，t_2，则该系统的声时初读数 t_o 可按下式计算：

$$t_o = (t_0 \times t_2 - l_2 \times t_1) / (l_1 - l_2) \tag{5-9}$$

声时的修正值 t' 可按下式计算：

$$t' = \frac{D-d}{v_g} + \frac{d-d'}{v_w} \tag{5-10}$$

式中 t'——声测管壁及耦合水的声时，即声时修正值，μs；

D——声测管外径，mm；

d——声测管内径，mm；

d'——换能器外径，mm。

v_g——声测管壁厚方向纵波声速，用钢管时取 $v_g = 0.0580 mm/\mu s$，用 PVC 管时取，$v_g = 0.235 mm/\mu s$，v_w 为耦合水的声速，由于水的声速受水温的影响，可按表 5-12 取值。

表 5-12 水声速与水温的关系

水温（℃）	5	10	15	20	25	30
水的声速（mm/μs）	0.145	0.146	0.147	0.148	0.149	0.150

（2）声速的计算与修正

一般情况下，假定声测管是平行的，因此，各点间距相等，用声时值即能反映混凝土质量的变化，所以许多判据可用声时作为判断依据。但当需要推定混凝土强度时，则需准确计算各测点的声速值。

声速值应按下式计算：

$$v_c = L / t_c \tag{5-11}$$

式中 v_c——混凝土声速，km/s；

t_c——混凝土中的声时，μs；

L——两声测管外壁间的距离，mm。

施工时由于钢筋笼的刚度不足，吊装时产生扭曲，导致声测管不平行，因此各测点声脉冲在混凝土中的实际穿越距离与桩顶测量的管距是不同的。当需要准确计算声速时，则应对管距的扭曲和声程的变化进行校正。许多研究者对校正方式进行了探索，下面仅介绍同济大学提出的采用幂级数最小二乘法对声时-深度曲线进行的拟合，以 Δt 修正管距引起的声时变化的方法。

声时拟合法的原理是：检测数据“声时”包含两方面信息，即桩身混凝土质量及预埋管管距。可以认为桩身混凝土质量变化是一随机变量，而管距在桩身深度范围应是连续的变量。

“声时拟合法”首先对声时-深度进行曲线拟合，拟合采用幂级数最小二乘法。设拟合曲线中某测点对应声时值较外露管口对应值增量 Δt，以修正原始声时后，该声时对应的测距即为外露管口管距。

该拟合法假设管距的变化遵循幂级函数，该假设通常与工程实际相符，然而也可能存在与此相违的情况。为进一步准确拟合管距变化，可分段拟合修正，自上而下分为若干段，以前段末端管距作为后段基准。根据预埋管施工情况可确定若干分段。然而必须指出，分段过细可能将一些类似低强区的“缓变”缺陷也拟合掉了。

声时拟合法的运算过程，可通过计算值相应的软件来实现。

桩拟合处理工程实例如下：

该工程桩桩长达 74.5m，实测声时 t，按实测声时及桩顶管距计算的声速 v_1，其中最大声速达 6.39m/s（表 5-13），显然不合实际，原因在于管距偏小。根据“声时-深度”趋势线，对该组数据进行分段拟合，断点设于 41m 处（图 5-17）。拟合后数据处理按概率法判定，在 50～60m 处存在微缺。根据施工记录及施工技术人员提供的资料显示，在该位置由于桩机故障，确有存在缺陷可能。

表 5-13　工程桩拟合修正实例数据表

深度 H（m）	实测声时 t（μs）	拟合处理前的计算声速 v_1（km/s）	拟合修正后的声时 t_c（μs）	拟合处理后的计算声速 v_c（km/s）	$\frac{v_{ci}-\mu_{cv}}{\sigma_{cv}}$
0.0	113.0	4.69	113.0	4.69	1.0
5.0	117	4.53	120.8	4.39	−0.1
10.0	101	5.25	108.5	4.88	1.6
15.0	101	5.25	112.1	4.73	1.1
20.0	105	5.05	119.6	4.43	0.1
25.0	105	5.05	122.9	4.31	−0.3
30.0	98	5.41	119.2	4.45	0.1
35.0	87	6.09	111.3	4.76	0.1
40.0	85	6.24	112.3	4.72	1.2
40.5	83	6.39	110.6	4.79	1.0
41.0	83	6.39	110.3	4.80	1.3
45.0	98	5.41	123.1	4.30	1.3
45.5	102	5.20	126.8	4.18	−0.3
50.0	108	4.91	130.3	4.07	−0.8
51.5	116	4.57	137.4	3.86	−1.1
52.0	117	4.53	138.1	3.84	−1.9
52.5	120	4.42	140.8	3.76	−1.9
53.0	125	4.24	145.5	3.64	−2.2
53.5	125	4.24	145.2	3.65	−2.6
54.0	122	4.34	141.9	3.73	−2.3
54.5	121	4.38	140.7	3.77	−2.2

续表

深度 H (m)	实测声时 t (μs)	拟合处理前的计算声速 v_1 (km/s)	拟合修正后的声时 t_c (μs)	拟合处理后的计算声速 v_c (km/s)	$\frac{v_{ci}-\mu_{cv}}{\sigma_{cv}}$
55.0	119	4.45	138.4	3.83	−1.9
60.0	112	4.73	128.4	4.13	−0.9
65.0	106	5.00	119.3	4.44	0.1
70.0	111	4.77	121.1	4.38	−0.1
74.5	122	4.34	129.1	4.10	−1.0

注：1. 表中数据已部分缩略。

2. μ_{cv}、σ_{cv}分别为管距影响经拟合修正后的计算声速平均值和标准差，v_{ci}为管距影响后拟合修正后的计算声速。

3. 引自金元，童寿兴．灌注桩声波透射检测中声测管管距修正研究［J］．建筑材料学报，1999，2（4）：349-352。

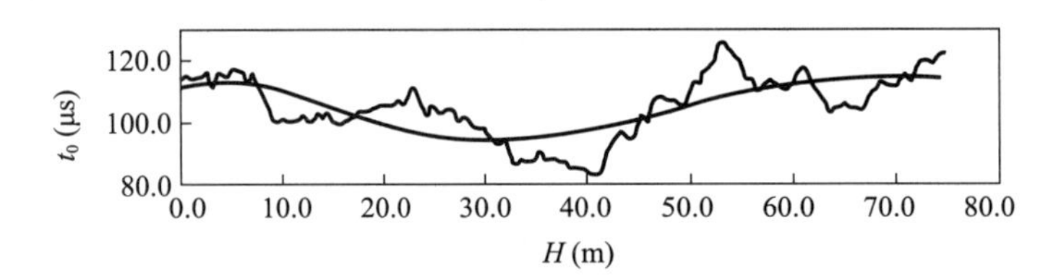

图 5-17　声时 t_0-深度 H 曲线及拟合后的管子扭曲线

（3）频率与波幅

① 频率（f_i）

在使用模拟式超声仪时，应根据实测的首波周期并按下式计算频率：

$$f_i=1000/T_{bi} \tag{5-12}$$

式中　f_i——主频值，kHz；

T_{bi}——第三测点的首波周期，μs。

在使用数字式超声仪时，可直接用频谱分析软件获得频域曲线，并选取其峰值频率为主频。进行频谱分析时，在时域波形上的截取长度仍应以首波周期为妥，因为后续波形往往因其他不同相位的波的叠加而畸变。

② 波幅

波幅值可直接用衰减器测读，这时仪器发射电压及接收增益等数都应固定不变。

波幅的分贝数与波高的关系如下：

$$分贝数（dB）=20\lg\frac{A_0}{A} \tag{5-13}$$

式中　A_0——原始波高或基准波高，m；

A——经该测点混凝土衰减后的波高，m。

例如，经混凝土衰减后的波高为原始波高的 1/2 时，即 $A_0/A=2$，则衰减值 Δ 约为 6dB。

（4）关于测值重复性的检验

在灌注桩的检测中，由于影响因素较多（例如高程的累计误差），若这些因素控制不严，则测值的可重复性下降，为了排除非混凝土质量的因素对测值的影响，需在每组检测管测试完成后，对测试点进行随机重复抽测，控制其声时相对标准差和波幅相对标准差，并对声时及波幅异常的部位重新抽测。

5.2.3.2　检测数据的判断

在逐点检测的基础上，我们可以用所得数据描出“声时-深度曲线”“波幅（或衰减系数）-深度曲线”“声速-深度曲线”“主频-深度曲线”等，这些曲线是我们进行分析判断的直观基础。根据声脉冲遇到缺陷时声参数的变化规律，我们从这些曲线上可凭经验看出缺陷的位置，但是为了更准确地判断，我们还需要采用定量的分析手段。

目前，常用的定量分析方法可分为以下三种类型。

（1）数值判据法。它采用聚类分析、统计检验等数理统计方法，对大量测试值进行处理，找出一个可能存在缺陷的临界值作为定量的数值判据。

这种方法适合于对大量测试值的初步判断，从现有数值判据的研究水平来看，其判断结果不宜绝对化。

（2）声阴影法。它的根据是在缺陷背面会形成一个声场的阴影区，即波幅下降区我们从不同的方向测得的声阴影重叠区就是缺陷的位置和范围。

这种方法适用于根据数值判据判断的结果对可疑区段进行复测，仔细判断缺陷的位置和大小，以便决定修复或补强方案。

（3）图像判断法。此法根据超声层析成像原理，详细描绘可疑区段的缺陷位置、形状和性质的二维图像，甚至可描绘出缺陷区内部的强度分布。

这种方法直观地描绘出缺陷图像，便于分析判断，但它需要进行多点扇形扫测，需要相应的硬件和软件的支持，目前，仅适用于对可疑区段的检测。

灌注桩完整性的数值判断可采用概率法判断、斜率与声时差值乘积法判断。

（1）概率法判断

同一结构物的同一种混凝土，由于随机因素产生声时、声速、波幅及接收波频率等声参数的波动，因此，同一结构物中同一配合比的混凝土的所有声时、声速等的测值均应符合正态分布。当存在缺陷时，在缺陷区的声参数值将发生明显变化，是异常值。所以，只要检出声参数的异常值，其所对应的测点位置即为缺陷区。

在《超声法检测混凝土缺陷技术规程》（CECS 21：2000）中规定的具体方法如下。

① 首先将全桩各测点的声时值（t_i）或声速值（v_i）以及波幅值（A_i）或频率值（f_i）分别按大小顺序排列。其中 t_i 从小到大排列，v_i、A_i、f_i 从大到小排列。在实际检测中，通常选择其中的一至两项参数即可，常用的是声时或声速，而将波幅值作为阴影重叠法的主要依据。

将排列在后面明显较小的 v_i、A_i 或 f_i 值，或明显较大的 t_i 值视为可疑值。将 v_i、A_i 或 f_i 可疑值中最大（对于声时值 t_i 则为最小）的一个，连同前面的数，按下式计算平均值和标准差：

$$m_{\mathrm{x}} = \frac{1}{n}\sum_{i=1}^{n} x_i \tag{5-14}$$

$$S_x = \sqrt{(\sum_{i=1}^{n} X_i^2 - n \cdot m_x^2)/(n-1)} \tag{5-15}$$

式中　m_x——代表声时、声速、波幅或频率等参数中的某一项参数的平均值，μs；

X_i——某一项参数参与计算的实测值，μs；

n——参与计算的测点总数；

S_x——某一项参数的标准差，μs。

② 异常值的临界值按下列两种情况计算：

当统计数据为声时值时，

$$M_t = m_t + \lambda_i S_t \tag{5-16}$$

式中　M_t——声时临界值，μs；

m_t——声时平均值，μs；

S_t——声时标准差，μs；

λ_i——异常值判定系数（按表 5-14 取值）。

当统计数据为声速、波幅和频率时

$$M_x = m_x - \lambda_i S_x \tag{5-17}$$

式中　M_x——声速、波幅或频率的临界值，μs；其余同前。

在所统计的 n 个声时值中，当最后一个数 t_n 大于或等于 M 时，则 t_n 及排列于其后的声时值均为异常值。若 t_n 小于 M 则再将 t_{n+1} 放进去进行统计计算，得出新的 M 值进行判断。

在所统计的 n 个声速、波幅或频率值中，当最后一个数 x_n 小于或等于 M 时，则 x_n 及排列于其后的数均为异常值。若 x_n 大于 M，则再将 x_{n+1} 放进去进行统计计算，得出新的 M 值进行判断。

经上述判别后，各异常值所对应的测点即为缺陷可疑点。

③ 当测点中判出异常点时，可根据下式进一步判别其相邻点是否异常：

$$M_t = m_t + \lambda_3 S_t \tag{5-18}$$

$$M_x = m_x - \lambda_3 S_x \tag{5-19}$$

式中 λ_3 可从表 5-14 中查得，其余各项同前。

表 5-14　统计数的个数 n 与对应的 λ_1、λ_3 值

n	30	32	34	36	38	40	42	44	46	48
λ_1	1.83	1.86	1.89	1.92	1.94	1.96	1.98	2.00	2.02	2.04
λ_3	1.14	1.16	1.17	1.18	1.19	1.20	1.22	1.23	1.25	1.26
n	50	52	54	56	58	60	62	64	66	68
λ_1	2.05	2.07	2.09	2.10	2.12	2.13	2.14	2.15	2.17	2.18
λ_3	1.27	1.28	1.29	1.30	1.31	1.31	1.32	1.33	1.34	1.35
n	70	72	74	76	78	80	82	84	86	88
λ_1	2.19	2.20	2.21	2.22	2.23	2.24	2.25	2.26	2.27	2.28
λ_3	1.36	1.36	1.37	1.38	1.39	1.39	1.40	1.41	1.42	1.42

续表

n	90	92	94	96	98	100	105	110	115	120
λ_1	2.29	2.30	2.30	2.31	2.31	2.32	2.35	2.36	2.38	2.40
λ_3	1.43	1.44	1.45	1.45	1.46	1.47	1.48	1.49	1.50	1.51
n	125	130	140	150	160	170	180	190	200	210
λ_1	2.41	2.43	2.45	2.48	2.50	2.52	2.54	2.56	2.57	2.59
λ_3	1.53	1.54	1.54	1.58	1.59	1.60	1.62	1.63	1.64	1.65

由于判断后一般都需进一步用阴影法判断缺陷的大小和性质，所以亦可不进行相邻点的判断。

（2）PSD 判据（斜率与声时差值乘积法，简称斜率法）

鉴于灌注桩的施工特点，混凝土的均匀性往往较差，超声各项参数的测值较为离散。同时在施工过程中，由于钢筋笼的刚度较小，吊入时很难保证固定在钢筋笼上的声测管保持与桩的平行。实践证明，有时声测管的位移大，而在桩头上无法觉察，导致各项声参数测值发生偏离。这些非缺陷因素对测值所造成的影响必须予以消除，以免造成误判。而且，各项声参数，尤其是波幅及接收频率等测值，在同一结构的同一种混凝土中是否一定符合正态分布规律，仍然缺乏足够的试验验证资料。为此，吴慧敏等于1983 年首先提出了“声参数-深度曲线相邻两点之间的斜率与差值之积”（Product of Slope and Difference）作为判据，简称 PSD 判据。

虽然在《超声法检测混凝土缺陷技术规程》（CECE 21：2000）及《深圳市建筑基桩检测规程》（SJG 09-2007）等技术规程中都列入了 PSD 判据，但工程中都采用了较为简单的形式，并简称为斜率法。在本节中将较全面地介绍 PSD 判据，以供参考。

① 判据的形式

以声时值 t 为例。设测点的深度为 H，相应的声时值为 t，则声时随深度变化的规律可用“声时-深度”曲线表示，假定其函数式为：

$$t=f(H) \tag{5-20}$$

当桩内存在缺陷时，由于在缺陷与完好混凝土的分界处超声传播介质的性质产生突变，因而声时值也产生突变，该函数为不连续函数。当深度增量（即测点间距）ΔH 趋向于零时，声时增量 Δt 不趋向于零，该函数的不连续点即为缺陷界面的位置。

但在实际检测中总是每隔一定距离检测一点，ΔH 不可能趋向于零。而且由于缺陷表面凹凸不平，以及孔洞等缺陷使波线曲折而导致声时变化，所以 $t=f(H)$ 的实测曲线中，在缺陷界面处只表现为斜率的变化。各点的斜率可用下式求得：

$$S_i=\frac{t_i-t_{i-1}}{H_i-H_{i-1}} \tag{5-21}$$

式中　S_i——第 $i-1$ 测点与第 i 测点之间“声时-深度”曲线的斜率；

t_i、t_{i-1}——相邻两测点的声时值，μs；

H_{i-1}、H_i——相邻两测点的深度，cm。

斜率仅仅反映了相邻测点之间声时值变化的速率。由于在检测时往往采用不同的测点间距，因此，虽然所求出的斜率可能相同，但当测点间距不同时，所对应的声时差值不同。而声时差值是与缺陷大小有关的参数，换言之，斜率只能反映该点缺陷的有无，要进一步反映缺陷的大小就必须引入声时差值这一参数，因此，判据式定义为：

$$K_i=S_i\ (t_i-t_i-1)\ =\frac{(t_i-t_{i-1})^2}{H_i-H_{i-1}} \tag{5-22}$$

式中　K_i——第 i 点的判据值，$\mu s^2/cm$，简称 PSD 判据。

显然，当第 i 点处相邻两点的声时值没有变化或变化很小时，K_i 等于或接近于零。当声时值有明显变化或突变时，K_i 与 $(t_i-t_{i-1})^2$ 成正比，因而 K_i 将大幅度变化。

实测证明，PSD 判据对缺陷十分敏感，而对因声测管不平行，或因混凝土不均匀等非缺陷原因所引起的声时变化，基本上不予反映。这是由于非缺陷因素所引起的声时变化都是渐变过程，虽然总的声时变化量可能很大，但相邻两测点间的声时差值却很小，因而 K_i 很小。所以，运用 PSD 判据基本上消除了声测管不平行或混凝土不均匀等因素所造成的声时变化对缺陷判断的影响。

为了对全桩各测点进行判别，首先应将各测点的 K_i 值求出，也可绘成“判据值-深度”曲线。凡是在 K_i 值较大的地方，均可列为缺陷可疑点。

② 临界判据值及缺陷大小与 PSD 判据的关系

PSD 判据实际上反映了测点间距、声波穿透距离、介质性质、测量的声时值等参数之间的综合关系，这一关系随缺陷的性质不同而不同，现分别推导如下。

a. 假定缺陷为夹层（图 5-18）。设混凝土的声速为 v_1，夹层中夹杂物的声速为 v_2，声程为 L，测点间距为 ΔH（即 H_i-H_{i-1}）。若在完好混凝土中的声时值为 t_{i-1}，夹层中的声时值为 t_i，即两测点介于界面两侧，则

$$t_{i-1}=\frac{L}{v_1} \tag{5-23}$$

$$t_i=\frac{L}{v_2} \tag{5-24}$$

所以，

$$t_i-t_{i-1}=\frac{L}{v_2}-\frac{L}{v_1} \tag{5-25}$$

将式（5-25）代入式（5-22）得

$$K_c=\frac{L^2\ (v_1-v_2)^2}{v_1^2v_2^2\Delta H} \tag{5-26}$$

用式（5-26）所求得的判据值即为遇到夹杂物的声速等于 v_2 的夹层断桩的临界判据值，以 K_c 表示。

若某点 i 的 PSD 判据 K_i 大于该点的临界判据值 K_c，该点即可判为夹层或断桩。

例如，某桩混凝土的平均声速 $v_1=0.43cm/\mu s$，两声测管间距 $L=80cm$，根据地质条件及施工记录分析，该桩可能形成夹层的夹杂物为砂、砾石的混合物，对这种混合物预先取样，实测的声速 $v_2=0.32cm/\mu s$，测点间距采用 $\Delta H=20cm$，则由式（5-26）求得该桩产生砂砾夹层的临界判据为

$$K_c=\frac{80^2\times\ (0.43-0.32)^2}{0.43^2\times 0.32^2\times 20}=204.5\ (\mu s^2/cm)$$

当检测结果中，某点的判据值 K_i 大于 K_c，则该点应判为砂砾夹层。

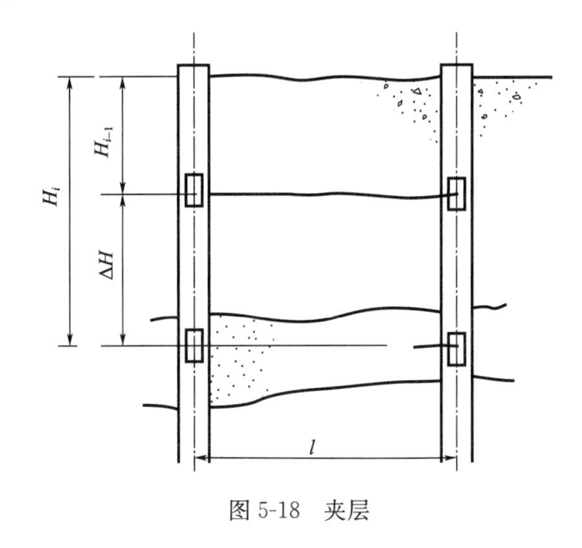

图 5-18　夹层

b. 假定缺陷为空洞（图 5-19）。如果缺陷是半径为 R 的空洞，以 t_{i-1} 代表声波在完好混凝土中直线传播时的声时值，t_i 代表声波遇到空洞时绕过缺陷，其波线呈折线状传播时的声时值，则

$$t_{i-1}=\frac{L}{v_1} \tag{5-27}$$

$$t_i=\frac{\sqrt[2]{R^2+\left(\frac{L}{2}\right)^2}}{v_1} \tag{5-28}$$

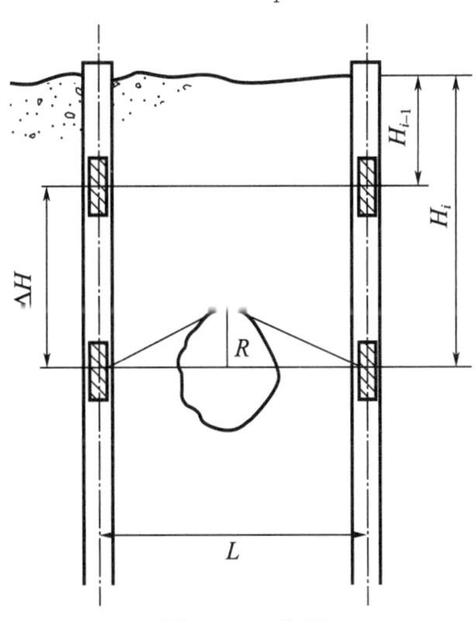

图 5-19　空洞

将式（5-27）、式（5-28）代入式（5-22），得

$$K_i=\frac{4R^2+2L^2-2L\sqrt{4R^2+L^2}}{\Delta H v_1^2} \tag{5-29}$$

式（5-29）反映了 K_i 值与空洞半径 R 之间的关系。

c. 假定缺陷为“蜂窝”或被其他介质填塞的孔洞（图 5-20）。这时超声脉冲在缺陷区的传播有两条途径：一部分超声脉冲穿过缺陷到达接收换能器，另一部分沿缺陷绕行后到达接收换能器。当绕行声时小于穿行声时，可按空洞算式处理。反之，缺陷半径段与判据的关系可按相同的方法求出：

$$K=\frac{4R^2\ (v_1-v_3)^2}{\Delta H v_1^2 v_3^2} \tag{5-30}$$

式中 V_3——孔洞中填塞物的声速，cm/μs；

其余各项含义同前。

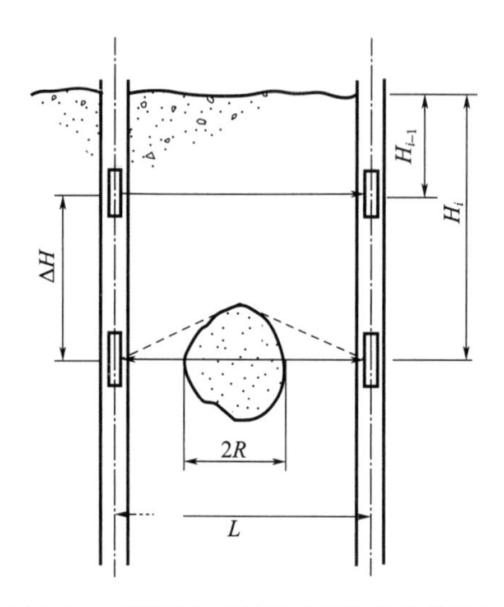

图 5-20 “蜂窝”或被泥砂等物填塞的孔洞

根据经验，一般蜂窝状疏松区的声速约为密实混凝土声速的80%～90%，故取$v_3=0.85v_1$，则式（5-30）可写成：

$$K_i=\frac{0.125R^2}{v_1^2\Delta H} \tag{5-31}$$

通过上述临界判据值以及各种缺陷大小与判据值关系的公式，用它们与各点的实测位所计算的判据值作比较，即可确定缺陷的位置、性质与大小。

必须指出，根据式（5-29）～式（5-31），只要K_i值大于零，就能求得相应的孔洞半径，而实际上t_{i-1}与t_i的微小差异，也可使$K_i>0$，但这些微小差异可能是非缺陷因素引起的。即使是缺陷引起的，但因缺陷很小，桩内允许较小缺陷存在，因此，实际上应规定一个判据的上限值。判据值大于该上限值时，应根据公式判别和计算缺陷的性质和大小；当判据值小于该上限值时，应予以忽略。

实践证明，用以上判据判断缺陷的存在与否，是可靠的。但由于以上公式中的v_2、v_3均为估计值或间接测量值，所以，所计算的缺陷大小也是估算值，最终应采用各种细测的方法，例如声阴影重叠法予以准确测定。

PSD判据法需逐点计算，并对K_i大于允许上限值的各点进行缺陷性质和大小的判断和计算，其工作量较大，可用相应的软件来完成。

5.2.4 数值判据的判断实例

为了说明上述数值判据的使用方法，并比较它们的判断结果，下面以一根长20m，桩径为1m，检测管间距为0.82m的灌注桩的实测数据为例。

表 5-15 为该桩的实测数据，表中 H 为深度，T 为声时（已扣除 t_0 和 t'），A 为波幅衰减值。图 5-21 是根据表 5-15 中数据描绘的“声速-深度”曲线和“幅值-深度”曲线。

表 5-15　某一工程桩的实测数据

H_i (m)	T_i (μs)	A_i (dB)	H_i (m)	T_i (μs)	A_i (dB)	H_i (m)	T_i (μs)	A_i (dB)
0.5	183	23	8.5	183	23	16.5	178	25
1.0	183	23	9.0	182	23	17.0	179	25
1.5	183	23	9.5	182	18	17.5	177	24
2.0	183	23	10.0	204	16	17.6	175	24
2.5	184	23	10.5	180	23	17.7	180	23
3.0	184	23	11.0	180	23	17.8	179	18
3.5	181	24	11.5	181	23	17.9	260	6
4.0	181	23	12.0	182	23	18.0	255	10
4.5	182	23	12.5	181	23	18.1	230	8
5.0	181	23	13.0	180	23	18.2	180	20
5.5	181	23	13.5	177	25	18.3	181	22
6.0	181	23	14.0	175	25	18.4	181	23
6.5	183	23	14.5	175	24	18.5	180	23
7.0	181	23	15.0	175	24	19.0	178	23
7.5	183	20	15.5	174	25	19.5	179	23
8.0	195	17	16.0	175	25	20.0	182	20

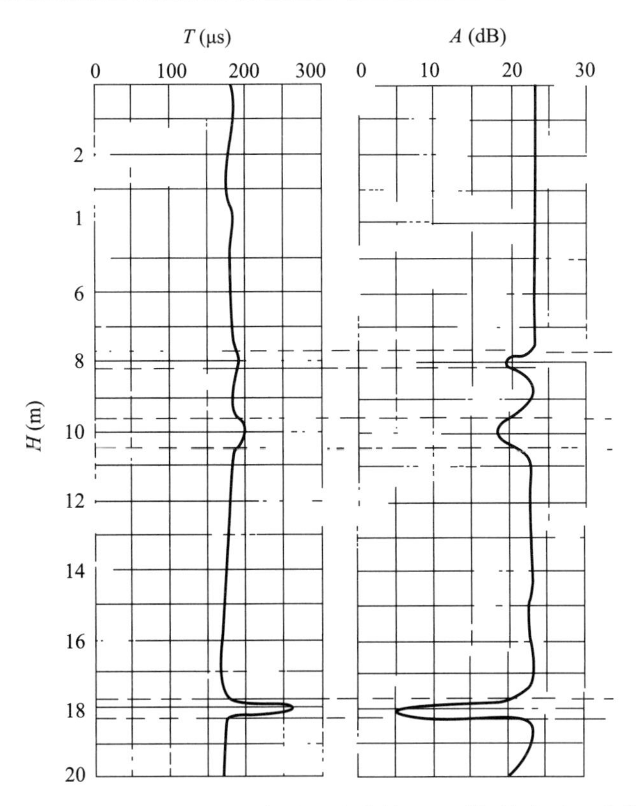

图 5-21　某一工程桩的“声时-深度曲线”和“幅值-深度”曲线

例 1　按 CECS 21：2000 概率法判断：

仍以声时参数为计算依据。

首先将全桩各测点的声时值 t_i 按大小排序，并将明显偏大的 t_i 视为可疑值，即

$\underbrace{174，174，175，175，\cdots，195}_{n=44}\underbrace{204，203，255，260}_{\text{假定为可疑值}}$

将假定为可疑值前面全部数据（$n=44$）代入式（5-11）、式（5-12），求出平均值和标准差，得

$m_{t1}=180.45$（μs）

$S_{t1}=3.51$（μs）

将 m_{t1}、S_{t1} 代入式（5-16），其中 λ_1 按表 5-14 查取为 2，计算出临界判断值为

$M_{t1}=m_{t1}+\lambda S_t=180.45+2\times 3.51=187.47$（$\mu s$）

所以，所列数列中假定为可疑值的 4 个数都大于 M_{t1}，确为可疑值。

再把 M_{t1} 与数列中最大值比较，$M_{t1}<195$，将 195 列入可疑值，其余 43 个数再作上述处理，求出平均值和标准差，得 $m_{t2}=180.12$（μm）　$S_{t2}=2.74$（μm）

将 m_{t2}，S_{t2} 代入式（5-19），其中 λ_1 按表（5-14）查得为 1.98，计算参判值为

$M_{t2}=m_{t2}+\lambda_1 S_{t2}=180.12+1.98\times 2.74=185.55$（$\mu s$）

由于 $M_{t2}<195$，所以 195 亦为可疑值，再把 M_{t2} 与剩余数列中的最大值比较，M_{t2} 大于 183。

所以，可判定 195，204，230，255，260 为异常点，即 8m，10m，1.79～18.1m 处有缺陷。

例 2　按 PSD 判据（斜率判据）判断：

将表 5-15 中声时值代入式（5-22）可求出各相邻测点的 PSD 判据值 K_i（列于表 5-16中），由各点判据可描出“K_i—深度”曲线（图 5-22）由于 8，10，17.7～18.1（m）各点判据 K>1 均可列为可疑区。

再将可疑区段的各项参数代入式（5-26），求出相应的夹层断桩时的临界判据位 K_c，以判断可疑区缺陷的严重程度。

表 5-16　各测点的 PSD 判据值 *K*

H	*T*	*K*	*H*	*T*	*K*	*H*	*T*	*K*
0.5	183	0	8.5	183	0	16.5	178	0
1.0	183	0	9.0	182	0	17.0	179	0
1.5	183	0	9.5	182	0	17.5	177	0
2.0	183	0	10.0	204	9	17.6	175	0
2.5	184	0	10.5	180	11	17.7	180	2
3.0	184	0	11.0	180	0	17.8	179	0
3.5	181	0	11.5	181	0	17.9	260	656
4.0	181	0	12.0	182	0	18.0	255	2
4.5	182	0	12.5	181	0	18.1	230	62
5.0	181	0	13.0	180	0	18.2	180	249

续表

H	T	K	H	T	K	H	T	K
5.5	181	0	13.5	177	0	18.3	181	0
6.0	181	0	14.0	175	0	18.4	181	0
6.5	183	0	14.5	175	0	18.5	180	0
7.0	181	0	15.0	175	0	19.9	178	0
7.5	183	0	15.5	174	0	19.5	179	0
8.0	195	2	16.0	175	0	20.0	182	0

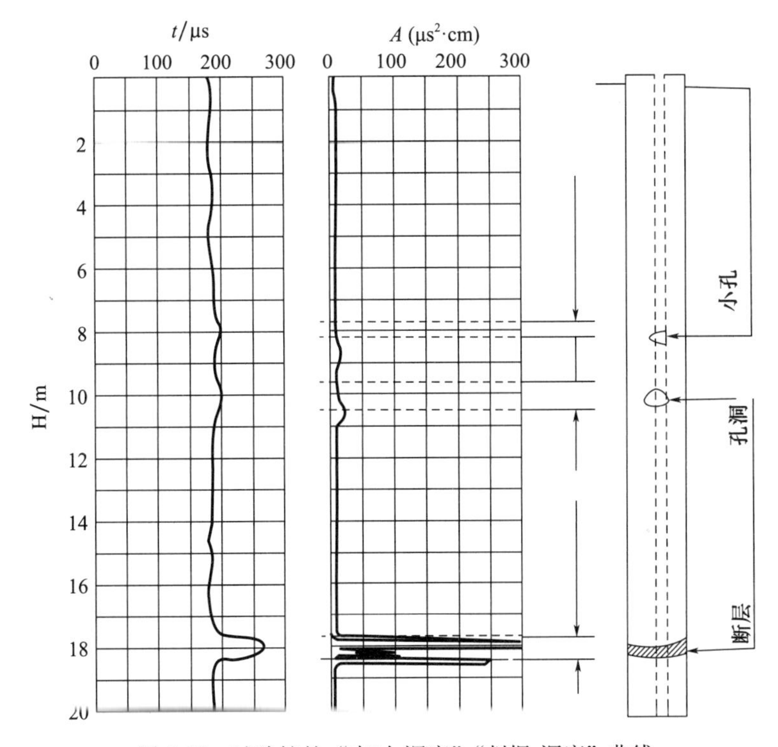

图 5-22　试验桩的“声时-深度”“判据-深度”曲线

式（5-26）中，v_1取该桩非可疑区段声速的平均值，本例中 $v_1=0.455\text{cm}/\mu\text{s}$；$v_2$为夹层中夹杂物的声速，根据地质条件及成因分析，若在该深度存在夹层，很可能是砂、石、泥的混合物，本例中 $v_2=0.32\text{cm}/\mu\text{s}$；该校检测管间距为 $L=82\text{cm}$；在 K 值最大点的测点间距已加密，$\Delta H=10\text{cm}$，所以 K_c为：

$$K_c=\frac{82^2\times(0.455-0.32)^2}{0.455^2\times0.32^2\times10}=578.03\ (\mu\text{s}^2/\text{cm})$$

将可疑点的判据值 K_i与断桩临界判据值 K_c比较，$K_i>K_c$者为断桩。本例中，17.9m 处的断桩临界判据 K_c为 578，小于该点的判据值 656，所以 17.9m 处可判为断桩，其余 8m，10m 处可判为蜂窝状或孔洞状小缺陷。但用式（5-29）和式（5-31）计算，所得缺陷半径约为 20cm，显然偏大。

从以上 2 例中可见，不同的数值判据可能对同一桩判出不同的结果，所以，数值判据只能帮助我们从全桩大量检测数据中找出可疑点，而不能作为唯一结论。目前若干种判据已列入技术规程或编入实用软件，实践证明 PSD 判据作为一种判断方法是有效的，但其判断结果不宜绝对化。通常我们将进一步采用声阴影法或成像法作最终判断。

5.2.5 其他判断方法

5.2.5.1 灌注桩完整性的声影法判断

运用上述数值判据判定桩内缺陷的大概位置、性质和大小后，应在初定的缺陷区段内采用声阴影重叠法仔细判定缺陷的确切位置、范围和性质。

所谓声阴影重叠法，就是当超声脉冲波束穿过桩体并遇到缺陷时，在缺陷背面的声强减弱，形成一个声辐射阴影区。在阴影区内，接受信号的波幅明显下降，同时声时值增大，甚至波形出现畸变，若采用两个方向检测，分别划出阴影区，则两个阴影区边界线交叉重叠所围成的区域，即为缺陷的范围。

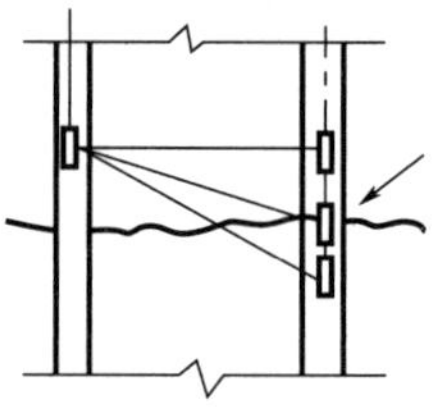

图 5-23 断桩位置的判断

图 5-23～图 5-27 为用声阴影重叠法对各种不同缺陷的具体测试方法。其基本方法是：一个探头固定不动，另一个探头上、下移动，找出声时与波幅发生突变的位置，即声阴影的边界位置，然后交换测试，找出另一面的阴影边界，两组边界线的交叉范围内的声阴影重叠区，即为缺陷区。

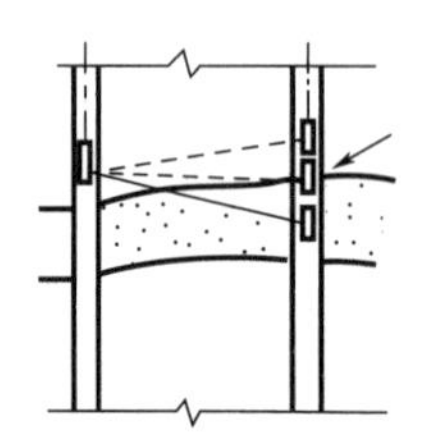

图 5-24 厚夹层—下界面的定位
（图中箭头所指位置为声时、波幅突变点）

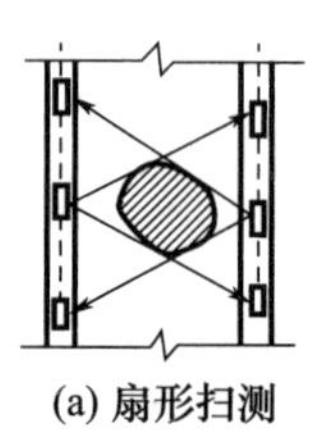

(a) 扇形扫测 (b) 平移扫测

图 5-25 空洞、泥团、蜂窝等局部缺陷范围的判断

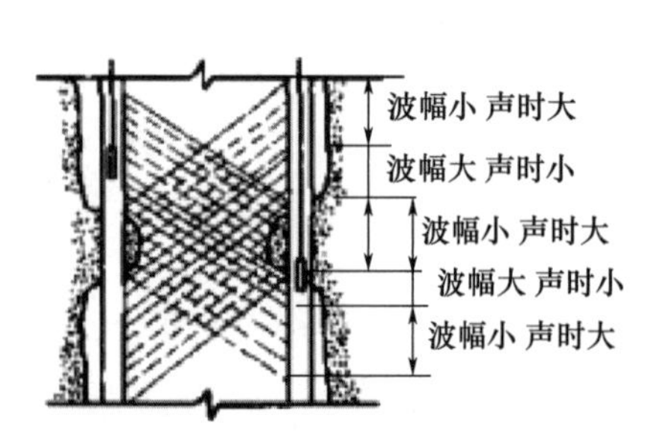

图 5-26 颈缩现象的判断

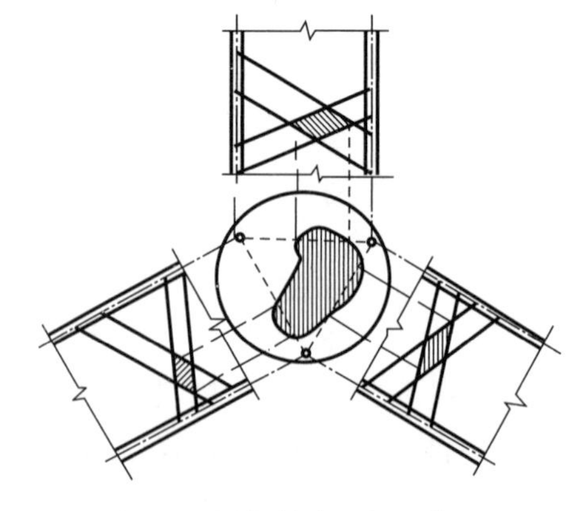

图 5-27 局部缺陷在桩的横截面位置的多向叠加定位法

在混凝土中，由于各种界面的漫反射及低频声波的绕射，使声阴影的边界十分模糊，因此，需综合运用声时、波幅、频率等参数进行判断。在这些参数中波高对阴影区最为敏感，在综合判断时应赋予较大的“权数”。

当需要确定局部缺陷在桩的横截面上的确切位置时，可用图5-27所示的多测向叠加法，即根据几个测向的测量结果通过作图法进行叠加，交叉重叠区即为缺陷区。

5.2.5.2 灌注桩完整性的超声CT成像法判断

计算机层析成像技术（Computerized Tomography 简称CT），概括来说，是指在不损伤研究“对象”内部结构的条件下，使用某种射线源对“对象”进行扫描，根据从“对象”外部用检测设备所获得的投影数据，运用一定的数学模型和图像重建技术，使用计算机生成“对象”内部二维图像，必要时还可从一系列二维图像构成三维图像，以重现“对象”内部特征的一种方法。由于“对象”内部的某物理量的函数分布是未知的，CT技术就是要从外部测得的投影数据来建立此函数分布状况，以构成图像，简称为图像重建。

CT技术涉及数字、物理、计算机等相关学科，是一门边缘学科。CT成像系统按射线源分类有X射线、电磁波射线、γ线、超声波、地震波、电子波、射频和微波场、激光束等。在灌注桩的检测中由于穿透能力的限制，一般均采用超声波或激振波，均属于弹性波的范畴。

CT技术的数学基础是雷当（Randan）变换及其逆变换。

若将测试范围划分m个像素，并有n条测线通过，第i条测绘的长度为L_i声波通过该声程L_i的声时位为t_i，则根据Randan公式可写出：

$$t_i=\int_{L_i}\frac{1}{v_j(x_iy)}\mathrm{d}l=\int_{L_i}f_j(x_iy)\mathrm{d}l \tag{5-32}$$

式中 v_j（x_1y）——第j个像素中的波速，m/s；

f_j（x_1y）——第j个像素中的“慢度”，即波速的倒数，s/m。

为了在计算机上运算，我们必须用作用在有限个变量的函数上的离散算子来代替连续算了，所以把问题离散化，用级数展开法，可写为下式：

$$t_i=\sum_{j=1}^{m}a_{ij}f_j \tag{5-33}$$

式中 a_{ij}——第j个像素内的测线长度，m。

式（5-33）是一个线性方程组，可写成以下矩阵方程：

$$t=Af \tag{5-34}$$

该矩阵方程中A为稀疏矩阵，且为欠定式超定问题，不宜使用一般解线性方程的算法，只能采用近似解算法，使等式两边之差（误差向量）为最小，求得各像素t的近似值后，即可以等值线法描出重建的图像，目前工程CT中常用的近似解算法有代数重建算法（ART）和联合迭代重建算法（SIRT）。

ART（Algebraic Reconstruction Technique）算法也称为代数重建法，它是因为图像重建问题而由Gordon Bender和Herman首先分开引入文献的。这种算法在用于解大型稀疏线性方程组及现生成线性方程组方面具有节省计算机内存和运算速度快等优点，用ART算法解奇异和病态方程组，可以获得满意结果。

ART 算法是基于物理上的考虑而发展起来的，它的基本思想是先给被重建的区域一个初始值，然后将所得到的投影值残差一个一个沿其射线方向均匀地投影回去，同时不断地对重建图像进行校正，直到满足所需要求为止。

SIRT（Simultaneous Lterative Reconstruction Technique）算法，即联合迭代重建法或称同时迭代重建法。它和 ART 的重要区别是：ART 每一次修正只考虑一条射线，SIRT 则是利用在一个像素内通过的所有射线的修正值来确定对这一个像素的平均修正值；另一个区别是 SIRT 是所有射线通过方格网后，才算完成一次迭代，这样取平均修正值可以抑制一些干扰因素，而且计算结果与资料使用的次序无关，如图 5-28 所示。

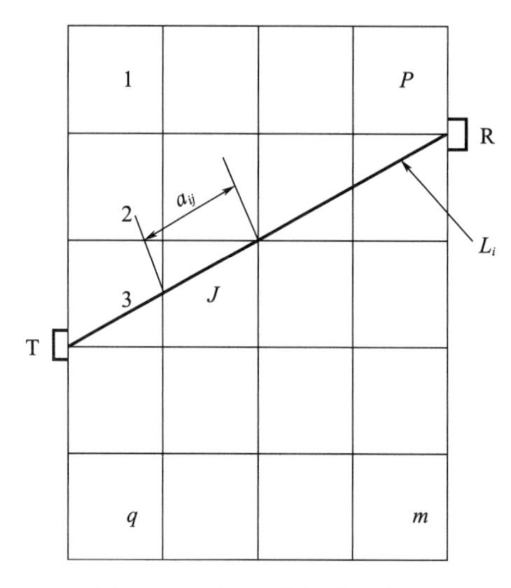

图 5-28　测区网络划分示意图

按上述算法，我们可以通过相应的计算机程序得出超声波穿过某测试对象各像素时的声速（或衰减值），这样就可根据这些数值作出一幅该试件关于超声波传播速度（或衰减系数）变化分布的图像，这也就是我们所要得到 CT 图像。例如，根据声速作图时，我们可以将声速划分为若干段，将同一声速值的像素以等值线相连，并将同一声速段里的像素用同一种颜色表示，即可获得一块混凝土质量与缺陷的分布 CT 图像。

由于用 CT 成像法反映物体内部质量的分布状况具有直观、准确等优点，超声 CT 技术正在工程检测领域中引起人们重视。1998 年 10 月北京市政工程研究院应加拿大安大略省电力局的邀请，对加拿大 Otto Holden 大坝进行了跨孔声波层析成像测试，以期用二维剖面的方式查明孔间混凝土质量分布状况，及了解混凝土与基岩接触带的状况。测试采用扇面测试方式，3 对钻孔从 6m 以下并段测起，共 63 个扇形测面，1323 个测点，用 CT 测试技术分析结果，对具体混凝土的低声速区给出了明显的显示，在孔距为 3～5m，测点间距为 0.2m 的条件下可对 0.5m 范围的低声速异常区作出反应（图 5-29）。南京水利科学研究院将 CT 技术用于灌注桩的检测，他们对用数值判据法判断异常的 11.2～13.8m 区段进行 CT 扫描（图 5-30），测区高×宽为 20cm×19cm，划分为 13×6=78 个网格，并用串式换能器发射和接收，以确保位置的准确性，检测结果经 CT 处理后获得三个测面 AB、BC、CA 近似的二维声速等值线分布图像（图 5-31），从图中可以看出正常部位声速在 4600m/s 左右，4200～4600m/s 为过滤段，异常区

－12.0～－13.4m 波速为 3700～4200m/s，而且并非全断面分布，而是斜向分布。

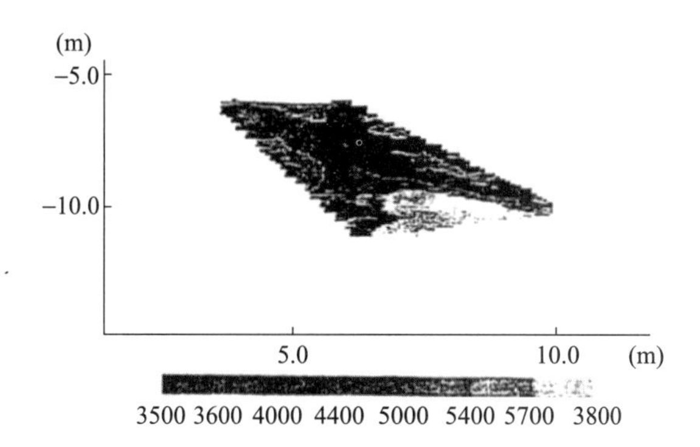

图 5-29 加拿大奥托霍顿大坝 CT 图

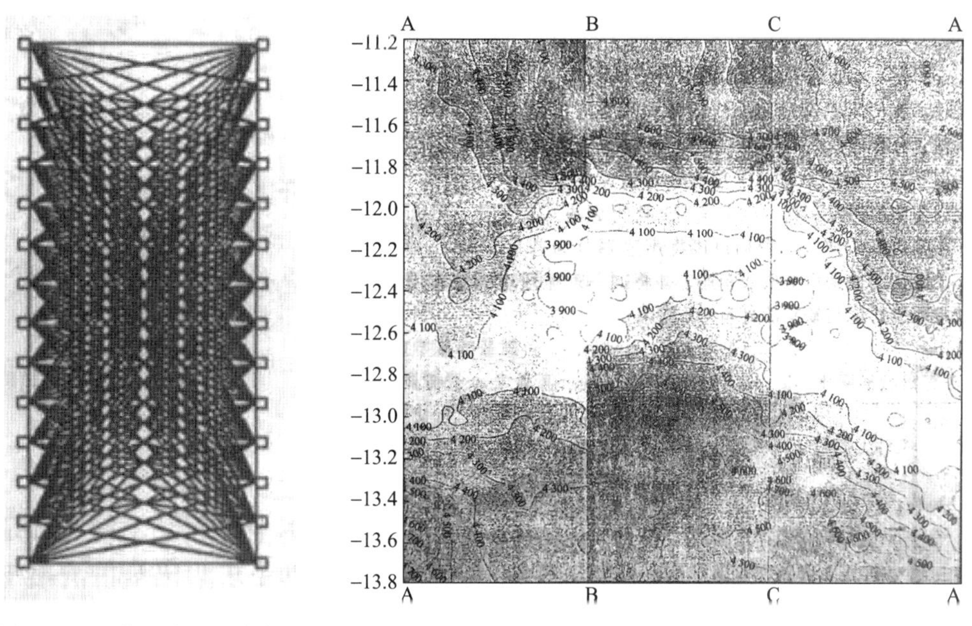

图 5-30 网络划分及测线布置

图 5-31 钻孔灌注桩局部 CT 成像

从上例可见，在 CT 成像法检测灌注桩的缺陷是可行的，但仍有许多问题有待研究，其中包括硬件及软件。在硬件方面，应研究提高扇形扫测效率的相应设备；在软件方面，则应进一步研究超声波在缺陷区产生反射、折射或绕射等现象时如何进行非几何光学图像重建的问题。

5.2.6 桩身混凝土强度的推定

在检测实践中，设计和施工部门都希望提供桩内混凝土强度的推定值。关于桩内混凝土强度的推定有两种情况：一种以总体验收为目的，即要求给出全桩混凝土的平均强度；另一种以缺陷区或低强区的混凝土强度验算为目的，即要求明确给出全桩纵剖面上各点的强度值，尤其是缺陷区或低强度区的强度值，以便确定缺陷处理方案。目前，在这两种情况下，要准确推定混凝土强度有一定困难，其原因是在桩内通常只能用声速这种单一指标推算混凝土的强度，但研究证明，“声速-强度”相关关系受混凝土配合比等多种因素的影响。例如，不同含石量的混凝土的“声速-温度”关系相差甚远，当不同含石量的混凝土强度相同时，含石量低的混凝土声速偏低，而含石量高的混凝土声速偏高。桩内混凝土由于水下灌注时出现离析现象，使得局部区域粗集料富集，因而导致各区段混凝土的实际配比不尽相同。也就是说无法确切知道影响“声速-强度”相关关系有关影响因素的实际变化情况，因此也无从修正。这样，即使事前按桩内混凝土的设计配合比制定了“声速-强度”基准曲线，推算误差仍然很大。

为了解决这一例题，可以将上述两种情况分别进行处理。

5.2.6.1 桩内混凝土总体平均强度的推算

当根据检测结果确认桩内混凝土均匀性较好时，可用全桩平均声速推算平均强度。

事前以混凝土设计配合比为基准，制作一系列不同水灰比的不同强度混凝土试块，测定这些试块的声速值与强度值，经回归处理，求得“声速-强度”相关公式。然后，对若干已知的影响因素进行修正。目前常用的公式形式与修正系数为：

$$m_{f,cu}=Am^{B}\cdot K_1\cdot K_2\cdot K_3 \tag{5-35}$$

式中 $m_{\mathrm{f,cu}}$——全桩混凝土平均抗压强度推算值，kN；

m——全桩混凝土各测点声速的平均值，cm/μs；

A、B——经验系数；

K_1——测距修正系数，当声测管间距（即声程）$L<100$cm，$K_1=1$；当 $100\leqslant L<150$cm 时，$K_1=1.020$；当 $L\leqslant200$cm 时，$K_1=1.023$；

K_2——含水量修正系数（对于一般地下饱和水状态，取为 0.98）；

K_3——混凝土流动性修正系数（泵送混凝土取 1.03）。

在使用式（5-35）推算混凝土平均抗压强度时，必须使声速值真正反映混凝土性能，尽量排除与混凝土性能无关的各种因素的影响。例如声测管歪斜等因素均应采用前述的方法予以修正。

试验证明，若根据上述方法，针对某一工程的特定混凝土，建立专用“声速-强度”公式，并合理选择修正系数，则对于混凝土均匀性良好的桩而言，用该方法所推定的混凝土总体平均强度与预留试块的平均强度之间的相对误差小于±15%。

该方法不宜用于均匀性较差的桩或缺陷桩的强度推算。若缺陷桩的非缺陷部分混凝土均匀性良好，也可将缺陷部分声速值剔除后，再用上述方法推算全桩混凝土完好部分的平均强度。

5.2.6.2 缺陷区强度的估算

若以确定缺陷内为夹泥或夹砂等松散物，则该区被视为“无强度”。但如果缺陷为混凝土低强区、砂浆富集区或蜂窝状疏松区等，则仍具有一定强度。若能准确推定缺陷区内混凝土的强度，或沿纵剖面逐点推定各点强度，绘出反映全桩强度分布的“强度-深度”构线，将对缺陷桩的安全核算及确定修补方案具有重要意义。但由于缺陷区混凝土配合比已不同于原设计配合比，预先按设计配合比制作的“声速-强度”相关公式或基准曲线，已不宜使用，因此再用声速单一指标确定缺陷区混凝土强度已不适宜。

根据现有成果，采用“声速-衰减”综合法具有较好效果。该方法采用声速、衰减系数两项参数与强度建立相关公式。由于散射衰减可反映含石量的多少，从而可消除因离析等原因导致粗集料含量变化对声速与强度相关性的影响，而且在桩的检测中，探头与混凝土的耦合条件较好，衰减系数易于测量。

其推算强度的公式如下：

$$f_{cu,i}=K_1 \cdot K_2 \cdot K_3\left[A\left(\frac{V_i}{a_i}\right)+B\right] \tag{5-36}$$

式中 $f_{cu,i}$——第 i 测点的推算强度，kN；

V_i——各测点的混凝土声速，cm/μs；

a_i——各测点的混凝土衰减系数；

A、B——经验系数；

K_1，K_2，K_3——修正系数，意义同前。

采用该法时应预先配制一批模拟离析后不同粗集料含量的试件，测定试件的声速与衰减系数及强度值，按式（5-36）的函数形式进行回归分析，求出 A、B 系数。在检测中，应使探头在声测管中的耦合稳定，以保证衰减系数能稳定测量。制作相关公式时，探头与模拟试件的耦合条件，应与桩内相似。

总之，对于均匀性较差的桩，以及缺陷桩，要检测各点强度时，不宜用单一声速法。即使采用“声速-衰减”综合法，也应持慎重态度。

5.3 装配式混凝土结构套筒灌浆质量检测

5.3.1 概述

装配式建筑作为一种具备抗震、节能、保温、防火等功能的建筑发展方式，其建设方式是通过将建筑材料生产为预制构件，在施工现场由施工单位对这些预制构件进行组合。装配式混凝土结构是现代化建筑结构发展的重要方向。而保障装配式结构整体性的关键点在于预制构件的连接质量。其中，套筒灌浆连接具备操作简便高效、操作技术要求相对较低、适用范围广等特点，奠定了其成为构件连接主流方式的地位。

套筒灌浆连接在装配式混凝土结构中，担负着预制构件主筋连接的重要角色，其原理是通过在金属套筒内部插入连接钢筋，灌入高强灌浆料，待灌浆料硬化后，使得灌浆料与套筒内壁、灌浆料与钢筋之间产生粘结，以此传递应力。

装配式建筑节点连接作为装配式混凝土结构的重中之重，是确保建筑整体结构性能能够与传统现浇模式等效的关键点，同理，钢筋套筒灌浆连接的质量亦无法忽视。由于实际工程中的影响因素广泛且复杂，套筒内灌注的浆体存在因自身流动性和重力影响形成回流、溢出，或套筒内部存在空气滞留无法有效排出的情形，使得套筒内在端部或中部出现空腔，进而降低了套筒内钢筋的有效锚固长度。灌浆缺陷会损害节点连接性能，进而对装配式建筑的整体性能产生严重影响，给装配式建筑带来不同程度的安全隐患，因此，需对装配式混凝土结构套筒灌浆质量进行检测。

装配式混凝土结构套筒灌浆质量检测时，主要关注待测试件的灌浆饱满性和灌浆密实性。

（1）灌浆饱满性是指钢筋采用套筒灌浆方式连接时，灌浆结束并稳定后，套筒内水泥基灌浆料界面相对出浆孔位置的状态。

（2）灌浆密实性是指钢筋采用套筒灌浆方式连接时，灌浆结束并稳定后，套筒内除去灌空区后的填充状态。灌空区位于套筒内部，不与出浆孔连通。

本节仅对装配式混凝土结构套筒灌浆质量检测中的钻孔内窥镜法和 X 射线数字成像法作简单介绍，参照标准为《装配式混凝土结构套筒灌浆质量检测技术规程》（T/CECS 683—2020）。

5.3.2 钻孔内窥镜法检测套筒灌浆质量

5.3.2.1 检测原理

钻孔内窥镜法是指利用三维立体测量技术，在灌浆不饱满的工况下，通过预留的孔道或事后钻孔将侧视三维立体测量镜头送至套筒内腔，直观、清晰观察套筒内腔并精准测量灌浆缺陷长度，从而计算灌浆饱满度。钻孔内窥镜法可用于施工及验收阶段、使用阶段检测套筒灌浆饱满性。

钻孔内窥镜法检测装配式混凝土结构套筒灌浆质量如图 5-32 所示。

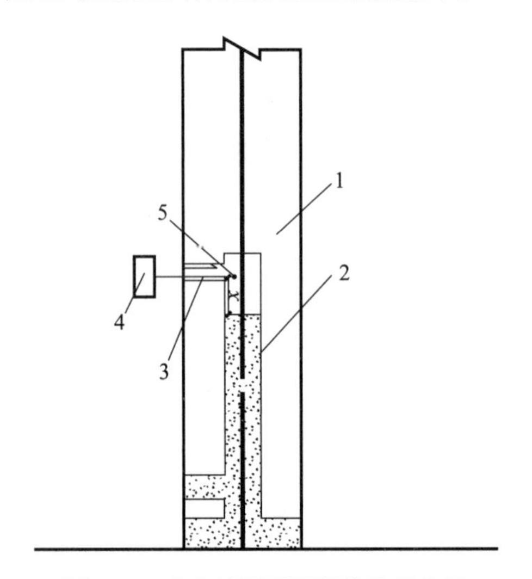

图 5-32 内窥镜测量灌浆缺陷示意图

1—预制构件；2—灌浆套筒；3—钻孔孔道下沿；4—内窥镜；5—测量镜头；x—灌浆缺陷深度

5.3.2.2 流程方法

套筒灌浆饱满度检测流程如下：

（1）将实心螺旋式钻头对准构件表面待钻点，待钻点位于灌浆孔与出浆孔连线上。先用冲击钻配实心螺旋式钻头钻至套筒表面（根据设计图纸及现场钻进声音判断），然后改用手电钻配空心圆柱形钻头钻透套筒壁并钻至套筒内钢筋位置。

（2）开启冲击钻，钻头行进方向始终与构件表面垂直，当钻至套筒表面时，出现钢-钢接触异样声音时停止钻孔并改用手电钻；继续钻孔至钻透套筒壁，因接触灌浆料或空隙，钻进出现的声音有所改变；之后钻头碰触套筒内钢筋，再次出现钢-钢接触异样声音时停止钻孔。

（3）沿钻孔孔道底部伸入内窥镜探头，观测是否存在灌浆缺陷，如存在缺陷则测量缺陷深度。

在套筒出浆孔检测套筒灌浆饱满性时应符合下列规定。

（1）对于未装修的建筑，可结合图纸或目测确定套筒和出浆孔的位置；对于已装修的建筑，宜首先结合图纸并通过钢筋探测仪确定套筒位置，然后应将局部破损装修层露出套筒出浆孔。

（2）用钻孔设备钻孔时应符合下列规定。

① 钻头应对准套筒出浆孔，钻头行进方向应始终与孔管道保持一致。

② 在钻头行进过程中，应至少中断两次，进行清孔。

③ 当钻头碰触到套筒内钢筋或套筒内壁发出钢-钢接触异常声响，或钻头到达预先计算得出的指定深度时，应立即停止钻孔。

④ 停止钻孔后，应再次进行清孔。

（3）用内窥镜测量灌浆缺陷深度时应符合下列规定。

① 应将带测量镜头的内窥镜探头沿钻孔孔道下沿水平深入套筒内部。

② 可测量套筒内靠近出浆孔一侧的灌浆料界面相对测量镜头的深度，精确到0.1mm。

5.3.2.3　缺陷判断

如图5-33所示，可采用式（5-37）计算灌浆饱满度，对套筒灌浆质量定量评估。当$x=0$时，取$P=100\%$，判定灌浆饱满；当$P>100\%$时，取$P=100\%$，判定灌浆饱满。

$$P=\frac{8d-(x-y)}{8d}\times 100\% \tag{5-37}$$

式中　P——灌浆饱满度；

$8d$——套筒内钢筋锚固长度，其中d为钢筋公称直径；

y——锚固长度最高点相对于钻孔孔道底部位置深度，若锚固长度最高点低于钻孔孔道底部位置，则y为正值，否则y为负值；

x——内窥镜所测得的灌浆缺陷深度。

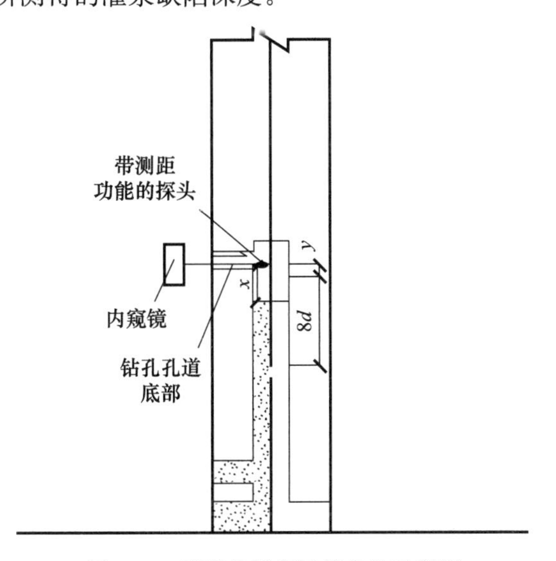

图5-33　灌浆饱满度计算参数示意图

钻孔内窥镜法适用于全灌浆套筒和半灌浆套筒内灌浆饱满度的检测，结果清晰直观。对套筒连接力学性能无明显不利影响，还可利用检测孔道对灌浆缺陷进行补灌修复，并且已经过实际工程的检验。图 5-34 为实际工程检测中内窥镜成像图。

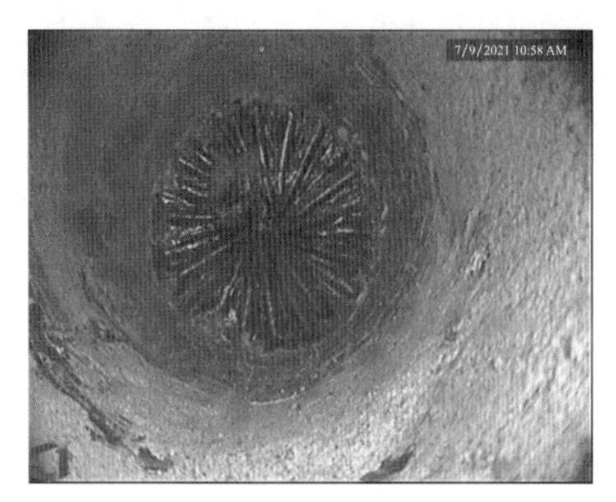

(a) 灌浆界面高于出浆孔，套筒灌浆饱满

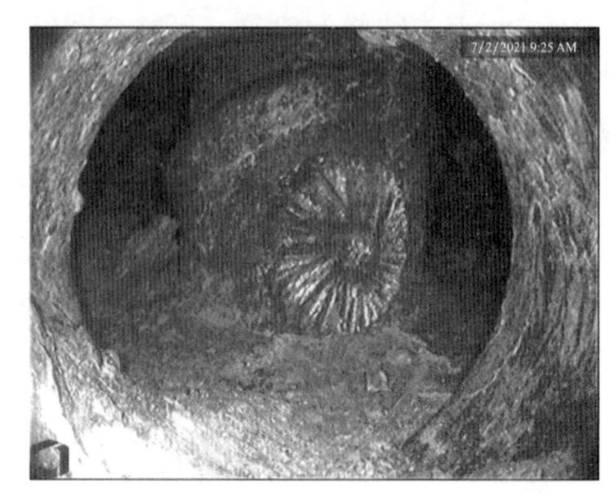

(b) 灌浆界面与出浆孔下端持平，套筒灌浆饱满

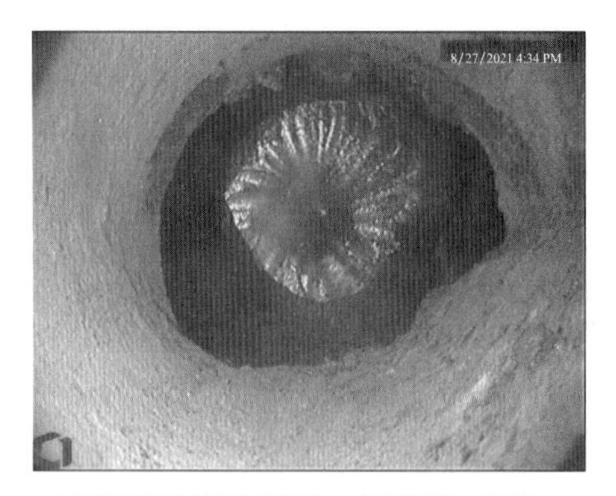

(c) 灌浆界面低于出浆孔，套筒灌浆不饱满

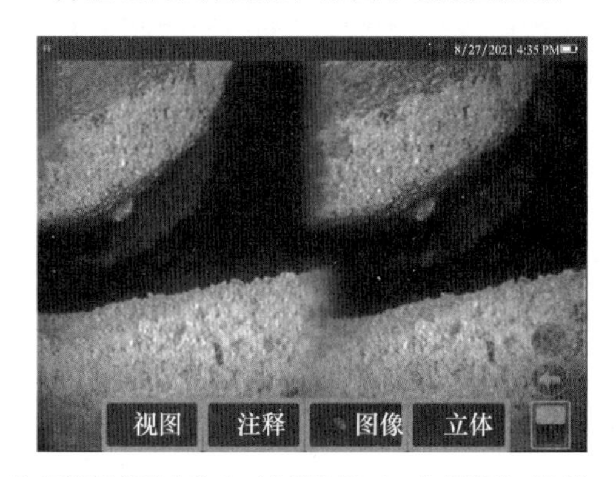

(d) 侧视图观察出浆孔下方灌浆界面，套筒灌浆不饱满

图 5-34　内窥镜成像图

图 5-34 中（a）（b）（c）均为正视探头成像画面，（d）为侧视探头成像画面。（a）（b）两图可以直观观察到套筒内灌浆十分饱满，（c）图中出浆孔钻孔下方无法观察到灌浆界面，说明灌浆饱满度小于 100%，（d）图中出浆孔下方侧视探头成像画面更为明显，可以观察到灌浆界面距探头距离较远，灌浆饱满度低。该方法最大的优势在于不需要预埋检测元件，可实现对检测位置的随机抽样，对已建成的装配整体式混凝土结构同样适用，通过钢筋探测仪探测出套筒的位置即可进行有效检测。

5.3.3　X 射线数字成像法

5.3.3.1　检测原理

X 射线穿透被检构件的过程中，射线强度会因被穿透物质的吸收作用和扩散作用而减弱，减弱程度取决于被穿透物质吸收和扩散射线的能力（与物质密度有关）及被穿透物质的厚度。如果被透照的物体局部存在缺陷（空洞、间隙、不密实等），该局部区域的透过射线强度就会不同于周围区域，产生黑度差，进而可以判断构件内有无缺陷及缺陷的形状、大小和位置等。

X射线数字成像法可用于施工及验收阶段、使用阶段检测套筒灌浆饱满性和灌浆密实性，其检测示意图如图5-35所示。

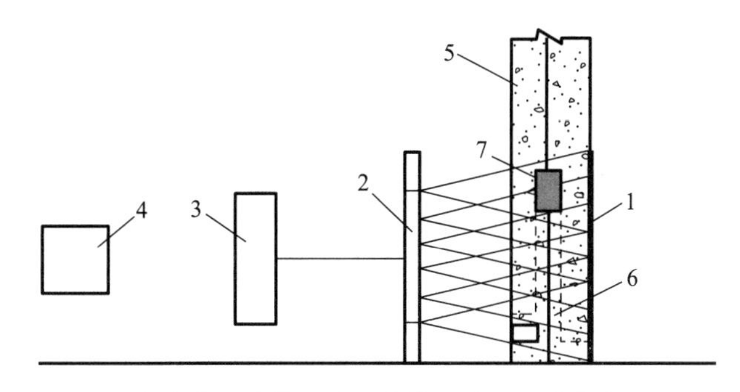

图5-35 X射线数字成像法检测灌浆饱满性和灌浆密实性示意图

1—平板探测器；2—X射线探伤仪；3—中央控制器；

4—计算机；5—预制构件；6—灌浆套筒；7—灌浆缺陷

5.3.3.2 流程方法

采用X射线数字成像法检测套筒灌浆饱满性和灌浆密实性时流程如下。

(1) 对于未装修的建筑，结合图纸或目测确定套筒、灌浆孔和出浆孔的位置；对于已装修的建筑，结合图纸并通过钢筋探测仪确定套筒位置。

(2) 平板探测器就位，位于预制构件的一侧，紧贴构件的表面。

(3) X射线探伤仪就位，位于预制构件的另一侧，根据事先确定的数值，调节X射线探伤仪的焦距，使其符合检测规定。

(4) 将X射线探伤仪与中央控制器相连。

(5) 根据事先试验确定的数值设置管电压、管电流、曝光时间及延迟开启时间。

(6) 开始检测前，现场所有人员退到安全距离以外，检测时人员所在处辐射剂量当量率不应大于2.5μSv/h。

(7) 开始检测时，X射线探伤仪发射X射线，X射线穿过预制构件在平板探测器上实时成像。

(8) 图像采集时，可以通过平板探测器与计算机之间的有线或无线传输，实现计算机远程实时接收图像。

5.3.3.3 缺陷判断

对采用X射线数字成像法检测获得的图像进行归一化灰度分析，通过归一化灰度值进行缺陷判断，判断指标如下。

(1) 当套筒灌浆区归一化灰度值不小于0且不大于0.65时，应判定灌浆饱满性或灌浆密实性符合要求。

(2) 当套筒灌浆区归一化灰度值不小于0.85且不大于1.0时，应判定灌浆饱满性或灌浆密实性不符合要求。

(3) 当套筒灌浆区归一化灰度值介于0.65和0.85之间或对以上判定有疑问时，可结合其他检测方法综合判定，或通过局部破损法进行验证。

此外，要注意的是，在X射线数字成像法检测获得的图像上测量灌浆缺陷区尺寸时，应先通过已知尺寸标定 X 射线数字成像时的放大倍数。

5.3.4 其他检测方法

装配式混凝土结构套筒灌浆质量检测，除钻孔内窥镜法和 X 射线数字成像法外，还有预埋传感器法和预埋钢丝拉拔法等。

预埋传感器法是指灌浆前在套筒出浆孔预埋阻尼振动传感器，灌浆过程中或灌浆结束 5～8min，通过传感器数据采集系统获得的振动能量值来判定灌浆饱满性的方法。

预埋钢丝拉拔法是指灌浆前在套筒出浆孔预埋光圆高强不锈钢钢丝，灌浆结束后自然养护 3d，对预埋钢丝进行拉拔，通过拉拔荷载值来判定灌浆饱满性的方法。

思考题

1. 钢管混凝土缺陷判断的依据从原理上看有哪几种解释?

2. 超声脉冲可适用于钢管混凝土哪些方面的检测?

3. 何谓灌注桩的完整性? 检测桩基完整性的方法有哪些?

4. 按混凝土的灌注方式，灌注桩分为哪几种? 它们的缺陷分别是什么?

5. 灌注桩超声检测法的检测方式有哪些? 有什么特点?

6. 灌注桩完整性的数值判断主要有哪几种判断方法? 它们的主要原理是什么?

7. 何谓声影重叠法? 其具体测试方法是什么?

8. 我国大力发展装配式建筑，推进建筑工业化，也给我们带来了新的检测领域。装配式混凝土结构套筒灌浆质量可以采用哪些无损检测方法? 主要关注或检测哪些指标?

6　混凝土结构火灾损伤检测技术

6.1　混凝土结构火灾损伤检测技术

近年来，随着城市建设的不断发展，人口和房屋密度进一步提高，因各种原因而发生建筑火灾的概率大大增加，据统计全世界每年因火灾造成的经济损失高达6300亿美元。火灾给人类的生命财产带来了巨大危害，已成为人类面临的共同灾害。

建筑物混凝土遭受火灾后，其损伤状况极其复杂，如何准确而迅速地检测评估其损伤程度是灾后需要解决的首要问题，它关系到能否采取科学合理的加固补强措施，将火灾损失降到最低程度，避免在修复过程中造成浪费。因此探索和研究火灾混凝土损伤缺陷分析方法，是火灾混凝土建筑物损伤鉴定与评估的发展方向。

6.1.1　火灾对钢筋混凝土的危害与损伤特征

混凝土耐火性能要比钢、木或其他金属材料优越，因为混凝土结构在火灾中不会像木结构那样燃烧而释放能量，也不会像钢结构那样随火场温度升高而迅速降低强度。混凝土在高温作用下其自身并不会燃烧释放热量，且其导热性能较差，在高温作用的较短时间内，其内部温度不会骤然升高，强度损失较小，故混凝土结构在火灾中很少发生崩塌性破坏，但这并不意味着混凝土结构具有无限的抗火能力。随着火灾时间的延长及火场温度的增高，混凝土将受到严重损伤危害。

持续高温（火灾）对混凝土的危害主要表现在降低混凝土的强度、弹性模量、粘结强度等，使混凝土承载力下降，建筑物受到损伤直至倒塌。

（1）火灾对混凝土力学性能的影响

① 火灾损伤混凝土抗压强度变化

混凝土受火温度、时间与强度的关系如图6-1所示。混凝土受到高温作用时，其本身发生脱水，结果导致水泥石收缩。而集料则随温度升高而产生膨胀，两者变形不协调使混凝土产生裂缝、强度降低。此外，由于脱水使混凝土的孔隙率增大、密实度降低，并且随温度升高，这种作用越剧烈。当温度达到400℃以后，混凝土中$Ca(OH)_2$脱水，生成游离氧化钙，导致混凝土严重开裂。当温度大于573℃时，集料中的石英组分体积发生突变，混凝土强度急剧下降。所以，随温度升高，混凝土强度呈下降趋势。

由图6-2混凝土抗压强度随温度变化曲线可知，混凝土在低于300℃的情况下，温度升高对强度的影响不大，相当一部分试验结果表明，300℃以前混凝土的抗压强度高于常温混凝土。但是高于300℃以上时，混凝土抗压强度随温度的上升而明显下降：300～400℃时强度下降10％～20％，400℃以上强度下降加快，600℃时，强度已损失50％以上，800～900℃则强度几乎完全丧失。

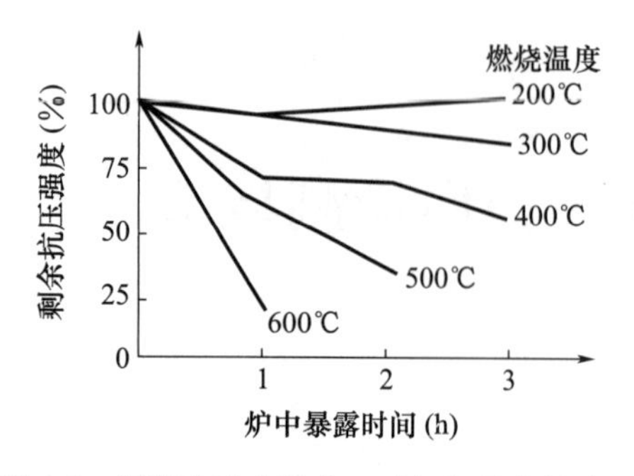

图 6-1 混凝土受火温度、时间与强度的关系

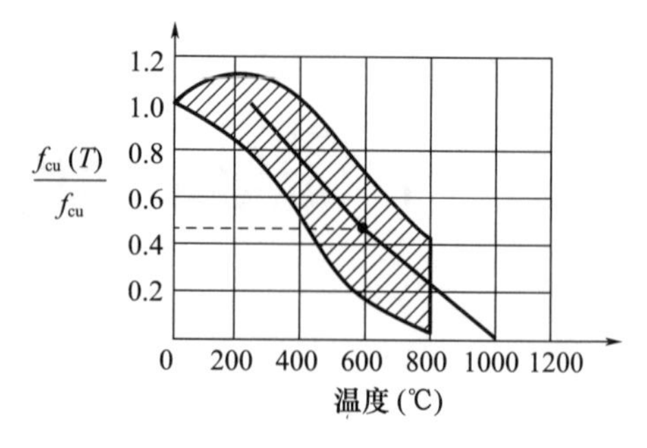

图 6-2 混凝土抗压强度随温度变化曲线

② 火灾损伤混凝土抗拉强度变化

抗拉强度是混凝土在正常使用阶段的重要性能指标之一，其值高低直接影响构件的开裂，变形和钢筋锈蚀等。混凝土在火灾高温作用下，抗拉强度比抗压强度下降值多10%～15%，这是由混凝土中水泥石的微裂纹扩展导致的结果。这种情况对钢筋混凝土楼板受拉面的损伤危害极大，必须引起高度重视。

图 6-3 给出了混凝土抗拉强度随温度上升而下降的实测曲线。图中纵坐标为高温抗拉强度与常温抗拉强度的比值，横坐标为温度值。试验结果表明，混凝土抗拉强度在50～600℃之间的下降规律基本上可用一条直线表示，当温度达到 600℃时，混凝土的抗拉强度为 0。

③ 火灾损伤混凝土的弹性模量变化

随着温度的升高，混凝土内凝胶与结晶体脱水，结构松弛、孔隙增多、变形增加，导致混凝土弹性模量下降，如图 6-4 所示（图中 HP：早强硅酸盐水泥混凝土，SL：矿渣水泥混凝土）。

混凝土弹性模量随温度变化规律表达式为：

$$E_c(T)/E_c=\begin{cases}1.00-0.00175T & T\leqslant 200℃\\ 0.87-0.0082T & 200℃<T\leqslant 700℃\\ 0.28 & 700℃<T\leqslant 800℃\end{cases} \qquad (6\text{-}1)$$

式中 E_c——常温下混凝土试件的弹性模量，MPa；

$E_c(T)$——不同温度 T 时混凝土试件的弹性模量，MPa。

随着温度的不断升高，混凝土弹性模量逐渐下降，刚度不断降低。经高温作用冷却后的混凝土，其弹性模量比高温时要小，见表 6-1。

表 6-1 混凝土高温冷却后的弹性模量折减系数

温度（℃）	100	200	300	400	500	600	700	800
K_{cE}	0.75	0.53	0.40	0.30	0.20	0.10	0.05	0.05

④ 火灾损伤混凝土的应力-应变曲线

混凝土在高温作用时和冷却后其一次加荷下的应力-应变曲线和常温下相似。由于混凝土弹性模量和强度的降低，只是使曲线应力峰值降低，因此温度升高，曲线更为平缓。对于受热冷却后的混凝土，这种现象更为明显。图 6-5（a）（b）分别显示了高温时及高温冷却后的曲线。

（2）火灾对钢筋与混凝土的粘结力（强度）的影响

钢筋与混凝土的粘结力主要包括混凝土凝结硬化时将钢筋紧紧握裹而产生的摩擦力、钢筋表面凹凸不平而产生的机械咬合力及钢筋与混凝土接触表面的相互胶结力。

由于混凝土在高温时和高温后其强度下降，必然引起钢筋与混凝土间粘结强度的损失。粘结强度的变化主要取决于温度、钢筋种类等。随温度升高，粘结强度呈连续下降趋势；变形钢筋的粘结强度比光圆钢筋的粘结强度大得多。

（3）火灾混凝土损伤特征

混凝土材料在火灾高温作用下受到损伤的根本原因在于发生了一系列的物理化学变化，诸如水泥石的相变、裂纹增多、结构疏松多孔，水泥石-集料界面开裂、脱节等，因此火灾后混凝土的损伤特征为由表层向内部逐渐疏松、开裂，损伤缺陷多为裂缝，并且不同的受火温度、持续时间，将造成不同深度和程度的损伤状况，严重时混凝土保护层剥落，表面混凝土爆裂明显，混凝土纵、横、斜裂缝产生的多而密，钢筋与混凝土粘结力破坏严重。

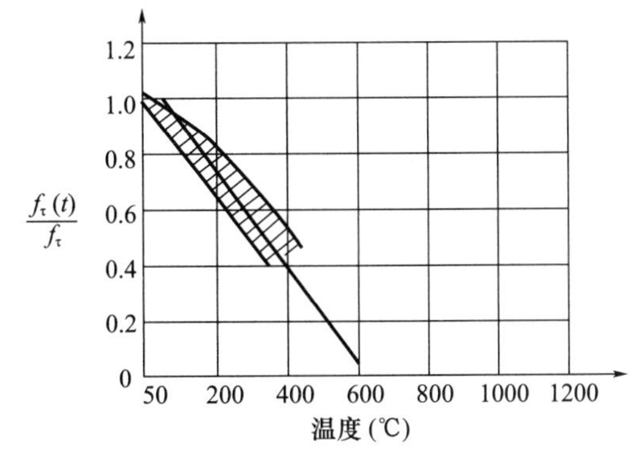

图 6-3　混凝土抗拉强度随温度变化曲线

图 6-4　温度对混凝土弹性模量的影响

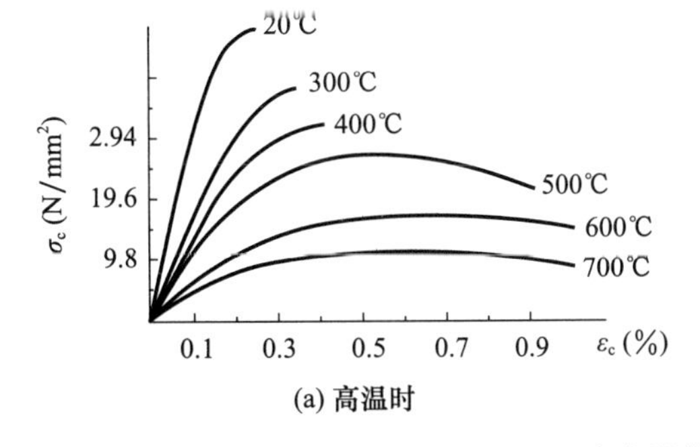

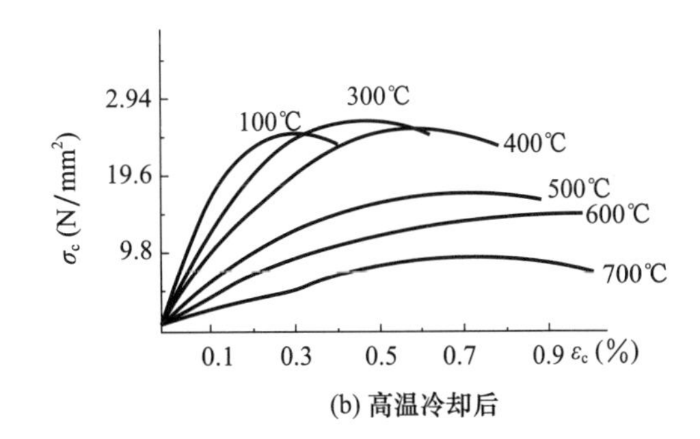

图 6-5　火灾混凝土的应力-应变曲线

6.1.2　火灾混凝土损伤机理研究进展

对火灾混凝土损伤缺陷产生机理的探索研究是材料学的研究范畴，数十年来，此领域广受关注，在国内外取得了大量研究成果。归纳起来混凝土在火灾作用下的损伤机理有以下三个方面。

① 混凝土表面受火处温度升高比内部快得多，内外温差引起混凝土开裂。

② 水泥石受热分解，使胶体的粘结力破坏。

③ 粗集料和水泥石间的热不相容，导致应力集中和微裂缝的开展。

（1）普通强度混凝土（C10～C50）火灾损伤机理

普通混凝土受高温灼烧会发生以下一系列物理化学变化，导致其损伤。其损伤过程描述如下。

① 混凝土中各种水分的逃逸

包括化学结合水、物理化学结合水、游离水等汽化逸出，破坏混凝土微结构（胀裂），降低混凝土强度。

② 混凝土中水泥石的破坏

混凝土是多相复合材料，水泥石对混凝土性能起着决定性作用。高温下首先是水泥石中的水化产物发生急剧变化，水化物脱水分解使水泥石内部裂纹增多，结构变得疏松多孔，水泥石强度下降。

另外，水化物和未水化矿物在高温下热变形的不协调所造成的开裂也有影响。

③ 集料与水泥石界面受损

经受高温后混凝土的强度损失要比水泥石严重，因为由多种材料组成的混凝土内部结构要比水泥石复杂，常温混凝土中C-S-H凝胶的网状结构密实，CH与AFt等晶型完整，界面结构密实、连接节点多、孔隙较少；但温度升到200～300℃后，水化产物开始脱水，晶型严重变形，并出现孔隙，特别是由于水泥石与粗集料的热变形不相容，形成大量界面裂缝，严重削弱了界面粘结力，400℃后，这种变化将随温度的丌高而逐渐加剧，图6-6、图6-7分别给出了几种集料及水泥石经600℃高温和冷却过程中的变形比较，由图可知，水泥石在升温及冷却过程中均为收缩变形，而硅质、钙质等集料为膨胀变形，因此混凝土在经受火灾过程中水泥石-集料界面及表面的开裂导致强度降低，特别是温度高于450～500℃时最为明显；此外，CH脱水形成的CaO会吸收空气中水分而产生体积膨胀，更加剧了混凝土内部结构的破坏，使混凝土强度显著下降，扫描电镜观察混凝土显微结构，可以发现常温下混凝土与火烧后混凝土完全不同，在低于300℃时水泥石基本无变化；400℃时开始有所变化，但不太明显；500℃时水泥石整体结构已有些破碎；700℃时氢氧化钙结构已很松散，C-S-H凝胶结构已极不完整，表面有许多裂缝和孔洞；温度达900℃后，水泥石中已看不到水泥水化产物，只剩下CaO残渣。水泥石与集料的界面在500℃后产生裂缝；700℃后裂缝扩大，集料破坏严重；900℃后集料与水泥石完全脱节。

（2）高强、超高强混凝土（≥C60）火灾损伤机理

近年来，高强、超高强混凝土开始在工程中应用，在许多火灾现场发现高强混凝土的火灾损伤特征与普通强度的混凝土有所不同，尤其是高强混凝土受高温灼烧时，表层爆裂现象较严重。因此目前有关高强混凝土火灾损伤机理的研究也是国际范围的热点。

火灾下高强混凝土强度损失随温度变化规律大体上分为三个阶段。

① 第一阶段——强度的初始损失阶段，在温度从室温升到100～300℃期间，随温度衰减，高强混凝土的强度衰减程度比普通混凝土要多，且高强混凝土随混凝土强度的

增加衰减损失越大。

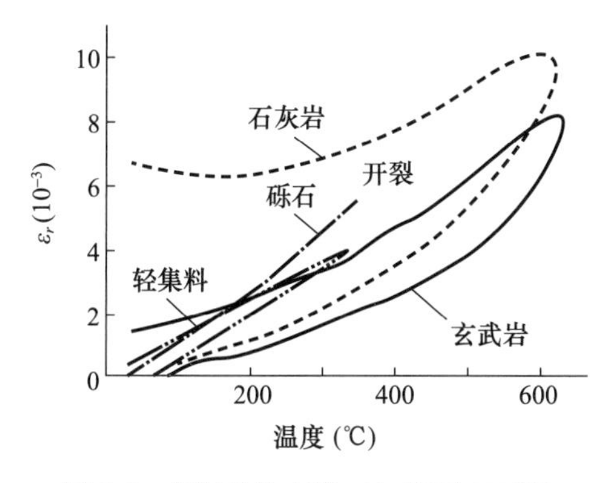

图 6-6　集料的热变形（加热至 600℃）

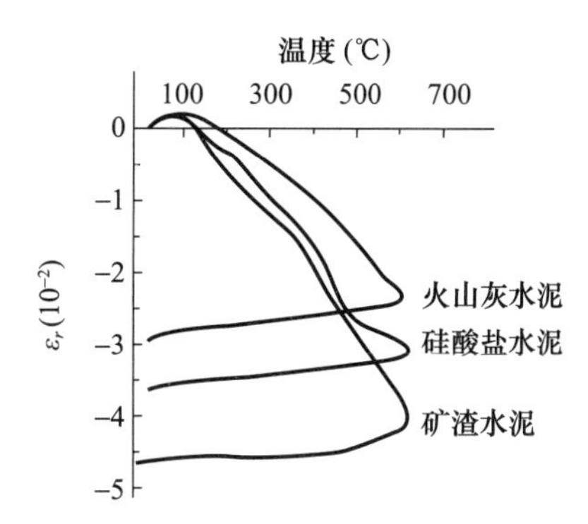

图 6-7　水泥石的热变形（加热至 600℃）

② 第二阶段——强度的恢复阶段，高强混凝土与普通混凝土一样，在强度初始损失到一定阶段，强度有所回升，甚至超过混凝土在室温时的原始强度。这种回升一般在 400℃左右达到顶峰，高强混凝土所达峰值比普通混凝土要高，且高强混凝土的峰值随强度的升高而升高，有的峰值可达 113%之多。

③ 第三阶段——强度的永久损失阶段，一旦高强混凝土强度回升达到峰值，紧接着就进入了第三阶段。在此阶段，高强混凝土的衰减与普通混凝土相差很大。高强混凝土受到高温时，“爆裂”损伤缺陷比普通混凝土多。爆裂是混凝土构件的表面达到一定温度时，在没有任何先兆的情况下突然发生的剥落现象。爆裂深度深浅不一，较深的爆裂深度可达 75mm。但迄今高温下爆裂的机理尚未查明。在各种观点之中，两种观点逐渐突出，即蒸汽压机理（the vapor pressure mechanism）与热应力机理（the thermal stress mechanism）。

蒸汽压机理是指高温（火灾）下混凝土体内所含的水分受热蒸发成水蒸气，水蒸气无法及时扩散排出混凝土的表面而在混凝土内部产生了蒸汽压，当这种蒸汽压达到一定数值时，即引发了爆裂。热应力机理是指高温（火灾）时由于混凝土的热惰性使得热量传导不均匀引起混凝土内部的温度梯度，伴随温度梯度而产生的热应力最终引起混凝土的爆裂。

降低含水量或增大孔隙率都有助于避免混凝土爆裂现象的发生；高强混凝土的水灰比很低，自由水含量较低，高温时混凝土的化合水也会分解，同样会导致高温时某一区域的完全饱和，加上高强混凝土的致密性，使得高强混凝土比普通混凝土更容易引发爆裂。

6.1.3　火灾混凝土损伤检测技术研究进展

由于结构空间和可燃物形式的千变万化，火灾时结构各部位的受火温度和燃烧持续时间各不相同，从而导致混凝土产生不同程度的物理化学变化，使混凝土的部分成分、外观、孔隙结构及重量等性质有不同程度的变化。利用这些性质变化且进行量化后，前人探索出数种检测混凝土火灾温度、强度损失、损伤深度等方法，可有效用以推测混凝土遭受火灾后的损伤程度。

在为数众多的传统混凝土火灾损伤检测方法中，精度较高且又方便使用者介绍如下。

（1）表观检测

表观检测主要根据火灾混凝土的颜色、裂缝以及剥落来判定火灾混凝土的受损情况。如混凝土温度从300℃、600℃到800℃及以上时，颜色由粉红、红色到变灰再变成淡黄色，强度也相应受到损伤，但受水泥种类、集料种类等影响较大；裂缝一般出现在300℃（2h）和400℃（1h）以后，但与混凝土含水率有较大关系；剥落一般均出现于温度在600℃以上时，可作为一个重要评估依据，但其严重程度与混凝土含水率有关。因此上述判断只是粗略估计，不能定量化，所以在实际工程检测中只作为检测结果的参考。

（2）超声波法及超声-回弹综合法

超声波在介质中传播时，遇到不同情况将产生反射、折射、绕射、衰减等现象，相应地振幅、波形、频率将发生变化。据此已经建立了不少表示超声波速度与混凝土强度关系的经验公式，并有很好的相关性，但该方法要求表面有较好的平整性，所以这种方法比较适合于未剥落的混凝土表面。

超声-回弹综合法在无损检测中得到广泛应用，在火灾混凝土检测中也有被用于评估火灾混凝土的强度、损伤层深度及受火温度等。但火灾混凝土表层疏松且有裂缝，常因两探头相距较远，使超声波波形不稳、首波衰减过大或波形叠加而影响测试；而火灾混凝土表面疏松层使表面强度不能与整个构件强度划等号。因此，该法在火灾混凝土检测中只能作为辅助评定手段，不能评估火灾混凝土的强度。

（3）射钉法

射钉法最早由美国人提出，试验时将一枚钢钉射入到混凝土表面，然后测量钢钉未射入的长度，并找出它们与混凝土强度的关系。这种方法快捷、方便而且离散性较小，对水平和竖向构件均适合，而且适合于出现剥落的构件，也适合于探测不同深度混凝土的强度，只要将试验完的混凝土表面凿掉即可。射钉法测定的强度较之其他方法要好一些，如果将试验结果与未损伤的混凝土相比较则可靠性更高。

（4）锤击法

锤击火灾损伤混凝土，发出的声音较普通混凝土来说比较沙哑、沉闷，或是空响，但这种方法过于依靠经验，而且这与锤击的部位有关系，其结果只能作为参考。

（5）钻芯法

钻芯法是检测未受损混凝土强度较直接和较精确的方法，但对于火灾混凝土，有时因构件太小或破坏严重（强度低于10MPa），难以获得完整的芯样。其次，由于火灾混凝土损伤由表及里呈层状分布，从所取的芯样很难了解强度沿着芯样长度方向的变化情况，该法主要是用来检测重要构件的强度而非混凝土的表面强度，但可通过芯样检测火灾损伤深度和裂缝深度，还应与其他方法结合综合评估火灾混凝土的质量。

（6）拔出法

拔出法是将安装在混凝土中的锚固件拔出，测定其拔出力的大小来评定混凝土的强度。对火灾后的建筑主要采取钻孔内裂法和扩孔拔出法。它们均是先在混凝土表面上钻一个孔，插入胀管螺栓，再用张拉设备作拔出试验，直到混凝土出现裂缝时为止。钻孔内裂法试验结果变异性较大，通过与未损伤混凝土的试验结果相比较，可改进试验结果的可靠性，但这种方法较射钉法要差。

（7）中性化深度检测

水泥水化后的水泥石 pH 值一般为 12～13，呈碱性，当温度为 500～600℃，水泥石中的 Ca（$OH)_2$分解，使混凝土呈中性，故用酚酞试剂可检测混凝土的中性化深度及其经历的火灾温度。根据中性化深度和混凝土保护层厚度的比较，可判断火灾是否对钢筋以及钢筋与混凝土之间的粘结力造成了损伤。但在实际应用中，应注意区分混凝土一般正常碳化与火灾引起的中性化，并予以修正。

（8）热分析法

热分析法是在程序控制温度下，测量物质物化性质与温度关系的一种技术。利用该法可以研究物质受热过程所发生的晶型转变、蒸发、脱水、热分解等物化变化。对比受高温和未受高温作用的水泥石的热分析曲线，便可确定受损混凝土遭受的高温温度。常用有 DSC、TDA、TGA 法。但此法需要专门技术和设备。

（9）烧失量试验法

混凝土烧失量试验是目前推估混凝土受火温度的较精确方法。该试验根据高温下水泥水化物及其衍生物分解失去结晶水，同时混凝土中的 $CaCO_3$分解产生 CO_2，从而减轻其质量的原理，首先测定不同温度所对应的烧失量，得到相应的回归关系，然后由实际受火混凝土的烧失量大小推断该混凝土的最高受火温度。

（10）X 射线衍射分析法

水泥水化物 Ca（$OH)_2$是晶体构造，组成固定，含量较多约占 20%。依据 Braggs 定律及结晶体构造有固定的原子间距的特征，由 X 射线衍射分析的结果表明，产生的 CH 凸峰随该成分含量变化而变化，含量越多，其凸峰越高，若取已知成分比例的标准试片，则可定量分析 CH 的变化与所受温度的关系。由于此法受限于检测 CH 的变化，故精度较差。

（11）扫描电镜分析

扫描电镜观察水泥石、混凝土的形貌，可以发现常温下与火烧后完全不同。300℃以下，水泥石结构形貌基本无变化；500℃时水泥石结构已有些破碎，与集料的界面产生裂缝；700℃时 CH 结构已很松散，C-S-H 凝胶结构已极不完整，表面有许多裂缝和孔洞，界面裂缝扩大；900℃后已看不到水化物，只剩下 CaO 残渣，水泥石与集料完全脱节。因此利用混凝土电镜检测特征，可推断火灾温度。但此法需专门技术和设备。

（12）压汞孔隙仪试验法

混凝土在高温作用下及冷却过程中，由于硬化水泥浆与集料间胀缩不协调，界面产生应力集中，当集中应力超过界面张力极限时，界面破裂或原有裂缝扩大延伸，孔隙相互贯通，使孔隙量增多，孔径加大。不同温度和升降温条件，必然有不同孔隙变化。压汞孔隙仪（Mercury Intrusion Pores meter）可借以量测定量试件内的孔隙含量及孔径分布，来推断混凝土受火的情况。此法其使用范围受限，尚待进一步研究改进。

随着混凝土结构火灾损伤研究的不断深入，近年来火灾损伤检测出现了一些新技术，介绍如下。

（1）颜色分析

英国阿斯顿大学工程与应用科学系的 N. R. Short 结合岩相学，引入了分析颜色的色彩模型，创立了火灾后混凝土结构的颜色分析法。此法采用反射光偏振显微镜和相应的颜色分析处理软件，检测火灾后混凝土样品反射光的色调、色饱和度和亮度，据此三参数的变化，来判断火灾混凝土的损伤程度。试验中，样品需特别加工，所用仪器及相关配套的工具、软件价格不菲，使之在我国应用还有相当难度。

（2）测磁法

常用的不可燃建筑材料如混凝土、砂浆中，通常都含有顺磁性矿物黑云母，其磁性主要来源于矿物内的 Fe^{2+} 和 Fe^{3+}，而其他矿物如白云母等皆是抗磁性矿物，在试件的磁性测量方面无任何影响。

莫斯科火灾工程高等技术学院的 N. N. Bruschlinsky 等专家，通过一系列试验发现，试件的磁性性质在 500℃以下不发生任何变化，在 500～1000℃之间，材料的磁化强度十分显著，有的甚至会超过初始值的 100 倍之多，这是因为在升温过程中始终伴随着 $Fe^{2+} \rightarrow Fe^{3+}$ 的转化，在所有未加热试件中的磁化强度平均值与每个试件磁化强度的差别均不超过 5%。而 400～500℃的温度范围正是混凝土在火灾中是否受损的温度分界线，因此火灾后测量混凝土结构的磁性性质的变化，可以很好地反映混凝土结构的损伤程度。

试件经高温作用后，磁化强度值急剧升高，高温作用时间越长，磁化强度值也越高。

测磁法适用于大面积检测，在试验中可绘制出构件的温度分布图，对材料的反应也相当灵敏。但建筑中混凝土及砂浆的原材料，大多为就地取材，其矿物成分常因地而异，故此法也在一些方面受到局限。

（3）刚度损伤检测

英国伦敦大学的 A. Y. Nassif 首先将刚度损伤检测运用于火灾混凝土检测。此法主要是对芯样在低应力下重复荷载进行单轴应力-应变响应试验。试验先将试件在高温炉中灼烧，等试件中心与表面温度相同（中心温度由放置于试件中心的热电偶测出）时，再将高温试件在常温下冷却，随后钻取芯样（直径 75mm，长 75mm）进行试验。

为了能将损伤程度定量化，在试验中运用了以下参数。

① 弦向加载模量 E_c（加载响应斜率）；

② 卸载刚度 E_u（卸载响应斜率）；

③ 损伤指数 D_l（磁滞回线与应力之比）；

④ 塑性应变 PS（重复荷载完毕后的形变）；

⑤ 非线性指数 NLI（加载响应中一半应力与 E_c 之比——该值可反映加载曲线的凹凸程度）。

图 6-8 所示是上面参数在一个经受过 470℃试件在一个加载-卸载循环中的图示。

以上参数对火灾混凝土的破裂程度反应十分灵敏，且离散性小，可为火灾混凝土的塑性性质的改变提供极有价值的信息，并可用于评估火灾混凝土构件的永久位移。但作者没有在更高温度进一步研究。另外，实际火灾现场钻取的芯样并非如作者在试验中所取得的整体温度分布和损伤程度都较均匀的芯样。

(4) 损伤深度检测

葡萄牙里斯本 Instituto Superior Tecnico 的 J. R. dos Santos 等在钻芯法的基础上提出了混凝土损伤深度检测法。把芯样切成厚度为 1.5cm 的切片，近似认为每个切片的损伤程度是一样的。分别测定其吸水率；同时做张拉应力试验。从而得到每个切片样本的吸水率和张拉应力损失，并与火灾混凝土损伤深度建立联系。

这种方法相比较钻芯法有很大进步，更合理、更精确地检测火灾混凝土的损伤深度和程度。但由于在检测中仍然需要取芯样，所以无法克服某些钻芯法本身的不足；另外，实际火灾情况错综复杂，在构件上某点所获得芯样得到的结论也不能代表整个构件的其他部位损伤状况。因此，在工程检测中，只能在部分构件上选取点检测，而不能大面积全面检测。

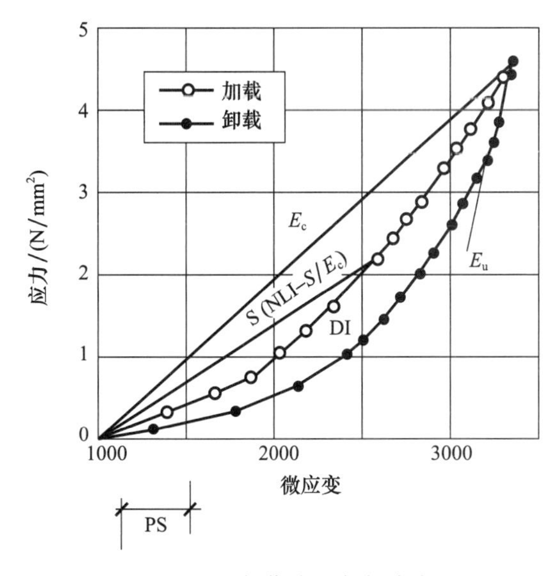

图 6-8 刚度损伤检测应力-应变图

(5) 热发光法

英国斯特拉思克莱德大学土木工程系的 lain Alasdair MacLeod 教授根据岩石、矿物受热发光的现象提出了用热发光法检测火灾混凝土的温度上限的方法。我国中国科学院地质研究所的裴静娴曾将此方法应用于工程检测中，取得了良好的效果。

热发光是岩石、矿物受热而发光的现象。石英本身放射性元素含量极微，其热发光灵敏度较强，易于在环境中累积热发光能量，因而，上述热发光特性在石英矿物上尤为明显和稳定。当遭受的温度高于 400℃时，石英累积的热发光全部损失殆尽。当温度在 400℃以下时，就会残存和保留部分热发光量和峰形特征。而 400～500℃恰好是混凝土是否受损的温度界线。因此对火灾混凝土构件，分别测量其表面向内部不同深度上混凝土中石英颗粒热发光辉光曲线和峰形变化特征，可作为判定其受热上限温度的重要依据。但若高于 400℃，这种方法有局限性。所以，该法只能判断构件是否受损，且也需专门设备和技术。

(6) 红外热像检测技术

运用红外热像仪探测物体各部分红外辐射能量，根据物体表面的温度分布状况所形成的热像图，直观地显示材料、结构物及其结合面上存在损伤或缺陷的检测技术，称为红外热像检测技术。尤其是对导热性差而表面发射率大的大多数建筑材料，采用红外热像检测灵敏度较高。

将红外热像检测技术用于火灾混凝土检测，建立了热像平均温升与混凝土受火温度及强度损失的检测模型。

$$T=(10.4753x-14.9641)\times 10^2 \tag{6-2}$$

$$f_{cut}/f_{cu}=-1.1641x+2.8226 \tag{6-3}$$

式中 T——混凝土受火温度，℃；

x——热像平均温升，℃；

f_{cut}/f_{cu}——强度损失，%。

（7）电化学检测法

混凝土结构受到高温灼烧时，水泥水化产物会脱水分解，尤其是 $Ca(OH)_2$ 在大于500℃时，会脱水形成 CaO，导致混凝土中性化。当中性化深度达到或超过保护层厚度时，钢筋失去碱性环境的保护，表面钝化膜遭受破坏，使钢筋发生锈蚀反应。在电化学性能方面表现为钢筋锈蚀电势降低、锈蚀电流密度增大以及混凝土电阻减小。电化学方法正是基于上述原理，通过现场检测火灾混凝土结构钢筋的锈蚀电势、锈蚀电流密度以及混凝土电阻率“三要素”，来判定其损伤程度。电化学“三要素”判定准则及其临界值如图 6-9 所示。

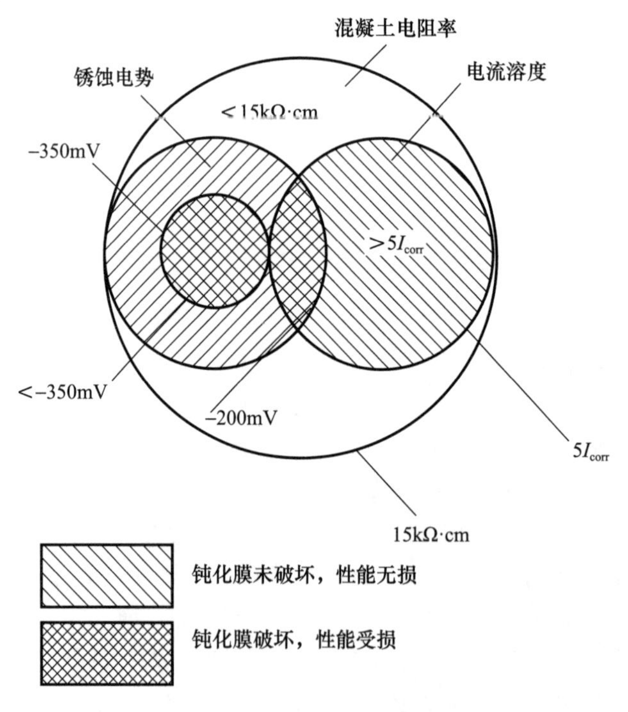

图 6-9 电化学“三要素”判定准则

电化学辅助分析模型如下：

① 钢筋锈蚀电势与混凝土受火温度的分析模型

$$y=-603.6286+1.2716x-0.0013x^2 \tag{6-4}$$

式中　x——受火温度，℃；

y——锈蚀电势（E_{corr}），mV。

② 钢筋锈蚀电势与中性化深度的分析模型

$$y=0.1242x-21.4911 \quad (6\text{-}5)$$

式中　x——钢筋锈蚀电势（E_{corr}），以绝对值代入，mV；

y——中性化深度，mm。

（8）红外热像-电化学综合检测法

红外热像法检测混凝土表面受火温度，电化学法检测钢筋和混凝土保护层的损伤情况。两者有机组合，优势互补，便可获得混凝土结构火灾损伤的“三维”实测信息，再结合温度场分析，便可为科学准确地评估混凝土结构火灾损伤程度和制订修复加固措施提供主要依据。

火灾混凝土的损伤评估所采用的上述检测方法，都存在各自的局限性，因此采用单一手段难以对火灾结构损伤程度进行系统全面的评估。而且由于传统的检测手段，如钻芯法和超声波法等用于火灾混凝土检测误差较大，目前对火灾混凝土结构的损伤评估，还需依赖结构工程师的经验，因而检测结果比较粗略，严重者还可能造成失误。

因此，探索科学的火灾混凝土检测新方法，一直是各国工程技术人员不懈努力的研究方向。

6.1.4　火灾混凝土损伤程度评估体系

火灾混凝土损伤评估研究始于20世纪50年代，随着现代建筑的不断发展，建筑物发生火灾后的损伤评估与修复显得越来越重要，英、美、日等发达国家在近30年对其研究较多，并制定了一种为防火结构设计而进行火灾试验的ISO 834标准升温曲线。此外，较有影响的有模拟实际火灾的Metz和Leher试验。

我国也已制定了涉及结构耐火能力的建筑设计规范，其中《建筑设计防火规范》（GB 50016—2014）、《民用建筑设计防火统一技术措施》（DB22/JT 154—2016）是两部最基本、最常用的规范，因为它们涉及了大部分民用和工业建筑物。近十几年国内外发表了诸多采用相关检测学研究成果，开展火灾混凝土损伤程度评估研究。上海市于1996年颁布了《火灾后混凝土构件评定标准》（DBJ 08-219—96），中国工程建设标准化协会于2009年颁布了《火灾后建筑结构鉴定标准》（CECS 252：2009），规定从承载力、裂缝、变形三方面对火灾后混凝土构件进行综合评定，并制定了相应的评定等级，现行相关标准还有中国工程建设标准化协会于2019年颁布的《火灾后工程结构鉴定标准》（T/CECS 252—2019）。

综合国内外有关资料，可将火灾混凝土构件受损程度分为四个等级。

（1）a级——轻度损伤

混凝土构件表面受火温度低于400℃，受火钢筋处混凝土温度低于100℃，构件表面颜色无明显变化，保护层基本完好，无露筋现象，除装修层有轻微损坏，其他状态与未受火结构无明显差别。

此类构件不需加固，只须修复处理，重新装修即可。

（2）b级——中度损伤

混凝土构件表面受火温度400～500℃，混凝土强度损失20%～30%，受力钢筋处混凝土温度低于300℃，混凝土颜色由灰色变为粉红色，使中等力用锤击时，可打落钢筋保护层；混凝土表面有裂缝，纵向裂缝少，局部有爆裂，其深度不超过20mm，露筋面积少于25%。

此类构件应将被灼烧松散的混凝土除掉，填补同等级混凝土，做成完好表面，保证钢筋不受锈蚀，然后验算剩余承载力，进行一般的补强加固。

（3）c级——较严重损伤

混凝土构件表面受火温度600～700℃，混凝土强度损失50%左右，受力钢筋处混凝土温度达350～400℃，保护层剥落，混凝土爆裂严重，深度可达30mm，露筋面积低于40%。用锤击时声音发闷；混凝土裂缝多，纵横向裂缝均有，并有斜缝产生；钢筋和混凝土之间的粘结力局部严重破坏；混凝土表面颜色呈浅黄色；构件变形较大。

此类构件应根据剩余承载力计算结果，按等强原则进行重点补强加固。

（4）d级——严重损伤

混凝土构件表面受火温度达700℃以上，混凝土强度损失60%以上，受力钢筋处混凝土温度达400～500℃，构件受到实质性破坏，混凝土保护层严重剥落，表面混凝土爆裂深度30mm以上，构件混凝土纵、横向裂缝多且密；钢筋与混凝土粘结力破坏严重；受弯构件混凝土裂缝宽度可达1～5mm；受压区混凝土明显破坏；构件变形大。

此类构件已无修复价值，应予拆除，更换新的构件。

鉴于火灾混凝土损伤程度往往与其受火环境与过程相关，故应通过检测推定建筑物受火环境与过程方能科学地鉴定混凝土受损程度，并采取不同的加固补强措施，以减轻火灾的损失，但是，迄今国际范围内关于火灾混凝土鉴定和评估尚缺乏科学的理论体系指导，所以，探索和研究火灾混凝土无损检测新方法，将火灾混凝土材料学与检测学有机结合，是火灾混凝土损伤检测评估的重要发展趋势之一。

6.2 红外热像-电化学综合分析技术

6.2.1 红外热像检测技术原理及分析模型

6.2.1.1 检测技术原理

红外辐射是由原子或分子的振动或转动引起的。自然界中任何温度高于绝对零度的物体都能辐射红外线，红外辐射功率与物体的表面温度密切相关，而其表面温度场的分布直接反映传热时材料的热工性质、内部结构及表面状况对热分布的影响。一般材料的温度与红外辐射功率的关系可表示为下式：

$$M=\varepsilon \cdot \sigma \cdot T^4 \quad (0<\varepsilon<1) \tag{6-6}$$

式中 M——物体表面单位面积辐射的红外辐射功能，W/cm^2；

T——物体表面的绝对温度，℃；

σ——斯蒂芬-波尔兹曼常数，$\sigma=5.673\times10^{-2}$ [$w/(cm^2 \cdot ℃^4)$]；

ε——物体的发射率（$0<\varepsilon<1$），它随物体的种类、性质和表面状况不同而异。

因此，红外热像就是把来自目标的红外辐射转变成可见的热图像，通过直观地分析物体表面的温度分布，推定物体表面的结构状态和缺陷，并以此判断材料性质和受损情况的一种无损检测方法。

混凝土材料遭受火灾高温作用后，将发生一系列的物理化学变化：诸如水泥石、集料的相变，裂纹增多，结构疏松多孔，水泥石-集料界面的开裂、脱节等。使混凝土由表及里逐渐疏松开裂。不同的受火温度、持续时间，将造成不同深度和程度的损伤，使混凝土导温系数 α（T）$=\lambda/$（$c\cdot\rho$）发生变化。从而引起材料热传导性能的变化，导致红外辐射随受损情况不同而各异，并可形成不同特征的红外热像图。通过分析受火混凝土的热图像特征，即可评定火灾混凝土的受损情况。

6.2.1.2 分析模型

（1）混凝土构件表面受火温度推定

根据实验室大量模拟研究，建立普通混凝土火灾损伤红外热像分析模型如下：

$$\text{C30}\quad y_1=7.7246x-9.0778\ (400\sim900℃) \tag{6-7}$$

$$\text{C20}\quad y_1=7.3325x-7.3706\ (400\sim900℃) \tag{6-8}$$

式中 x——混凝土的热像平均温升，℃；

y_1——混凝土的表面受灾温度，$T\times10^{-2}$℃。

（2）混凝土构件受火时间推定

通过上述模型已知混凝土受火温度后，由 ISO 834 标准升温曲线 $T-T_0=345\lg(8t+1)$（式中，t 为升温时间（min），T 为 t 时刻温度（℃），T_0为初始温度（℃），T_0应在 5～40℃范围内。）可以推定受火时间 t；或者，通过实耗可燃物推定当量标准升温时间，所谓当量标准升温时间是指把一般室内火灾的燃烧时间按对结构构件的损伤程度相等为原则换算成标准升温条件下的受火时间，实耗可燃物推定如下式：

$$t=0.0544\frac{L}{\sqrt{A_{\mathrm{W}}A_{\mathrm{T}}}}\ (\mathrm{min}) \tag{6-9}$$

式中 t——当量标准升温时间，min；

L——火灾总负荷，即房间内总的可燃物热值，MJ；

A_{W}——房间的开窗面积，m^2；

A_{T}——顶棚和墙壁的总面积（不包括窗户面积），m^2。

资料和实例表明二者结果非常接近。

（3）混凝土构件内部温度场推定

已知混凝土受火温度及受火时间后，结合混凝土的导温系数，根据热传导微分方程，利用有限差分法对受灾混凝土构件内部温度场进行数值模拟。根据国外试验资料，混凝土的导温系数随受火温度而变化的经验关系式可表示为：

$$\alpha(T)=\frac{\lambda}{cp}=\frac{1.4-1.5\times10^{-3}T+6\times10^{-7}T^2}{528-0.1232T}\times\frac{1}{3600}\ (\mathrm{m^2/s}) \tag{6-10}$$

如图 6-10 所示，是截面为 36mm×400mm 的构件受火 45min 后的内部温度场，从而可断定混凝土材料的受损深度和程度。

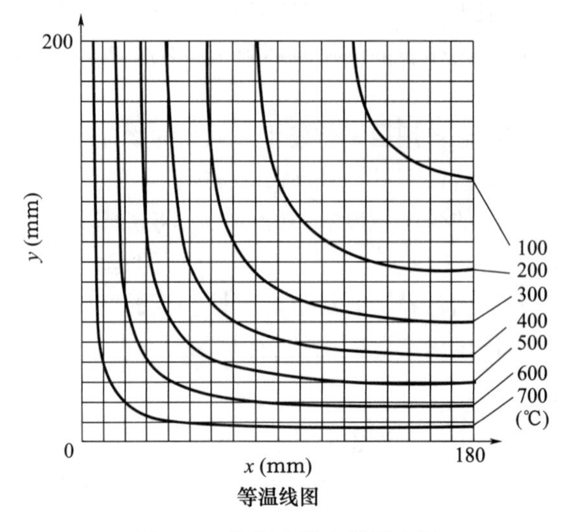

图 6-10　混凝土梁内部温度场

（4）混凝土剩余强度推定

根据实验室大量模拟研究，建立普通混凝土火灾损伤红外热像分析模型如下：

$$C30y_2=f(t)[-1.0740x+2.6235]\ (400\sim900℃) \tag{6-11}$$

$$C20y_2=f(t)[-0.9847x+2.3991]\ (400\sim900℃) \tag{6-12}$$

式中　x——混凝土的热像平均温升，℃；

y_2——混凝土的抗压强度比值（f_{cut}/f_{cu}）；

$f(t)$——与受火时间、构件类型有关的系数。

6.2.2　电化学检测原理及分析判据

6.2.2.1　电化学检测原理

混凝土材料在火灾温度作用下，水泥水化产物会失水分解，特别是 450℃以后，$Ca(OH)_2$会脱水形成 CaO，导致混凝土中性化。当混凝土中性化深度达到保护层深度时，则会引起钢筋表面钝化膜破坏。在电化学性能方面，主要表现为钢筋表面电势降低。钢筋锈蚀电流密度增大。利用电化学方法通过现场检测火灾混凝土内部钢筋的表面电势 E_S 与锈蚀电流 i_{corr} 可判断混凝土保护层及钢筋部位的受火温度及损伤情况。

6.2.2.2　分析判据

通过实验室大量模拟研究，当满足下列条件时，混凝土①温度为 0～50℃，②相对湿度为 50%～85%，③电阻率小于 15kΩ·cm，建立的电化学分析判据见表 6-2。

表 6-2　电化学检测分析判据

$E_S>-100mV$	混凝土损伤深度小于保护层，钢筋钝化膜未损伤
$-300mV<E_S<-100mV$	混凝土损伤深度、钢筋钝化膜损伤情况不能确定
$E_S<-300mV$	混凝土损伤深度大于保护层，钢筋失钝

表中，E_S 为混凝土表面电势，对于 $-300mV<E_S<-100mV$ 的火灾损伤混凝土，

进一步测量内部钢筋锈蚀电流密度，根据法拉第定律：$K=\frac{i_{corr}\cdot S\cdot T\cdot A}{F\cdot n}$（式中，$i_{corr}$为电流密度，$S$为电极表面积，$t$为时间（s），$A$为金属的原子量，$F$为法拉第常数，$n$为金属的价数），可以计算出钢筋的瞬间锈蚀速率，根据其大小可以判别火灾后混凝土与钢筋的损伤深度和程度。

6.2.3　钢筋机械性能及其与混凝土粘结强度的损伤推定

根据混凝土构件内部温度场及电化学检测结果可推定钢筋火灾时经历的温度，参考$CIBW_{14}$（国际建筑科研与文献委员会第十四分委员会）的结论可推定钢筋机械性能的损伤如图6-11所示，K_S表示强度折减系数，为钢筋高温冷却后的强度与常温时强度之比，高温冷却后钢筋与混凝土之间粘结强度的损伤系数见表6-3。

表6-3　高温冷却后粘结强度的损伤系数

温度（℃）	100	200	300	400	500	600	700
光圆钢	0.84～0.89	0.62～0.75	0.4～0.6	0.2～0.35	0～0.1	—	—
变形钢	0.93	0.84	0.75	0.58	0.40	0.22	0.05

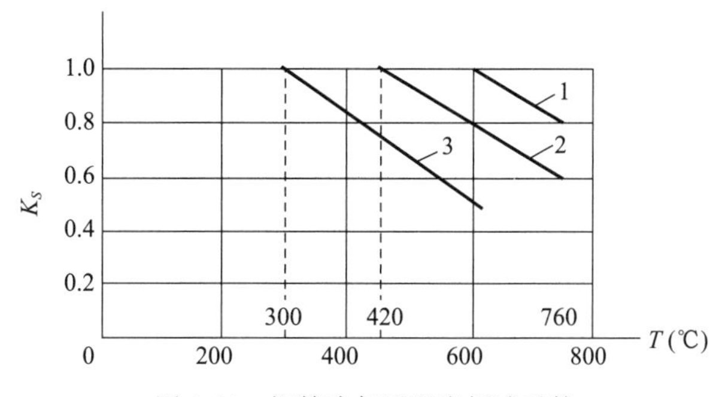

图6-11　钢筋冷却后强度折减系数

6.2.4　综合评估模型

红外热像检测技术是一种非接触型无损检测技术，可远距离、大面积摄取火灾混凝土结构的红外热像图，快速便捷；热像图谱表征火灾混凝土表面损伤情况，直观易读；读取红外参数，可获取火灾混凝土表面受火温度、损伤面积、推定构件内部温度场及残余强度等信息。

电化学法是针对混凝土保护层温度和钢筋性能损伤状况的非破损检测方法，精度较高。

红外热像检测技术的检测参数是表层二维信息，电化学法是内部深度一维信息。两者组合配伍，在红外热像检测推定火灾混凝土构件内部温度场的基础上，辅以电化学法对混凝土保护层处温度场的判定结果，相互印证、补充修正，以获取更精确可靠的综合分析结果。

通过上述综合检测与分析评估，可将钢筋混凝土结构构件的火灾损伤分成4个等级。

Ⅰ级：属轻度损伤，混凝土表面温度低于 500℃，受力钢筋温度低于 200℃，混凝土保护层基本完好，无露筋，无起鼓脱落，强度损失极少。不需加固，重新装修即可。

Ⅱ级：属中度损伤，混凝土表面温度在 500℃以上，露筋面积较少，有少量裂缝，有局部爆裂，受力钢筋温度在 200～400℃，混凝土与钢筋之间的粘结力损伤较轻，混凝土强度损失小于 30%，需一般的加固补强。

Ⅲ级：属较严重损伤。混凝土表面温度 700℃以上，局部爆裂，露筋较严重，受力钢筋温度在 500℃左右，钢筋机械性能损伤小于 20%，混凝土与钢筋之间的粘结力局部严重破坏，混凝土强度损失 30%～50%。需根据剩余承重力计算结果，进行重点加固补强。

Ⅳ级：属严重损伤。混凝土表面温度在 750℃以上，爆裂严重，露筋面积较大，受力钢筋温度高于 760℃（热轧）、600℃（冷加工）、410℃（预应力），钢筋屈服强度损伤 20%以上，钢筋与混凝土之间的粘结力整体严重破坏，混凝土强度失大于 60%。应更换新构件。

6.2.5 检测评估程序

钢筋混凝土结构火灾损伤检测评估程序如图 6-12 所示。

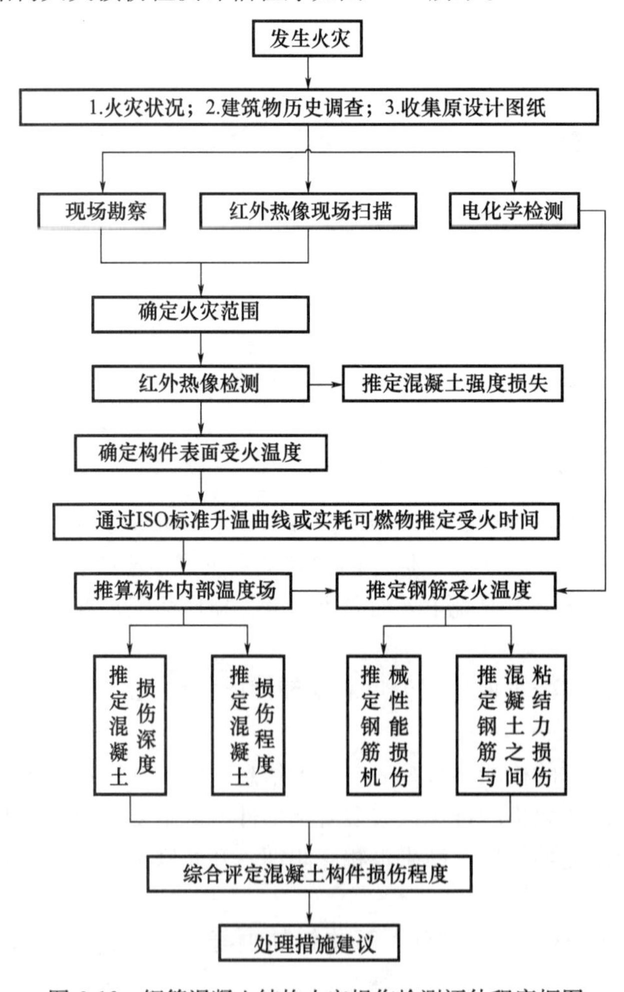

图 6-12 钢筋混凝土结构火灾损伤检测评估程序框图

6.3 混凝土损伤层超声法检测技术

6.3.1 基本概念及原理

混凝土构件或结构，在施工或使用过程中，其表层有时会在物理或化学因素作用下受到损伤：物理因素如火焰、冰冻等；化学因素如一些酸和盐碱类等。结构物受到这些因素作用时，其表层损伤程度除了与作用时间长短及反复循环次数有关外，还与混凝土本身某些特征有关，如比表面积大小、水泥用量、龄期长短、水灰比及捣实程度等。

当混凝土表层受到损伤时，其表面会产生裂缝或疏松脱离，降低对钢筋的保护作用，影响结构的承载力和耐久性。用超声法检测混凝土损伤层厚度，既能查明结构表面损伤程度，又为结构加固提供技术依据，该方法目前已纳入《超声法检测混凝土缺陷技术规程》（CECS 21：2000）中。

在考虑上述问题时，人们都假定混凝土的损伤层与未损伤部分有一个明显分界线。实际情况并非如此，国外一些研究人员曾用射线照相法，观察化学作用对混凝土产生的腐蚀情况，发现损伤层与未损伤部分不存在明显的界限。通常总是最外层损伤严重，越向里深入，损伤程度越轻微，其强度和声速的分布曲线应该是连续圆滑的，但为了计算方便把损伤层与未损伤部分分成两部分来考虑。

该方法的基本原理如图 6-13 所示。

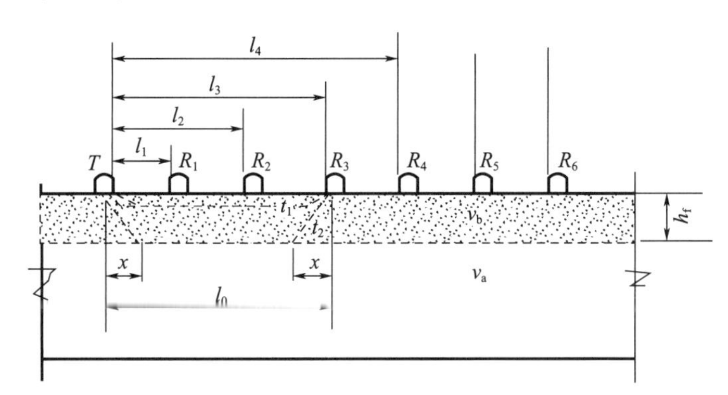

图 6-13 损伤层与未损伤部分检测基本原理假释

当 T、R 换能器的间距较近时，超声波沿表面损伤层传播的时间最短，首先到达 R 换能器，此时读取的声时值反映了损伤层混凝土的传播速度。随着 T、R 换能器间距增大，部分声波穿过损伤层，沿未损伤混凝土传播一定间距后，再穿过损伤层到达 R 换能器。当 T、R 换能器间距增大到某一距离（l_0）时，穿过损伤层经未损伤混凝土传播一定距离再穿过损伤层到达 R 换能器的声波，比沿损伤层直接传播的声波早到达或同时到达 R 换能器，即 $t_2 \leqslant t_1$。

由图 6-13 看出，$t_1 = l_0 / v_f$

$$t_2 = 2 \cdot \sqrt{h_f^2 + x^2} / v_f + (l_0 - 2x) / v_a$$

则

$$l_0/v_f=2/v_f \cdot \sqrt{h_f^2+x^2}+(l_0-2x)/v_a \tag{6-13}$$

因为 $l_0=t_1 \cdot v_f$

所以 $t_1=2/v_f\sqrt{h_f^2+x^2}+(l_0-2x)/v_a$

为使 x 值最小，可取 t_1 对 x 的导数等于 0。

则 $dt_1/dx=2/v_f \cdot 2x/(2\sqrt{h_f^2+x^2})-2/v_a=2x/(v_f\sqrt{h_f^2+x^2})-2/v_a=0$

$$x/(\sqrt{h_f^2+x^2})=1/v_a \tag{6-14}$$

将式（6-14）整理后得 $x=h_f v_f/\sqrt{v_a^2-v_f^2}$

将 x 代入式（6-13）得

$$l_0/v_f=2/v_f \cdot \sqrt{h_f^2+v_f^2 h_f^2(v_a^2-v_f^2)}+l_0/v_a-2h_f v_f/(v_a \cdot \sqrt{v_a^2-v_f^2}) \tag{6-15}$$

将式（6-15）整理后得

$$h_f=l_0/2 \cdot \sqrt{(v_a-v_f)/(v_a+v_f)} \tag{6-16}$$

式（6-16）便是当前国内外用于检测混凝土损伤层厚度的通用公式。

6.3.2 测试方法

6.3.2.1 基本要求

（1）选取有代表性的部位。选取有代表性的部位进行检测，既可减少测试工作量，又可使测试结果更符合混凝土实际情况。

（2）被测表面应处于自然干燥状态，且无接缝和饰面层。由于水的声速比空气声速大 4 倍多，疏松或有龟裂的损伤层很易吸收水分，如果表面潮湿，其声速测量值必然偏高，与未损伤的内部混凝土声速差异减小，使检测结果产生较大误差。测试表面存在裂缝或饰面层，也会使声速测值不能反映损伤混凝土真实情况。

（3）如条件允许，可对测试结果作局部破损验证。为了提高检测结果的可靠性，可根据测试数据选取有代表性的部位，局部凿开或钻取芯样验证其损伤层厚度。

（4）用频率较低的厚度振动式换能器。混凝土表面损伤层检测，一般是将 T、R 换能器放在同一表面进行单面平测，这种测试方法接收信号较弱，换能器主频越高，接收信号越弱。因此，为便于测读，确保接收信号具有一定首波幅度，宜选用较低频率的换能器。

（5）布置测点应避开钢筋的影响。布置测点时，应使 T、R 换能器的连线离开钢筋一定距离或与附近钢筋轴线形成一定夹角。

6.3.2.2 检测步骤

如图 6-14 所示。先将 T 换能器通过耦合剂与被测混凝土表面耦合好，且固定不动，然后将 R 换能器耦合在 T 换能器旁边，并依次以一定间距移动 R 换能器，逐点读取相应的声时值 t_1、t_2、t_3……，并测量每次 T、R 换能器内边缘之间的距离 l_1、l_2、l_3……。为便于检测较薄的损伤层，R 换能器每次移动的距离不宜太大，以 30mm 或 50mm 为好。为便于绘制“时-距”坐标图，每一测试部位的测点数应尽量地多，尤其是当损伤层较厚时，应适当增加测点数。当发现损伤层厚度不均匀时，应适当增加测位的数量，使检测结果更具有真实性。

6.3.3　数据处理及判断方法

（1）绘制“时-距”坐标图

以测试距离 l 为纵坐标、声时 t 为横坐标，根据各测点的测距（l_i）和对应的声时值（t_i）绘制“时-距”坐标图，如图 6-14 所示。其中前三点反映了损伤混凝土声速（v_f），$v_f=(l_3-l_1)/(t_3-t_1)$；后三点反映了未损伤混凝土的声速（v_a），$v_a=(l_6-l_4)/(t_6-t_4)$。

（2）求损伤和未损伤混凝土的回归直线方程

由图 6-14 看出，在斜线中间形成一拐点，拐点前、后分别表示损伤和未损伤混凝土的 l 与 t 相关直线。用回归分析方法分别求出损伤、未损伤混凝土 l 与 t 的回归直线方程：

损伤混凝土

$$l_f=a_1+b_1\cdot t_f \tag{6-17}$$

未损伤混凝土

$$l_a=a_2+b_2\cdot t_a \tag{6-18}$$

式中　　l_f——拐点前各测点的测距，mm，对应于图 6-14 中的 l_1、l_2、l_3；

t_f——拐点前各测点的声时，μs，对应于图 6-14 中的 t_1、t_2、t_3；

l_a——拐点后各测点的测距，mm，对应于图 6-14 中的 l_4、l_5、l_6；

t_a——拐点后各测点的声时，μs，对应于图 6-14 中的 t_4、t_5、t_6；

a_1、b_1、a_2、b_2——回归系数，即图 6-14 中损伤和未损伤混凝土直线的截距和斜率。

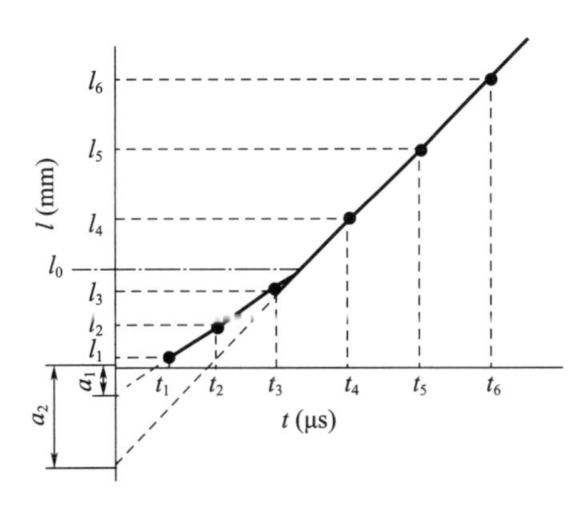

图 6-14　损伤层检测“时-距”图

（3）损伤层厚度计算

两条直线的交点对应的测距

$$l_0=(a_1b_2-a_2b_1)/(b_2-b_1) \tag{6-19}$$

损伤层厚度：

$$h_f=l_0/2\cdot\sqrt{(b_2-b_1)/(b_2+b_1)} \tag{6-20}$$

由图 6-13 检测损伤层厚度示意图可知，采用平测法测量损伤层厚度时，测点的布置数量是非常有限的。采用数学回归处理的场合，拐点前后的测点数量似乎是偏少的，尤其是拐点前的测点，当表面损伤层不深时，拐点前恐怕有时只能是 1～2 个测点［《超声法检测混凝土缺陷技术规程》（CECS 21：2000）在“测量空气声速进行声时计量校验”中规定：用于回归的测点数应不少于 10 个]。仅各用拐点前后的少数几个测点建立回归直线方程，往往会由于个别测量数据误差产生的“跷跷板”的效应，直线方程斜率差异造成的测量随机误差会特别大。规程中超声法检测表面损伤层厚度的方法已经流行了许多年，但依据少数几个测点回归声速值计算的表面损伤层厚度的检测精度有待考量。这或许是无损检测学术界和行业界可以开展研究的重要课题。

思考题

1. 火灾对混凝土构筑物有哪些危害?
2. 火灾混凝土损伤的特点?
3. 火灾混凝土损伤检测技术有哪些? 各有什么特点?
4. 红外热像检测原理是什么?
5. 超声检测混凝土损伤层厚度的影响因素有哪些?
6. 从绿色建筑评价角度分析火灾混凝土建筑物损伤检测技术的作用?

7 建筑外墙饰面质量检测技术

7.1 拉拔法检测技术

在建筑工程中，由于施工控制或管理不当，常出现建筑物外墙剥离、空鼓等工程质量问题。目前普遍采用拉拔法检测建筑外墙饰面砖的粘结强度，具体方法可参见《建筑工程饰面砖粘结强度检验标准》（JGJ/T 110—2017）。另外，《建筑节能工程施工质量验收标准》（GB 50411—2019）中也明确指出外墙保温材料和基层粘结强度需经现场拉拔试验来确定。即在进行外墙保温施工中，保温材料和基层的粘结强度必须要通过现场进行拉拔试验的检测，其检测结论才可作为外墙保温竣工验收的依据。相关标准还有《外墙饰面砖工程施工及验收规程》（JGJ 126—2015）、《外墙外保温工程技术标准》（JGJ 144—2019）等。

7.1.1 外墙饰面砖粘结强度的检测

建筑外墙粘贴饰面砖是国内外大量采用的装饰装修方法，外墙粘贴饰面砖十分符合我国秦砖汉瓦的传统，我国大陆建筑外墙 50%以上粘贴饰面砖。外墙采用饰面砖的著名建筑包括悉尼歌剧院、日本名古屋万豪大酒店、巴黎埃费尔铁塔地铁站、加蓬利伯维尔国际机场大楼、北京奥运村、长春伪满国务院旧址楼、上海世博园汉堡馆等效果都很好，很多都成为建筑特有的、不可替代的标志性外饰面。

饰面砖还具有耐玷污能力强、色泽耐久性好等优点，在装饰面层中备受青睐。然而，由于施工过程中技术和材料质量等方面的原因，存在起鼓、开裂、渗漏，大面积脱落，甚至有伤及行人的新闻报道。这些质量方面的隐患，不仅增加工程的维修费用，而且对建筑行业的信誉产生巨大的负面影响。因此为确保外墙面砖粘结施工质量而采取相应检测和监测技术非常必要。

7.1.2 建筑外墙基层与保温材料粘结强度的检测

节能环保实现社会和经济的可持续发展已得到社会各界的高度重视，而建筑能耗在整个能耗构成中占有相当大的比例，对此，国家有关管理部门相继出台了《民用建筑节能条例》《中华人民共和国建筑节能法》《公共机构节能条例》等有关节能法律、法规来强化和规范行业管理，特别是《建筑节能工程施工质量验收标准》（GB 50411—2019）的颁布与实施，进一步加强和完善了节能检测环节的工作，有力地保障了各项节能工作的开展。标准中外墙保温材料和基层粘结强度需经现场拉拔试验来确定作为强制性条文予以规定。

饰面砖外保温技术的关键一环就是确保外保温面层面砖的粘结强度满足国家规范规

定标准值。与重质墙体基层不同的是，由于外保温系统是内置密度小、强度低的保温层，其形成的复合墙体往往呈现软质基底的特性。在外墙外保温墙面上粘贴面砖，确保饰面砖的粘结强度，需要考虑的关键技术主要如下。

（1）要在保护保温层的前提下，使外保温系统与墙体形成一个整体，转移分散面砖饰面层负荷作用，改善面砖粘贴基层的强度，达到标准规定要求。

（2）要考虑外保温材料的压折比、粘结强度、耐候稳定性等指标以及整个外保温系统材料变形量的匹配性，以释放和消纳热应力或其他应力。

（3）要考虑外保温材料的抗渗性以及保温系统的呼吸性和透气性，避免冻融破坏而导致面砖掉落。

（4）要提高外保温系统的防火等级，以避免火灾等意外事故出现后产生空腔，使外保温系统丧失整体性，在面砖饰面的自重作用下大面积脱落。

（5）要提高外保温系统的抗震和抗风压能力，以避免偶发事故出现后的水平方向作用力对外保温系统的巨大破坏。

7.1.3　粘结强度拉拔试验检测过程

7.1.3.1　粘结强度检测仪构造及工作原理

根据《建筑工程饰面砖粘结强度检验标准》（JGJ/T 110—2017）要求，拉拔试验采用的检测仪器为“数显式粘结强度检测仪”，数显式粘结强度检测仪每年校准不应少于一次，发现异常时应随时维修、校准，应符合国家现行行业标准《数显式粘结强度检测仪》（JG/T 507）的规定。这种仪器由轻型手动油泵即动力部分、快速连接高压油管即传力部分、0.4级精密压力表即示力部分、微型孔心轴式千斤顶即工作部分、检测仪与被检测饰面砖之间用环氧树脂粘结即连接部分等组成。转动摇把用手动油泵将泵体活塞移动，经高压油泵快速进入四通接头，一路由压力传感器相通，另一路进入千斤顶推动活塞上升，带动螺母即拉杆对标准块施加压力，拉力增大到饰面砖剥离时，此时油压速降为零，在传感器压力与千斤顶压力相等的前提下，这时通过传感器与数显电路组成的测力装置，可以将饰面砖剥离瞬间的最大油压值记录下来。粘结强度检测仪构造及工作原理如图7-1所示。

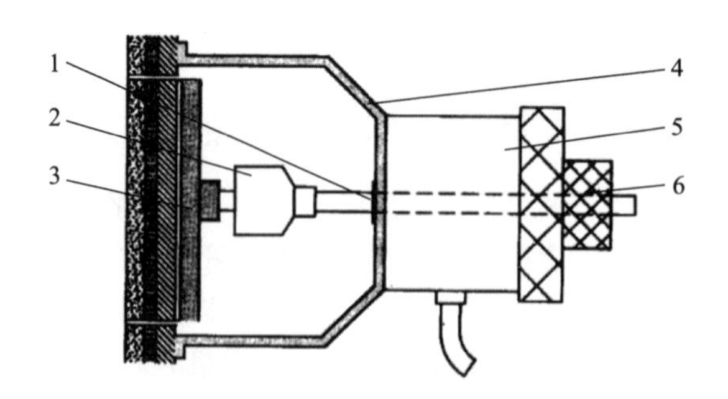

图7-1　粘结强度检测仪构造及工作原理示意图

1—拉力杆；2—万向接头；3—标准块；
4—支架；5—穿心式千斤顶；6—拉力杆螺母

（1）饰面砖拉拔试验的标准块规格为：95mm×45mm（适用于饰面砖试样）或40mm×40mm（适用于马赛克试样）。

（2）现场粘贴饰面砖强度检验，其取样数量应符合以下规定：每 500m^{2}同类基体饰面砖为一个检验批，不足 500m^{2}应为一个检验批，每批应取不少于一组 3 个试样，每连续的三个楼层应取不少于 1 组试样，取样宜均匀分布。

（3）在切割拉拔饰面砖时，应从饰面砖表面切割至混凝土墙体或砌体表面，深度应一致。以刚好将饰面砖四周切割开为宜，即切割深度刚好达到面砖的厚度，且在同一平面上需拉拔的面砖与不拉拔的面砖不再有任何连接。

（4）标准块粘贴应符合下列要求：

① 在粘贴标准块前，应清洁饰面砖的表面并保持干燥；

② 胶粘剂应按使用说明书配比使用，搅拌均匀、涂布均匀，胶粘剂硬化前不得浸水；

③ 在饰面砖上粘贴标准块可按图 7-2、图 7-3 进行，饰面砖上的胶粘剂不应粘连到相邻的饰面砖上；

④ 标准块粘贴后应及时用胶带固定。

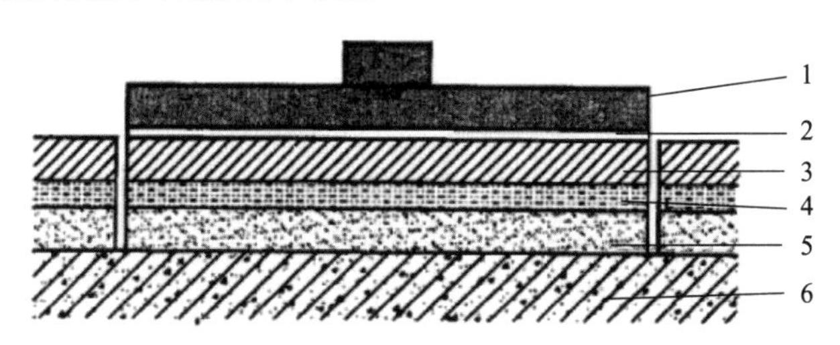

图 7-2　不带保温加强系统的标准块粘贴示意图

1—标准块；2—胶粘剂；3—饰面砖；
4—粘结层；5—找平层；6—基体

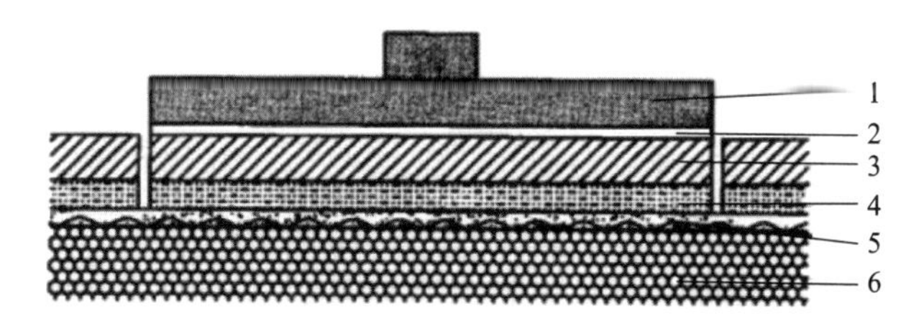

图 7-3　带保温或加强系统的标准块粘贴示意图

1—标准块；2—胶粘剂；3—饰面砖；
4—粘结层；5—加强抹面层；6—保温层或被加强的基体

（5）粘结强度检测仪的安装和测试程序应符合下列要求。

① 检测前在标准块上应安装带有万向接头的拉力杆；

② 应安装专用穿心式千斤顶，使拉力杆通过穿心千斤顶中心并与饰面砖表面垂直；

③ 当调整千斤顶活塞时，应使活塞升出 2mm，并将数字显示器调零，再拧紧拉力杆螺母；

④ 检测饰面砖粘结力时，匀速摇转手柄升压，直至饰面砖试样断开，记录数字显

示器峰值，该值应为粘结力值；

⑤ 检测后，降压取下拉力杆螺母和拉杆。

7.1.3.2 粘结强度拉拔试验检测步骤

粘结强度指饰面砖与粘结层界面、粘结层自身粘结与找平层界面、找平层自身找平与基体界面上单位面积的粘结力。建筑物外墙饰面砖粘结强度检测，主要分四个步骤进行。

(1) 分割饰面砖

根据检测饰面砖试件尺寸要求，用切割锯把试件与墙面进行深度一致的切割，断缝位置应为粘结层穿透后所达到的基层表面。

(2) 粘结强度检测仪连接部件的粘结式安装

粘结强度检测仪连接部件的安装，就是把粘结强度检测仪和被测饰面砖连成一个整体，具体过程为：

① 分开：把连接部件的标准块与拉杆分为两部分。

② 粘结：对外表干净已切开的饰面砖用环氧粘结剂或高强建筑胶和标准块粘结于一体，随后立即用胶带十字交叉地把标准块固定在墙面上。

③ 强度：满足进行拉拔试验的条件一般为粘结后胶层达到的足够强度，施工中应考虑季节气候对粘结剂和建筑胶达到足够强度的时间限度。

(3) 千斤顶的安装要求

千斤顶安装调整的过程就是试验进行的过程。

① 垂直：具体做法是将拉杆安装在标准块上，然后用微型孔心式千斤顶穿过拉力杆，调整拉力杆，达到和墙面垂直。

② 位置：千斤顶工作的准确位置，是拉杆位于孔心正中。

③ 调整：调节支撑螺杆，调整粘结强度检测仪位置，对中、扶正、调平的调试之后，用拉力杆拧紧锁紧螺母。

(4) 拉拔试验过程

① 加力：平稳用力，使手动油泵徐徐加荷，直到饰面砖剥离为止。

② 读表：加荷时应密切注视压力表指针的走势，尤其要准确读计拉脱瞬间时的最大值。

③ 控制：整个拉拔试验过程，千斤顶及支撑架必须控制在平稳状态，避免磕碰连接部件，使检测结果的可靠性受到影响。

④ 意外：具体试验时，存在仪器拉脱时受饰面砖剥离影响，突然坠落而摔坏的现象。

7.1.3.3 粘结强度计算及检验评定

(1) 饰面砖粘结强度已知计算公式

$$R_i=\frac{X_i}{S_i}\times 10^3 \tag{7-1}$$

式中 R_i——第 i 个试样粘结强度，MPa（精确到 0.1MPa）；

X_i——第 i 个试样粘结力，kN（精确到 0.01kN）；

S_i——第 i 个试样断面面积，mm^2（精确到 $1mm^2$）。

每组试样平均粘结强度应按下式计算：

$$R_m = \frac{1}{3}\sum_{i=1}^{3}R_i \tag{7-2}$$

式中 R_m——每组试样平均粘结强度，MPa（精确到 0.1MPa）。

（2）粘结强度检验评定

在建筑物外墙上镶贴的同类饰面砖，其粘结强度同时符合以下两项指标时可定为合格：

① 每组试样平均粘结强度不应小于 0.40MPa；

② 每组可有一个试样的粘结强度小于 0.40MPa，但不应小于 0.30MPa。

当两项指标均不符合要求时，其粘结强度应定为不合格。

与预制构件一次成型的外墙板饰面砖，其粘结强度同时符合以下两项指标时可定为合格。

① 每组试样平均粘结强度不应小于 0.60MPa；

② 每组可有一个试样的粘结强度小于 0.60MPa，但不应小于 0.40MPa。

当两项指标均不符合要求时，其粘结强度应定为不合格。

当一组试样只满足第①或第②条中的一项指标时，应在该组试样原取样检验批内重新抽取两组试样检验。若检验结果仍有一项指标达不到规定数值，则该批饰面砖粘结强度可定为不合格。

7.1.3.4 工程实际应用中的粘结质量分析

对外墙饰面砖粘结强度质量的检测，发现造成强度质量不合格的部位包括以下两项：

（1）饰面砖层与粘结层之间粘结力度不够的部位；施工人员技术参差不齐的施工部位；施工操作时用力不匀的施工部位。

（2）找平层与墙体基层之间粘结强度不够，有不少的部位是空鼓。部分原因是装饰采用的水泥，只检验水泥的安定性，没有检验水泥的强度指标，部分原因是没有按规范操作施工程序及施工规程。

7.2 红外热像检测技术

7.2.1 概述

红外热像检测技术是20世纪发展起来的新兴应用技术，在国内外，红外热像检测技术应用在许多领域。它是通过对红外辐射能量的测量，测出物体表面的温度及温度场的分布。

红外热像检测技术应用始于军事，到20世纪60年代，红外热像技术开始用于工业领域。首先在电力系统中应用红外热像仪来检测电力设备。在其他民用领域还有多种应用。据不完全统计，全世界有近30多个国家的工业部门广泛地应用红外热像检测技术对设备进行定期检测，如设备故障诊断、节能检测、无损探伤、建筑物保温和渗漏的检测等。美国、加拿大等国有专门的红外热像培训和考核机构，红外热像服务公司遍布美国各地。加拿大在世界各地开展红外热像技术培训。在国内，电力工业、石油工业、钢铁冶金工业、交通运输等行业是采用红外热像技术较早的行业，红外热像检测技术是目前热故障诊断和检测领域先进的有效的方法之一，现已成为这些行业基本的检测手段。

红外热像检测技术在建筑方面虽然起步较晚，但也发展较快，目前主要的应用包括以下几个方面：建筑物墙体脱落层检测工作、建筑物外墙饰面粘贴质量检测、建筑物渗漏的检测、建筑物围护结构热工缺陷检测、建筑结构混凝土火灾受损或受冻融的检测、建筑结构加固中粘钢结构的红外热像检测等。

7.2.2 基本原理

斯蒂芬-玻尔兹曼定律指出，物体红外辐射的能量密度与其自身的热力学温度 T 的四次方成正比，并与其表面发射率 ε 成正比。如果用 W 表示单位时间和单位面积物体的红外辐射能量，那么这一定律可以用下述公式表示：

$$W=\sigma\varepsilon T^4 \tag{7-3}$$

式中 σ——斯蒂芬·玻尔兹曼常数，5.67×10^{-8} ［W/（m^2·K^4）］；

E——物体表面发光率（$\varepsilon=1$）；

T——物体热力学温度，K。

红外热像仪摄取的红外热像图的每一点都对应一定的温度。因此，可根据颜色的深浅来判断温度的高低，颜色相同表示温度相同。

在光照和热流注入均匀的时候，对无缺陷的物体，在热传导过程中，正面和背面的温度分布始终是均匀的。在光照和热流注入均匀的时候，对有隔热性缺陷的物体，经热传导一定时间后，正面和背面的温度分布是不均匀的。因在缺陷处热量堆积，使得从正面测得有缺陷处的表面温度较高，形成“热点”；从背面测得缺陷处温度较低，形成“冷点”。在光照和热流注入均匀的时候，对有导热性缺陷的物体，经热传导一定时间后，正面和背面的温度分布是不均匀的，因在缺陷处传热较快，使得从正面测得有缺陷处的表面温度较低，形成“冷点”；从背面测得缺陷处温度较高，形成“热点”。

7.2.3 常用仪器

红外检测常用的仪器有红外检测仪、红外辐射计、红外显微镜、红外热像仪等。其中红外热像仪具有检测结果直观的优点，其应用最广泛。红外热像仪能把来自目标的红外辐射变成可见图像，通过图像即可知物体表面的温度分布，数据解释颇为方便。

7.2.4 外墙饰面检测

墙体结构有很大的热容量，如混凝土或砖砌体结构的主体，在正常情况下，外表面的温度比结构材料的温度高时，热量会由外墙饰面传递给结构墙体材料。当外墙饰面板（砖）的温度比结构材料的温度低时，则热量会反向传递。因此，若外墙存在脱落、空鼓等粘结缺陷时，在红外热像图上将表现为“热斑”或“冷斑”，其检测结果直观、可靠，分析外墙的红外热像特征图谱，并对其进行理论计算，即可确定外墙的粘结质量（图 7-4）。

图 7 4　建筑物外墙检测

具体的检测原理可通过图 7-5 来说明。当外墙饰面材料产生空鼓时，在其空鼓的位置就会形成很薄的空气层，由于这个空气层有很好的隔热性能，所以饰面材料空鼓部分使外墙饰面和建筑结构材料之间的热传递就变得很小。混凝土或钢筋混凝土墙体的热容量很大，在正常情况下，外墙表面的温度比结构材料的温度高时，热量会由外墙饰面传递给结构墙体材料；当外墙饰面的温度比结构材料的温度低时，则热量会反向传递。由于饰面材料空鼓部分与结构材料之间的热传递很少，因此，有空鼓的外墙面在日照或气温发生变化时，比正常墙面的温度变化大。一般来说，日照时外墙表面温度会升高，此时，由于空鼓的隔热作用，空鼓部位的热量未及时传递给饰面基底（墙体），所以温度比正常部位的温度要高；当外墙表面日照减少时，与上述情况正好相反，表面温度会降低，空鼓部位的温度会相反地比正常部位的温度低。红外热像检测技术就是根据这个原理，通过外墙表面温度场的变化来判断饰面工程质量。

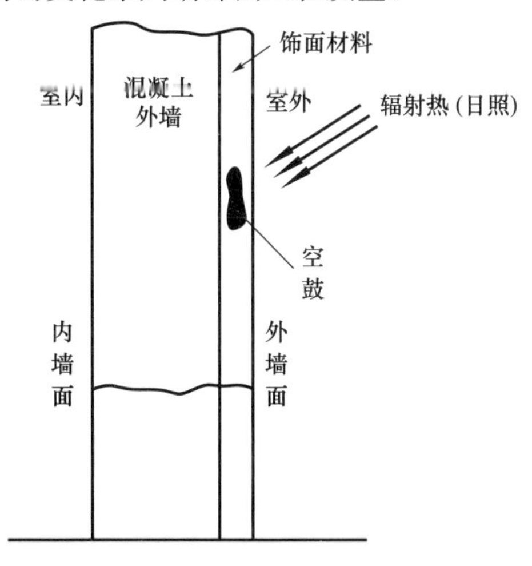

图 7-5　混凝土外墙温度梯度

对影响外墙饰面层粘贴质量检测可靠性的因素有许多试验研究，主要的影响因素有：①缺陷大小，空鼓的面积越大，越容易分辨；②空鼓厚度，空鼓的厚度越大，温差越大，在图上越明显；③空鼓位置的深浅；④缺陷的构成材料；⑤日照强度，日照强烈时，空鼓处清晰易辨；⑥饰面层颜色和材料。利用红外热像图进行外墙饰面红外热像检测技术已在实践中应用。

7.2.5 检测实例

红外线通过非接触对墙面进行大面积检测，并可将检测结果以图像的形式直接显示出来，热图像可用直接可视的方式进行记录、重现。检测的结果通过解析热图像可进行高精度的确定。

研究人员曾对某住宅外墙饰面进行测试（图 7-6），其外墙材料为灰浆，测试条件为天气晴，气温 36℃，由图 7-7 可见，“热斑”部位处的外墙已发生大面积的空鼓现象，需要及时进行处理。红外检测的数据一般通过图像形式存储，数据量十分庞大，而且还要从庞大的数据中提取所关心的特征信息，这就需要强大的图像处理技术支持。我们在这里主要运用 MATLAB 语言对图像进行处理，编制程序，计算该建筑物的红外热像图记录的外墙损伤率，通过计算得到该建筑物的损伤率为 33%；同时，用锤击法对该建筑物的外墙进行检测，得到损伤面积占 25%～30%，并且两种方法得到的损伤位置一致。

图 7-6　住宅楼照片

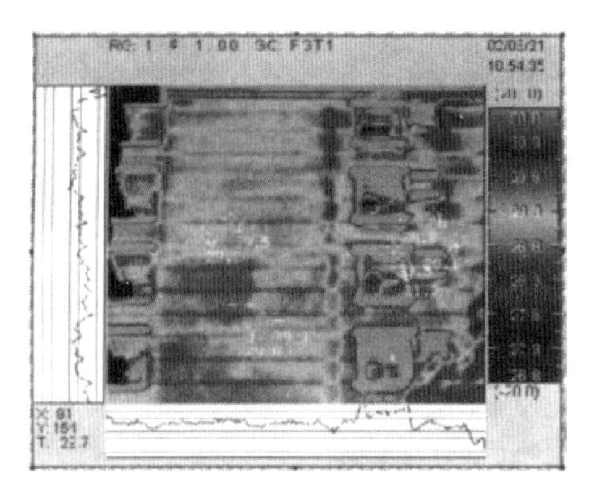

图 7-7　住宅楼外墙红外热像及分析图

7.3　外墙饰面智能巡检

如今，建筑的形式越来越多样化，体系也变得复杂，楼层较高，且存量巨大。局部检测方法判断结果较准，但一次仅能检测一点，对于大面积外墙的检测费时费力；红外热像检测技术虽然检测效率高，但人工检测时难以对较高的建筑进行成像，成像倾角大，对高楼层的识别率降低。因此，搭载局部检测设备实现外墙饰面安全快速检测的外墙智能巡检系统应运而生。随着技术的进步，机器人和无人机已经能够代替传统技术中的人工检测，实现远程、智能化识别检测缺陷位置、大小和种类，减少人工质量检测行为局限，降低检测过程中的安全隐患，增加检测全面性以及准确性，提高作业效率。

7.3.1 建筑外墙饰面检测机器人

建筑机器人有着安全、高效、绿色、智能的特点，是一种具有巨大发展潜力的新兴技术。与传统人工相比，建筑机器人不仅能节省劳动力、降低成本，更重要的是其能减少现场错误、提升建设质量。近几年，陆续有一些建筑机器人系统运用到实际之中。它们被用于检测、测绘、砌墙、地面铺设、焊接、喷涂、清洗等各种场景。将建筑机器人技术运用到外墙饰面质量检测中能够在提高效率的同时增加检测准确性。

建筑外墙饰面检测机器人的工作过程和工作原理分述如下。

（1）移动

机器人在墙面的移动可分为无轨和有轨两种。无轨移动机器人通过机器人自身的腿足、车轮或履带实现移动，车轮式和履带式适用于平整的墙面，腿足式适用于墙面相对不平整的区域。无轨式机器人在外墙的固定方式一般为吸附式，可分为磁吸附和负压吸附。磁吸附分为永磁体和电磁铁两种吸附方式，只适用于导磁壁；负压吸附是通过吸盘中产生的负压吸附在墙上，要求墙体表面较平整光滑。

有轨移动机器人在工作前先沿屋顶边缘固定设置屋顶轨道，屋顶轨道上设置可沿其滑动的屋顶滑车，地面滑车与屋顶滑车之间通过缆绳连接，缆绳上设置可沿其上、下移动的检测机器人。

（2）检测

机器人工作时向墙面伸出伸缩机械手臂，伸缩机械手臂前端安装有检测设备，检测设备可根据需要选择搭载超声检测仪器、雷达检测仪器、敲击力锤、声音采集仪器等。机器人通过在建筑外墙上移动实现全面覆盖，从而对外墙外保温系统或外墙面砖系统内部缺陷进行大面积快速自动巡检。

（3）内部缺陷判断

通过内置识别算法可令机器人自主识别和判断外墙饰面的缺陷。例如，清华大学张卫强教授团队研究利用空鼓检测声音识别算法识别空鼓，其空鼓音识别准确率可达 97%。

图 7-8 为研究人员使用建筑外墙饰面检测机器人对江苏省常州市某建筑的外墙饰面砖进行空鼓检测的应用实例。机器人借助设置好的轨道和缆绳实现在墙面上的移动，同时自主识别外墙饰面砖空鼓。空鼓位置可用图像直观呈现，并可得到两个测区的空鼓率分别为 16.7%和 14.5%。

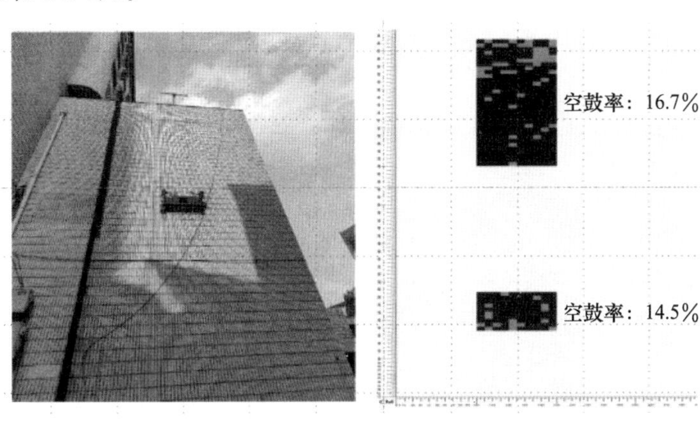

图 7-8　建筑外墙饰面检测机器人识别墙面空鼓

7.3.2 建筑外墙饰面检测无人机

无人机是利用遥控技术和航空器本身所自带的飞行程序控制装置操纵的不载人飞行器。无人机技术发展稍晚于有人驾驶飞机，最早于“一战”期间由英国皇家海军利用水上飞机机体改造制成，作为海军炮兵训练用靶机。此后，无人机技术发展日渐成熟。时至今日，随着微型电动机技术、开源飞控技术、高能量密度锂电池技术和计算机技术等的日益成熟，无人机越来越多地用于农业植保、消防、电力巡检、物流运输、建筑、测绘等方面。无人机技术在工程检测领域的应用对于提高我国工程检测行业的工作效率起到了重要的作用。

在针对饰面砖缺陷检测时，建筑外墙饰面检测无人机凭借自身搭载的红外成像设备对饰面砖外墙进行成像，通过数据整合对整栋建筑的外墙粘贴质量做整体性评价和三维展示，包括检查饰面砖空鼓范围、饰面砖脱落区域。对新建建筑外墙项目，也可检测饰面砖粘贴整体效果，墙面是否存在污染、泛白、变色等缺陷。相对于传统人工检测，无人机检测技术能够对人工检测中的部分环节进行替代，大大缩短中高层建筑外墙检测所花费的时间，显著提升检测效率，降低检测人员自身的危险系数，也可以克服普通红外热像检测对高度较高的建筑检测困难的问题。同时，无人机检测能提供建筑物三维模型，有助于既有建筑外墙改造的实施。

通过使用搭载图像采集任务荷载的无人机设备，对无遮挡或较少遮挡物的建筑外墙，可按照预设任务轨迹以手动控制或软件自主控制的方式进行饰面质量缺陷点位确定、缺陷区域描述。同时可对建筑外墙附属设施安全性进行快速评估，确定危险区域，结合地理信息系统（GIS）可快速排查单栋和特定区域的建筑外墙。

图 7-9 是使用无人机对建筑外墙饰面进行检测的实例。使用无人机时，拍摄角度始终能与墙面垂直，且能够控制成像距离。无人机拍摄的墙面清晰、砖缝横平竖直，饰面缺陷易于识别和判断，很好地解决了传统热成像所拍摄的图片倾角大，高处的细节难以分辨的问题。

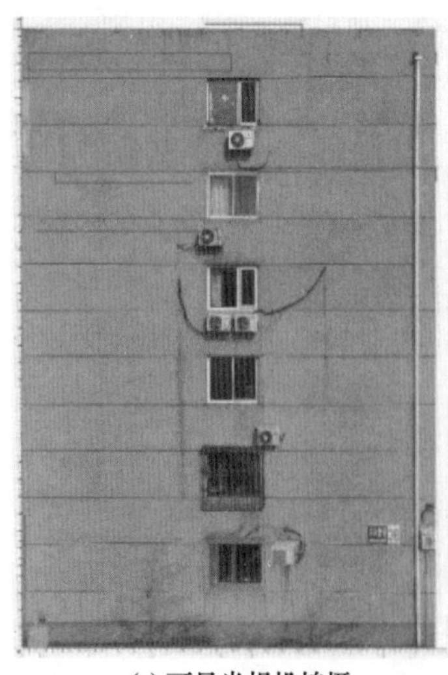

(a) 可见光相机拍摄

(b) 红外热像图

图 7-9 无人机高清热成像实例

思考题

1. 简述外墙饰面砖粘结强度检测的主要步骤。

2. 简述外墙饰面砖的粘结强度检验评定规则。

3. 一组带饰面砖的预制墙板（不带保温系统），其三个试样实测尺寸为95mm×46mm、96mm×46mm、96mm×45mm，对应的粘结力分别为2.708kN、3.094kN、2.426kN，断开状态分别为饰面砖为主断开、胶粘剂与饰面砖界面断开、粘结层为主断开，请计算该组饰面砖的粘结强度并判定结果。

4. 红外热像检测技术的基本原理是什么？

5. 简述红外热像检测技术在外墙饰面的检测原理。

6. 近年来，智能巡检技术快速发展，这与机器人和无人机等新技术的广泛应用密不可分。请结合外墙饰面检测方法的发展史，简要谈谈对人工智能、智慧建筑、智能监测等技术发展的启示和看法。

8 建筑物节能体系检测技术

建筑节能是近年来世界建筑发展的一个基本趋向，也是当代建筑科学技术的一个新的生长点。抓住机遇，不失时机地推进建筑节能，有利于国民经济持续、快速、健康发展，保护生态环境，向实现国家社会经济发展第三步战略目标迈进，并引导我国建筑业与建筑技术随同世界大潮流迅速前进。

国家对建筑节能工作十分重视，先后颁布了《中华人民共和国节约能源法》《关于加快墙体材料革新和推广节能建筑的意见的通知》《"十四五"建筑节能与绿色建筑发展规划》等一系列法律法规和政策性文件。特别是"建设部76号部长令"规定自2000年10月1日起，新建、扩建的居住建筑及附属设施和新建、扩建、改建的旅馆及附属设施必须严格执行节能技术标准。采用节能性的建筑结构、材料和产品，提高保温隔热性能。达到节能50%的要求，并对项目审批、建设、设计、施工、房地产开发、监理、物业管理单位以及施工图设计审查，质量监督等机构贯彻执行建筑节能标准提出了明确要求，并规定了严格的处罚条款。

各种建筑节能材料是否达到国家建筑节能设计标准的要求？各种节能间如何进行定量化？能否满足国家建筑节能的标准的要求？这些建筑物墙体保温性能的红外检测方法的研究问题都需要通过建筑节能检测来验证。但由于我国建筑节能工作起步较晚，至今尚无一套完善、先进、适合我国国情的建筑节能现场检测技术。在某种程度上限制了建筑节能工作的规范发展。因而，建筑节能现场检测技术的研究开发，就显得尤为迫切和重要。

节能测试是保证建筑过程节能质量、综合评价建筑热环境质量与建筑物节能效果的重要手段。随着建筑科学技术的发展和夏热冬冷地区建筑节能工作的广泛深入开展，各种新型的节能材料、节能构件、节能设计、节能施工、节能设备、节能技术将被广泛采用，节能检测将贯穿于建筑的整个过程和各个环节。在这种情况下，掌握科学的、规范化的节能测试方法，对于提高节能设计水平，保证节能质量，取得全面的技术经济效果，具有重要意义。

随着我国国民经济的快速增长，一方面能源缺口逐年扩大，另一方面我国的能源利用率仍然偏低，节能方面大有潜力可挖。人类生产、生活中的能量和用品包括电能和工业产品大多是通过热力过程转换得来，同时能量的耗散也主要集中在这一过程中。如发电、炼钢、化工产品的分解与合成、建筑采暖、空调等都是通过热力过程实现的，因此，降低热力过程的能耗是节能的重点。随着国家修订、发布工业节能和建筑节能规范，对建筑节能检测的要求必然提高。节能检测的目的是通过实测来评价建筑物的节能效果。建筑节能是否达标是通过建筑物耗能量指标来评定的。建筑物耗能量由围护结构耗能量、空气渗透耗能量和建筑物内部耗能量组成。由于围护结构耗能量在整个建筑物耗能方面占比较大，提高此部分的节能性能对建筑整体能耗降低的意义较大。

8.1 建筑外墙保温隔热体系质量检测技术

8.1.1 外墙保温体系及其缺陷

随着我国节能减排工作的贯彻深入，外墙外保温系统的使用也越来越广泛，形成了钢丝网架聚苯板整浇等为代表的整浇体系，胶粉聚苯颗粒为代表的浆料体系，以及聚氨酯硬泡体喷涂、膨胀聚苯板（EPS）和挤塑板（XPS）薄抹灰为代表的涂饰体系。外墙外保温是将保温隔热体系置于外墙外侧，使建筑达到保温要求的施工方法，能使主体结构所受温差作用大幅度下降，温度变形减小，对结构墙体起到保护作用并可有效阻断冷（热）桥，有利于结构寿命的延长。因此从有利于结构稳定性的方面来说，外保温隔热具有明显的优势，在可选择的情况下应首选外保温隔热。目前外保温系统应用最多的是EPS、XPS和胶粉聚苯颗粒，其中EPS和XPS主要应用于寒冷和严寒地区，而胶粉聚苯颗粒应用于夏热冬冷（暖）地区。

外墙保温技术的发展与节能材料的革新密不可分，目前，建筑保温材料品种已达几十种，适用的范围也比较广泛。因此，掌握不同外墙保温材料的性能特点，对于其合理有效使用有积极的指导意义，对质量检测部门来说，更应把握要点，科学严谨地按标准对其实施质量检测。

在外墙保温体系中，常见的缺陷主要有三种，即裂缝、空鼓和渗水。

（1）裂缝

外墙保温体系中的裂缝形式有：基层结构引起的裂缝、保温层裂缝、饰面层裂缝和结构因素引起的裂缝。其产生的可能原因包括基层结构因素、系统材料质量因素、饰面材料质量因素、构造设计因素以及施工工艺因素。典型外保温系统裂缝如图8-1所示。

（2）空鼓

外墙保温系统空鼓常见的类型有基层与保温层间空鼓、保温层与抗裂砂浆层间空鼓、抗裂砂浆层与饰面砖或涂料腻子层间空鼓，外墙保温系统中空鼓的形成同样有材料、施工、设计等方面原因。典型外墙保温系统空鼓如图8-2所示。

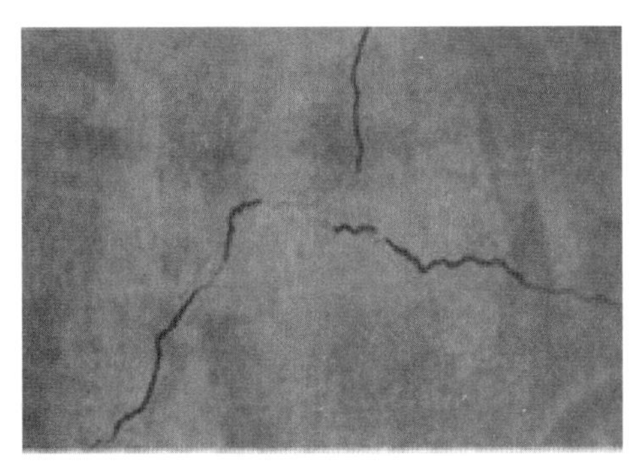

图8-1　典型裂缝照片

图8-2　典型空鼓照片

(3) 渗水

外墙保温系统中常见的渗水形式有阳台窗与墙交叉处渗水、门窗部位渗水、女儿墙部位渗水、分格缝部位渗水、铁爬梯、水管等建筑构件根部渗水、墙面裂缝部位渗水，渗水的成因有节点部位设计不合理、施工处理不到位、使用的密封材料耐老化性不足等。外墙保温系统典型渗水缺陷如图 8-3 所示。

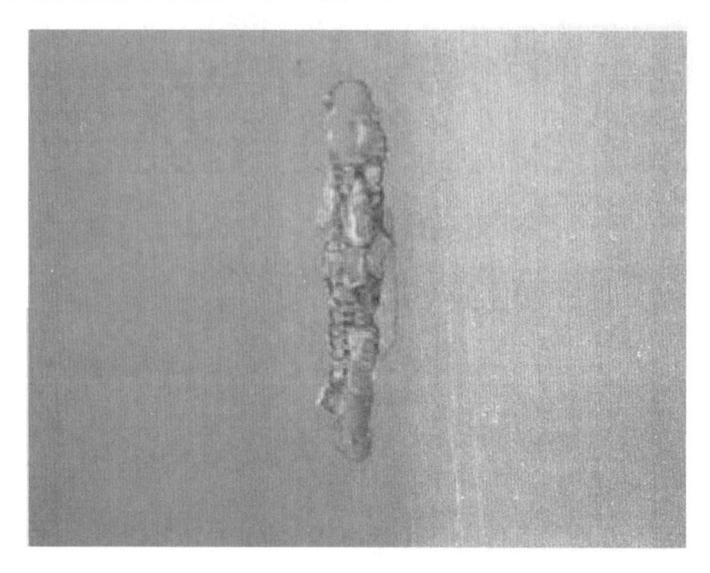

图 8-3　典型渗水照片

8.1.2　缺陷对外墙保温体系的影响

(1) 对保温隔热性能的影响

外墙保温中常出现裂缝缺陷，裂缝不仅有损建筑物美观，而且对保温系统的保温隔热性能有着危害。其危害程度与裂缝宽度、裂缝深度有密切关系，表面性饰面层裂缝深度浅、宽度小，水分较难渗入，即便是少量渗入的水分也仅停留在保温体系表面，在风与太阳的作用下很快蒸发，因而这类裂缝扩展很慢，对保温体系的危害性很小；保温板以上抗裂砂浆层裂缝宽度稍大，深度由涂料、腻子层贯穿至砂浆层，水分会沿其缓慢渗入至砂浆中，由于深度较大水分蒸发速度较慢，残留在砂浆中的水分在环境作用下会不断蒸发冷凝、结冰融化，引起裂缝的逐渐扩展、砂浆与保温板的缓慢脱粘空鼓，因而这类裂缝对保温体系的危害性较大；贯穿整个保温体系的裂缝深度、宽度均非常大，水分极易沿其渗入保温体系，而且一旦水分渗至保温板以下就很难蒸发，这种残留在保温板与基层之间的水分危害性极大，长期的环境作用会引起保温板与基层脱粘空鼓，最严重的甚至会导致保温板整块脱落。

外墙保温体系中空鼓缺陷对保温隔热性能的影响主要体现在：空鼓缺陷区经常伴随着开裂、渗水现象，开裂渗水会进一步加快空鼓区的扩展，降低隔热保温性能。

外墙保温体系中一旦有水渗入且又不能很快蒸发，会给外保温体系造成危害：保温体系中的水分会影响材料的传热性能，降低保温效果；水分会加快保温材料的老化，给其粘结性能、保温性能造成危害。

（2）对建筑物外观的影响

外墙保温中的裂缝、空鼓、渗水都会对建筑物的美观造成一定的影响，同时这些缺陷将导致雨水的浸入及外界有害气体的侵蚀，加速保温层的老化，缩短外墙外保温的使用寿命。

（3）对外墙保温体系的耐久性的影响

采用外墙保温的建筑物一般都是永久性建筑，它要求外墙保温必须同建筑物一样有良好的抗老化和耐候性。外墙保温中裂缝、空鼓、渗水都会造成保温材料的老化，降低保温体系的耐久性。

（4）对外墙保温体系安全性的影响

裂缝的存在可能引起保温板与基层脱粘空鼓，外墙保温体系中一旦有水渗入且又不能很快蒸发，水分会不断地蒸发冷凝、冻融循环，产生的膨胀力也会影响系统的粘贴牢固性。当空鼓面积达到一定值或系统粘贴牢固性下降时，粘结材料不能承受系统承重力或负风压引起的拉力，部分或整块保温材料将会脱落造成安全事故。

综上所述，缺陷对外墙保温体系的保温性能、耐久性和安全性等方面具有一定影响，其综合对比见表 8-1。

表 8-1 缺陷对外墙保温体系影响分析对比

性能	裂缝	空鼓	渗水
保温性能	表面性饰面层裂缝对保温层危害小；裂缝位于保温板以上时对保温性能危害较大；贯穿整个保温体系的裂缝危害最大	空鼓缺陷区经常伴随着开裂、渗水现象，会降低隔热保温性能	有水渗入且不能很快蒸发会影响材料的传热性能，降低保温效果
耐久性	裂缝会使水分渗入，而水分随着环境与气温的变化会经历冷凝与冻融循环，降低材料的耐久性	空鼓经常伴随着开裂、渗水现象，水分在自然环境作用下，经历冻融循环，加速保温材料的老化，降低耐久性	渗入的水分会加快保温材料的老化，对耐久性能造成危害
安全性	裂缝中渗水长期作用会造成空鼓，粘结不牢，导致保温板脱落，降低安全性	空鼓区面积达到一定值时，粘结材料粘结性降低，保温材料将会脱落造成安全事故	渗水后，水分会不断地蒸发冷凝、冻融循环，产生的膨胀力会影响系统的粘贴牢固性，影响安全性

8.1.3 现场检测技术

目前，国内外评价建筑外墙保温体系的现场检测方法一般有四种，即超声检测法、热流计法、热箱法和红外热像法。此外，用于材料缺陷检测的方法还包括 X 射线、超声法、磁粉法、涡流法等。这些方法的原理、适用范围各不相同。

8.1.3.1 超声检测技术

混凝土超声波无损检测的研究，国内外已有五十多年历史。对混凝土内部缺陷的存在判别方法主要有声时-振幅-波形判别法和数理统计法等方法，这些方法都已成功地应用到工程实践中，被证明是行之有效的。而将超声检测应用于外墙保温体系的检测方法，可以借鉴混凝土无损检测。

超声检测不但能用于表面可见的缺陷检测，也可用于表面以下的缺陷检测，特别是近年发展起来的超声CT技术，它结合红外热像检测技术，可以更好地检测外保温体系。王五平、宋人心等就曾利用所编制的超声波CT程序对某工程桩的一段进行层析成像，给出了测区混凝土超声波CT成像图——等值线和色谱图，据此确定质量异常区的位置、尺寸，以推断混凝土内部缺陷。

8.1.3.2　热流计检测技术

热流计是建筑能耗测定中一种常用仪表，用来测量建筑物或各种保温材料的传热量及物理性能参数。热流计由热流测头和显示仪表两部分组成。

采用热流计检测建筑墙体保温性能的基本原理为在被测部位至少布置两块热流计，在热流计的周围布置热电偶，对应的另一表面上也相应布置热电偶，通过导线把所测试的各部分连接起来，将测试信号直接输入微机，通过计算机数据处理，可打印出热流值及温度读数。通过瞬变期，达到稳定状态后，计量时间包括足够数量的测量周期，来获得所要求精度的测试数值。

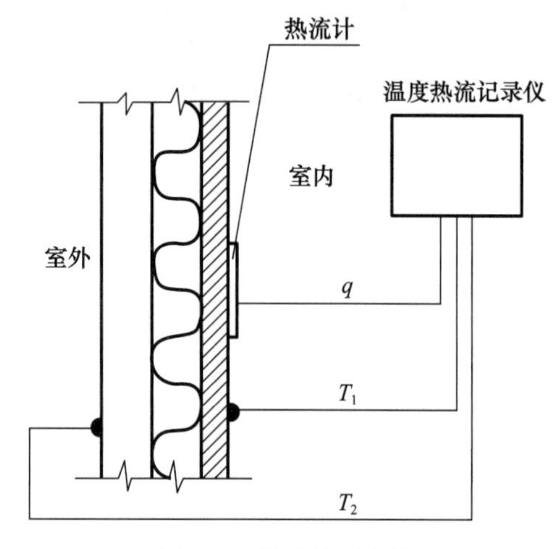

图8-4　热流计示意图

热流计的基本工作原理，如图8-4所示。假定通过热流计的热流为稳定一维传导，不考虑向四周的扩散。当热流通过被测壁面板时，因热阻的存在，使温度梯度沿厚度方向衰减，导致壁板两侧产生温差$\Delta T=T_1-T_2$。温差ΔT与热流量之间存在对应关系，依此关系可以测定出建筑热耗量，最终计算出导热系数。

$$R=(T_1-T_2)/EC \tag{8-1}$$

$$K=1/(R+R_i+R_e) \tag{8-2}$$

式中　K——被测物的传热系数，W/(m^2·K)；

R——被测物的热阻，m^2·K/W；

R_i——内表面换热阻，m^2·K/W；

R_e——外表面换热阻，m^2·K/W；

E——热流计读数，mV；

C——热流计测头系数，W/(m^2·mV)，热流计出厂时标定。

8.1.3.3　热箱法检测技术

热箱法检测传热系数是基于“一维传热”的基本假定，即围护结构被测部位具有基本平行的两个表面，其长度和宽度大于其厚度10倍以上，可视为无限大平板。

热箱法主要测定热箱内电加热器所发出的全部通过围护结构的热量及围护结构冷热表面温度。热箱法是人工制造一个一维传热环境，被测部位的内侧用热箱模拟建筑室内条件，并使热箱内和室内空气温度保持一致，另一侧用冷箱模拟室外自然条件，要保证两者有8℃以上的温差，这样被测部位的热流在室内外传递，当热箱内加热量与通过被测部位的传递热量达平衡时，通过测量热箱的加热量得到被测部位的传热量，经过计算得到被测部位的传热系数。

当冷箱、热箱和环境空气温度稳定 4h 后，每隔 30min 测量一次参数 T_h、T_c、ΔT_1、ΔT_2、ΔT_3、Q，共测 6 次。取各测量参数的平均值，根据式（8-3）计算出试件的传热系数 K。

$$K=(Q-m_1\cdot\Delta T_1-m_2\cdot\Delta T_2-A_1\cdot\lambda\cdot\Delta T_3)/(A_2\cdot\Delta T) \tag{8-3}$$

式中 K——试件的传热系数，W（m^2/K）；

Q——电暖器加热功率，W；

m_1、m_2——热箱外壁、支撑件热流系数，W/K；

ΔT_1、ΔT_2——热箱外壁内外、支撑件热侧冷侧表面面积加权平均温度之差，K；

A_1、A_2——导流板，试件的面积，m^2；

ΔT_3——导流板两表面的平均温差，K；

ΔT——热箱空气的平均温度 T_h 与冷箱空气平均温度 T_c 之差，K；

λ——导流板的导热系数，W（m·K）。

8.2 建筑节能红外热像检测技术

从 20 世纪 70 年代以来，欧美一些发达国家先后开始了红外热像仪在建筑节能领域诊断维护的探索，使得红外热像检测技术在该领域的应用日臻完善，给建筑节能工程质量检测的进步和发展带来了较大的帮助。

8.2.1 红外热像检测技术

任何温度高于绝对零度的物体都会释放出红外线，其能量与该物体温度的四次方成正比。红外线不为人眼所见，但是红外热像仪利用红外探测器和光学成像物镜可接受被测目标的红外辐射能量，并把能量分布反映到红外探测器的光敏组件上，从而获得红外热像图，这种热像图与物体表面的热分布场相对应。热流在物体内部扩散和传递的路径中会由于材料或传导的热物理性质不同，或受阻堆积，或通畅无阻传递，最终会在物体表面形成相应的“热区”和“冷区”，这种由里及表出现的温差，可通过红外热成像仪进行检测并成像，进而可以评估其质量或状态。

8.2.2 红外热像检测技术在建筑节能检测中的应用

据统计，有 30%～50%的能量消耗集中在住宅。因此提倡节能建筑，提高能效，是一项紧迫的任务。对于新建的建筑工程，比较容易处理，可建立严格的节能标准和法规并执行。对于既有建筑，能效相对较低，且每年只有 1%～2%的旧楼能得到翻新，因此，改善现有建筑、降低其能耗势在必行。由于环境保护和节能的迫切需要，国内外特别是加拿大、美国、日本等国家都非常重视红外热像检测技术在建筑节能方面的应用研究，取得了丰富的经验和成果。

建筑的隔热层和气密性缺陷会造成室内空气不良、空气泄漏和受潮等问题，从而导致居住不舒适以及能源浪费。而解决这些问题最主要的困难是难以找到合适的方法和设备来诊断出问题所在。常规的视觉检测和评估通常效率不高，只能检测出一些明显的和表面的缺陷，或隐藏的大面积缺陷。然而通常大部分缺陷并不明显，而且往往只有在造成严重的破坏之后才能发现，彼时唯一的补救办法只能是花费高昂的重建。

红外热像检测技术作为一种预维护诊断技术，是一种极为经济而且对建筑物本身没有损坏的诊断办法。热工性缺陷如隔热材料缺失、热桥、漏气和受潮等都会造成墙面的温度变化，通过红外热像仪测得的表面温度可以表征出次表面的异常。

8.2.2.1 热传导损失检测

在建筑围护结构中设计有隔热层，主要目的是以最合理的方式达到所期望的室内环境。经验表明，缺少隔热材料、隔热材料安装不正确、气密层的气密性不良都会降低轮廓的整体隔热性能，从而大幅提升能耗。对于新建筑或旧建筑，满足新的节能标准非常重要，隔热和气密层以及结构中其他任何缺陷都必须诊断并得到修补。建筑和隔热标准在过去几十年中不断改进。许多国家根据新的“环境能源效率指导方针”拥有或正在制订相应的节能标准。典型的隔热缺陷有：

（1）隔热材料没有填充整个设计的空间（缝隙、孔洞、隔热层薄、隔热材料沉降、安装后材料收缩、在错误的位置进行刚性绝缘等）。

（2）隔热材料安装不当。

（3）供热通风与空气调节（HVAC）通过隔热层进行安装。

（4）有渗透性的隔热材料不足以阻挡气流的运动。

（5）隔热材料受潮。

图 8-5 中红外热像图显示在窗户和天花板之间的隔热层存在孔穴，其他地方也可以找到类似的情况。这可能导致十分严重的问题，如墙体空穴中受潮。承包商忽略了在墙体空穴中放置隔热材料，通过红外热像仪检测很容易发现。

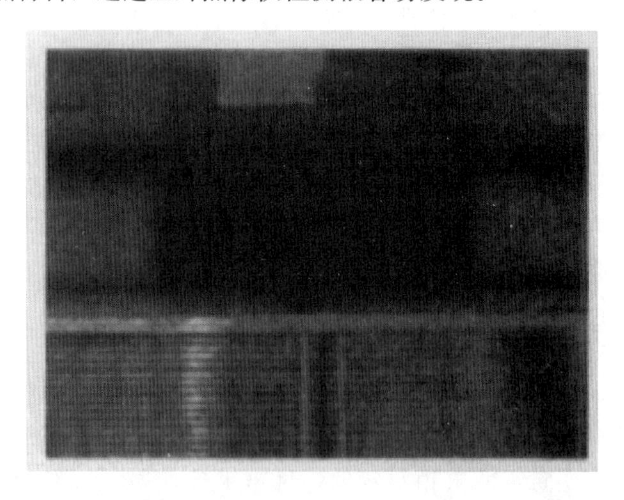

图 8-5　红外热像仪找出的天花板与窗口之间的隔热材料缺损

8.2.2.2 对流热损失检测

密封连接不良就会造成泄漏，气密内衬层安装不当或损坏往往会出现规律性缺陷。空气很容易通过刚性隔热体之间的部分。这些缺陷会引起不均匀的温度分布，使房间里空气运动（气流），从而引起局部温度降低而增加能耗和尘土的沉降。这种泄漏路径比较复杂，不用红外热像仪就很难发现。虽然气密性测试可以找出房间总体的漏气量，可以为气密性准确定量，但不能很好地找出气漏位置，除了窗边、门缝之外，很多时候气漏的位置在墙壁某处，一般不易被肉眼察觉。要找出气漏位置，传统方法是放烟，然后为房间增压，观察烟的走向来锁定气漏位置。这种方法的缺点是如果房间有多个气漏位置，烟的走向很难将所有位置显示出来，如果位置包括地板，比空气轻的烟更难扩散至该位置，而且检测过后不能存盘记录，局限性较大。

在气密性测试中，红外热像检测技术可以帮助定性，找出渗漏位置。原理是当室内气压和外面有偏差时，会产生空气流动，空气会经过房间的洞口流出流入，使洞口的温度产生差异。譬如室内充满冷气，增压时冷气被排至房外，由于洞口有冷气不断流出，温度相对降低，利用红外热像仪便可寻找具体气漏位置（图 8-6）。

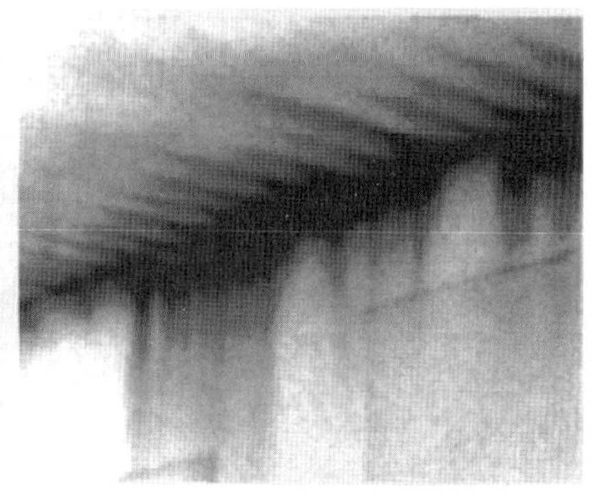

图 8-6　墙体上盖板连接处的冷空气渗透

图 8-6 中红外热像图清晰地显示墙体上盖板连接处的冷空气渗透。整个房子密封性很差，造成较大的能量损失。

空气外泄只能在建筑外侧进行检测，具有相反的红外热像图特征（图 8-7）。外泄的分析更为复杂，因为往往气体必须经过多层材料。如果在检测组合结构时（例如带有饰面的砖墙面），即使有很严重的空气泄漏也很难在热图上表现出明显的温度场差异。必要时配合渗透性能测试可更准确检测出漏气的位置。

图 8-7　建筑围护结构连接处密封不良的红外热像图

8.2.2.3 受潮检测

受潮是影响建筑物整体性最为严重的因素之一。气态水是空气和建筑材料中必要且有用的组成部分。然而一旦成为液态或者固态，将产生不少麻烦。受潮可能根源于渗漏、冷凝或建筑材料释放的湿气。

受潮会产生许多问题，水可能渗入一个小的裂缝，然后滞留在不透水的建筑材料中，砖和混凝土中未紧密黏合的区域往往形成积水和气体泄漏，使用不合格的混凝土也会造成雨水的渗入。由于建筑结构运动引起的砌墙体裂缝，也会造成开口而引起雨水渗入，这通过红外热像图可以快速清楚地显示（图 8-8）。

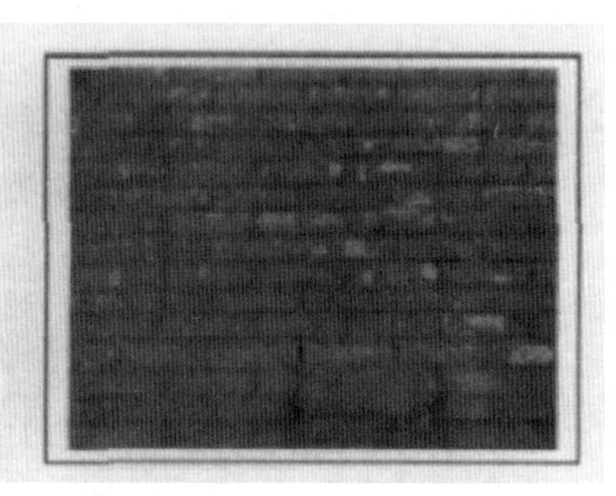

图 8-8 建筑受潮的红外热像图

8.2.2.4 渗漏检测

建（构）筑物墙面、屋面及各种管道在使用过程中因各种因素导致的开裂、断裂而造成渗漏等缺陷均可用红外热像仪进行检测，而且方便、快速、可大面积检测，而有时人工目测却找不出问题所在。如果建筑物表面深层相对于周围的材料表现出热或凉，则其表面的温度也相应地表现出热或凉，借助红外热像仪可探测出这一异常位置。如地下管道隔热层断裂，那么在表面将会产生热点，用热像仪可直接测得；管道热水泄漏浸透周围区域，使区域导热性增加，从而使周围温度比无泄漏干燥区温度高，据此可探测泄漏部位，可以避免不必要的开挖过程，节省费用。办公大楼或者住宅常常受外部雨水渗入的影响，通过常规办法去寻找渗漏源和渗漏路径往往不能成功。渗水破坏是持续的，会造成建筑材料、设备和装饰家具的过早损坏，并引起室内空气污染。而渗入点难以确定，因为水经常不按照预想的路径渗入，肉眼看不到任何渗水痕迹。借助红外热像仪，可以清楚地发现渗水现象并找到渗漏源（图 8-9）。

图 8-9 建筑渗漏的红外热像图

思考题

1. 外墙保温体系中主要有哪几种缺陷？分别简要介绍。

2. 缺陷主要对外墙保温体系哪几种性能产生影响？

3. 建筑外墙保温体系的现场检测方法主要有哪几种？

4. 红外热像检测技术的基本原理是什么？其检测技术主要用在哪几个方面？

5. 随着“双碳”目标等政策的提出，对建筑节能的要求进一步提高。请谈谈节能检测技术对提高建筑节能效果起到的作用。

9　混凝土材料无损检测试验

试验1　回弹仪内部构造及其维护

1. 试验目的

（1）熟悉回弹仪的基本构造。

（2）掌握回弹仪的拆装技术，并能够正确检定回弹仪。

（3）掌握回弹仪的工作原理和使用方法。

（4）掌握回弹仪维护保养的基本常识。

2. 试验原理

回弹仪工作时，随着对回弹仪施压，弹击杆徐徐向机壳内推进，弹击拉簧被拉伸，使连接弹击拉簧的弹击锤获得恒定的冲击能量 e。

当挂钩与调零螺钉互相挤压时，弹击锤脱钩，于是弹击锤的冲击面与弹击杆的后端平面相碰撞，此时弹击锤释放出来的能量借助弹击杆传递给混凝土构件，混凝土弹性反应的能量又通过弹击杆传递给弹击锤，使弹击锤获得回弹的能量向后弹回，计算弹击锤回弹的距离 x 和弹击锤脱钩前距弹击杆后端平面的距离 l 之比（反弹距离与弹簧初始长度之比），即得回弹值 R，它由仪器外壳上的刻度尺示出。

回弹仪测定混凝土抗压强度的原理：回弹仪法是利用混凝土的抗压强度与表面硬度间存在的相关关系，用检测混凝土表面硬度的方法来间接检验或推定混凝土抗压强度。回弹值的大小与混凝土表面的弹、塑性质有关，其回弹值与表面硬度之间也存在相关关系。回弹值大说明表面硬度大、抗压强度越高；反之越低。由于测试方向、水泥品种、养护条件、龄期、碳化深度等的不同，所测之回弹值均有所不同，应予以修正，然后再查相应的混凝土强度关系图表，求得所测之混凝土强度。仪器用弹簧对重锤加力，当弹簧释放时，冲击杆以恒定的能量撞击测试表面。当重锤受冲击弹回时，滑块回弹至最高处，同时通过标尺测出重锤被反弹回来的距离。以回弹值 R 作为与强度相关的指标，来推定混凝土强度。

3. 试验仪器

回弹仪的类型比较多，有重型、中型、轻型及特轻型，一般混凝土工程中使用最多的是中型回弹仪。

目前，回弹仪主要有指针直读式、自记式、带电脑自动记录及处理数字功能等回弹仪。指针直读式的直射锤击式仪器应用最广。本次试验所用仪器即为此种回弹仪（图 9-1）。

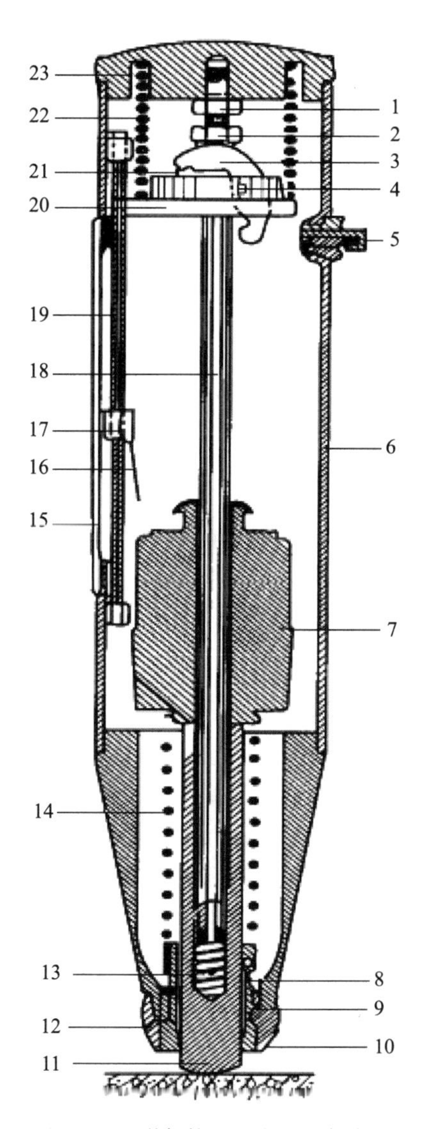

图 9-1 回弹仪构造和主要零件名称

1—紧固螺母；2—脱钩位置调整螺钉；3—挂钩；4—挂钩销子；5—锁定按钮；6—机壳；7—弹击锤；8—拉簧座；9—卡环；10—密封垫圈；11—弹击杆；12—盖帽；13—缓冲压簧；14—弹击拉簧；15—标尺；16—指针片；17—指针块；18—中心导杆；19—指针轴；20—导向法兰；21—挂钩压簧；22—复位压簧；23—尾盖

4. 试验步骤

（1）拆卸回弹仪，了解回弹仪的各个零部件。

拆卸回弹仪的步骤为：

① 松开仪器按钮，使弹击锤处于脱钩状态，使弹击杆弹出；

② 旋转松开盖帽，卸下密封垫圈和一对卡环；

③ 旋转松开尾盖，卸下压簧；

④ 左手握住回弹仪，将刻度尺朝上放置水平面，右手握住挂钩将回弹仪机芯沿滑

道轻轻拉出（当向外拉动遇到阻力时不能硬拉出，以免将指针片损坏）；

⑤ 拽住导向法兰，将弹击锤、弹击拉簧、弹击杆沿中心导杆一并卸下，倒出弹击杆中的缓冲压簧。

（2）熟悉各个零部件的名称，了解回弹仪的内部构造及其与工作原理的关系。

（3）安装回弹仪。

安装步骤：在弹击杆中装入缓冲压簧；将弹击锤、弹击拉簧和弹击杆按顺序装入中心导杆；左手握住回弹仪机壳，将刻度尺朝上放置水平，右手将回弹仪机芯沿滑道轻轻推进回弹仪壳体，注意将导向法兰的半圆缺口朝上放置水平，按钮处于松开的位置；装上压簧，旋紧尾盖；装上一对卡环和密封垫圈，旋紧盖帽；将弹击杆伸压入机壳，按下按钮锁紧机芯。

（4）正确检定回弹仪。

（5）回弹仪维护保养。

当回弹仪弹击超过 2000 次、在钢砧上的率定值不合格或对检测值有怀疑时，应进行保养。保养应按下列步骤进行。

① 先将弹击锤脱钩，取出机芯，然后卸下弹击杆，取出里面的缓冲压簧，并取出弹击锤、弹击拉簧和拉簧座。

② 清洁机芯各零部件，并应重点清理中心导杆、弹击锤和弹击杆的内孔及冲击面。清理后，应在中心导杆上薄薄涂抹钟表油，其他零部件不得抹油。

③ 清理机壳内壁，卸下刻度尺，检查指针，其摩擦力应为 0.5～0.8N。

④ 对于数字式回弹仪，应按产品要求的维护程序进行维护。

⑤ 保养时，不得旋转尾盖上已定位紧固的调零螺丝，不得自制或更换零部件。

⑥ 保养后进行率定试验，检测此回弹仪是否符合标准。率定试验应分四个方向进行，且每个方向弹击前，弹击杆要旋转 90°，每个方向的回弹值应取连续向下三次的稳定回弹结果的平均值，此平均值应为 80±2。

试验 2　工程模拟式超声法检测混凝土内部缺陷

1. 试验目的

（1）学习非金属超声波检测仪的使用操作方法。

（2）观察混凝土模拟缺陷及均匀性对混凝土超声参数（声速、波幅、波形）的影响。

（3）学习用声速、波幅及波形等超声参数的变化综合分析混凝土的质量。

2. 试验原理

（1）超声脉冲波在混凝土中遇到缺陷时产生绕射，可根据声时及声程的变化，判别和计算缺陷的大小；

（2）超声脉冲波在缺陷界面产生散射和反射，到达接收换能器的声波能量（波幅）显著减小，可根据波幅变化的程度判断缺陷的性质和大小；

（3）超声脉冲波通过缺陷时，部分声波会产生路径和相位变化，不同路径或不同相位的声波叠加后，造成接收信号波形畸变，可参考畸变波形分析判断缺陷；

(4) 超声脉冲波中各频率成分在缺陷界面衰减程度不同，接收信号的频率明显降低，可根据接收信号主频或频率谱的变化分析判别缺陷情况。

3. 试验仪器

本试验采用的仪器是ZBL-U520非金属超声检测仪。通过对混凝土的声速、衰减和波形的测量，可以检查混凝土结构内部的空洞、裂缝及其他缺陷的位置等。本仪器还可用于对木材、塑料、陶瓷、岩石等材料的性能测量。

4. 试验步骤

(1) 非金属超声检测仪及准备工作。

打开仪器箱，连接好换能器，开机，了解熟悉“超声法不密实区和空洞检测”“超声法裂缝深度检测”等界面。准备好匀质试件、测试试块、耦合剂，备用。

(2) 用匀质材料（纯环氧树脂试块）测零读数 t_0，如图9-2所示。

采用一块匀质材料的长方形试体，在两个尺寸不同的 l_1 和 l_2 上测出相应的声时读数 t_1 和 t_2。设仪器声时初读数为 t_0，则穿过 l_1 和 l_2 的实际声时分别为 t_1-t_0 和 t_2-t_0，且试体为匀质材料，那么在 l_1 和 l_2 两个方向上的声速相同，即：

$$v=\frac{l_1}{t_1-t_0}=\frac{l_2}{t_2-t_0}$$

所以：

$$t_0=\frac{l_2t_1-l_1t_2}{l_2-l_1} \tag{9-1}$$

(3) 各混凝土试块的超声波检测。

① 用对测法（等轴检测）测1号混凝土试块（200mm×200mm×200mm），比较 A、B、C、D 四个位置的 t_i 和 A_i，确定缺陷的部位（图9-3）；

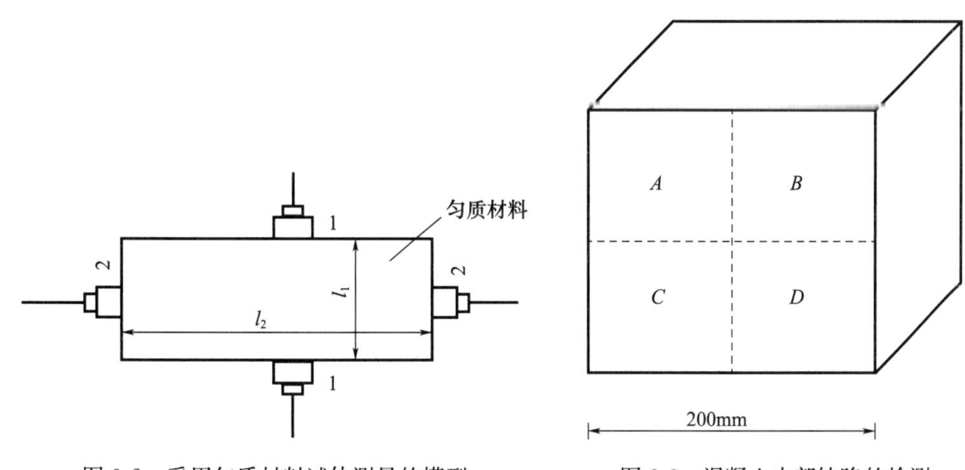

图9-2 采用匀质材料试体测量的模型

图9-3 混凝土内部缺陷的检测

② 用对测法（等幅检测）测2号混凝土试块（150mm×150mm×150mm），比较 A、B 两个位置 t_i 和 A_i，判定砂浆层及混凝土层，图示出上、下位置（图9-4）；

③ 用对测法测3号混凝土试块（150mm×150mm×150mm），依次检测1～9测点，

当发现钢筋位置时，在其左右移动换能器，体验声通路通过钢筋及附近时的首波波形变化，找出钢筋，图示其位置（图 9-5）；

④ 用平测法检测 4 号混凝土试块上垂直裂缝的深度（图 9-6）。

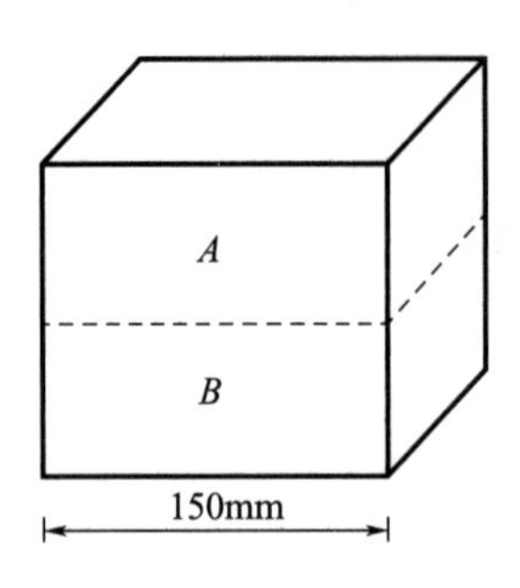

图 9-4　混凝土分层的检测

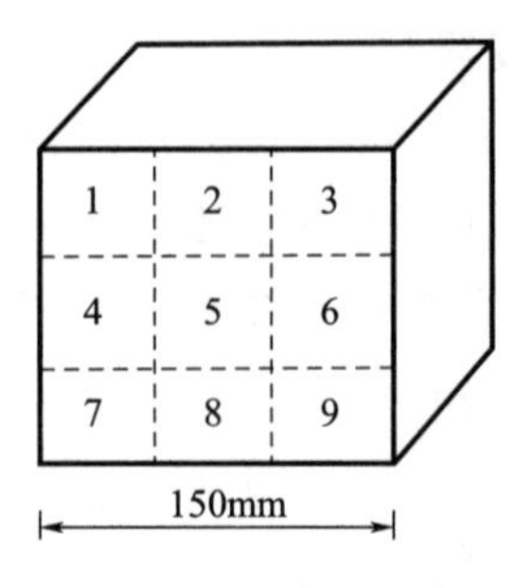

图 9-5　钢筋位置的检测

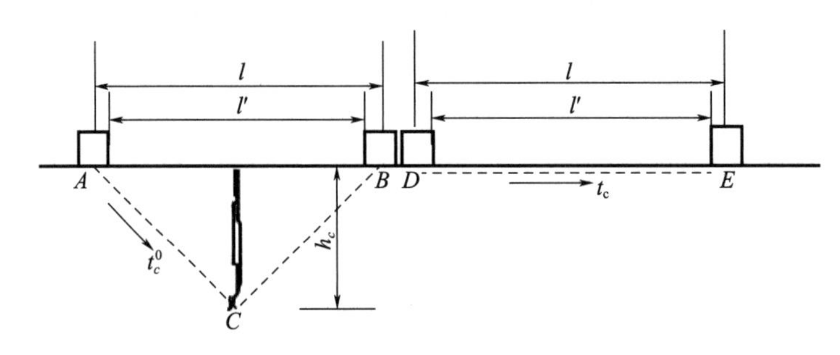

图 9-6　混凝土裂缝深度的检测

根据几何学原理，由图 9-6 可知：$h_c^2=AC^2-(l/2)^2$

因为$AC=v\cdot t_c^0/2$ 而 $v=l/t_c$

$AC=(l/t_c\cdot t_c^0)/2$

所以 $h_c^2=(l/t_c\cdot t_c^0)^2/4-l^2/4$

则

$$h_c=\sqrt{(l^2(t_c^0/t_c)^2-l^2)/4}$$
$$=l/2\cdot\sqrt{(t_c^0/t_c)^2-1}$$
$$=l/2\cdot\sqrt{(t_c^0v/l)^2-1}\tag{9-2}$$

式中　h_c——裂缝深度，mm；

l——超声测距，mm；

t_c——不跨缝测量的混凝土声时，μs；

t_c^0——跨缝测量的混凝土声时，μs；

v——不跨缝测量的混凝土声速，km/s。

试验 3　装配式混凝土结构套筒灌浆质量检测

1. 试验目的

（1）了解装配式混凝土结构套筒灌浆锚固原理及其质量检测方法。

（2）学习建筑物检测用内窥镜使用方法。

（3）通过内窥镜成像正视图和侧视图判断混凝土结构套筒灌浆饱满性。

2. 试验原理

（1）装配式建筑采用灌浆结构套筒连接锚固混凝土预制构件，灌浆饱满性决定了连接锚固效果；

（2）在套筒出浆孔或孔壁钻孔形成孔道，通过内窥镜可测量水泥基灌浆料界面深度值来判定灌浆饱满度。

3. 试验仪器

本试验采用的仪器是INSPECTOR S型高清一体化手持式工业内窥镜。通过对套筒出浆孔内部情况进行成像并测量，可以判定装配式混凝土结构套筒内部灌浆质量。本仪器还可应用于航空航天、石油化工及天然气、能源电力、汽车制造等领域。

4. 试验步骤

（1）检测前准备。

试验开始前首先应保证待测套筒灌浆龄期不低于3d，在检查INSPECTOR S型高清一体化手持式工业内窥镜运作正常后，记录工程基本信息、执行标准和检测设备信息等。

（2）确定套筒和出浆孔位置。

对于未装修的建筑，可结合图纸或目测确定套筒和出浆孔的位置；对于已装修的建筑，宜先结合图纸并通过钢筋探测仪确定套筒位置，然后将装修层局部破损，露出套筒出浆孔。

（3）采用钻孔设备钻孔。

① 钻头对准套筒出浆孔，钻孔时行进方向始终与出浆孔管道保持一致。在钻头行进过程中及时中断清孔，此过程中中断清孔不应少于两次。

② 当钻头触碰到套筒内钢筋或套筒内壁发出钢-钢接触异样声响，或钻头到达预先计算得出的指定深度时，立即停止钻孔。

③ 停止钻孔后再次进行清孔。

（4）用内窥镜测量灌浆缺陷深度。

① 将带测量镜头的内窥镜探头沿钻孔孔道下沿水平伸入套筒内部。

② 测量套筒内靠近出浆孔一侧的灌浆料界面相对测量镜头的深度，精确到0.1mm。

（5）灌浆饱满性计算。

内窥镜测量结束后，采用式（9-3）计算灌浆饱满度，如图9-7所示，对套筒灌浆质量定量评估。当$x=0$时，取$P=100\%$，判定灌浆饱满；当$P>100\%$时，取$P=100\%$，判定灌浆饱满。

$$P=\frac{8d-(x-y)}{8d}\times 100\% \tag{9-3}$$

式中 P——灌浆饱满度；

$8d$——套筒内钢筋锚固长度，其中d为钢筋公称直径；

x——内窥镜所测得的灌浆缺陷深度；

y——锚固长度最高点相对于钻孔孔道底部位置的深度，若锚固长度最高点低于钻孔孔道底部位置，则 y 为正值，否则 y 为负值。

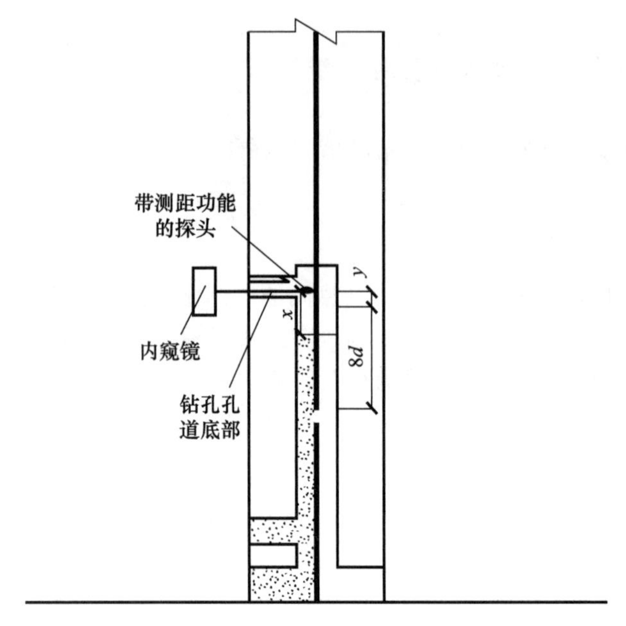

图 9-7　灌浆饱满度计算参数示意图

附录A 非水平方向检测时的回弹值修正值

$R_{m\alpha}$	检测角度							
	向上				向下			
	90°	60°	45°	30°	30°	45°	60°	90°
20	−6.0	−5.0	−4.0	−3.0	+2.5	+3.0	+3.5	+4.0
21	−5.9	−4.9	−4.0	−3.0	+2.5	+3.0	+3.5	+4.0
22	−5.8	−4.8	−3.9	−2.9	+2.4	+2.9	+3.4	+3.9
23	−5.7	−4.7	−3.9	−2.9	+2.4	+2.9	+3.4	+3.9
24	−5.6	−4.6	−3.8	−2.8	+2.3	+2.8	+3.3	+3.8
25	−5.5	−4.5	−3.8	−2.8	+2.3	+2.8	+3.3	+3.8
26	−5.4	−4.4	−3.7	−2.7	+2.2	+2.7	+3.2	+3.7
27	−5.3	−4.3	−3.7	−2.7	+2.2	+2.7	+3.2	+3.7
28	−5.2	−4.2	−3.6	−2.6	+2.1	+2.6	+3.1	+3.6
29	−5.1	−4.1	−3.6	−2.6	+2.1	+2.6	+3.1	+3.6
30	−5.0	−4.0	−3.5	−2.5	+2.0	+2.5	+3.0	+3.5
31	−4.9	−4.0	−3.5	−2.5	+2.0	+2.5	+3.0	+3.5
32	−4.8	−3.9	−3.4	−2.4	+1.9	+2.4	+2.9	+3.4
33	−4.7	−3.9	−3.4	−2.4	+1.9	+2.4	+2.9	+3.4
34	−4.6	−3.8	−3.3	−2.3	+1.8	+2.3	+2.8	+3.3
35	−4.5	−3.8	−3.3	−2.3	+1.8	+2.3	+2.8	+3.3
36	−4.4	−3.7	−3.2	−2.2	+1.7	+2.2	+2.7	+3.2
37	−4.3	−3.7	−3.2	−2.2	+1.7	+2.2	+2.7	+3.2
38	−4.2	−3.6	−3.1	−2.1	+1.6	+2.1	+2.6	+3.1
39	−4.1	−3.6	−3.1	−2.1	+1.6	+2.1	+2.6	+3.1
40	−4.0	−3.5	−3.0	−2.0	+1.5	+2.0	+2.5	+3.0
41	−4.0	−3.5	−3.0	−2.0	+1.5	+2.0	+2.5	+3.0
42	−3.9	−3.4	−2.9	−1.9	+1.4	+1.9	+2.4	+2.9
43	−3.9	−3.4	−2.9	−1.9	+1.4	+1.9	+2.4	+2.9
44	−3.8	−3.3	−2.8	−1.8	+1.3	+1.8	+2.3	+2.8
45	−3.8	−3.3	−2.8	−1.8	+1.3	+1.8	+2.3	+2.8
46	−3.7	−3.2	−2.7	−1.7	+1.2	+1.7	+2.2	+2.7
47	−3.7	−3.2	−2.7	−1.7	+1.2	+1.7	+2.2	+2.7
48	−3.6	−3.1	−2.6	−1.6	+1.1	+1.6	+2.1	+2.6
49	−3.6	−3.1	−2.6	−1.6	+1.1	+1.6	+2.1	+2.6
50	−3.5	−3.0	−2.5	−1.5	+1.0	+1.5	+2.0	+2.5

注：1. $R_{m\alpha}$小于20或大于50时，均分别按20或50查表；
2. 表中未列入的相应于$R_{m\alpha}$的修正值，可用内插法求得，精确至一位小数。

附录 B　不同浇筑面的回弹值修正值

R_m^t 或 R_m^b	表面修正值 (R_a^t)	底面修正值 (R_a^b)	R_m^t 或 R_m^b	表面修正值 (R_a^t)	底面修正值 (R_a^b)
20	+2.5	−3.0	36	+0.9	−1.4
21	+2.4	−2.9	37	+0.8	−1.3
22	+2.3	−2.8	38	+0.7	−1.2
23	+2.2	−2.7	39	+0.6	−1.1
24	+2.1	−2.6	40	+0.5	−1.0
25	+2.0	−2.5	41	+0.4	−0.9
26	+1.9	−2.4	42	+0.3	−0.8
27	+1.8	−2.3	43	+0.2	−0.7
28	+1.7	−2.2	44	+0.1	−0.6
29	+1.6	−2.1	45	0	−0.5
30	+1.5	−2.0	46	0	−0.4
31	+1.4	−1.9	47	0	−0.3
32	+1.3	−1.8	48	0	−0.2
33	+1.2	−1.7	49	0	−0.1
34	+1.1	−1.6	50	0	0
35	+1.0	−1.5	—	—	—

注：1. R_m^t 或 R_m^b 小于 20 或大于 50 时，均分别按 20 或 50 查表；
2. 表中有关混凝土浇筑表面的修正系数，是指一般原浆抹面的修正值；
3. 表中有关混凝土浇筑底面的修正系数，是指构件底面与侧面采用同一类模板在正常浇筑情况下的修正值；
4. 表中未列入的相应于 R_m^t 或 R_m^b 的 R_a^t 或 R_a^b 修正值，可用内插法求得，精确至 0.1。

附录C　非泵送混凝土测区混凝土强度换算表

平均回弹值 R_m	测区混凝土强度换算值 $f^c_{cu,i}$（MPa）												
	平均碳化深度值 d_m（mm）												
	0.0	0.5	1.0	1.5	2.0	2.5	3.0	3.5	4.0	4.5	5.0	5.5	≥6
20.0	10.3	10.1	—	—	—	—	—	—	—	—	—	—	—
20.2	10.5	10.3	10.0	—	—	—	—	—	—	—	—	—	—
20.4	10.7	10.5	10.2	—	—	—	—	—	—	—	—	—	—
20.6	11.0	10.8	10.4	10.1	—	—	—	—	—	—	—	—	—
20.8	11.2	11.0	10.6	10.3	—	—	—	—	—	—	—	—	—
21.0	11.4	11.2	10.8	10.5	10.0	—	—	—	—	—	—	—	—
21.2	11.6	11.4	11.0	10.7	10.2	—	—	—	—	—	—	—	—
21.4	11.8	11.6	11.2	10.9	10.4	10.0	—	—	—	—	—	—	—
21.6	12.0	11.8	11.4	11.0	10.6	10.2	—	—	—	—	—	—	—
21.8	12.3	12.1	11.7	11.3	10.8	10.5	10.1	—	—	—	—	—	—
22.0	12.5	12.2	11.9	11.5	11.0	10.6	10.2	—	—	—	—	—	—
22.2	12.7	12.4	12.1	11.7	11.2	10.8	10.4	10.0	—	—	—	—	—
22.4	13.0	12.7	12.4	12.0	11.4	11.0	10.7	10.3	10.0	—	—	—	—
22.6	13.2	12.9	12.5	12.1	11.6	11.2	10.8	10.4	10.2	—	—	—	—
22.8	13.4	13.1	12.7	12.3	11.8	11.4	11.0	10.6	10.3	—	—	—	—
23.0	13.7	13.4	13.0	12.6	12.1	11.6	11.2	10.8	10.5	10.1	—	—	—
23.2	13.9	13.6	13.3	12.8	12.2	11.8	11.4	11.0	10.7	10.3	10.0	—	—
23.4	14.1	13.8	13.4	13.0	12.4	12.0	11.6	11.2	10.9	10.4	10.2	—	—
23.6	14.4	14.1	13.7	13.2	12.7	12.2	11.8	11.4	11.1	10.7	10.4	10.1	—
23.8	14.6	14.3	13.9	13.4	12.8	12.4	12.0	11.5	11.2	10.8	10.5	10.2	—
24.0	14.9	14.6	14.2	13.7	13.1	12.7	12.2	11.8	11.5	11.0	10.7	10.4	10.1
24.2	15.1	14.8	14.3	13.9	13.3	12.8	12.4	11.9	11.6	11.2	10.9	10.6	10.3
24.4	15.4	15.1	14.6	14.2	13.6	13.1	12.6	12.2	11.9	11.4	11.1	10.8	10.4
24.6	15.6	15.3	14.8	14.4	13.7	13.3	12.8	12.3	12.0	11.5	11.2	10.9	10.6
24.8	15.9	15.6	15.1	14.6	14.0	13.5	13.0	12.6	12.2	11.8	11.4	11.1	10.7
25.0	16.2	15.9	15.4	14.9	14.3	13.8	13.3	12.8	12.5	12.0	11.7	11.3	10.9
25.2	16.4	16.1	15.6	15.1	14.4	13.9	13.4	13.0	12.6	12.1	11.8	11.5	11.0
25.4	16.7	16.4	15.9	15.4	14.7	14.2	13.7	13.2	12.9	12.4	12.0	11.7	11.2
25.6	16.9	16.6	16.1	15.7	14.9	14.4	13.9	13.4	13.0	12.5	12.2	11.8	11.3

续表

平均回弹值 R_m	测区混凝土强度换算值 $f^c_{cu,i}$（MPa）												
	平均碳化深度值 d_m（mm）												
	0.0	0.5	1.0	1.5	2.0	2.5	3.0	3.5	4.0	4.5	5.0	5.5	≥6
25.8	17.2	16.9	16.3	15.8	15.1	14.6	14.1	13.6	13.2	12.7	12.4	12.0	11.5
26.0	17.5	17.2	16.6	16.1	15.4	14.9	14.4	13.8	13.5	13.0	12.6	12.2	11.6
26.2	17.8	17.4	16.9	16.4	15.7	15.1	14.6	14.0	13.7	13.2	12.8	12.4	11.8
26.4	18.0	17.6	17.1	16.6	15.8	15.3	14.8	14.2	13.9	13.3	13.0	12.6	12.0
26.6	18.3	17.9	17.4	16.8	16.1	15.6	15.0	14.4	14.1	13.5	13.2	12.8	12.1
26.8	18.6	18.2	17.7	17.1	16.4	15.8	15.3	14.6	14.3	13.8	13.4	12.9	12.3
27.0	18.9	18.5	18.0	17.4	16.6	16.1	15.5	14.8	14.6	14.0	13.6	13.1	12.4
27.2	19.1	18.7	18.1	17.6	16.8	16.2	15.7	15.0	14.7	14.1	13.8	13.3	12.6
27.4	19.4	19.0	18.4	17.8	17.0	16.4	15.9	15.2	14.9	14.3	14.0	13.4	12.7
27.6	19.7	19.3	18.7	18.0	17.2	16.6	16.1	15.4	15.1	14.5	14.1	13.6	12.9
27.8	20.0	19.6	19.0	18.2	17.4	16.8	16.3	15.6	15.3	14.7	14.2	13.7	13.0
28.0	20.3	19.7	19.2	18.4	17.6	17.0	16.5	15.8	15.4	14.8	14.4	13.9	13.2
28.2	20.6	20.0	19.5	18.6	17.8	17.2	16.7	16.0	15.6	15.0	14.6	14.0	13.3
28.4	20.9	20.3	19.7	18.8	18.0	17.4	16.9	16.2	15.8	15.2	14.8	14.2	13.5
28.6	21.2	20.6	20.0	19.1	18.2	17.6	17.1	16.4	16.0	15.4	15.0	14.3	13.6
28.8	21.5	20.9	20.0	19.4	18.5	17.8	17.3	16.6	16.2	15.6	15.2	14.5	13.8
29.0	21.8	21.1	20.5	19.6	18.7	18.1	17.5	16.8	16.4	15.8	15.4	14.6	13.9
29.2	22.1	21.4	20.8	19.9	19.0	18.3	17.7	17.0	16.6	16.0	15.6	14.8	14.1
29.4	22.4	21.7	21.1	20.2	19.3	18.6	17.9	17.2	16.8	16.2	15.8	15.0	14.2
29.6	22.7	22.0	21.3	20.4	19.5	18.8	18.2	17.5	17.0	16.4	16.0	15.1	14.4
29.8	23.0	22.3	21.6	20.7	19.8	19.1	18.4	17.7	17.2	16.6	16.2	15.3	14.5
30.0	23.3	22.6	21.9	21.0	20.0	19.3	18.6	17.9	17.4	16.8	16.4	15.4	14.7
30.2	23.6	22.9	22.2	21.2	20.3	19.6	18.9	18.2	17.6	17.0	16.6	15.6	14.9
30.4	23.9	23.2	22.5	21.5	20.6	19.8	19.1	18.4	17.8	17.2	16.8	15.8	15.1
30.6	24.3	23.6	22.8	21.9	20.9	20.2	19.4	18.7	18.0	17.5	17.0	16.0	15.2
30.8	24.6	23.9	23.1	22.1	21.2	20.4	19.7	18.9	18.2	17.7	17.2	16.2	15.4
31.0	24.9	24.2	23.4	22.4	21.4	20.7	19.9	19.2	18.4	17.9	17.4	16.4	15.5
31.2	25.2	24.4	23.7	22.7	21.7	20.9	20.2	19.4	18.6	16.1	17.6	16.6	15.7
31.4	25.6	24.8	24.1	23.0	22.0	21.2	20.5	19.7	18.9	18.4	17.8	16.9	15.8
31.6	25.9	25.1	24.3	23.3	22.3	21.5	20.7	19.9	19.2	18.6	18.0	17.1	16.0
31.8	26.2	25.4	24.6	23.6	22.5	21.7	21.0	20.2	19.4	18.9	18.2	17.3	16.2
32.0	26.5	25.7	24.9	23.9	22.8	22.0	21.2	20.4	19.6	19.1	18.4	17.5	16.4
32.2	26.9	26.1	25.3	24.2	23.1	22.3	21.5	20.7	19.9	19.4	18.6	17.7	16.6
32.4	27.2	26.4	25.6	24.5	23.4	22.6	21.8	20.9	20.1	19.6	18.8	17.9	16.8

续表

平均回弹值 R_m	测区混凝土强度换算值 $f^c_{cu,i}$（MPa）												
	平均碳化深度值 d_m（mm）												
	0.0	0.5	1.0	1.5	2.0	2.5	3.0	3.5	4.0	4.5	5.0	5.5	≥6
32.6	27.6	26.8	25.9	24.8	23.7	22.9	22.1	21.3	20.4	19.9	19.0	18.1	17.0
32.8	27.9	27.1	26.2	25.1	24.0	23.2	22.3	21.5	20.6	20.1	19.2	18.3	17.2
33.0	28.2	27.4	26.5	25.4	24.3	23.4	22.6	21.7	20.9	20.3	19.4	18.5	17.4
33.2	28.6	27.7	26.8	25.7	24.6	23.7	22.9	22.0	21.2	20.5	19.6	18.7	17.6
33.4	28.9	28.0	27.1	26.0	24.9	24.0	23.1	22.3	21.4	20.7	19.8	18.9	17.8
33.6	29.3	28.4	27.4	26.4	25.2	24.2	23.3	22.6	21.7	20.9	20.0	19.1	18.0
33.8	29.6	28.7	27.7	26.6	25.4	24.4	23.5	22.8	21.9	21.1	20.2	19.3	18.2
34.0	30.0	29.1	28.0	26.8	25.6	24.6	23.7	23.0	22.1	21.3	20.4	19.5	18.3
34.2	30.3	29.4	28.3	27.0	25.8	24.8	23.9	23.2	22.3	21.5	20.6	19.7	18.4
34.4	30.7	29.8	28.6	27.2	26.0	25.0	24.1	23.4	22.5	21.7	20.8	19.8	18.6
34.6	31.1	30.2	28.9	27.4	26.2	25.2	24.3	23.6	22.7	21.9	21.0	20.0	18.8
34.8	31.4	30.5	29.2	27.6	26.4	25.4	24.5	23.8	22.9	22.1	21.2	20.2	19.0
35.0	31.8	30.8	29.6	28.0	26.7	25.8	24.8	24.0	23.2	22.3	21.4	20.4	19.2
35.2	32.1	31.1	29.9	28.2	27.0	26.0	25.0	24.2	23.4	22.5	21.6	20.6	19.4
35.4	32.5	31.5	30.2	28.6	27.3	26.3	25.4	24.4	23.7	22.8	21.8	20.8	19.6
35.6	32.9	31.9	30.6	29.0	27.6	26.6	25.7	24.7	24.0	23.0	22.0	21.0	19.8
35.8	33.3	32.3	31.0	29.3	28.0	27.0	26.0	25.0	24.3	23.3	22.2	21.2	20.0
36.0	33.6	32.6	31.2	29.6	28.2	27.2	26.2	25.2	24.5	23.5	22.4	21.4	20.2
36.2	34.0	33.0	31.6	29.9	28.6	27.5	26.5	25.5	24.8	23.8	22.6	21.6	20.4
36.4	34.4	33.4	32.0	30.3	28.9	27.9	26.8	25.8	25.1	24.1	22.8	21.8	20.6
36.6	34.8	33.8	32.4	30.6	29.2	28.2	27.1	26.1	25.4	24.4	23.0	22.0	20.9
36.8	35.2	34.1	32.7	31.0	29.6	28.5	27.5	26.4	25.7	24.6	23.2	22.2	21.1
37.0	35.5	34.4	33.0	31.2	29.8	28.8	27.7	26.6	25.9	24.8	23.4	22.4	21.3
37.2	35.9	34.8	33.4	31.6	30.2	29.1	28.0	26.9	26.2	25.1	23.7	22.6	21.5
37.4	36.3	35.2	33.8	31.9	30.5	29.4	28.3	27.2	26.6	25.4	24.0	22.9	21.8
37.6	36.7	35.6	34.1	32.3	30.8	29.7	28.6	27.5	26.8	25.7	24.2	23.1	22.0
37.8	37.1	36.0	34.5	32.6	31.2	30.0	28.9	27.8	27.1	26.0	24.5	23.4	22.3
38.0	37.5	36.4	34.9	33.0	31.5	30.3	29.2	28.1	27.4	26.2	24.8	23.6	22.5
38.2	37.9	36.8	35.2	33.4	31.8	30.6	29.5	28.4	27.7	26.5	25.0	23.9	22.7
38.4	38.3	37.2	35.6	33.7	32.1	30.9	29.8	28.7	28.0	29.8	25.3	24.1	23.0
38.6	38.7	37.5	36.0	34.1	32.4	31.2	30.1	29.0	28.3	27.0	25.5	24.4	23.2
38.8	39.1	37.9	36.4	34.4	32.7	31.5	30.4	29.3	28.5	27.2	25.8	24.6	23.5
39.0	39.5	38.2	36.7	34.7	33.0	31.8	30.6	29.6	28.8	27.4	26.0	24.8	23.7
39.2	39.9	38.5	37.0	35.0	33.3	32.1	30.8	29.8	29.0	27.6	26.2	25.0	25.0

续表

平均回弹值 R_m	测区混凝土强度换算值 $f^{c}_{cu,i}$（MPa）												
	平均碳化深度值 d_m（mm）												
	0.0	0.5	1.0	1.5	2.0	2.5	3.0	3.5	4.0	4.5	5.0	5.5	≥6
39.4	40.3	38.8	37.3	35.3	33.6	32.4	31.0	30.0	29.2	27.8	26.4	25.2	24.2
39.6	40.7	39.1	37.6	35.6	33.9	32.7	31.2	30.2	29.4	28.0	26.6	25.4	24.4
39.8	41.2	39.6	38.0	35.9	34.2	33.0	31.4	30.5	29.7	28.2	26.8	25.6	24.7
40.0	41.6	39.9	38.3	36.2	34.5	33.3	31.7	30.8	30.0	28.4	27.0	25.8	25.0
40.2	42.0	40.3	38.6	36.5	34.8	33.6	32.0	31.1	30.2	28.6	27.3	26.0	25.2
40.4	42.4	40.7	39.0	36.9	35.1	33.9	32.3	31.4	30.5	28.8	27.6	26.2	25.4
40.6	42.8	41.1	39.4	37.2	35.4	34.2	32.6	31.7	30.8	29.1	27.8	26.5	25.7
40.8	43.3	41.6	39.8	37.7	35.7	34.5	32.9	32.0	31.2	29.4	28.1	26.8	26.0
41.0	43.7	42.0	40.2	38.0	36.0	34.8	33.2	32.3	31.5	29.7	28.4	27.1	26.2
41.2	44.1	42.3	40.6	38.4	36.3	35.1	33.5	32.6	31.8	30.0	28.7	27.3	26.5
41.4	44.5	42.7	40.9	38.7	36.6	35.4	33.8	32.9	32.0	30.3	28.9	27.6	26.7
41.6	45.0	43.2	41.4	39.2	36.9	35.7	34.2	33.3	32.4	30.6	29.2	27.9	27.0
41.8	45.4	43.6	41.8	39.5	37.2	36.0	34.5	33.6	32.7	30.9	29.5	28.1	27.2
42.0	45.9	44.1	42.2	39.9	37.6	36.3	34.9	34.0	33.0	31.2	29.8	28.5	27.5
42.2	46.3	44.4	42.6	40.3	38.0	36.6	35.2	34.3	33.3	31.5	30.1	28.7	27.8
42.4	46.7	44.8	43.0	40.6	38.3	36.9	35.5	34.6	33.6	31.8	30.4	29.0	28.0
42.6	47.2	45.3	43.4	41.1	38.7	37.3	35.9	34.9	34.0	32.1	30.7	29.3	28.3
42.8	47.6	45.7	43.8	41.4	39.0	37.6	36.2	35.2	34.3	32.4	30.9	29.5	28.6
43.0	48.1	46.2	44.2	41.8	39.4	38.0	36.6	35.6	34.6	32.7	31.3	29.8	28.9
43.2	48.5	46.6	44.6	42.2	39.8	38.3	36.9	35.9	34.9	33.0	31.5	30.1	29.1
43.4	49.0	47.0	45.1	42.6	40.2	38.7	37.2	36.3	35.3	33.3	31.8	30.4	29.4
43.6	49.4	47.4	45.4	43.0	40.5	39.0	37.5	36.6	35.6	33.6	32.1	30.6	29.6
43.8	49.9	47.9	45.9	43.4	40.9	39.4	37.9	36.9	35.9	33.9	32.4	30.9	29.9
44.0	50.4	48.4	46.4	43.8	41.3	39.8	38.3	37.3	36.3	34.3	32.8	31.2	30.2
44.2	50.8	48.8	46.7	44.2	41.7	40.1	38.6	37.6	36.6	34.5	33.0	31.5	30.5
44.4	51.3	49.2	47.2	44.6	42.1	40.5	39.0	38.0	36.9	34.9	33.3	31.8	30.8
44.6	51.7	49.6	47.6	45.0	42.4	40.8	39.3	38.3	37.2	35.2	33.6	32.1	31.0
44.8	52.2	50.1	48.0	45.4	42.8	41.2	39.7	38.6	37.6	35.5	33.9	32.4	31.3
45.0	52.7	50.6	48.5	45.8	43.2	41.6	40.1	39.0	37.9	35.8	34.3	32.7	31.6
45.2	53.2	51.1	48.9	46.3	43.6	42.0	40.4	39.4	38.3	36.2	34.6	33.0	31.9
45.4	53.6	51.5	49.4	46.6	44.0	42.3	40.7	39.7	38.6	36.4	34.8	33.2	32.2
45.6	54.1	51.9	49.8	47.1	44.4	42.7	41.1	40.0	39.0	36.8	35.2	33.5	32.5
45.8	54.6	52.4	50.2	47.5	44.8	43.1	41.5	40.4	39.3	37.1	35.5	33.9	32.8
46.0	55.0	52.8	50.6	47.9	45.2	43.5	41.9	40.8	39.7	37.5	35.8	34.2	33.1

续表

平均回弹值 R_m	测区混凝土强度换算值 $f^c_{cu,i}$（MPa）												
	平均碳化深度值 d_m（mm）												
	0.0	0.5	1.0	1.5	2.0	2.5	3.0	3.5	4.0	4.5	5.0	5.5	≥6
46.2	55.5	53.3	51.1	48.3	45.5	43.8	42.2	41.1	40.0	37.7	36.1	34.4	33.3
46.4	56.0	53.8	51.5	48.7	45.9	44.2	42.6	41.4	40.3	38.1	36.4	34.7	33.6
46.6	56.5	54.2	52.0	49.2	46.3	44.6	42.9	41.8	40.7	38.4	36.7	35.0	33.9
46.8	57.0	54.7	52.4	49.6	46.7	45.0	43.3	42.2	41.0	38.8	37.0	35.3	34.2
47.0	57.5	55.2	52.9	50.0	47.2	45.2	43.7	42.6	41.4	39.1	37.4	35.6	34.5
47.2	58.0	55.7	53.4	50.5	47.6	45.8	44.1	42.9	41.8	39.4	37.7	36.0	34.8
47.4	58.5	56.2	53.8	50.9	48.0	46.2	44.5	43.3	42.1	39.8	38.0	36.3	35.1
47.6	59.0	56.6	54.3	51.3	48.4	46.6	44.8	43.7	42.5	40.1	40.0	36.6	35.4
47.8	59.5	57.1	54.7	51.8	48.8	47.0	45.2	44.0	42.8	40.5	38.7	36.9	35.7
48.0	60.0	57.6	55.2	52.2	49.2	47.4	45.6	44.4	43.2	40.8	39.0	37.2	36.0
48.2	—	58.0	55.7	52.6	49.6	47.8	46.0	44.8	43.6	41.1	39.3	37.5	36.3
48.4	—	58.6	56.1	53.1	50.0	48.2	46.4	45.1	43.9	41.5	39.6	37.8	36.6
48.6	—	59.0	56.6	53.5	50.4	48.6	46.7	45.5	44.3	41.8	40.0	38.1	36.9
48.8	—	59.5	57.1	54.0	50.9	49.0	47.1	45.9	44.6	42.2	40.3	38.4	37.2
49.0	—	60.0	57.5	54.4	51.3	49.4	47.5	46.2	45.0	42.5	40.6	38.8	37.5
49.2	—	—	58.0	54.8	51.7	49.8	47.9	46.6	45.4	42.8	41.0	39.1	37.8
49.4	—	—	58.5	55.3	52.1	50.2	48.3	47.1	45.8	43.2	41.3	39.4	38.2
49.6	—	—	58.9	55.7	52.5	50.6	48.7	47.4	46.2	43.6	41.7	39.7	38.5
49.8	—	—	59.4	56.2	53.0	51.0	49.1	47.8	46.5	43.9	42.0	40.1	38.8
50.0	—	—	59.9	56.7	53.4	51.4	49.5	48.2	46.9	44.3	42.3	40.4	39.1
50.2	—	—	60.0	57.1	53.8	51.9	49.9	48.5	47.2	44.6	42.6	40.7	39.4
50.4	—	—	—	57.6	54.3	52.3	50.3	49.0	47.7	45.0	43.0	41.0	39.7
50.6	—	—	—	58.0	54.7	52.7	50.7	49.4	48.0	45.4	43.4	41.4	40.0
50.8	—	—	—	58.5	55.1	53.1	51.1	49.8	48.4	45.7	43.7	41.7	40.3
51.0	—	—	—	59.0	55.6	53.5	51.5	50.1	48.8	46.1	44.1	42.0	40.7
51.2	—	—	—	59.4	56.0	54.0	51.9	50.5	49.2	46.4	44.4	42.3	41.0
51.4	—	—	—	59.9	56.4	54.4	52.3	50.9	49.6	46.8	44.7	42.7	41.3
51.6	—	—	—	60.0	56.9	54.8	52.7	51.3	50.0	47.2	45.1	43.0	41.6
51.8	—	—	—	—	57.3	55.2	53.1	51.7	50.3	47.5	45.4	43.3	41.8
52.0	—	—	—	—	57.8	55.7	53.6	52.1	50.7	47.9	45.8	43.7	42.3
52.2	—	—	—	—	58.2	56.1	54.0	52.5	51.1	48.3	46.2	44.0	42.6
52.4	—	—	—	—	58.7	56.5	54.4	53.0	51.5	48.7	46.5	44.4	43.0
52.6	—	—	—	—	59.1	57.0	54.8	53.4	51.9	49.0	46.9	44.7	43.3
52.8	—	—	—	—	59.6	57.4	55.2	53.8	52.3	49.4	47.3	45.1	43.6

续表

平均回弹值 R_m	测区混凝土强度换算值 $f^{c}_{cu,i}$（MPa）												
	平均碳化深度值 d_m（mm）												
	0.0	0.5	1.0	1.5	2.0	2.5	3.0	3.5	4.0	4.5	5.0	5.5	≥6
53.0	—	—	—	—	60.0	57.8	55.6	54.2	52.7	49.8	47.6	45.4	43.9
53.2	—	—	—	—	—	58.3	56.1	54.6	53.1	50.2	48.0	45.8	44.3
53.4	—	—	—	—	—	58.7	56.5	55.0	53.5	50.5	48.3	46.1	44.6
53.6	—	—	—	—	—	59.2	56.9	55.4	53.9	50.9	48.7	46.4	44.9
53.8	—	—	—	—	—	59.6	57.3	55.8	54.3	51.3	49.0	46.8	45.3
54.0	—	—	—	—	—	60.0	57.8	56.3	54.7	51.7	49.4	47.1	45.6
54.2	—	—	—	—	—	—	58.2	56.7	55.1	52.1	49.8	47.5	46.0
54.4	—	—	—	—	—	—	58.6	57.1	55.6	52.5	50.2	47.9	46.3
54.6	—	—	—	—	—	—	59.1	57.5	56.0	52.9	50.5	48.2	46.6
54.8	—	—	—	—	—	—	59.5	57.9	56.4	53.2	50.9	48.5	47.0
55.0	—	—	—	—	—	—	59.9	58.4	56.8	53.6	51.3	48.9	47.3
55.2	—	—	—	—	—	—	60.0	58.8	57.2	54.0	51.6	49.3	47.7
55.4	—	—	—	—	—	—	—	59.2	57.6	54.4	52.0	49.6	48.0
55.6	—	—	—	—	—	—	—	59.7	58.0	54.8	52.4	50.0	48.4
55.8	—	—	—	—	—	—	—	60.0	58.5	55.2	52.8	50.3	48.7
56.0	—	—	—	—	—	—	—	—	58.9	55.6	53.2	50.7	49.1
56.2	—	—	—	—	—	—	—	—	59.3	56.0	53.5	51.1	49.4
56.4	—	—	—	—	—	—	—	—	59.7	56.4	53.9	51.4	49.8
56.6	—	—	—	—	—	—	—	—	60.0	56.8	54.3	51.8	50.1
56.8	—	—	—	—	—	—	—	—	—	57.2	54.7	52.2	50.5
57.0	—	—	—	—	—	—	—	—	—	57.6	55.1	52.5	50.8
57.2	—	—	—	—	—	—	—	—	—	58.0	55.5	52.9	51.2
57.4	—	—	—	—	—	—	—	—	—	58.4	55.9	53.3	51.6
57.6	—	—	—	—	—	—	—	—	—	58.9	56.3	53.7	51.9
57.8	—	—	—	—	—	—	—	—	—	59.3	56.7	54.0	52.3
58.0	—	—	—	—	—	—	—	—	—	59.7	57.0	54.4	52.7
58.2	—	—	—	—	—	—	—	—	—	60.0	57.4	54.8	53.0
58.4	—	—	—	—	—	—	—	—	—	—	57.8	55.2	53.4
58.6	—	—	—	—	—	—	—	—	—	—	58.2	55.6	53.8
58.8	—	—	—	—	—	—	—	—	—	—	58.6	55.9	54.1
59.0	—	—	—	—	—	—	—	—	—	—	59.0	56.3	54.5
59.2	—	—	—	—	—	—	—	—	—	—	59.4	56.7	54.9
59.4	—	—	—	—	—	—	—	—	—	—	59.8	57.1	55.2
59.6	—	—	—	—	—	—	—	—	—	—	60.0	57.5	55.6

续表

平均回弹值 R_m	测区混凝土强度换算值 $f_{cu,i}^{c}$（MPa）											
	平均碳化深度值 d_m（mm）											
	0.0	0.5	1.0	1.5	2.0	2.5	3.0	3.5	4.0	4.5	5.0	5.5	≥6
59.8	—	—	—	—	—	—	—	—	—	—	—	57.9	56.0
60.0	—	—	—	—	—	—	—	—	—	—	—	58.3	56.4

注：表中未注明的测区混凝土强度换算值为小于10MPa或大于60MPa。

附录 D　泵送混凝土测区混凝土强度换算表

平均回弹值 R_m	测区混凝土强度换算值 $f^c_{cu,i}$（MPa）												
	平均碳化深度值 d_m（mm）												
	0.0	0.5	1.0	1.5	2.0	2.5	3.0	3.5	4.0	4.5	5.0	5.5	≥6
18.6	10.0	—	—	—	—	—	—	—	—	—	—	—	—
18.8	10.2	10.0	—	—	—	—	—	—	—	—	—	—	—
19.0	10.4	10.2	10.0	—	—	—	—	—	—	—	—	—	—
19.2	10.6	10.4	10.2	10.0	—	—	—	—	—	—	—	—	—
19.4	10.9	10.7	10.4	10.2	10.0	—	—	—	—	—	—	—	—
19.6	11.1	10.9	10.6	10.4	10.2	10.0	—	—	—	—	—	—	—
19.8	11.3	11.1	10.9	10.6	10.4	10.2	10.0	—	—	—	—	—	—
20.0	11.5	11.3	11.1	10.9	10.6	10.4	10.2	10.0	—	—	—	—	—
20.2	11.8	11.5	11.3	11.1	10.9	10.6	10.4	10.2	10.0	—	—	—	—
20.4	12.0	11.7	11.5	11.3	11.1	10.8	10.6	10.4	10.2	10.0	—	—	—
20.6	12.2	12.0	11.7	11.5	11.3	11.0	10.8	10.6	10.4	10.2	10.0	—	—
20.8	12.4	12.2	12.0	11.7	11.5	11.3	11.0	10.8	10.6	10.4	10.2	10.0	—
21.0	12.7	12.4	12.2	11.9	11.7	11.5	11.2	11.0	10.8	10.6	10.4	10.2	10.0
21.2	12.9	12.7	12.4	12.2	11.9	11.7	11.5	11.2	11.0	10.8	10.6	10.4	10.2
21.4	13.1	12.9	12.6	12.4	12.1	11.9	11.7	11.4	11.2	11.0	10.8	10.6	10.3
21.6	13.4	13.1	12.9	12.6	12.4	12.1	11.9	11.6	11.4	11.2	11.0	10.7	10.5
21.8	13.6	13.4	13.1	12.8	12.6	12.3	12.1	11.9	11.6	11.4	11.2	10.9	10.7
22.0	13.9	13.6	13.3	13.1	12.8	12.6	12.3	12.1	11.8	11.6	11.4	11.1	10.9
22.2	14.1	13.8	13.6	13.3	13.0	12.8	12.5	12.3	12.0	11.8	11.6	11.3	11.1
22.4	14.4	14.1	13.8	13.5	13.3	13.0	12.7	12.5	12.2	12.0	11.8	11.5	11.3
22.6	14.6	14.3	14.0	13.8	13.5	13.2	13.0	12.7	12.5	12.2	12.0	11.7	11.5
22.8	14.9	14.6	14.3	14.0	13.7	13.5	13.2	12.9	12.7	12.4	12.2	11.9	11.7
23.0	15.1	14.8	14.5	14.2	14.0	13.7	13.4	13.1	12.9	12.6	12.4	12.1	11.9
23.2	15.4	15.1	14.8	14.5	14.2	13.9	13.6	13.4	13.1	12.8	12.6	12.3	12.1
23.4	15.6	15.3	15.0	14.7	14.4	14.1	13.9	13.6	13.3	13.1	12.8	12.6	12.3
23.6	15.9	15.6	15.3	15.0	14.7	14.4	14.1	13.8	13.5	13.3	13.0	12.8	12.5
23.8	16.2	15.8	15.5	15.2	14.9	14.6	14.3	14.1	13.8	13.5	13.2	13.0	12.7
24.0	16.4	16.1	15.8	15.5	15.2	14.9	14.6	14.3	14.0	13.7	13.5	13.2	12.9
24.2	16.7	16.4	16.0	15.7	15.4	15.1	14.8	14.5	14.2	13.9	13.7	13.4	13.1

续表

平均回弹值 R_m	测区混凝土强度换算值 $f^c_{cu,i}$（MPa）												
	平均碳化深度值 d_m（mm）												
	0.0	0.5	1.0	1.5	2.0	2.5	3.0	3.5	4.0	4.5	5.0	5.5	≥6
24.4	17.0	16.6	16.3	16.0	15.7	15.3	15.0	14.7	14.5	14.2	13.9	13.6	13.3
24.6	17.2	16.9	16.5	16.2	15.9	15.6	15.3	15.0	14.7	14.4	14.1	13.8	13.6
24.8	17.5	17.1	16.8	16.5	16.2	15.8	15.5	15.2	14.9	14.6	14.3	14.1	13.8
25.0	17.8	17.4	17.1	16.7	16.4	16.1	15.8	15.5	15.2	14.9	14.6	14.3	14.0
25.2	18.0	17.7	17.3	17.0	16.7	16.3	16.0	15.7	15.4	15.1	14.8	14.5	14.2
25.4	18.3	18.0	17.6	17.3	16.9	16.6	16.3	15.9	15.6	15.3	15.0	14.7	14.4
25.6	18.6	18.2	17.9	17.5	17.2	16.8	16.5	16.2	15.9	15.6	15.2	14.9	14.7
25.8	18.9	18.5	18.2	17.8	17.4	17.1	16.8	16.4	16.1	15.8	15.5	15.2	14.9
26.0	19.2	18.8	18.4	18.1	17.7	17.4	17.0	16.7	16.3	16.0	15.7	15.4	15.1
26.2	19.5	19.1	18.7	18.3	18.0	17.6	17.3	16.9	16.6	16.3	15.9	15.6	15.3
26.4	19.8	19.4	19.0	18.6	18.2	17.9	17.5	17.2	16.8	16.5	16.2	15.9	15.6
26.6	20.0	19.6	19.3	18.9	18.5	18.1	17.8	17.4	17.1	16.8	16.4	16.1	15.8
26.8	20.3	19.9	19.5	19.2	18.8	18.4	18.0	17.7	17.3	17.0	16.7	16.3	16.0
27.0	20.6	20.2	19.8	19.4	19.1	18.7	18.3	17.9	17.6	17.2	16.9	16.6	16.2
27.2	20.9	20.5	20.1	19.7	19.3	18.9	18.6	18.2	17.8	17.5	17.1	16.8	16.5
27.4	21.2	20.8	20.4	20.0	19.6	19.2	18.8	18.5	18.1	17.7	17.4	17.1	16.7
27.6	21.5	21.1	20.7	20.3	19.9	19.5	19.1	18.7	18.4	18.0	17.6	17.3	17.0
27.8	21.8	21.4	21.0	20.6	20.2	19.8	19.4	19.0	18.6	18.3	17.9	17.5	17.2
28.0	22.1	21.7	21.3	20.9	20.4	20.0	19.6	19.3	18.9	18.5	18.1	17.8	17.4
28.2	22.4	22.0	21.6	21.1	20.7	20.3	19.9	19.5	19.1	18.8	18.4	18.0	17.7
28.4	22.8	22.3	21.9	21.4	21.0	20.6	20.2	19.8	19.4	19.0	18.6	18.3	17.9
28.6	23.1	22.6	22.2	21.7	21.3	20.9	20.5	20.1	19.7	19.3	18.9	18.5	18.2
28.8	23.4	22.9	22.5	22.0	21.6	21.2	20.7	20.3	19.9	19.5	19.2	18.8	18.4
29.0	23.7	23.2	22.8	22.3	21.9	21.5	21.0	20.6	20.2	19.8	19.4	19.0	18.7
29.2	24.0	23.5	23.1	22.6	22.2	21.7	21.3	20.9	20.5	20.1	19.7	19.3	18.9
29.4	24.3	23.9	23.4	22.9	22.5	22.0	21.6	21.2	20.8	20.3	19.9	19.5	19.2
29.6	24.7	24.2	23.7	23.2	22.8	22.3	21.9	21.4	21.0	20.6	20.2	19.8	19.4
29.8	25.0	24.5	24.0	23.5	23.1	22.6	22.2	21.7	21.3	20.9	20.5	20.1	19.7
30.0	25.3	24.8	24.3	23.8	23.4	22.9	22.5	22.0	21.6	21.2	20.7	20.3	19.9
30.2	25.6	25.1	24.6	24.2	23.7	23.2	22.8	22.3	21.9	21.4	21.0	20.6	20.2
30.4	26.0	25.5	25.0	24.5	24.0	23.5	23.0	22.6	22.1	21.7	21.3	20.9	20.4
30.6	26.3	25.8	25.3	24.8	24.3	23.8	23.3	22.9	22.4	22.0	21.6	21.1	20.7
30.8	26.6	26.1	25.6	25.1	24.6	24.1	23.6	23.2	22.7	22.3	21.8	21.4	21.0
31.0	27.0	26.4	25.9	25.4	24.9	24.4	23.9	23.5	23.0	22.5	22.1	21.7	21.2

续表

平均回弹值 R_m	测区混凝土强度换算值 $f^c_{cu,i}$（MPa）												
	平均碳化深度值 d_m（mm）												
	0.0	0.5	1.0	1.5	2.0	2.5	3.0	3.5	4.0	4.5	5.0	5.5	≥6
31.2	27.3	26.8	26.2	25.7	25.2	24.7	24.2	23.8	23.3	22.8	22.4	21.9	21.5
31.4	27.7	27.1	26.6	26.0	25.5	25.0	24.5	24.1	23.6	23.1	22.7	22.2	21.8
31.6	28.0	27.4	26.9	26.4	25.9	25.3	24.8	24.4	23.9	23.4	22.9	22.5	22.0
31.8	28.3	27.8	27.2	26.7	26.2	25.7	25.1	24.7	24.2	23.7	23.2	22.8	22.3
32.0	28.7	28.1	27.6	27.0	26.5	26.0	25.5	25.0	24.5	24.0	23.5	23.0	22.6
32.2	29.0	28.5	27.9	27.4	26.8	26.3	25.8	25.3	24.8	24.3	23.8	23.3	22.9
32.4	29.4	28.8	28.2	27.7	27.1	26.6	26.1	25.6	25.1	24.6	24.1	23.6	23.1
32.6	29.7	29.2	28.6	28.0	27.5	26.9	26.4	25.9	25.4	24.9	24.4	23.9	23.4
32.8	30.1	29.5	28.9	28.3	27.8	27.2	26.7	26.2	25.7	25.2	24.7	24.2	23.7
33.0	30.4	29.8	29.3	28.7	28.1	27.6	27.0	26.5	26.0	25.5	25.0	24.5	24.0
33.2	30.8	30.2	29.6	29.0	28.4	27.9	27.3	26.8	26.3	25.8	25.2	24.7	24.3
33.4	31.2	30.6	30.0	29.4	28.8	28.2	27.7	27.1	26.6	26.1	25.5	25.0	24.5
33.6	31.5	30.9	30.3	29.7	29.1	28.5	28.0	27.4	26.9	26.4	25.8	25.3	24.8
33.8	31.9	31.3	30.7	30.0	29.5	28.9	28.3	27.7	27.2	26.7	26.1	25.6	25.1
34.0	32.3	31.6	31.0	30.4	29.8	29.2	28.6	28.1	27.5	27.0	26.4	25.9	25.4
34.2	32.6	32.0	31.4	30.7	30.1	29.5	29.0	28.4	27.8	27.3	26.7	26.2	25.7
34.4	33.0	32.4	31.7	31.1	30.5	29.9	29.3	28.7	28.1	27.6	27.0	26.5	26.0
34.6	33.4	32.7	32.1	31.4	30.8	30.2	29.6	29.0	28.5	27.9	27.4	26.8	26.3
34.8	33.8	33.1	32.4	31.8	31.2	30.6	30.0	29.4	28.8	28.2	27.7	27.1	26.6
35.0	34.1	33.5	32.8	32.2	31.5	30.9	30.3	29.7	29.1	28.5	28.0	27.4	26.9
35.2	34.5	33.8	33.2	32.5	31.9	31.2	30.6	30.0	29.4	28.8	28.3	27.7	27.2
35.4	34.9	34.2	33.5	32.9	32.2	31.6	31.0	30.4	29.8	29.2	28.6	28.0	27.5
35.6	35.3	34.6	33.9	33.2	32.6	31.9	31.3	30.7	30.1	29.5	28.9	28.3	27.8
35.8	35.7	35.0	34.3	33.6	32.9	32.3	31.6	31.0	30.4	29.8	29.2	28.6	28.1
36.0	36.0	35.3	34.6	34.0	33.3	32.6	32.0	31.4	30.7	30.1	29.5	29.0	28.4
36.2	36.4	35.7	35.0	34.3	33.6	33.0	32.3	31.7	31.1	30.5	29.9	29.3	28.7
36.4	36.8	36.1	35.4	34.7	34.0	33.3	32.7	32.0	31.4	30.8	30.2	29.6	29.0
36.6	37.2	36.5	35.8	35.1	34.4	33.7	33.0	32.4	31.7	31.1	30.5	29.9	29.3
36.8	37.6	36.9	36.2	35.4	34.7	34.1	33.4	32.7	32.1	31.4	30.8	30.2	29.6
37.0	38.0	37.3	36.5	35.8	35.1	34.4	33.7	33.1	32.4	31.8	31.2	30.5	29.9
37.2	38.4	37.7	36.9	36.2	35.5	34.8	34.1	33.4	32.8	32.1	31.5	30.9	30.2
37.4	38.8	38.1	37.3	36.6	35.8	35.1	34.4	33.8	33.1	32.4	31.8	31.2	30.6
37.6	39.2	38.4	37.7	36.9	36.2	35.5	34.8	34.1	33.4	32.8	32.1	31.5	30.9
37.8	39.6	38.8	38.1	37.3	36.6	35.9	35.2	34.5	33.8	33.1	32.5	31.8	31.2

续表

平均回弹值 R_m	测区混凝土强度换算值 $f_{cu,i}^c$（MPa）												
	平均碳化深度值 d_m（mm）												
	0.0	0.5	1.0	1.5	2.0	2.5	3.0	3.5	4.0	4.5	5.0	5.5	≥6
38.0	40.0	39.2	38.5	37.7	37.0	36.2	35.5	34.8	34.1	33.5	32.8	32.2	31.5
38.2	40.4	39.6	38.9	38.1	37.3	36.6	35.9	35.2	34.5	33.8	33.1	32.5	31.8
38.4	40.9	40.1	39.3	38.5	37.7	37.0	36.3	35.5	34.8	34.2	33.5	32.8	32.2
38.6	41.3	40.5	39.7	38.9	38.1	37.4	36.6	35.9	35.2	34.5	33.8	33.2	32.5
38.8	41.7	40.9	40.1	39.3	38.5	37.7	37.0	36.3	35.5	34.8	34.2	33.5	32.8
39.0	42.1	41.3	40.5	39.7	38.9	38.1	37.4	36.6	35.9	35.2	34.5	33.8	33.2
39.2	42.5	41.7	40.9	40.1	39.3	38.5	37.7	37.0	36.3	35.5	34.8	34.2	33.5
39.4	42.9	42.1	41.3	40.5	39.7	38.9	38.1	37.4	36.6	35.9	35.2	34.5	33.8
39.6	43.4	42.5	41.7	40.9	40.0	39.3	38.5	37.7	37.0	36.3	35.5	34.8	34.2
39.8	43.8	42.9	42.1	41.3	40.4	39.6	38.9	38.1	37.3	36.6	35.9	35.2	34.5
40.0	44.2	43.4	42.5	41.7	40.8	40.0	39.2	38.5	37.7	37.0	36.2	35.5	34.8
40.2	44.7	43.8	42.9	42.1	41.2	40.4	39.6	38.8	38.1	37.3	36.6	35.9	35.2
40.4	45.1	44.2	43.3	42.5	41.6	40.8	40.0	39.2	38.4	37.7	36.9	36.2	35.5
40.6	45.5	44.6	43.7	42.9	42.0	41.2	40.4	39.6	38.8	38.1	37.3	36.6	35.8
40.8	46.0	45.1	44.2	43.3	42.4	41.6	40.8	40.0	39.2	38.4	37.7	36.9	36.2
41.0	46.4	45.5	44.6	43.7	42.8	42.0	41.2	40.4	39.6	38.8	38.0	37.3	36.5
41.2	46.8	45.9	45.0	44.1	43.2	42.4	41.6	40.7	39.9	39.1	38.4	37.6	36.9
41.4	47.3	46.3	45.4	44.5	43.7	42.8	42.0	41.1	40.3	39.5	38.7	38.0	37.2
41.6	47.7	46.8	45.9	45.0	44.1	43.2	42.3	41.5	40.7	39.9	39.1	38.3	37.6
41.8	48.2	47.2	46.3	45.4	44.5	43.6	42.7	41.9	41.1	40.3	39.5	38.7	37.9
42.0	48.6	47.7	46.7	45.8	44.9	44.0	43.1	42.3	41.5	40.6	39.8	39.1	38.3
42.2	49.1	48.1	47.1	46.2	45.3	44.4	43.5	42.7	41.8	41.0	40.2	39.4	38.6
42.4	49.5	48.5	47.6	46.6	45.7	44.8	43.9	43.1	42.2	41.4	40.6	39.8	39.0
42.6	50.0	49.0	48.0	47.1	46.1	45.2	44.3	43.5	42.6	41.8	40.9	40.1	39.3
42.8	50.4	49.4	48.5	47.5	46.6	45.6	44.7	43.9	43.0	42.2	41.3	40.5	39.7
43.0	50.9	49.9	48.9	47.9	47.0	46.1	45.2	44.3	43.4	42.5	41.7	40.9	40.1
43.2	51.3	50.3	49.3	48.4	47.4	46.5	45.6	44.7	43.8	42.9	42.1	41.2	40.4
43.4	51.8	50.8	49.8	48.8	47.8	46.9	46.0	45.1	44.2	43.3	42.5	41.6	40.8
43.6	52.3	51.2	50.2	49.2	48.3	47.3	46.4	45.5	44.6	43.7	42.8	42.0	41.2
43.8	52.7	51.7	50.7	49.7	48.7	47.7	46.8	45.9	45.0	44.1	43.2	42.4	41.5
44.0	53.2	52.2	51.1	50.1	49.1	48.2	47.2	46.3	45.4	44.5	43.6	42.7	41.9
44.2	53.7	52.6	51.6	50.6	49.6	48.6	47.6	46.7	45.8	44.9	44.0	43.1	42.3
44.4	54.1	53.1	52.0	51.0	50.0	49.0	48.0	47.1	46.2	45.3	44.4	43.5	42.6
44.6	54.6	53.5	52.5	51.5	50.4	49.4	48.5	47.5	46.6	45.7	44.8	43.9	43.0

续表

平均回弹值 R_m	测区混凝土强度换算值 $f^{c}_{cu,i}$（MPa）												
	平均碳化深度值 d_m（mm）												
	0.0	0.5	1.0	1.5	2.0	2.5	3.0	3.5	4.0	4.5	5.0	5.5	≥6
44.8	55.1	54.0	52.9	51.9	50.9	49.9	48.9	47.9	47.0	46.1	45.1	44.3	43.4
45.0	55.6	54.5	53.4	52.4	51.3	50.3	49.3	48.3	47.4	46.5	45.5	44.6	43.8
45.2	56.1	55.0	53.9	52.8	51.8	50.7	49.7	48.8	47.8	46.9	45.9	45.0	44.1
45.4	56.5	55.4	54.3	53.3	52.2	51.2	50.2	49.2	48.2	47.3	46.3	45.4	44.5
45.6	57.0	55.9	54.8	53.7	52.7	51.6	50.6	49.6	48.6	47.7	46.7	45.8	44.9
45.8	57.5	56.4	55.3	54.2	53.1	52.1	51.0	50.0	49.0	48.1	47.1	46.2	45.3
46.0	58.0	56.9	55.7	54.6	53.6	52.5	51.5	50.5	49.5	48.5	47.5	46.6	45.7
46.2	58.5	57.3	56.2	55.1	54.0	52.9	51.9	50.9	49.9	48.9	47.9	47.0	46.1
46.4	59.0	57.8	56.7	55.6	54.5	53.4	52.3	51.3	50.3	49.3	48.3	47.4	46.4
46.6	59.5	58.3	57.2	56.0	54.9	53.8	52.8	51.7	50.7	49.7	48.7	47.8	46.8
46.8	60.0	58.8	57.6	56.5	55.4	54.3	53.2	52.2	51.1	50.1	49.1	48.2	47.2
47.0	—	59.3	58.1	57.0	55.8	54.7	53.7	52.6	51.6	50.5	49.5	48.6	47.6
47.2	—	59.8	58.6	57.4	56.3	55.2	54.1	53.0	52.0	51.0	50.0	49.0	48.0
47.4	—	60.0	59.1	57.9	56.8	55.6	54.5	53.5	52.4	51.4	50.4	49.4	48.4
47.6	—	—	59.6	58.4	57.2	56.1	55.0	53.9	52.8	51.8	50.8	49.8	48.8
47.8	—	—	60.0	58.9	57.7	56.6	55.4	54.4	53.3	52.2	51.2	50.2	49.2
48.0	—	—	—	59.3	58.2	57.0	55.9	54.8	53.7	52.7	51.6	50.6	49.6
48.2	—	—	—	59.8	58.6	57.5	56.3	55.2	54.1	53.1	52.0	51.0	50.0
48.4	—	—	—	60.0	59.1	57.9	56.8	55.7	54.6	53.5	52.5	51.4	50.4
48.6	—	—	—	—	59.6	58.4	57.3	56.1	55.0	53.9	52.9	51.8	50.8
48.8	—	—	—	—	60.0	58.9	57.7	56.6	55.5	54.4	53.3	52.2	51.2
49.0	—	—	—	—	—	59.3	58.2	57.0	55.9	54.8	53.7	52.7	51.6
49.2	—	—	—	—	—	59.8	58.6	57.5	56.3	55.2	54.1	53.1	52.0
49.4	—	—	—	—	—	60.0	59.1	57.9	56.8	55.7	54.6	53.5	52.4
49.6	—	—	—	—	—	—	59.6	58.4	57.2	56.1	55.0	53.9	52.9
49.8	—	—	—	—	—	—	60.0	58.8	57.7	56.6	55.4	54.3	53.3
50.0	—	—	—	—	—	—	—	59.3	58.1	57.0	55.9	54.8	53.7
50.2	—	—	—	—	—	—	—	59.8	58.6	57.4	56.3	55.2	54.1
50.4	—	—	—	—	—	—	—	60.0	59.0	57.9	56.7	55.6	54.5
50.6	—	—	—	—	—	—	—	—	59.5	58.3	57.2	56.0	54.9
50.8	—	—	—	—	—	—	—	—	60.0	58.8	57.6	56.5	55.4
51.0	—	—	—	—	—	—	—	—	—	59.2	58.1	56.9	55.8
51.2	—	—	—	—	—	—	—	—	—	59.7	58.5	57.3	56.2
51.4	—	—	—	—	—	—	—	—	—	60.0	58.9	57.8	56.6

续表

平均回弹值 R_m	测区混凝土强度换算值 $f^c_{cu,i}$（MPa）												
	平均碳化深度值 d_m（mm）												
	0.0	0.5	1.0	1.5	2.0	2.5	3.0	3.5	4.0	4.5	5.0	5.5	≥6
51.6	—	—	—	—	—	—	—	—	—	—	59.4	58.2	57.1
51.8	—	—	—	—	—	—	—	—	—	—	59.8	58.7	57.5
52.0	—	—	—	—	—	—	—	—	—	—	60.0	59.1	57.9
52.2	—	—	—	—	—	—	—	—	—	—	—	59.5	58.4
52.4	—	—	—	—	—	—	—	—	—	—	—	60.0	58.8
52.6	—	—	—	—	—	—	—	—	—	—	—	—	59.2
52.8	—	—	—	—	—	—	—	—	—	—	—	—	59.7

注：1. 表中未注明的测区混凝土强度换算值为小于10MPa或大于60MPa。

2. 表中数值根据曲线方程 $f=0.034488R^{1.9400}10^{(-0.0173d_m)}$ 计算。

附录E　超声回弹综合法测区混凝土抗压强度 f_{cu}^{c} 换算

R_a	v_a												
	3.80	3.82	3.84	3.86	3.88	3.90	3.92	3.94	3.96	3.98	4.00	4.02	4.04
15.0	—	—	—	—	—	—	10.0	10.1	10.2	10.3	10.4	10.5	10.6
16.0	10.1	10.2	10.4	10.5	10.6	10.7	10.8	10.9	11	11.1	11.2	11.3	11.5
17.0	10.9	11.0	11.1	11.2	11.3	11.5	11.6	11.7	11.8	11.9	12.1	12.2	12.3
18.0	11.6	11.7	11.9	12.0	12.1	12.2	12.4	12.5	12.6	12.7	12.9	13.0	13.1
19.0	12.4	12.5	12.6	12.8	12.9	13.0	13.2	13.3	13.4	13.6	13.7	13.8	14.0
20.0	13.1	13.3	13.4	13.5	13.7	13.8	14.0	14.1	14.3	14.4	14.5	14.7	14.8
21.0	13.9	14.0	14.2	14.3	14.5	14.6	14.8	14.9	15.1	15.2	15.4	15.5	15.7
22.0	14.7	14.8	15.0	15.1	15.3	15.4	15.6	15.7	15.9	16.1	16.2	16.4	16.6
23.0	15.4	15.6	15.7	15.9	16.1	16.2	16.4	16.6	16.7	16.9	17.1	17.3	17.4
24.0	16.2	16.4	16.5	16.7	16.9	17.1	17.2	17.4	17.6	17.8	17.9	18.1	18.3
25.0	17.0	17.2	17.3	17.5	17.7	17.9	18.1	18.3	18.4	18.6	18.8	19.0	19.2
26.0	17.8	18.0	18.1	18.3	18.5	18.7	18.9	19.1	19.3	19.5	19.7	19.9	20.1
27.0	18.6	18.8	19.0	19.2	19.3	19.5	19.8	20.0	20.2	20.4	20.6	20.8	21.0
28.0	19.4	19.6	19.8	20.0	20.2	20.4	20.6	20.8	21.0	21.2	21.4	21.7	21.9
29.0	20.2	20.4	20.6	20.8	21.0	21.2	21.4	21.7	21.9	22.1	22.3	22.6	22.8
30.0	21.0	21.2	21.4	21.6	21.9	22.1	22.3	22.5	22.8	23.0	23.2	23.5	23.7
31.0	21.8	22.0	22.2	22.5	22.7	22.9	23.2	23.4	23.6	23.9	24.1	24.4	24.6
32.0	22.6	22.8	23.1	23.3	23.5	23.8	24.0	24.3	24.5	24.8	25.0	25.3	25.5
33.0	23.4	23.6	23.9	24.1	24.4	24.6	24.9	25.2	25.4	25.7	25.9	26.2	26.4
34.0	24.2	24.5	24.7	25.0	25.3	25.5	25.8	26.0	26.3	26.6	26.8	27.1	27.4
35.0	25.0	25.3	25.6	25.8	26.1	26.4	26.7	26.9	27.2	27.5	27.8	28.0	28.3
36.0	25.9	26.1	26.4	26.7	27.0	27.3	27.5	27.8	28.1	28.4	28.7	29.0	29.2
37.0	26.7	27.0	27.3	27.6	27.8	28.1	28.4	28.7	29.0	29.3	29.6	29.9	30.2
38.0	27.5	27.8	28.1	28.4	28.7	29.0	29.3	29.6	29.9	30.2	30.5	30.8	31.1
39.0	28.4	28.7	29.0	29.3	29.6	29.9	30.2	30.5	30.8	31.1	31.4	31.8	32.1
40.0	29.2	29.5	29.8	30.2	30.5	30.8	31.1	31.4	31.7	32.1	32.4	32.7	33.0
41.0	30.1	30.4	30.7	31.0	31.3	31.7	32.0	32.3	32.7	33.0	33.3	33.6	34.0
42.0	30.9	31.2	31.6	31.9	32.2	32.6	32.9	33.2	33.6	33.9	34.3	34.6	34.9
43.0	31.8	32.1	32.4	32.8	33.1	33.5	33.8	34.2	34.5	34.8	35.2	35.6	35.9

续表

R_a	v_a												
	3.80	3.82	3.84	3.86	3.88	3.90	3.92	3.94	3.96	3.98	4.00	4.02	4.04
44.0	32.6	33.0	33.3	33.7	34.0	34.4	34.7	35.1	35.4	35.8	36.1	36.5	36.9
45.0	33.5	33.8	34.2	34.5	34.9	35.3	35.6	36.0	36.4	36.7	37.1	37.5	37.8
46.0	34.3	34.7	35.1	35.4	35.8	36.2	36.5	36.9	37.3	37.7	38.1	38.4	38.8
47.0	35.2	35.6	36.0	36.3	36.7	37.1	37.5	37.8	38.2	38.6	39.0	39.4	39.8
48.0	36.1	36.5	36.8	37.2	37.6	38.0	38.4	38.8	39.2	39.6	40.0	40.4	40.8
49.0	36.9	37.3	37.7	38.1	38.5	38.9	39.3	39.7	40.1	40.5	40.9	41.3	41.8
50.0	37.8	38.2	38.6	39.0	39.4	39.8	40.2	40.7	41.1	41.5	41.9	42.3	42.7
51.0	38.7	39.1	39.5	39.9	40.3	40.8	41.2	41.6	42.0	42.4	42.9	43.3	43.7
52.0	39.6	40.0	40.4	40.8	41.3	41.7	42.1	42.5	43.0	43.4	43.8	44.3	44.7
53.0	40.4	40.9	41.3	41.7	42.2	42.6	43.0	43.5	43.9	44.4	44.8	45.3	45.7
54.0	41.3	41.8	42.2	42.6	43.1	43.5	44.0	44.4	44.9	45.3	45.8	46.3	46.7
55.0	42.2	42.7	43.1	43.6	44.0	44.5	44.9	45.4	45.8	46.3	46.8	47.2	47.7

R_a	v_a												
	4.06	4.08	4.10	4.12	4.14	4.16	4.18	4.20	4.22	4.24	4.26	4.28	4.30
15.0	10.7	10.9	11.0	11.1	11.2	11.3	11.4	11.5	11.6	11.7	11.8	11.9	12.1
16.0	11.6	11.7	11.8	11.9	12.0	12.2	12.3	12.4	12.5	12.6	12.7	12.9	13.0
17.0	12.4	12.5	12.7	12.8	12.9	13.0	13.2	13.3	13.4	13.5	13.7	13.8	13.9
18.0	13.3	13.4	13.5	13.7	13.8	13.9	14.1	14.2	14.3	14.5	14.6	14.7	14.9
19.0	14.1	14.3	14.4	14.5	14.7	14.8	15.0	15.1	15.3	15.4	15.5	15.7	15.8
20.0	15.0	15.1	15.3	15.4	15.6	15.7	15.9	16.0	16.2	16.3	16.5	16.6	16.8
21.0	15.8	16.0	16.2	16.3	16.5	16.6	16.8	17.0	17.1	17.3	17.4	17.6	17.8
22.0	16.7	16.9	17.1	17.2	17.4	17.6	17.7	17.9	18.1	18.2	18.4	18.6	18.8
23.0	17.6	17.8	18.0	18.1	18.3	18.5	18.7	18.8	19.0	19.2	19.4	19.6	19.7
24.0	18.5	18.7	18.9	19.0	19.2	19.4	19.6	19.8	20.0	20.2	20.4	20.5	20.7
25.0	19.4	19.6	19.8	20.0	20.2	20.3	20.5	20.7	20.9	21.1	21.3	21.5	21.7
26.0	20.3	20.5	20.7	20.9	21.1	21.3	21.5	21.7	21.9	22.1	22.3	22.5	22.7
27.0	21.2	21.4	21.6	21.8	22.0	22.2	22.5	22.7	22.9	23.1	23.3	23.5	23.8
28.0	22.1	22.3	22.5	22.8	23.0	23.2	23.4	23.6	23.9	24.1	24.3	24.6	24.8
29.0	23.0	23.2	23.5	23.7	23.9	24.2	24.4	24.6	24.9	25.1	25.3	25.6	25.8
30.0	23.9	24.2	24.4	24.6	24.9	25.1	25.4	25.6	25.8	26.1	26.3	26.6	26.8
31.0	24.9	25.1	25.3	25.6	25.8	26.1	26.3	26.6	26.8	27.1	27.4	27.6	27.9
32.0	25.8	26.0	26.3	26.5	26.8	27.1	27.3	27.6	27.8	28.1	28.4	28.6	28.9
33.0	26.7	27.0	27.2	27.5	27.8	28.0	28.3	28.6	28.9	29.1	29.4	29.7	30.0
34.0	27.6	27.9	28.2	28.5	28.7	29.0	29.3	29.6	29.9	30.2	30.4	30.7	31.0
35.0	28.6	28.9	29.2	29.4	29.7	30.0	30.3	30.6	30.9	31.2	31.5	31.8	32.1

续表

R_a	v_a												
	4.06	4.08	4.10	4.12	4.14	4.16	4.18	4.20	4.22	4.24	4.26	4.28	4.30
36.0	29.5	29.8	30.1	30.4	30.7	31.0	31.3	31.6	31.9	32.2	32.5	32.8	33.1
37.0	30.5	30.8	31.1	31.4	31.7	32.0	32.3	32.6	32.9	33.2	33.6	33.9	34.2
38.0	31.4	31.7	32.1	32.4	32.7	33.0	33.3	33.6	34.0	34.3	34.6	34.9	35.3
39.0	32.4	32.7	33.0	33.4	33.7	34.0	34.3	34.7	35.0	35.3	35.7	36.0	36.3
40.0	33.4	33.7	34.0	34.3	34.7	35.0	35.4	35.7	36.0	36.4	36.7	37.1	37.4
41.0	34.3	34.7	35.0	35.3	35.7	36.0	36.4	36.7	37.1	37.4	37.8	38.1	38.5
42.0	35.3	35.6	36.0	36.3	36.7	37.0	37.4	37.8	38.1	38.5	38.9	39.2	39.6
43.0	36.3	36.6	37.0	37.3	37.7	38.1	38.4	38.8	39.2	39.5	39.9	40.3	40.7
44.0	37.2	37.6	38.0	38.3	38.7	39.1	39.5	39.9	40.2	40.6	41.0	41.4	41.8
45.0	38.2	38.6	39.0	39.4	39.7	40.1	40.5	40.9	41.3	41.7	42.1	42.5	42.9
46.0	39.2	39.6	40.0	40.4	40.8	41.2	41.6	41.9	42.3	42.8	43.2	43.6	44.0
47.0	40.2	40.6	41.0	41.4	41.8	42.2	42.6	43.0	43.4	43.8	44.2	44.7	45.1
48.0	41.2	41.6	42.0	42.4	42.8	43.2	43.6	44.1	44.5	44.9	45.3	45.8	46.2
49.0	42.2	42.6	43.0	43.4	43.8	44.3	44.7	45.1	45.6	46.0	46.4	46.9	47.3
50.0	43.2	43.6	44.0	44.4	44.9	45.3	45.8	46.2	46.6	47.1	47.5	48.0	48.4
51.0	44.2	44.6	45.0	45.5	45.9	46.4	46.8	47.3	47.7	48.2	48.6	49.1	49.5
52.0	45.2	45.6	46.1	46.5	47.0	47.4	47.9	48.3	48.8	49.3	49.7	50.2	50.7
53.0	46.2	46.6	47.1	47.5	48.0	48.5	48.9	49.4	49.9	50.4	50.8	51.3	51.8
54.0	47.2	47.6	48.1	48.6	49.1	49.5	50.0	50.5	51.0	51.4	51.9	52.4	52.9
55.0	48.2	48.7	49.1	49.6	50.1	50.6	51.1	51.6	52.1	52.6	53.0	53.5	54.0

R_a	v_a												
	4.32	4.34	4.36	4.38	4.40	4.42	4.44	4.46	4.48	4.50	4.52	4.54	4.56
15.0	12.2	12.3	12.4	12.5	12.6	12.7	12.8	13.0	13.1	13.2	13.3	13.4	13.6
16.0	13.1	13.2	13.3	13.5	13.6	13.7	13.8	14.0	14.1	14.2	14.3	14.5	14.6
17.0	14.1	14.2	14.3	14.4	14.6	14.7	14.8	15.0	15.1	15.3	15.4	15.5	15.7
18.0	15.0	15.2	15.3	15.4	15.6	15.7	15.9	16.0	16.1	16.3	16.4	16.6	16.7
19.0	16.0	16.1	16.3	16.4	16.6	16.7	16.9	17.0	17.2	17.3	17.5	17.7	17.8
20.0	17.0	17.1	17.3	17.4	17.6	17.8	17.9	18.1	18.2	18.4	18.6	18.7	18.9
21.0	17.9	18.1	18.3	18.4	18.6	18.8	19.0	19.1	19.3	19.5	19.6	19.8	20.0
22.0	18.9	19.1	19.3	19.5	19.6	19.8	20.0	20.2	20.4	20.5	20.7	20.9	21.1
23.0	19.9	20.1	20.3	20.5	20.7	20.9	21.1	21.2	21.4	21.6	21.8	22.0	22.2
24.0	20.9	21.1	21.3	21.5	21.7	21.9	22.1	22.3	22.5	22.7	22.9	23.1	23.3
25.0	21.9	22.1	22.4	22.6	22.8	23.0	23.2	23.4	23.6	23.8	24.0	24.2	24.4
26.0	23.0	23.2	23.4	23.6	23.8	24.0	24.3	24.5	24.7	24.9	25.1	25.4	25.6
27.0	24.0	24.2	24.4	24.7	24.9	25.1	25.3	25.6	25.8	26.0	26.3	26.5	26.7

续表

R_a	v_a												
	4.32	4.34	4.36	4.38	4.40	4.42	4.44	4.46	4.48	4.50	4.52	4.54	4.56
28.0	25.0	25.2	25.5	25.7	25.9	26.2	26.4	26.7	26.9	27.1	27.4	27.6	27.9
29.0	26.0	26.3	26.5	26.8	27.0	27.3	27.5	27.8	28.0	28.3	28.5	28.8	29.0
30.0	27.1	27.3	27.6	27.8	28.1	28.4	28.6	28.9	29.1	29.4	29.7	29.9	30.2
31.0	28.1	28.4	28.7	28.9	29.2	29.5	29.7	30.0	30.3	30.5	30.8	31.1	31.3
32.0	29.2	29.5	29.7	30.0	30.3	30.6	30.8	31.1	31.4	31.7	31.9	32.2	32.5
33.0	30.2	30.5	30.8	31.1	31.4	31.7	31.9	32.2	32.5	32.8	33.1	33.4	33.7
34.0	31.3	31.6	31.9	32.2	32.5	32.8	33.1	33.4	33.7	34.0	34.3	34.6	34.9
35.0	32.4	32.7	33.0	33.3	33.6	33.9	34.2	34.5	34.8	35.1	35.4	35.7	36.1
36.0	33.4	33.7	34.1	34.4	34.7	35.0	35.3	35.6	36.0	36.3	36.6	36.9	37.3
37.0	34.5	34.8	35.2	35.5	35.8	36.1	36.5	36.8	37.1	37.4	37.8	38.1	38.5
38.0	35.6	35.9	36.3	36.6	36.9	37.3	37.6	37.9	38.3	38.6	39.0	39.3	39.7
39.0	36.7	37.0	37.4	37.7	38.0	38.4	38.7	39.1	39.4	39.8	40.1	40.5	40.9
40.0	37.8	38.1	38.5	38.8	39.2	39.5	39.9	40.2	40.6	41.0	41.3	41.7	42.1
41.0	38.9	39.2	39.6	39.9	40.3	40.7	41.0	41.4	41.8	42.2	42.5	42.9	43.3
42.0	40.0	40.3	40.7	41.1	41.4	41.8	42.2	42.6	43.0	43.4	43.7	44.1	44.5
43.0	41.1	41.4	41.8	42.2	42.6	43.0	43.4	43.8	44.1	44.5	44.9	45.3	45.7
44.0	42.2	42.5	42.9	43.3	43.7	44.1	44.5	44.9	45.3	45.7	46.2	46.6	47.0
45.0	43.3	43.7	44.1	44.5	44.9	45.3	45.7	46.1	46.5	46.9	47.4	47.8	48.2
46.0	44.4	44.8	45.2	45.6	46.0	46.5	46.9	47.3	47.7	48.2	48.6	49.0	49.4
47.0	45.5	45.9	46.3	46.8	47.2	47.6	48.1	48.5	48.9	49.4	49.8	50.2	50.7
48.0	46.6	47.0	47.5	47.9	48.4	48.8	49.2	49.7	50.1	50.6	51.0	51.5	51.9
49.0	47.7	48.2	48.6	49.1	49.5	50.0	50.4	50.9	51.3	51.8	52.3	52.7	53.2
50.0	48.9	49.3	49.8	50.2	50.7	51.2	51.6	52.1	52.6	53.0	53.5	54.0	54.4
51.0	50.0	50.5	50.9	51.4	51.9	52.3	52.8	53.3	53.8	54.2	54.7	55.2	55.7
52.0	51.1	51.6	52.1	52.6	53.0	53.5	54.0	54.5	55.0	55.5	56.0	56.5	57.0
53.0	52.3	52.8	53.2	53.7	54.2	54.7	55.2	55.7	56.2	56.7	57.2	57.7	58.2
54.0	53.4	53.9	54.4	54.9	55.4	55.9	56.4	56.9	57.4	57.9	58.5	59.0	59.5
55.0	54.6	55.1	55.6	56.1	56.6	57.1	57.6	58.1	58.7	59.2	59.7	60.2	60.8
R_a	v_a												
	4.58	4.60	4.62	4.64	4.66	4.68	4.70	4.72	4.74	4.76	4.78	4.80	4.82
15.0	13.7	13.8	13.9	14.0	14.2	14.3	14.4	14.5	14.6	14.8	14.9	15.0	15.1
16.0	14.7	14.9	15.0	15.1	15.2	15.4	15.5	15.6	15.8	15.9	16.0	16.2	16.3
17.0	15.8	15.9	16.1	16.2	16.4	16.5	16.6	16.8	16.9	17.1	17.2	17.4	17.5
18.0	16.9	17.0	17.2	17.3	17.5	17.6	17.8	17.9	18.1	18.2	18.4	18.5	18.7
19.0	18.0	18.1	18.3	18.4	18.6	18.8	18.9	19.1	19.2	19.4	19.6	19.7	19.9

续表

R_a	v_a												
	4.58	4.60	4.62	4.64	4.66	4.68	4.70	4.72	4.74	4.76	4.78	4.80	4.82
20.0	19.1	19.2	19.4	19.6	19.7	19.9	20.1	20.2	20.4	20.6	20.8	20.9	21.1
21.0	20.2	20.3	20.5	20.7	20.9	21.1	21.2	21.4	21.6	21.8	22.0	22.1	22.3
22.0	21.3	21.5	21.7	21.8	22.0	22.2	22.4	22.6	22.8	23.0	23.2	23.4	23.6
23.0	22.4	22.6	22.8	23.0	23.2	23.4	23.6	23.8	24.0	24.2	24.4	24.6	24.8
24.0	23.5	23.7	23.9	24.1	24.4	24.6	24.8	25.0	25.2	25.4	25.6	25.8	26.1
25.0	24.7	24.9	25.1	25.3	25.5	25.8	26.0	26.2	26.4	26.6	26.9	27.1	27.3
26.0	25.8	26.0	26.3	26.5	26.7	26.9	27.2	27.4	27.6	27.9	28.1	28.3	28.6
27.0	27.0	27.2	27.4	27.7	27.9	28.1	28.4	28.6	28.9	29.1	29.4	29.6	29.9
28.0	28.1	28.4	28.6	28.9	29.1	29.4	29.6	29.9	30.1	30.4	30.6	30.9	31.1
29.0	29.3	29.5	29.8	30.0	30.3	30.6	30.8	31.1	31.4	31.6	31.9	32.2	32.4
30.0	30.4	30.7	31.0	31.2	31.5	31.8	32.1	32.3	32.6	32.9	33.2	33.4	33.7
31.0	31.6	31.9	32.2	32.5	32.7	33.0	33.3	33.6	33.9	34.2	34.4	34.7	35.0
32.0	32.8	33.1	33.4	33.7	34.0	34.2	34.5	34.8	35.1	35.4	35.7	36.0	36.3
33.0	34.0	34.3	34.6	34.9	35.2	35.5	35.8	36.1	36.4	36.7	37.0	37.3	37.6
34.0	35.2	35.5	35.8	36.1	36.4	36.7	37.0	37.4	37.7	38.0	38.3	38.6	39.0
35.0	36.4	36.7	37.0	37.3	37.7	38.0	38.3	38.6	39.0	39.3	39.6	40.0	40.3
36.0	37.6	37.9	38.2	38.6	38.9	39.2	39.6	39.9	40.3	40.6	40.9	41.3	41.6
37.0	38.8	39.1	39.5	39.8	40.2	40.5	40.8	41.2	41.5	41.9	42.2	42.6	43.0
38.0	40.0	40.4	40.7	41.1	41.4	41.8	42.1	42.5	42.8	43.2	43.6	43.9	44.3
39.0	41.2	41.6	41.9	42.3	42.7	43.0	43.4	43.8	44.1	44.5	44.9	45.3	45.7
40.0	42.4	42.8	43.2	43.6	43.9	44.3	44.7	45.1	45.5	45.8	46.2	46.6	47.0
41.0	43.7	44.1	44.4	44.8	45.2	45.6	46.0	46.4	46.8	47.2	47.6	48.0	48.4
42.0	44.9	45.3	45.7	46.1	46.5	46.9	47.3	47.7	48.1	48.5	48.9	49.3	49.7
43.0	46.1	46.5	47.0	47.4	47.8	48.2	48.6	49.0	49.4	49.8	50.3	50.7	51.1
44.0	47.4	47.8	48.2	48.6	49.1	49.5	49.9	50.3	50.7	51.2	51.6	52.0	52.5
45.0	48.6	49.1	49.5	49.9	50.3	50.8	51.2	51.6	52.1	52.5	53.0	53.4	53.9
46.0	49.9	50.3	50.8	51.2	51.6	52.1	52.5	53.0	53.4	53.9	54.3	54.8	55.2
47.0	51.1	51.6	52.0	52.5	52.9	53.4	53.8	54.3	54.8	55.2	55.7	56.2	56.6
48.0	52.4	52.9	53.3	53.8	54.2	54.7	55.2	55.6	56.1	56.6	57.1	57.5	58.0
49.0	53.7	54.1	54.6	55.1	55.5	56.0	56.5	57.0	57.5	58.0	58.4	58.9	59.4
50.0	54.9	55.4	55.9	56.4	56.9	57.3	57.8	58.3	58.8	59.3	59.8	60.3	60.8
51.0	56.2	56.7	57.2	57.7	58.2	58.7	59.2	59.7	60.2	60.7	61.2	61.7	62.2
52.0	57.5	58.0	58.5	59.0	59.5	60.0	60.5	61.0	61.6	62.1	62.6	63.1	63.6
53.0	58.7	59.3	59.8	60.3	60.8	61.3	61.9	62.4	62.9	63.5	64.0	64.5	65.1
54.0	60.0	60.6	61.1	61.6	62.1	62.7	63.2	63.8	64.3	64.8	65.4	65.9	66.5
55.0	61.3	61.8	62.4	62.9	63.5	64.0	64.6	65.1	65.7	66.2	66.8	67.3	67.9

续表

R_a	v_a												
	4.84	4.86	4.88	4.90	4.92	4.94	4.96	4.98	5.00	5.02	5.04	5.06	5.08
15.0	15.3	15.4	15.5	15.6	15.8	15.9	16.0	16.2	16.3	16.4	16.6	16.7	16.8
16.0	16.4	16.6	16.7	16.9	17.0	17.1	17.3	17.4	17.6	17.7	17.8	18.0	18.1
17.0	17.6	17.8	17.9	18.1	18.2	18.4	18.5	18.7	18.8	19.0	19.1	19.3	19.4
18.0	18.8	19.0	19.2	19.3	19.5	19.6	19.8	20.0	20.1	20.3	20.4	20.6	20.8
19.0	20.1	20.2	20.4	20.6	20.7	20.9	21.1	21.2	21.4	21.6	21.8	21.9	22.1
20.0	21.3	21.5	21.6	21.8	22.0	22.2	22.4	22.5	22.7	22.9	23.1	23.3	23.4
21.0	22.5	22.7	22.9	23.1	23.3	23.5	23.6	23.8	24.0	24.2	24.4	24.6	24.8
22.0	23.8	24.0	24.2	24.4	24.6	24.8	25.0	25.2	25.4	25.6	25.8	26.0	26.2
23.0	25.0	25.2	25.4	25.6	25.8	26.1	26.3	26.5	26.7	26.9	27.1	27.3	27.6
24.0	26.3	26.5	26.7	26.9	27.1	27.4	27.6	27.8	28.0	28.3	28.5	28.7	28.9
25.0	27.5	27.8	28.0	28.2	28.5	28.7	28.9	29.2	29.4	29.6	29.9	30.1	30.3
26.0	28.8	29.1	29.3	29.5	29.8	30.0	30.3	30.5	30.8	31.0	31.2	31.5	31.7
27.0	30.1	30.4	30.6	30.9	31.1	31.4	31.6	31.9	32.1	32.4	32.6	32.9	33.2
28.0	31.4	31.7	31.9	32.2	32.4	32.7	33.0	33.2	33.5	33.8	34.0	34.3	34.6
29.0	32.7	33.0	33.2	33.5	33.8	34.1	34.3	34.6	34.9	35.2	35.4	35.7	36.0
30.0	34.0	34.3	34.6	34.8	35.1	35.4	35.7	36.0	36.3	36.6	36.9	37.2	37.5
31.0	35.3	35.6	35.9	36.2	36.5	36.8	37.1	37.4	37.7	38.0	38.3	38.6	38.9
32.0	36.6	36.9	37.2	37.5	37.8	38.2	38.5	38.8	39.1	39.4	39.7	40.0	40.3
33.0	38.0	38.3	38.6	38.9	39.2	39.5	39.9	40.2	40.5	40.8	41.2	41.5	41.8
34.0	39.3	39.6	39.9	40.3	40.6	40.9	41.3	41.6	41.9	42.3	42.6	42.9	43.3
35.0	40.6	41.0	41.3	41.6	42.0	42.3	42.7	43.0	43.4	43.7	44.0	44.4	44.7
36.0	42.0	42.3	42.7	43.0	43.4	43.7	44.1	44.4	44.8	45.1	45.5	45.9	46.2
37.0	43.3	43.7	44.0	44.4	44.8	45.1	45.5	45.9	46.2	46.6	47.0	47.3	47.7
38.0	44.7	45.0	45.4	45.8	46.2	46.5	46.9	47.3	47.7	48.1	48.4	48.8	49.2
39.0	46.0	46.4	46.8	47.2	47.6	48.0	48.3	48.7	49.1	49.5	49.9	50.3	50.7
40.0	47.4	47.8	48.2	48.6	49.0	49.4	49.8	50.2	50.6	51.0	51.4	51.8	52.2
41.0	48.8	49.2	49.6	50.0	50.4	50.8	51.2	51.6	52.0	52.5	52.9	53.3	53.7
42.0	50.1	50.6	51.0	51.4	51.8	52.2	52.7	53.1	53.5	53.9	54.4	54.8	55.2
43.0	51.5	52.0	52.4	52.8	53.2	53.7	54.1	54.5	55.0	55.4	55.9	56.3	56.8
44.0	52.9	53.4	53.8	54.2	54.7	55.1	55.6	56.0	56.5	56.9	57.4	57.8	58.3
45.0	54.3	54.8	55.2	55.7	56.1	56.6	57.0	57.5	58.0	58.4	58.9	59.4	59.8
46.0	55.7	56.2	56.6	57.1	57.6	58.0	58.5	59.0	59.4	59.9	60.4	60.9	61.4
47.0	57.1	57.6	58.0	58.5	59.0	59.5	60.0	60.5	60.9	61.4	61.9	62.4	62.9
48.0	58.5	59.0	59.5	60.0	60.5	60.9	61.4	61.9	62.4	62.9	63.4	63.9	64.4
49.0	59.9	60.4	60.9	61.4	61.9	62.4	62.9	63.4	63.9	64.5	65.0	65.5	66.0

续表

R_a	v_a												
	4.84	4.86	4.88	4.90	4.92	4.94	4.96	4.98	5.00	5.02	5.04	5.06	5.08
50.0	61.3	61.8	62.3	62.9	63.4	63.9	64.4	64.9	65.5	66.0	66.5	67.0	67.6
51.0	62.8	63.3	63.8	64.3	64.8	65.4	65.9	66.4	67.0	67.5	68.0	68.6	69.1
52.0	64.2	64.7	65.2	65.8	66.3	66.9	67.4	67.9	68.5	69.0	69.6	—	—
53.0	65.6	66.1	66.7	67.2	67.8	68.3	68.9	69.4	70.0	—	—	—	—
54.0	67.0	67.6	68.1	68.7	69.3	69.8	—	—	—	—	—	—	—
55.0	68.5	69.0	69.6	—	—	—	—	—	—	—	—	—	—

R_a	v_a												
	5.10	5.12	5.14	5.16	5.18	5.20	5.22	5.24	5.26	5.28	5.30	5.32	5.34
15.0	17.0	17.1	17.2	17.4	17.5	17.6	17.8	17.9	18.0	18.2	18.3	18.4	18.6
16.0	18.3	18.4	18.5	18.7	18.8	19.0	19.1	19.3	19.4	19.6	19.7	19.9	20.0
17.0	19.6	19.7	19.9	20.1	20.2	20.4	20.5	20.7	20.8	21.0	21.2	21.3	21.5
18.0	20.9	21.1	21.3	21.4	21.6	21.8	21.9	22.1	22.3	22.4	22.6	22.8	22.9
19.0	22.3	22.4	22.6	22.8	23.0	23.2	23.3	23.5	23.7	23.9	24.1	24.2	24.4
20.0	23.6	23.8	24.0	24.2	24.4	24.6	24.8	24.9	25.1	25.3	25.5	25.7	25.9
21.0	25.0	25.2	25.4	25.6	25.8	26.0	26.2	26.4	26.6	26.8	27.0	27.2	27.4
22.0	26.4	26.6	26.8	27.0	27.2	27.4	27.6	27.8	28.1	28.3	28.5	28.7	28.9
23.0	27.8	28.0	28.2	28.4	28.6	28.9	29.1	29.3	29.5	29.8	30.0	30.2	30.4
24.0	29.2	29.4	29.6	29.9	30.1	30.3	30.6	30.8	31.0	31.3	31.5	31.7	32.0
25.0	30.6	30.8	31.1	31.3	31.5	31.8	32.0	32.3	32.5	32.8	33.0	33.3	33.5
26.0	32.0	32.2	32.5	32.8	33.0	33.3	33.5	33.8	34.0	34.3	34.6	34.8	35.1
27.0	33.4	33.7	33.9	34.2	34.5	34.7	35.0	35.3	35.6	35.8	36.1	36.4	36.6
28.0	34.9	35.1	35.4	35.7	36.0	36.2	36.5	36.8	37.1	37.4	37.6	37.9	38.2
29.0	36.3	36.6	36.9	37.2	37.4	37.7	38.0	38.3	38.6	38.9	39.2	39.5	39.8
30.0	37.7	38.0	38.3	38.6	38.9	39.2	39.5	39.8	40.2	40.5	40.8	41.1	41.4
31.0	39.2	39.5	39.8	40.1	40.4	40.8	41.1	41.4	41.7	42.0	42.3	42.7	43.0
32.0	40.7	41.0	41.3	41.6	42.0	42.3	42.6	42.9	43.3	43.6	43.9	44.2	44.6
33.0	42.1	42.5	42.8	43.1	43.5	43.8	44.1	44.5	44.8	45.2	45.5	45.9	46.2
34.0	43.6	44.0	44.3	44.6	45.0	45.3	45.7	46.0	46.4	46.7	47.1	47.5	47.8
35.0	45.1	45.5	45.8	46.2	46.5	46.9	47.2	47.6	48.0	48.3	48.7	49.1	49.4
36.0	46.6	47.0	47.3	47.7	48.1	48.4	48.8	49.2	49.6	49.9	50.3	50.7	51.1
37.0	48.1	48.5	48.8	49.2	49.6	50.0	50.4	50.8	51.2	51.5	51.9	52.3	52.7
38.0	49.6	50.0	50.4	50.8	51.2	51.6	52.0	52.4	52.8	53.2	53.6	54.0	54.4
39.0	51.1	51.5	51.9	52.3	52.7	53.1	53.5	53.9	54.4	54.8	55.2	55.6	56.0
40.0	52.6	53.0	53.5	53.9	54.3	54.7	55.1	55.6	56.0	56.4	56.8	57.3	57.7
41.0	54.1	54.6	55.0	55.4	55.9	56.3	56.7	57.2	57.6	58.0	58.5	58.9	59.4

续表

R_a	v_a												
	5.10	5.12	5.14	5.16	5.18	5.20	5.22	5.24	5.26	5.28	5.30	5.32	5.34
42.0	55.7	56.1	56.6	57.0	57.4	57.9	58.3	58.8	59.2	59.7	60.1	60.6	61.0
43.0	57.2	57.7	58.1	58.6	59.0	59.5	59.9	60.4	60.9	61.3	61.8	62.2	62.7
44.0	58.7	59.2	59.7	60.1	60.6	61.1	61.5	62.0	62.5	63.0	63.4	63.9	64.4
45.0	60.3	60.8	61.2	61.7	62.2	62.7	63.2	63.6	64.1	64.6	65.1	65.6	66.1
46.0	61.8	62.3	62.8	63.3	63.8	64.3	64.8	65.3	65.8	66.3	66.8	67.3	67.8
47.0	63.4	63.9	64.4	64.9	65.4	65.9	66.4	66.9	67.4	67.9	68.5	69.0	69.5
48.0	65.0	65.5	66.0	66.5	67.0	67.5	68.0	68.6	69.1	69.6	—	—	—
49.0	66.5	67.0	67.6	68.1	68.6	69.2	69.7	—	—	—	—	—	—
50.0	68.1	68.6	69.2	69.7	—	—	—	—	—	—	—	—	—
51.0	69.7	—	—	—	—	—	—	—	—	—	—	—	—
52.0	—	—	—			—	—	—	—	—	—	—	—
53.0	—	—	—	—	—	—	—	—	—	—	—	—	—
54.0	—	—	—	—	—	—	—	—	—	—	—	—	—
55.0	—	—	—	—	—	—	—	—	—	—	—	—	—

注：1. 表内未列数值可采用内插法求得，精确至0.1MPa；
2. 表中 v_a为修正后的测区声速代表值，R_a为修正后的测区回弹代表值；
3. 采用对测和角测时，表中 v_a用 v 代替；当在侧面水平回弹时，表中 R_a用 R 代替；
4. f_{cu}^{c}也可按公式（2-70）计算。

参考文献

[1] 苗春，王伶，杨辉．建筑质量问题典型案例分析［M］．北京：中国建筑工业出版社，2022.

[2] 郭晓潞，施惠生．建筑物无损检测技术［M］．北京：化学工业出版社，2014.

[3] 林维正．土木工程质量无损检测技术［M］．北京：中国电力出版社，2008.

[4] 吴新璇．混凝土无损检测技术手册［M］．北京：人民交通出版社，2003.

[5] 李为杜．混凝土无损检测技术［M］．上海：同济大学出版社，1989.

[6] J. P. BALAYSSAC，V. GARNIER. Non-Destructive Testing and Evaluation of Civil Engineering Structures［M］. ISTE Press Ltd and Elsevier Ltd Elsevier Ltd. 2018.

[7] V. M. MALHOTRA，N. J. CARINO. Handbook on Nondestructive Testing of Concrete［M］. Second Edition. CRC press LLC，PA，USA. 2004.

[8] V. M. MALHOTRA. Testing Hardened Concrete：Nondestructive Methods［M］. Iowa State University Press (Ames)，1976.

[9] 谢春霞，余金凯，郭艳伟．红外热像技术在混凝土无损检测中的探索［J］．路基工程，2009，(2)：163-164.

[10] 张小琼，王战军．混凝土无损检测方法发展及应用［J］．无损检测，2017，39（4）：1-5.

[11] 王强，刘广武．混凝土无损检测技术应用与展望［J］．中国高新技术企业，2007，(3)：138.

[12] 杜红秀，张雄．钢筋混凝土结构火灾损伤的红外热像-电化学综合检测技术与应用［J］．土木工程学报，2004，37（7）：41-46.

[13] 中华人民共和国住房和城乡建设部．混凝土结构设计规范：GB 50010—2010［S］．北京：中国建筑工业出版社，2010.

[14] 中华人民共和国住房和城乡建设部．混凝土结构工程施工质量验收规范：GB 50204—2015［S］．北京：中国建筑工业出版社，2015.

[15] 中华人民共和国国家质量监督检验检疫总局．回弹仪检定规程：JJG 817—2011［S］．北京：中国质检出版社，2012.

[16] 中华人民共和国住房和城乡建设部．回弹法检测混凝土抗压强度技术规程：JGJ/T 23—2011［S］．北京：中国建筑工业出版社，2011.

[17] 中国工程建设标准化协会．超声回弹综合法检测混凝土抗压强度技术规程：T/CECS 02—2020［S］．北京，2020.

[18] 国际标准化组织．硬化混凝土芯样的钻取检查及抗压试验：ISO/DIS 7034［S］．瑞士，1971.

[19] 中国工程建设标准化协会．钻芯法检测混凝土强度技术规程：CECS 03—2007［S］．北京：中国计划出版社，2008.

[20] 中华人民共和国住房和城乡建设部．钻芯法检测混凝土强度技术规程：JGJ/T 384—2016［S］. 北京：中国建筑工业出版社，2016.

[21] 美国材料与试验协会．硬化混凝土拔出强度标准试验方法：ASTM C900—19［S］. 2019.

[22] 国际标准化组织．硬化混凝土拨出强度的测定：ISO/DIS 8046［S］.

[23] 美国材料与试验协会．硬化混凝土回弹试验方法：ASTM C805［S］. 2018.

[24] 中华人民共和国住房和城乡建设部．建筑基桩检测技术规范：JGJ 106—2014［S］．北京：中

国建筑工业出版社，2014.
[25] 臧春华．JJG 817—2011 回弹仪检定规程解读［J］．商品与质量，2012，(11)：30-31.
[26] 中华人民共和国建设部．混凝土超声波检测仪：JG/T 5004—92［S］．北京：中国建筑工业出版社，1993.
[27] 中华人民共和国建设部．普通混凝土用砂、石质量及检验方法标准：JGJ 52—2006［S］．北京：中国建筑工业出版社，2007.
[28] 中华人民共和国住房和城乡建设部．建筑结构检测技术标准：GB/T 50344—2019［S］．北京：中国建筑工业出版社，2020.
[29] 中华人民共和国国家市场监督管理总局，中国国家标准化管理委员会．通用硅酸盐水泥：GB 175—2023［S］．北京：中国标准出版社，2024.
[30] 中国工程建设标准化协会．拔出法检测混凝土强度技术规程：CECS 69—2011［S］．北京：中国计划出版社，2011.
[31] 中华人民共和国国家质量监督检验检疫总局，中国国家标准化管理委员会．建设用砂：GB/T 14684—2022［S］．北京：中国标准出版社，2022.
[32] 中华人民共和国国家质量监督检验检疫总局，中国国家标准化管理委员会．建设用卵石、碎石：GB/T 14685—2022［S］．北京：中国标准出版社，2022.
[33] 中华人民共和国住房和城乡建设部．混凝土强度检验评定标准：GB/T 50107—2010［S］．北京：中国建筑工业出版社，2010.
[34] 王金山，李海文，石磊，等．拔出法检测混凝土强度技术破坏机理研究综述［J］．建筑结构，2010，40（S2）：562-565.
[35] 金南国，乐进发，宣纪明．拔出法检测混凝土强度研究进展［J］．混凝土，2005，（3）：24-26.
[36] 林维正．从第 15 届世界无损检测会议看土木工程无损检测的进展［J］．无损检测，2002，24（3）：123-125.
[37] 宁建国，黄新，曲华，等．冲击回波法检测混凝土结构［J］．中国矿业大学学报，2004，33（6）：703-707.
[38] 耿豪劼，刘荣桂，蔡东升，等．冲击回波法检测混凝土构件内部缺陷大小研究［J］．混凝土，2021，(11)：150-154，160.
[39] 顾轶东，林维正，苏航．冲击回波法在混凝土无损检测中的应用［J］．无损检测，2004，26（9）：468-470，472.
[40] 赵祺，桑源，高金麟，等．冲击回波法评价混凝土质量研究综述［J］．混凝土与水泥制品，2019，(12)：18-23.
[41] 叶健．采用 IES 冲击回波法检测预应力混凝土灌浆质量［A］．第十届全国建设工程无损检测技术学术会议论文集［C］．2008：141-144.
[42] 中华人民共和国住房和城乡建设部．普通混凝土长期性能和耐久性能试验方法标准：GB/T 50082—2009［S］．北京：中国建筑工业出版社，2010.
[43] 中国工程建设标准化协会．超声法检测混凝土缺陷技术规程：CECS 21：2000［S］．北京：中国城市出版社，2001.
[44] 张军，顾盛，潘永东，等．基于阵列超声成像法的混凝土裂缝深度检测［J］．无损检测，2020，42（03）：32-37.
[45] 中国工程建设标准化协会．相控阵超声法检测混凝土结合面缺陷技术规程：T/CECS 1056—2022［S］．北京：中国计划出版社，2022.
[46] 上海市场监督管理局．相控阵超声成像法检测混凝土缺陷技术规程：DB31/T 1200—2019

[S]. 北京：中国标准出版社，2020.
[47] 中华人民共和国住房和城乡建设部．冲击回波法检测混凝土缺陷技术规程：JGJ/T 411—2017 [S]．北京：中国建筑工业出版社，2018.
[48] 金元，童寿兴．灌注桩声波透射检测中声测管管距修正研究 [J]．建筑材料学报，1999，2 (4)：349-352.
[49] 朱之基．混凝土灌注桩质量无损检测技术 [M]．北京：人民交通出版社，1993.
[50] 李虎，谢相峰，林拥军，等．装配式混凝土结构套筒灌浆连接质量检测技术研究进展及发展趋势 [J]．施工技术，2023，52 (8)：1-9，22.
[51] 深圳市住房和城乡建设局．深圳市建筑基桩检测规程：SJG 09—2020 [S]．2020.
[52] 林志明，张雄．火灾混凝土损伤诊断的进展 [J]．建筑材料学报，2002，5 (4)：347-352.
[53] 苗春，张雄，杜红秀．火灾混凝土结构损伤检测技术进展 [J]．无损检测，2004，26 (2)：77-81，88.
[54] 韩继红．火灾混凝土损伤缺陷多维体视学理论及其综合分析模型 [D]．上海：同济大学，2001.
[55] 中华人民共和国住房和城乡建设部．建筑设计防火规范：GB 50016—2014 [S]．北京：中国建筑工业出版社，2015.
[56] 中国建设标准化协会．火灾后工程结构鉴定标准：T/CECS 252—2019 [S]．北京：中国建筑工业出版社，2020.
[57] 中华人民共和国住房和城乡建设部．建筑工程饰面砖粘结强度检验标准：JGJ/T 110—2017 [S]．北京：中国建筑工业出版社，2017.
[58] 中华人民共和国住房和城乡建设部．外墙饰面砖工程施工及验收规程：JGJ 126—2015 [S]. 北京：中国建筑工业出版社，2015.
[59] 中华人民共和国住房和城乡建设部．外墙外保温工程技术标准：JGJ 144 2019 [S]．北京：中国建筑工业出版社，2019.
[60] 熊伟，李丛笑．外墙饰面砖检测技术标准综述 [J]．建筑科学，2011，27 (S1)：76-77.
[61] 秦培晟．外墙饰面砖粘结强度检测及质量控制 [J]．山西建筑，2012，38 (32)：247-249.
[62] 毕军．外墙饰面砖粘结强度检测技术的探讨 [J]．工程质量，2012，30 (S1)：19-21.
[63] 赵敏，高艳伟．外墙饰面砖粘结强度检测方法的探讨 [J]．四川建材，2015，41 (1)：97-98.
[64] 黄国扬，李健．红外热成像技术在建筑节能检测中的应用 [J]．住宅科技，2010，1：50-54.
[65] 曹平华．红外热成像技术在建筑外墙检测中的应用 [J]．无损检测，2017，39 (2)：26-29，33.
[66] 毛欣荣，黄海峰，姜剑峰，等．红外热成像技术在建筑物外墙饰面质量检测中的应用 [J]．工程质量，2010，28 (S1)：50-52，72.
[67] 中华人民共和国住房和城乡建设部．居住建筑节能检测标准：JGJ/T 132—2009 [S]．北京：中国建筑工业出版社，2010.
[68] 中华人民共和国住房和城乡建设部，国家市场监督管理总局．建筑节能工程施工质量验收标准：GB 50411—2019 [S]．北京：中国建筑工业出版社，2019.
[69] 上海市建设工程检测行业协会．建筑围护结构节能现场检测技术标准：DG/TJ 08-2038—2021 [S]．上海：同济大学出版社，2021.
[70] 中华人民共和国住房和城乡建设部．红外热像法检测建筑外墙饰面粘结质量技术规程：JGJ/T 277—2012 [S]．北京：中国建筑工业出版社，2012.
[71] 中国工程建设标准化协会，上海市房地产科学研究院．红外热像法检测建筑外墙饰面层粘结缺陷技术规程：CECS 204：2006 [S]．北京：中国计划出版社，2006.

[72] 王立雄．建筑节能［M］．北京：中国建筑工业出版社，2009.

[73] M. C. SWINTON，M. T. BOMBERG，M. K. KUMARAN，et al. Performance of thermal insulation on the exterior of basement walls［J］. Construction Technology Update，1999，(36)：1-8.

[74] T. HÖGLUND，H. BURSTRAND. Slotted steel studs to reduce thermal bridges in insulated walls［J］. Thin-Walled Structures，1998，(32)：81-109.

[75] 孟凡涛．EPS 板薄抹灰外墙外保温系统的组成及性能［J］．山东建材，2006，(6)：48-51.

[76] 王卓琳，张东波，陈溪，等．基于声学信号的 EPS 板薄抹灰外墙外保温系统缺陷检测试验研究［J］．施工技术，2020，49 (21)：20-23.

[77] 徐猛勇．胶粉聚苯颗粒外墙外保温系统特点及施工中的问题［J］．建筑科学，2007，(12)：57-58.

[78] 谢含，裘忠平，杨产炳．胶粉聚苯颗粒外墙外保温系统到浙江，难题更难［J］．浙江化工，2008，39 (3)：21-23，9.

[79] 郭永彦．超声波法探测混凝土内部缺陷研究［J］．混凝土，2017，(7)：154-156，160.

[80] 郁标，郁钧．超声波无损检测技术在高架工程中的应用［J］．上海地质，2004，(1)：43-46.

[81] 袁星昊．桩基工程中超声波无损检测技术运用分析［J］．工程建设与设计，2023，(6)：147-149.

[82] 张广明，马宏伟，王裕文，等．超声无损检测中的缺陷识别与噪声抑制［J］．中国机械工程，1999，10 (12)：1389-1391.

[83] 王五平，宋人心，傅翔，等．用超声波 CT 探测混凝土内部缺陷［J］．水利水运工程学报，2003，(2)：56-60.

[84] 申永利，孙永波．基于超声波 CT 技术的混凝土内部缺陷探测［J］．工程地球物理学报，2013，10 (4)：560-565.

[85] 付祥钊．夏热冬冷地区建筑节能技术［M］．北京：中国建筑工业出版社，2002.

[86] 廖亚非，张青文，何容盛．热流计的发展、国际领先技术与改进方向研究［J］．重庆建筑大学学报，2005，27 (2)：84-87.

[87] 彭翔，黄嘉樑，何兴升．热流计法在外墙传热系数现场检测中的应用［J］．江西建材，2015，(21)：2-3.

[88] 翼兆良．夏热冬暖地区的居住建筑节能［J］．制冷空调与电力机械，2003，94 (24)：1-4.

[89] 潘立．热流计法在建筑节能检测中的应用分析［J］．新型建筑材料，2019，46 (11)：99-101.

[90] 刘盈，周丽娟．既有建筑外墙外保温系统现场检测技术及评估研究现状［J］．工程质量，2021，39 (6)：76-79，85.

[91] 费慧慧，段恺．建筑节能现场检验方法及其影响因素［J］．施工技术，2000，29 (7)：31-33.

[92] 中国建筑业协会建筑节能专业委员会．外墙外保温技术［M］．北京：中国计划出版社，1999.

[93] ERICH CZIESIELSKI (Frank Ulrich vogdt)．外墙外保温系统中的质量问题及对策［M］．汪峻峰译．北京：机械工业出版社，2007.

[94] 建设部科技发展促进中心．外墙外保温技术百问［M］．北京：中国建筑工业出版社，2007.

[95] 陈溪，王卓琳，许清风，等．红外热像技术在外墙外保温系统安全性检测中的应用研究［J］．建筑结构，2023，53 (10)：105-112.

[96] 施惠生，余永乐．外墙外保温体系及其应用技术（一）［J］．建材技术与应用，2009，(2)：9-11.

[97] 施惠生，余永乐．外墙外保温体系及其应用技术（二）［J］．建材技术与应用，2009，(3)：13-15.

[98] 黄立付．回弹法上海地方测强曲线的研究［D］．上海：同济大学，2009.

[99] 余永乐．既有外墙外保温系统缺陷的红外热像技术研究［D］．上海：同济大学，2010.

[100] 朱瑜凯．外墙外保温体系缺陷评估与修复技术［D］．上海：同济大学，2011.
[101] 黄振利，顾泰昌，顾平圻．外墙外保温技术与标准［M］．北京：中国建筑工业出版社，2022.
[102] 施惠生，郭晓潞．土木工程材料试验精编［M］．北京：中国建材工业出版社，2010.
[103] 施惠生，郭晓潞．土木工程材料［M］．重庆：重庆大学出版社，2021.
[104] 郭晓潞，徐玲琳，吴凯．水泥基材料结构与性能［M］．北京：中国建材工业出版社，2020.